“十二五”职业教育国家规划教材

经全国职业教育教材审定委员会审定

分析测试技术

第二版

朱伟军　主　编

陈锁金　刘兴燕　副主编

季剑波　主　审

U0387985

化学工业出版社

·北京·

本书以现行工业生产中的典型案例为依据，根据高等职业教育的特点以及人才培养目标，按照化学检验工的职业标准和岗位要求进行编写。

全书共分 9 章，详细介绍了工业生产中通用的分析测试方法，包括酸碱滴定法、配位滴定法、沉淀滴定法、氧化还原滴定法、分光光度法、原子吸收光谱法、电位分析法以及色谱法等。每种方法均与企业实际工作案例相结合，并安排了若干个技能训练项目，方便学习者掌握相关内容。

本书可供高等职业院校化工类、制药类、环境类、食品类专业使用，也可作为工矿企业化学检验工职业培训教材，或作为从事理化检验和品质管理工作相关人员的工作参考书。

图书在版编目（CIP）数据

分析测试技术/朱伟军主编 . —2 版. —北京：化学工业出版社，2014.5（2021.9 重印）

"十二五"职业教育国家规划教材

ISBN 978-7-122-20020-4

Ⅰ. ①分… Ⅱ. ①朱… Ⅲ. ①环境监测-分析方法-高等职业教育-教材 Ⅳ. ①X830.2

中国版本图书馆 CIP 数据核字（2014）第 044887 号

责任编辑：陈有华 刘心怡　　　　　　　文字编辑：刘志茹
责任校对：宋 玮　　　　　　　　　　　装帧设计：刘丽华

出版发行：化学工业出版社（北京市东城区青年湖南街 13 号 邮政编码 100011）
印　　刷：北京京华铭诚工贸有限公司
印　　装：三河市振勇印装有限公司
787mm×1092mm　1/16　印张 19¾　字数 501 千字　2021 年 9 月北京第 2 版第 4 次印刷

购书咨询：010-64518888　　　　　　　　售后服务：010-64518899
网　　址：http://www.cip.com.cn
凡购买本书，如有缺损质量问题，本社销售中心负责调换。

定　　价：39.80 元

前　言

本教材在第一版的基础上，根据当前高等职业教育改革发展的新形势，由校企专家按照化学检验工的职业标准和岗位要求，结合化工行业发展及企业生产实际，合作修订完成。充分体现了现代高等职业教育的特色及各相关高职院校教学改革的成果。本书自 2010 年第一版出版以来，受到了有关高职院校师生的好评，于 2012 年被评为江苏省高等学校精品教材。

本教材立足课程改革和教材创新，本着理实一体的原则，采用案例教学模式进行编写，符合职业教育规律和高端技能型人才成长规律。全书精选了 22 个企业生产典型案例，均依据现行国家标准进行编写；在每个案例后，通过案例分析导出了要完成该案例所应具备的理论基础和技能基础；并在每个案例后穿插了技能训练，以帮助学生巩固所学知识和技能；同时为了帮助学生学习，在每一章前，均明确了理论学习要点、能力培训要点以及应达到的能力目标；在每章后设有本章小结，并附有一定量的复习思考题和自测题，以方便教师的教学和帮助学习者自我测试学习效果。

本次修订工作本着"立足实用、贴近实际、注重实效"的原则，针对第一版教材中存在的不足进行了修订，调整更新的内容如下。

（一）对教材的布局进行了适当调整，由原来的八章调整为九章，增加了原子吸收光谱法；并在原来气相色谱法的基础上增加了高效液相色谱法，合并为色谱法；同时，删除了"膜电位产生机理"等个别理论性过强的内容。使教材的编写更加科学，更加符合企业对高端技能型人才的要求。

（二）更新了部分案例及仪器设备的介绍，使内容更贴近生产、生活实际。

（三）在每一章后，增加了知识链接，以加深学生对分析测试技术常识及最新应用技术、方法研究进展的了解，拓展学生的知识面。

（四）对部分标准进行了更新，确保书中所涉及的国家标准均为现行最新国家标准。

主编朱伟军（徐州工业职业技术学院）负责本次修订的组织和全书的统稿工作，并负责第一、八章的修订；陈锁金（扬州工业职业技术学院）负责第二章的修订；孙美侠（徐州工业职业技术学院）负责第三章的修订；杜杰（江苏新河农用化工有限公司）负责第四章的修订；徐洁（扬州工业职业技术学院）负责第五章的修订；龚爱琴（扬州工业职业技术学院）负责第六章的修订；凌昌都（徐州工业职业技术学院）负责新编写了第七章；马林（江苏蓝丰生物化工股份有限公司）负责第九章的编写与整合。全书由季剑波教授主审，编者在此表示衷心感谢。

由于编者水平有限，书中难免存在疏漏和不妥之处，恳请专家和读者批评指正，不胜感激。

编　者

2013 年 12 月

第一版前言

本教材针对当前高职教育改革发展的新形势，为了满足社会对应用型人才的需求，在总结多年的教学改革和教学经验的基础上编写而成。

本教材立足课程改革和教材创新，本着"理实一体"的原则进行编写，体现了现代职业教育特色。全书除第一章分析测试基础知识外，其他章节均以案例教学的模式进行编写。为了突出教材的实用性，每个案例均依据现行国家标准进行编排。在对每个案例进行分析的基础上，指出了要完成该案例需具备的理论基础和技能基础，并在每个案例后均穿插了技能训练，以帮助学生巩固所学知识和技能。同时为了帮助学生学习，在每一章前，均明确了理论学习要点和能力培训要点以及完成本章学习后，应达到的能力目标；在每章后列有本章小结，并附有一定量的复习思考题和自测题，以方便教师的教学和帮助学习者自我测试学习效果。

本教材主要供非工业分析与检验专业，如化工、环境、材料、医药、地质等专业的高职学生使用，也可作为工矿企业化学检验工职业培训教材，或作为高中以上文化水平分析测试人员的自学参考书。

本教材由朱伟军（徐州工业职业技术学院）主编，陈锁金（扬州工业职业技术学院）、刘兴燕（大兴安岭职业学院）任副主编，全书由朱伟军统稿。其中第一章由刘兴燕编写，第二章由陈锁金编写，第三章由孙美侠（徐州工业职业技术学院）与刘兴燕合作编写，第四、八章由朱伟军编写，第五章由徐洁（扬州工业职业技术学院）编写，第六章由龚爱琴（扬州工业职业技术学院）编写，第七章由谢婷（常州工程职业技术学院）编写。全书由徐州工业职业技术学院季剑波教授主审，编者在此表示衷心感谢。

由于编者水平有限，时间仓促，书中难免存在不当之处，恳请专家和读者批评指正，不胜感激。

编　者
2010 年 4 月

目　录

第一章　分析测试基础知识

第二章　酸碱滴定法

第三章 配位滴定法

第四章 沉淀滴定法

第五章 氧化还原滴定法

第六章　分光光度法

第七章　原子吸收光谱法

第八章　电位分析法

第九章　色　谱　法

自测题答案

附　　录

参考文献

第一章　分析测试基础知识

【理论学习要点】

定量分析的一般过程；固体样品的制备步骤；样品的分解方法；滴定分析法中的基本概念；滴定分析对化学反应的要求；基准试剂需符合的条件；溶液浓度的几种表示方法；滴定分析用标准滴定溶液的制备方法；定量分析的误差和偏差；有效数字的概念及修约规则；分析天平的原理、结构等。

【能力培训要点】

有效数字的修约及运算；可疑数值的取舍；分析结果的准确度、精密度分析；滴定分析的有关计算；分析天平的使用；标准滴定溶液的制备等。

【应达到的能力目标】

1. 能够科学正确地制定采样方案，并会采取、制备样品。
2. 能够正确使用分析天平和电子天平。
3. 能够对分析天平和电子天平进行简单的维护和保养。
4. 能够利用直接法、减量法、增量法称量不同的试剂及样品。
5. 能够初步掌握滴定分析中的有关计算。

第一节　定量分析一般过程

定量分析的任务是确定样品中有关组分的含量。完成一项分析测试任务一般需经过试样的采集与制备、试样的分解和预处理、分析方法的选择、测定和结果计算等过程。

一、试样的采集与制备

样品或试样是指在分析工作中被用来进行分析的物质体系，它可能是固体、液体或气体。要对这样一些物料进行分析检测，需要从大量的物料中取得具有代表性的一部分或若干部分作为样品，经过适当的处理后，再选择合适的分析方法进行分析。从待测的原始物料中取得分析试样的过程称为采样。

采集试样的目的就是要从被检的总体物料中取得具有代表性的样品，即所采集的样品在组成和含量上具有一定的代表性，能够代表原始物料的平均组成，而且在操作和处理过程中还要防止样品的变化和污染。

1. 试样的采集

对于均匀物料采样，原则上可以在物料的任意部位进行，但要注意在采样过程中不应带进杂质，且尽量避免引起物料的变化（如吸水、氧化等）。

对于不均匀物料，一般采取随机采样。对所得样品分别进行测定，再汇总所有样品的检测结果，可以得到总体物料的特性平均值和变异性的估计量。

（1）固体试样的采集　固体物料种类繁多，形状各异，其均匀性很差。采样前，首先应根据物料的类型、采样的目的和采样原则，确定采样单元、样品数、采样工具及盛装样品的容器等。然后按照规定的采样方案进行操作，以获得具有代表性的样品。固体试样的采样方案一般要确定 3 个方面的问题：一是确定采取的样品数；二是确定采样的样品量；三是确定采取样品的方法。

（2）液体试样的采集　由于液体的流动性较大，试样内各组分的分布比较均匀，任意取一部分或稍加搅匀后取一部分即成为具有代表性的试样。考虑到有些液体组分分布情况，应按有关规定采取部位样品，然后按一定的规则混合后供分析用。

（3）气体试样的采集　根据气体试样的性质和用量选用注射器、塑料袋或球胆、抽气泵等直接采样。对于大气污染物的测定，通常选择距地面 50～180cm 的高度，用大气采样器采样。采样时使空气通过适当的吸收剂，让被测组分通过吸收剂吸收浓缩后再进行测定。

2. 试样的制备

将采样所得到的原始试样，处理成待测性质既能代表总体物料特性，又在数量上能满足检测需要的最佳量的最终样品，这个过程称为试样的制备。

对于均匀试样，试样的制备过程很简单，只需充分混合均匀即可。但是通常采样所得到的原始试样，一般数量较大（数千克至数十千克），且粒度、形态等也不均匀，要将它处理成既具有充分的代表性，又在数量上适宜的最终样品，一般需经过破碎、筛分、混合和缩分 4 个步骤。

① 破碎。用研钵或锤子等手工工具粉碎样品，也可用适当的装置和研磨机械粉碎样品。

② 筛分。选择目数合适的标准筛，手工振动筛子，使所有的试样都通过筛子。应注意必须将大于筛号的试样颗粒破碎至全部通过筛孔，绝不可将未通过筛孔的粗粒丢弃。

③ 混合。根据试样量的大小，利用手铲将破碎、筛分后的试样从堆底铲起后堆成圆锥体，再交互地从试样堆两边对角贴底逐铲铲起堆成另一个圆锥，每铲铲起的试样不宜过多，并分两三次撒落在新堆的锥顶，使之均匀地落在锥体四周。如此反复进行三次，即可认为该试样已被混匀。有时也可以用合适的机械混合装置混合样品。

④ 缩分。缩分的目的是将在采样点采得的样品按规定把一部分留下来，其余部分丢弃，以减少试样数量的过程。常用的缩分方法有手工法和机械法。常用的手工法为堆锥四分法。即将利用三次堆锥法混匀后的试样堆用薄板压成厚度均匀的饼状，然后用十字形分样板将饼状试样等分成四份，取其对角的两份，其他两份丢弃；再将所取试样堆成锥形压成饼状，取其对角的两份，其他两份丢弃，如图 1-1 所示。如此反复多次，直至得到所需的试样量。

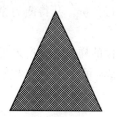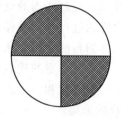

图 1-1　四分法缩分操作

二、试样的分解

一般在分析测试工作中，除可以用试样直接进行分析的样品（如发射光谱分析、化工产品中水分的测定等）外，通常都是先把试样分解，制成溶液，再进行分析测试。分解试样的方法很多，操作时可根据试样的性质和分析的要求选用适当的分解方法。在分解试样时，应注意以下几点。

① 试样分解过程中，待测组分不应该有任何损失。

② 不应引入待测组分和干扰物质。

③ 分解试样最好与分离干扰物质相结合。

④ 试样必须分解完全。

1. 无机物试样的分解方法

（1）溶解法　溶解法是比较简单、快速的分解试样的方法，因此应尽可能采用溶解法分解试样。水是一种性质良好的溶剂，由于水价廉、易得，用水溶解试样又是溶解中最简单、快速的。因此，如待测组分为可溶于水的物质，应尽量用水溶解；不能溶于水的物质应使用酸、碱或其他溶剂溶解。

① 水溶法。几乎所有的硝酸盐均溶于水，氯化物中除银、亚汞、铅、亚铜等的氯化物外，大多数氯化物均易溶于水。硫酸盐中碱土金属及铅的硫酸盐不溶于水，许多金属的正磷酸盐不溶于水，而高氯酸盐几乎都溶于水。根据上述规律，试样应尽可能先用水溶解，并可辅以加热、搅拌等操作以增加其在水中的溶解度。

② 酸溶法。酸溶法是利用酸的酸性、氧化还原性以及能生成配位化合物的性质，使试样中的被测组分转入溶液。一些硫化物、氧化物以及部分含有磷酸盐、碳酸盐的矿石，一般的黑色、有色金属试样均可用此法分解。

常用作分解试样的酸有盐酸、硝酸、硫酸、磷酸、高氯酸、氢氟酸等以及它们的混酸。

③ 碱溶法。碱溶法的主要溶剂有 NaOH、KOH 等，常用来溶解两性金属，如铝、锌及其合金以及它们的氢氧化物或氧化物，也可用于溶解酸性氧化物，如 MoO_3、WO_3 等。

（2）熔融法　熔融法是利用酸性或碱性溶剂与试样混合，在高温下进行复分解反应或氧化还原反应，将试样中的被测组分转化为易溶于水或酸的化合物（如钠盐、钾盐、硫酸盐、氯化物等）的一种分解试样的方法。根据溶剂的性质不同，熔融法一般分为酸性熔剂熔融法和碱性熔剂熔融法。常用的酸性熔剂有焦硫酸钾（$K_2S_2O_7$）、硫酸氢钾（$KHSO_4$）等；常用的碱性熔剂有碳酸钠、碳酸钾、氢氧化钠以及过氧化钠等。

（3）烧结法　烧结法又称半熔法，该法是将试样与熔剂混合，在低于熔点的温度下，小心加热至熔结（半熔物收缩成整块），而不是全熔，故称为半熔法或烧结法。和熔融法比较，此法的温度较低，加热时间较长，但不易损坏坩埚，可以在瓷坩埚中进行，不需要贵重器皿。

2. 有机物试样（生物试样）的分解方法

当矿物元素以结合的形式存在于有机物中时，要测定这些元素，需将其从有机物中游离出来，或将有机物分解后，才能确定这些元素。常用的有机物分解方法有如下几种。

（1）干法灰化法　对于含铜、铅、锌、钙、镁等的有机试样，一般用直接灰化法分解。其方法为：准确称取固体试样 5g（液体样品 10mL）于坩埚中，置于电炉上低温碳化，待浓烟散尽后，放入马弗炉（450~550℃）中灰化 2~4h，待灰分为白色残渣时取出，冷却后加（1+1）盐酸（或硝酸）2mL，加热溶解灰分，定量转移至 50mL 容量瓶中，加水至刻度，即可进行分析。

对于含砷的有机试样，一般用氢氧化钙法分解；而对于含锡的有机试样，一般采用氢氧化钠法分解。

（2）湿法消化法　湿法消化法是在样品升温下用合适的酸加以氧化。最常用的酸是硫酸、硝酸和高氯酸，它们可以单独使用，也可以混合使用。如硝酸-硫酸消化法，主要适用于含铅、砷、锌等元素的有机物样品的分解；硫酸-过氧化氢消化法，主要适用于含铁或含脂肪高的食品等有机物样品的分解；硫酸-高氯酸消化法主要适用于含锡、含铁等有机物样品的消化分解。湿法消化时由于加入试剂，故污染可能性比干法灰化大，而且需要小心操作。

（3）微波消解法　微波消解法是一种新型的样品分解方法。可用于水、泥渣、沉积物、食品、生物制品、金属、玻璃、岩石、煤、水泥等众多样品的消化。微波消解法与经典消解法相比具有以下优点。

① 样品消解时间大大缩短。

② 使用酸的量少，因而消化样品时空白值较低。

③ 由于使用密闭容器，样品交叉污染的机会少，同时也消除了常规消解时产生大量酸气对实验室环境的污染。另外，密闭容器还可减少或消除某些易挥发元素，如 Se、Hg、As 等的消解损失。

三、试样的预处理

分析测试的主要任务是测定试样中相应组分的含量。由于多数试样中均含有多种组分，当测定其中某一组分的含量时，其他组分的存在常给测定带来干扰。因此，为了保证分析工作的顺利进行、得到准确的分析结果，必须在测定前破坏样品中各组分之间的作用力，使被测组分游离出来，同时排除干扰组分；此外，试样中某些微量组分，如食品中的污染物、农药残留、黄曲霉毒素等，由于含量较低，欲准确测出它们的含量，必须在测定前对样品进行富集或浓缩。以上这些操作过程统称为样品的预处理，它是分析测试过程中的一个重要环节，直接关系着分析检验的成败。

消除测定干扰的方法主要有两种：一种是使用掩蔽剂消除干扰，常用的掩蔽方法按反应类型不同，可分为配位掩蔽法、沉淀掩蔽法和氧化还原掩蔽法，其中以配位掩蔽法应用较多；另一种是采用分离的方法将待测组分与干扰组分分开，常用的分离方法主要有沉淀分离法、萃取分离法、离子交换分离法以及色谱分离法等。

四、测定方法的选择

一种组分往往可通过多种方法进行测定，究竟选择哪种方法更合适，则必须依据被测组分的性质、含量以及对分析结果准确度的要求，并结合实验室的具体情况加以选择、确定。一般可从以下几方面进行选择。

1. 测定的具体要求

欲完成某项分析测试任务，首先要明确测定对象、测定准确度以及完成时间的要求，抓住重点，选择方法。如原子量的测定、标样分析以及成品分析，首先考虑的是准确度；高纯物质中微量组分的分析，首先考虑的是灵敏度；而生产过程中的控制分析，分析速度则成了主要问题。所以应根据分析的目的要求，选择适宜的分析方法。

2. 被测组分的性质

一般来说，分析方法都基于被测组分的某种性质。如 Mn^{2+} 在 pH＞6 时可与 EDTA 定量反应生成配合物，可用配位滴定法测定其含量；$KMnO_4$ 溶液呈现紫红色，且具有氧化性，可用比色法测定，也可用氧化还原滴定法测定。因此，了解被测组分的性质，有助于选择合适的分析方法。

3. 被测组分的含量

测定常量组分时，分析方法要求有较高的准确度，对灵敏度要求相对较低，多采用滴定分析法和重量分析法。滴定分析法简单迅速，在重量分析法和滴定分析法均可采用的情况下，一般选用滴定分析法。测定微量组分时则多采用灵敏度较高的仪器分析法。例如，测定碘矿粉中磷的含量时，可采用重量分析法或滴定分析法；测定钢铁中磷含量时则通常采用分光光度法。

4. 共存组分的影响

在选择分析方法时，还必须考虑其他组分对测定的影响，尽量采用选择性较好的分析方法。如果没有适宜的方法，则应改变测定条件，加入掩蔽剂以消除干扰，或通过分离除去干扰组分之后，再进行测定。此外还应结合本单位的设备条件以及试剂纯度等情况，以选择切实可行的分析方法。

总之，分析方法很多，各种方法均有其优点和不足之处，一个完整无缺适宜于任何试样、任何组分的方法是不存在的。因此人们必须根据试样的组成及其组分的性质、含量、测定的要求、存在的干扰组分以及本单位的实际情况，选用合适的测定方法。

第二节　定量分析中的误差及结果处理

定量分析的任务是测定试样中组分的含量，它要求测定的结果必须达到一定的准确度。显然，不准确的分析结果会导致资源的浪费、生产事故的发生，甚至在科学上得出错误的结论。

在分析测试过程中客观上存在着难于避免的误差。因此，人们在进行定量分析时，不仅要得到被测组分的准确含量，而且必须对分析结果进行评价，判断分析结果的可靠性，检查产生误差的原因，以便采取相应措施减少误差，使分析结果尽量接近客观真实值。

一、误差及其减免方法

根据误差产生的原因及其性质的差异，可分为系统误差和随机误差两类。

1. 系统误差

在重复性条件下，对同一被测量进行无限多次测量所得结果的平均值与被测量的真值之差，称为系统误差，又称可测误差，它是定量分析误差的主要来源，对测定结果的准确度有较大影响。系统误差是由分析过程中某些确定的、经常性的因素引起的，因此对测定值的影响比较恒定。系统误差的特点是具有"重现性"、"单向性"和"可测性"。即在相同的条件下，重复测定时误差会重复出现，其正负、大小具有一定的规律性。如果能找出产生误差的原因，并设法测出其大小，那么系统误差就可以通过校正的方法予以减少或消除。产生系统误差的主要原因有以下几种。

（1）方法误差　方法误差是由于分析方法本身的缺陷所引起的误差。例如，滴定分析中反应不完全或有副反应发生；重量分析中沉淀的溶解或共沉淀以及试样的溶解不完全等，都会带来误差。

（2）仪器误差　仪器误差是由于仪器、量器不准所引起的误差。如，用于分析测量的仪器本身不够精确或精度下降，或者仪器未调整到最佳状态、器皿等装置未经校正等原因引起的误差。

（3）试剂误差　试剂误差是由于分析过程中所用的化学试剂不纯或蒸馏水中含有微量杂质等原因造成的。

（4）个人误差　个人误差又称为主观误差，它指的是在正常操作情况下，由于操作人员主观原因所造成的误差。例如滴定管读数经常偏高或偏低、滴定终点颜色辨别经常偏深或偏浅等。

2. 随机误差

测量结果与在重复性条件下，对同一被测量进行无限多次测量所得结果的平均值之差，称为随机误差。随机误差是在测量过程中由一系列随机（偶然）因素引起的误差，例如测量时，周围环境的温度、湿度变化，测量仪器自身的变动，分析人员操作的细小变化等都可能带来随机误差。这些因素很难被人们觉察或控制，也无法避免，随机误差就是这些偶然因素综合作用的结果。它不但造成测定结果的波动，也使得测定值与真实值发生偏差。随机误差的特点是：其大小和正负都难以预测，且不可被校正。故随机误差又称为偶然误差或不可测误差，它决定测定结果的精密度。

3. 误差的减免

从误差的分类和各种误差产生的原因来看，只有熟练操作并尽可能地减少系统误差和随机误差，才能提高分析结果的准确度。减免误差的方法主要有以下几种。

（1）对照试验　对照试验是用来检验系统误差的有效方法。进行对照试验时，常用已知准确含量的标准试样（或标准溶液）代替样品，在同样的条件下，按同样方法进行分析测试用以对照；也可采用标准方法与所选用的方法同时测定某试样，由测定结果作统计检验；或者通过回收试验进行对照，以判断方法的可靠性。

通过对照试验可以校正测试结果、减少系统误差。

（2）空白试验　不加试样，但用与有试样时同样的操作进行的试验，叫做空白试验。空白试验得到的结果称为"空白值"。从试样的分析结果中扣除空白值，就可以得到更接近于真实值的分析结果。

由试剂、蒸馏水、实验器皿以及环境带入的杂质所引起的系统误差，都可以通过空白试验来校正。空白值过大时，必须采取提纯试剂或改用适当器皿等措施来降低。

（3）仪器校准　在日常分析工作中，因仪器出厂时已进行过校正，只要仪器保管妥善，一般可不必进行校准。但在准确度要求较高的分析中，对所用的仪器如滴定管、移液管、容量瓶、天平砝码等，必须进行校准，求出校正值，并在计算结果时采用，以消除由仪器带来的误差。

（4）方法校正　某些分析方法的系统误差可用其他方法直接校正。例如，在重量分析中，使被测组分沉淀绝对完全是不可能的，必须采用其他方法对溶解损失进行校正。如测定制备水泥用的钢渣中硅含量时，沉淀硅酸后，可再比色法测定残留在滤液中的少量硅，在准确度要求较高时，应将滤液中该组分的比色测定结果加到重量分析结果中去。

（5）进行多次平行测定　这是减小随机误差的有效方法。随机误差初看起来似乎没有规律性，但事实上偶然中包含着必然性，经过大量的实践发现，当测量次数很多时，随机误差的分布服从一般的统计规律：即大小相近的正误差和负误差出现的机会相等；小误差出现的频率较高，而大误差出现的频率较低。

可见在消除系统误差的情况下，平行测定的次数越多，则测得值的算术平均值越接近真值。显然，无限多次测定的平均值 μ，在校正了系统误差的情况下即为真值。因此适当增加测定次数，取其平均值可以减小偶然误差。

需要注意的是，在分析测试过程中还可能出现过失，如实验中粗心大意而损失试样、加错试剂、记录错误或计算错误等，这些都属于不应有的过失，会对分析结果带来严重影响，它们是不能通过上述方法减免的。因此，分析工作者应加强责任心，遵守科学道德，严谨求实。若在测定值中出现误差很大的数据，应分析其产生的原因，如确是因过失引起的，应予以剔除。

二、准确度及精密度

1. 准确度与误差

测试结果与被测量真值或约定真值间的一致程度，称为准确度。准确度的高低常以误差的大小来衡量。测定值与真值越接近，则误差越小，准确度越高；测定值与真值差异越大，则误差越大，准确度越低。误差有两种表示方法——绝对误差和相对误差：

$$绝对误差(E_a) = 测定值(x) - 真实值(T)$$

$$相对误差(E_r) = \frac{绝对误差(E_a)}{真实值(T)} \times 100\%$$

式中，x 为单次测定值。

如果进行了数次平行测定，$\bar{x}$ 为全部测定结果的算术平均值，此时有：

$$E_a = \bar{x} - T \tag{1-1}$$

绝对误差和相对误差都有正负之分。由于相对误差表示绝对误差在真值中所占的百分率，更便于比较各种情况下测定结果的准确度，因而更具有实际意义。但有时为了说明一些仪器测量的准确度，用绝对误差更清楚。例如分析天平的称量误差是 $\pm 0.0002g$，常量滴定管的读数误差是 $\pm 0.02mL$ 等，这些都是用绝对误差来说明的。

统计学可以证明，在消除了系统误差的前提下，一组平行测定值的平均值是最可信赖的，它反映了该组数据的集中趋势。因此，人们常以平均值表示测定结果。

有些测定也用中位数表示测定结果，中位数是将一系列测定结果数据从大到小依次排列，数据若为奇数个，则恰好中间的数值即为中位数；数据若为偶数个，则中间两个数值的平均值为中位数。

2. 精密度与偏差

在规定条件下，相互独立的测试结果之间的一致程度，称为精密度。精密度的高低用偏差来衡量。偏差小，表示测定结果的重现性好，即每一测定值之间比较接近，精密度高。偏差有以下多种表示方法。

(1) 绝对偏差、平均偏差和相对平均偏差

绝对偏差　　　　　　　$$d_i = x_i - \bar{x} \quad (i = 1, 2, \cdots, n) \tag{1-2}$$

平均偏差　　　　　　　$$\bar{d} = \frac{|d_1| + |d_2| + \cdots + |d_n|}{n} = \frac{1}{n} \sum |d_i| \tag{1-3}$$

相对平均偏差　　　　　$$\bar{d}_r = \frac{\bar{d}}{\bar{x}} \times 100\% \tag{1-4}$$

平均偏差和相对平均偏差均为正值。

【例题 1-1】 用沉淀滴定法测定纯 NaCl 中氯的质量分数，得到下列结果：0.6056，0.6046，0.6070，0.6065，0.6069。请计算：平均值、平均值的绝对误差、相对误差、中位数、平均偏差和相对平均偏差。

解 纯 NaCl 中氯的质量分数的理论值（真值）为：

$$w = \frac{M(Cl)}{M(NaCl)} = \frac{35.45}{58.44} = 0.6066$$

平均值　　　　$$\bar{x} = \frac{0.6056 + 0.6046 + 0.6070 + 0.6065 + 0.6069}{5} = 0.6061$$

绝对误差　　　$$E_a = \bar{x} - T = 0.6061 - 0.6066 = -0.0005$$

相对误差　　　$$E_r = \frac{E_a}{T} \times 100\% = \frac{-0.0005}{0.6066} \times 100\% = -0.082\%$$

把数据由大到小的排列：0.6070，0.6069，0.6065，0.6056，0.6046

中间的 1 个数据即为中位数，即中位数为 0.6065。

平均偏差

$$\bar{d}=\frac{|0.6056-0.6061|+|0.6046-0.6061|+|0.6070-0.6061|+|0.6065-0.6061|+|0.6069-0.6061|}{5}$$

$$=\frac{0.0005+0.0015+0.0009+0.0004+0.0008}{5}=0.0008$$

相对平均偏差　　　$\bar{d}_r=\dfrac{\bar{d}}{\bar{x}}\times100\%=\dfrac{0.0008}{0.6061}\times100\%=0.13\%$

（2）标准偏差和相对标准偏差　标准偏差又称均方根偏差（s），其数学表达式为：

$$s=\sqrt{\frac{\sum(x_i-\bar{x})^2}{n-1}} \tag{1-5}$$

标准偏差与算术平均值的绝对值之比，叫做相对标准偏差（RSD），也叫变异系数或变动系数，通常以百分数表示：

$$RSD=\frac{s}{\bar{x}}\times100\% \tag{1-6}$$

用标准偏差表示精密度比用平均偏差表示更为合理。因为单次测定值的偏差经平方以后，较大的偏差就能显著地反映出来。所以在生产和科研的分析报告中常用标准偏差表示精密度。

【例题 1-2】　分析某食品中蛋白质含量共测定 9 次，其结果分别为：35.10%，34.86%，34.92%，35.36%，35.11%，35.01%，34.77%，35.19%，34.98%。求测定结果的平均值、平均偏差、相对平均偏差、标准偏差以及相对标准偏差分别为多少。

解　将每次测定的偏差和偏差的平方计算如下。

蛋白质含量/%	d_i	d_i^2	蛋白质含量/%	d_i	d_i^2
35.10	0.07	4.9×10^{-3}	35.01	0.02	4.0×10^{-4}
34.86	0.17	2.9×10^{-2}	34.77	0.26	0.068
34.92	0.11	1.2×10^{-2}	35.19	0.16	0.026
35.36	0.33	0.11	34.98	0.05	2.5×10^{-3}
35.11	0.08	6.4×10^{-3}	$\bar{x}=35.03$	$\sum d_i=1.25$	$\sum d_i^2=0.2592$

平均值　　$\bar{x}=\dfrac{\sum x_i}{n}=35.03\%$

平均偏差　　$\bar{d}=\dfrac{\sum|x_i-\bar{x}|}{n}=\dfrac{1.25\%}{9}=0.14\%$

相对平均偏差　　$\bar{d}_r=\dfrac{\bar{d}}{\bar{x}}\times100\%=\dfrac{0.14\%}{35.03\%}\times100\%=0.40\%$

标准偏差　　$s=\sqrt{\dfrac{\sum(x_i-\bar{x})^2}{n-1}}=\sqrt{\dfrac{0.2592}{8}}=0.18\%$

相对标准偏差　　$RSD=\dfrac{s}{\bar{x}}\times100\%=\dfrac{0.18\%}{35.03\%}\times100\%=0.51\%$

（3）极差　一般在化学分析中，平行测定数据不多，常采用极差来说明偏差的范围，它是指一组测量数据中最大值与最小值之差，以 R 表示：

$$R=x_{max}-x_{min} \tag{1-7}$$

相对极差 $=\dfrac{R}{\bar{x}}\times100\%$ 　　　　　　（1-8）

3. 准确度与精密度的关系

对于一组平行测定结果的评价，要同时考察其准确度和精密度。图 1-2 表示甲、乙、丙、丁四个人测定同一标准试样中某金属的质量分数时所得的结果（其真值为 65.15%）。其中甲的结果准确度和精密度都好，结果可靠；乙的精密度很好，但准确度低；丙的准确度和精密度都很低；丁的精密度很差，虽然其平均值接近真值，但纯属偶然，这是由于大的正负误差相互抵消的结果，因而丁的分析结果也是不可靠的。

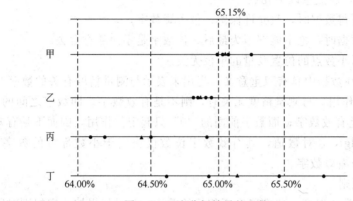

图 1-2 四人分析结果的比较

准确度和精密度是判断分析结果是否准确的依据，但两者在概念上又是有区别的。好的精密度是获得准确结果的前提和保证，精密度差，所得结果不可靠，也就谈不上准确度高。但是精密度高，准确度不一定高，因为可能存在系统误差，只有在减免或校正了系统误差的前提下，精密度高，其准确度才可能高。

4. 公差

公差是生产部门对分析结果允许误差的一种限量，又称为允许误差，如果分析结果超出允许的公差范围称为"超差"。遇到这种情况，则该项分析应该重做。公差的确定一般是根据生产需要和实际情况而制定的，所谓根据实际情况是指试样组成的复杂情况和所用分析方法的准确程度。对于每一项具体的分析工作，各主管部门都规定了具体的公差范围，例如，钢铁中碳含量的公差范围，国家标准规定见表 1-1 所列。

表 1-1 钢铁中碳含量的公差范围

碳含量范围/%	0.10~0.20	0.20~0.50	0.50~1.00	1.00~2.00	2.00~3.00	3.00~4.00	>4.00
公差/%	±0.015	±0.020	±0.025	±0.035	±0.045	±0.050	±0.060

在一般分析中，若 x_1 和 x_2 为同一试样的两个平行分析测定结果，当 $|x_1 - x_2| \leqslant 2d_{差}$（$d_{差}$ 为公差）时，则说明这两个分析结果有效；当 $|x_1 - x_2| > 2d_{差}$ 时，则为超差，说明 x_1 和 x_2 两个分析结果中至少有一个不可靠，必须重新分析。

三、有效数字及其运算规则

在定量分析中，为了获得准确的分析结果，不仅要准确地进行测量，而且还要正确记录与计算。正确记录是指正确记录数字的位数，而有效数字是指仪器实际能测量到的数字。

1. 有效数字的意义和位数

从量器和仪表上读出的数据不可避免地带有不确定性，人们把估读的那一位数字叫做不确定数字或可疑数字。在有效数字中，一般只有最后一位数字是可疑的，其余数字都是准确的。

因此，记录数据的位数不能任意增减，因为数据的位数不仅表示数字的大小，也反映了测量的准确程度。例如，数据 0.5000g 和数据 0.50g，这两者的值虽然是相同的，但它们的测量误差（精度）却是不一样的：

数据 0.5000g 的测量误差为 $\dfrac{\pm0.0001}{0.5000}\times100\% = \pm0.02\%$；

数据 0.50g 的测量误差为 $\dfrac{\pm0.01}{0.50}\times100\% = \pm2\%$。

关于有效数字，应注意以下几点。

① 记录测量所得数据时，只允许保留一位可疑数字。

② 记录测量数据时，绝不能够因为最后一位数字是零而随意舍去。

③ 有效数字与小数点的位置及量的单位无关。

④ 数字"0"在数据中具有双重意义。当用来表示与测量精度有关的数字时，是有效数字；当它只起定位作用，与测量精度无关时，则不是有效数字。即数字之间的"0"和小数上末尾的"0"都是有效数字；而数字前面的"0"只起定位作用，因而不是有效数字。

⑤ 至于 pH、lg$K$ 等对数值，其有效数字位数仅决定于小数部分的数字位数。例如：pH＝5.02，为两位有效数字。

2. 数字修约规则

在数据处理中常会遇到一些准确度不相等的数值，此时如果按一定规则对数值进行修约既可节省计算时间又可减少错误。通常把弃去多余数字的处理过程称为数字的修约。数字的修约应参照国家标准 GB 3101—1993《有关量、单位和符号的一般原则》的规定执行，通常称之为"四舍六入五成双"法则。这一法则的具体运用如下。

① 被修约的数大于 5 时，则进 1。

② 被修约的数小于 5 时，则舍去。

③ 若被修约的数等于 5，而其后数字全部为零，则视被保留的末位数字为奇数或偶数（零视为偶数）而定。末位为奇数时进 1（成为偶数），末位为偶数时则不进。

④ 被修约的数等于 5，而其后面的数字并非全部为零，则进 1。

⑤ 若被舍弃的数字包括几位数字时，不得对该数字进行连续修约，只能一次修约到指定的位数。

例如，将下列数据全部修约到四位有效数字时：

0.54664→0.5466　　　0.59346→0.5935　　　12.3750→12.38
14.4050→14.40　　　35.1850→35.18　　　22.06501→22.07

3. 有效数字的运算规则

（1）加减法　在加减法运算中，计算结果有效数字位数的保留，以小数点后位数最少的数据为准，即以绝对误差最大的数据为准。

【例题 1-3】　计算 135.621＋0.33＋21.2163＝?

解　首先考虑上式 3 个数的绝对误差。

原数	绝对误差	修约为
135.621	±0.001	135.62
0.33	±0.01	0.33
$+21.2163$	±0.0001	±21.22
157.1673	±0.01	±157.17

可见 3 个数中 0.33 的绝对误差最大，它决定了总和的绝对误差为 ±0.01，另外两个误

差较小的数不起决定作用。先修约，再计算，可使计算简便。

（2）乘除法　在乘除法运算中，有效数字的保留位数，以位数最少的数为准，即以相对误差最大的数为准。先修约后计算。

【例题 1-4】　计算 $22.91 + 0.152 \div 16.302 = ?$

解　首先按照有效数字修约规则，以相对误差最大的 0.152 为依据，修约为

$$22.9 + 0.152 \div 16.3 = 22.9$$

在计算和取舍有效数字位数时还应注意以下问题。

① 若某一数据中第一位数字大于或等于 8 时，其有效数字位数可多算一位。例如 9.74，表面上虽然是三位有效数字，但在实际计算中，可视为四位有效数字。

② 在有关计算中，经常会遇到一些倍数、分数和系数等情况，因其不是由测定所得，故可视为无穷多位有效数字，计算结果的有效数字位数应由其他测量数据来决定。

③ 在使用电子计算器进行计算时，特别要注意最后结果中有效数字位数的保留，可先用计算器连续运算，得出结果后再一次修约成所需要的位数。但绝不可全部照抄计算器上显示的数字。

有效数字的修约规则可简化为表 1-2 所列。

表 1-2　有效数字的修约规则

项目	有效数字的保留	项目	有效数字的保留
数字修约	四舍，六入，五后非零留双	对数	小数部分与真数位数相同
加减法	以小数点后位数最少的数据为准	自然数（常数、系数）误差	无限多位 一位～二位
乘除法	以有效数字位数最少的数据为准	分析结果≥10% 10%>x>1% ≤1%	四位 三位 二位

四、分析结果的处理

在分析测试操作结束后，还要对分析结果的数据进行处理、评价，有时还要进行适当的取舍。

1. 可疑测定值的取舍

在分析测试工作中，为了保证测定结果准确可靠，对同一样品一般都要作多次平行测定，在平行测定所得的一组分析实验数据中，往往有个别数据与其他数据相差较远，这一数据称为可疑数据（有时也称异常值、离群值等）。

对于在操作过程中确知原因的，由明显过失（如称样时样品洒落、溶样时样品溅失、滴定时滴定剂泄漏等）所测得的可疑数据，应舍弃。如果不是因为过失引起的，则不能随意舍弃，应该按照数理统计的规定进行处理。下面介绍两种简便的判断可疑值取舍的方法，即 Q 检验法和格鲁布斯法。

（1）Q 检验法　首先将测定值按由小到大顺序排列：$x_1, x_2, x_3, \cdots, x_n$，其中可疑值为 x_1 或 x_n。然后求出可疑值与其最邻近值之差 $x_n - x_{n-1}$ 或 $x_2 - x_1$，用该值除以极差 $x_n - x_1$ 计算出统计量 Q 值：

$$Q = \frac{x_n - x_{n-1}}{x_n - x_1} \quad \text{或} \quad Q = \frac{x_2 - x_1}{x_n - x_1} \tag{1-9}$$

Q 值越大，说明 x_1 或 x_n 离群越远，远至一定程度时则应该舍去，因此 Q 值称为舍弃商。根据测定次数 n 和所要求的置信度 P（本书没有详述，请参考其他书籍）查表 1-3 得出

Q，若计算所得的 $Q > Q_{P,n}$，则弃去可疑值，反之则保留。

表 1-3 Q 表

P \ n	3	4	5	6	7	8	9	10
$Q_{0.90}$	0.94	0.76	0.64	0.56	0.51	0.47	0.44	0.41
$Q_{0.95}$	0.97	0.84	0.73	0.64	0.59	0.54	0.51	0.49

Q 检验法符合数理统计原理，计算简便，适用于平行 $3 \sim 10$ 次测定数据的检验。

【例题 1-5】 有一标准滴定溶液，4 次标定出的浓度分别为 0.1014mol/L、0.1012mol/L、0.1016mol/L、0.1033mol/L。请用 Q 检验法验证在置信度为 90% 的前提下，0.1033mol/L 这个值是否应舍去。

解 根据式(1-9)，有：

$$Q = \frac{0.1033 - 0.1016}{0.1033 - 0.1012} = \frac{17}{21} = 0.81$$

查表 1-3，$n = 4$ 时，$Q_{0.90} = 0.76$

$$Q = 0.81 > Q_{P,n} = 0.76$$

答：在置信度 90% 的前提下，浓度为 0.1033mol/L 的这个数据应舍去。

(2) 格鲁布斯法　设有 n 个数据，其递增的顺序为 $x_1, x_2, x_3, \cdots, x_{n-1}, x_n$，其中可疑值为 x_1 或 x_n。首先计算出该组数据的平均值 $\bar{x}$ 和标准偏差 s，再计算统计量 G。

若 x_1 为可疑值，则

$$G = \frac{\bar{x} - x_1}{s} \tag{1-10}$$

若 x_n 为可疑值，则

$$G = \frac{x_n - \bar{x}}{s} \tag{1-11}$$

根据事先确定的置信度和测定次数查表 1-4 得出 G，如果计算出来的 $G > G_{P,n}$，说明可疑值相对平均值偏离较大，则以一定的置信度将其舍去，否则保留。

表 1-4 $G_{P,n}$ 表

测定次数 n	置信度 P		测定次数 n	置信度 P	
	95%	99%		95%	99%
3	1.15	1.15	8	2.03	2.22
4	1.46	1.49	9	2.11	2.32
5	1.67	1.75	10	2.18	2.41
6	1.82	1.94	11	2.23	2.48
7	1.94	2.10	12	2.29	2.55

【例题 1-6】 标定某氢氧化钠溶液的浓度，采用 6 次标定。其结果分别为 0.1050mol/L、0.1086mol/L、0.1063mol/L、0.1051mol/L、0.1064mol/L、0.1041mol/L。用格鲁布斯法判断 0.1086mol/L，这个数据是否应该舍去（$P = 0.95$）。

解 6 次测定值递增的顺序为：0.1041，0.1050，0.1051，0.1063，0.1064，0.1086。根据有关公式计算如下：

$$\bar{x} = 0.1059\text{mol/L}, \quad s = 0.0016$$

$$G = \frac{0.1086 - 0.1059}{0.0016} = 1.69$$

查表 1-4，$G_{0.95,6} = 1.82$，$G < G_{0.95,6}$，因此 0.1086mol/L 这个数据不应舍去。

答：0.1086mol/L 这个数据不应舍去。

应当指出的是，在运用上述方法时，如置信度定得过大，则容易将可疑值保留；反之则可能将合理的测定值舍去。通常选择 0.90 或 0.95 的置信度是合理的。

2. 分析结果的表示

分析结果的计算是根据试样量、测定数据和分析过程中有关化学反应的计量关系得出的。由于测定方法不同及分析结果表示形式不同，因而计算方法也不同。首先应了解分析结果的表示形式。

(1) 被测组分的表示形式　分析测试中，通常以被测组分实际存在形式的含量表示。例如，测得样品中氮的含量后，根据实际情况以 NH_3、NO_3^-、N_2O_5、NO_2^- 或 N_2O_3 等形式表示。如果实际存在形式不清楚，则可以氧化物或元素形式的含量表示。

在分析有机化合物和金属材料时，常以元素形式表示分析结果。有机物以 C、H、O、N、S 等形式表示结果，金属材料常以金属元素表示。如合金钢，常以其所含金属元素 Fe、Mn、Mo、Cr、W 等元素表示结果。在矿石分析中，常以分析的目的决定分析结果的形式，如分析铁矿，目的是寻找炼铁原料，此时最好以金属铁的含量表示。

水质分析、液体试样的分析结果常以存在的离子形式表示。如 K^+、Na^+、Ca^{2+}、Mg^{2+}、Cl^-、S^{2-} 等形式表示含量。

(2) 被测组分含量的表示方法

① 以质量分数表示，通常用于固体试样的测定。例如，$w(Fe)=53.34\%$。液体试样有时也用质量分数表示，例如 $w(NaOH)=30\%$，其优点是不受温度的影响。

② 以体积分数表示

$$\varphi(B) = \frac{V(B)}{V(样)} \tag{1-12}$$

式中　$\varphi(B)$——被测组分 B 的体积分数；

　　　$V(B)$——被测组分 B 的体积；

　　　$V(样)$——试样的体积。

体积分数常用于表示液体或气体等试样的含量。

③ 以质量浓度表示，通常用于液体试样的测定中。如测定 HAc 试液，结果表示为 $\rho(HAc)=136.0g/L$，即 1L 试液中含 HAc 136.0g。

④ 以物质的量浓度表示，通常用于水质分析结果的表示。使用时应指明基本单元，例如，测定水中的碱度，氢氧化钠碱度可表示为 $c(NaOH)$，碳酸钠碱度可表示为 $c\left(\frac{1}{2}CO_3^{2-}\right)$。

⑤ 微量分析的结果表示方法。

对固体试样可采用 $\mu g/g$、mg/kg、ng/g、$\mu g/kg$ 等单位表示。

对液体试样可采用 $\mu g/mL$、mg/L、ng/L、$\mu g/L$ 等单位表示。

对液体或气体试样可用 $\mu L/L$、mL/m^3、nL/L、$\mu L/m^3$ 等单位表示。

3. 分析结果的计算

定量分析的任务是测定试样中相应组分的含量。即根据试样的质量、测量所得数据和分析过程中有关反应的计量关系，计算试样中有关组分的含量。

用不同的分析方法测定组分的含量，由于原理不同，分析结果的计算过程将有所区别，具体的计算方法详见各有关章节。

4. 原始记录和检验报告

（1）对原始记录的要求　对测量值进行读数和记录时，应注意以下几个问题。

① 测定过程中的各种测量数据要及时、真实、准确而清楚地记录下来，并且应该用一定的表格形式，使数据记录有条理，不易遗漏。

② 指针式显示仪表，读数时应使视线通过指针与刻度标尺盘垂直。

③ 记录测量数据时，应注意其有效数字的位数。

④ 记录的原始数据不得随意涂改，如需废弃某些记录的数据，应划掉重记。应将所得的数据交有关人员审阅后进行计算，不允许私自抄凑数据。

（2）分析测试报告　一份简洁、严谨、整洁的分析测试报告是测定的记录和总结的综合反映。分析测试报告一般包括以下内容：检验报告的总顺序号、每页编号、总页数；受检单位名称；检验报告的题目；样品说明（包括生产厂名、型号规格、产品批号或出厂日期、取样地点、编号、日期、方法等）；试验情况的必要说明；实验结果与标准要求的比较；检验结论（对样品或整批产品质量是否合格作出明确判断）；实验结果图片或图标等；实验中出现的疑点说明；检验报告的编写人、审核人和批准人签字；检验报告的批准日期等。

为了保证检验工作的科学性和规范化，检验原始记录必须用蓝黑墨水或碳素笔书写，做到记录原始、数据真实、字迹清晰、资料完整。原始检验记录应按页编号，按规定归档保存，内容不得私自泄露。检验报告不允许更改。全部检测数据均应采用法定计量单位。

第三节　滴定分析基础

分析测试技术是人们获得各种物质的化学组成、结构信息及其含量的必要手段。按分析原理和测试方法的不同，分析测试技术通常可分为化学分析技术和仪器分析技术。而滴定分析是化学分析技术中最重要的分析手段之一。

一、滴定分析法中的基本概念及方法特点

1. 标准溶液

由用于制备该溶液的物质而准确知道某种元素、离子、化合物或基团浓度的溶液，即已知准确浓度的试剂溶液。

2. 滴定剂

用于滴定而配制的具有一定浓度的溶液。

3. 滴定

将滴定剂通过滴定管滴加到试样溶液中，与待测组分进行化学反应，达到化学计量点时，根据所需滴定剂的体积和浓度计算待测组分的含量的操作。

4. 滴定分析法

通过滴定操作，根据所需滴定剂的体积和浓度，以确定试样中待测组分含量的一种分析方法，又称容量分析法。

5. 滴定终点

通过指示剂变色或终点指示器判断滴定过程中化学反应终了时的点。

6. 指示剂

在滴定分析中，为判断试样的化学反应程度时本身能改变颜色或其他性质的试剂。例如，用盐酸溶液滴定同浓度的氢氧化钠溶液时，以酚酞为指示剂，当溶液呈浅粉色，30s 不退色时，即表明所滴加的盐酸与氢氧化钠恰好完全反应。

7. 化学计量点

滴定过程中，待滴定组分的物质的量浓度和滴定剂的物质的量浓度达到相等时的点。需注意化学计量点和滴定终点并不完全一致。化学计量点是理论上的反应终点，而滴定终点则是靠指示剂或终点指示器指示的实际的反应终点。

8. 终点误差

因滴定终点与化学计量点不完全相符而引起的分析误差，又称为滴定误差。滴定误差是滴定分析误差的主要来源之一，其大小主要取决于化学反应的完全程度、指示剂的选择及其用量是否恰当以及滴定操作的准确程度等。

滴定分析法主要用于组分含量在 1% 以上的（称常量分析）物质的测定；有时采用微量滴定管也能进行微量分析。该法的特点是准确度高，能满足常量分析的要求；操作简便、快速；使用的仪器简单、价廉；并且可应用多种化学反应进行广泛的分析测定。

二、滴定分析对化学反应的要求

滴定分析是化学分析中主要的分析测试手段之一，适用于滴定分析的化学反应必须满足以下条件。

（1）化学反应应具有确定的化学计量关系，并能定量地完成，没有副反应。这是定量计算的基础。

（2）化学反应速率要快，要求在瞬间完成。对于反应速率较慢的化学反应，有时可加热或加入催化剂来加速化学反应的进行。

（3）要有简便可靠的方法确定滴定的终点。滴定终点指示方法有仪器法和指示剂法两种。

（4）滴定反应应不受其他共存组分的干扰。在滴定体系中如果存在其他共存组分，它们应完全不干扰滴定反应的进行（即滴定反应应该是专属的），或者可以通过控制反应条件、通过掩蔽等手段加以消除。

凡是能够满足上述要求的反应，都可以应用于直接滴定法中。但是，有时反应不能完全符合上述要求，则不能采用直接滴定法。遇到这种情况，可以采用其他滴定方式。

三、滴定方式

1. 直接滴定

凡是能满足上述条件的化学反应，都可以直接采用标准滴定溶液对试样溶液进行滴定，这种滴定方式称为直接滴定。例如，用 HCl 溶液滴定 NaOH 溶液，用 $K_2Cr_2O_7$ 溶液滴定 Fe^{2+} 等。直接滴定是最常用也是最基本的滴定方式，该法简便、快速，引入的误差小。

2. 返滴定

在试样溶液中加入过量的标准滴定溶液与组分反应，再用另一种标准滴定溶液滴定过量部分，从而求出组分含量的滴定方式称为返滴定。返滴定法又称为剩余滴定法或回滴法。例如，以 EDTA 滴定法滴定 Al^{3+}，酸碱滴定法测定固体试样中 $CaCO_3$ 的含量时，均可采用返滴定法。

3. 置换滴定

若被测物质与滴定剂不能完全按照化学反应方程式所示的计量关系定量反应，或伴有副反应时，则可以用置换滴定法来完成测定。即先用适当的试剂与待测组分反应，使它被定量地置换为另一种物质，再用标准滴定溶液滴定该生成物，然后根据滴定剂的消耗量以及反应生成的物质与待测组分的关系计算出被测物质的含量，这种滴定方式称为置换滴定。

例如，$Na_2S_2O_3$ 不能直接滴定重铬酸钾或其他强氧化剂，由于强氧化剂不仅能将 $S_2O_3^{2-}$（硫代硫酸根离子）氧化为 $S_4O_6^{2-}$（连四硫酸根离子），还可将其部分地氧化为 SO_4^{2-}，因而无固定的计量关系。若在酸性重铬酸钾溶液中加入过量的碘化钾溶液，则重铬酸钾可被定量置换为碘单质，即可用 $Na_2S_2O_3$ 进行滴定了。所以，以重铬酸钾标定硫代硫酸钠溶液浓度时，常采用置换滴定法。

4. 间接滴定

不能与滴定剂直接反应的物质，有时可以通过另外的化学反应间接地进行滴定。例如，溶液中的 Ca^{2+} 无法用氧化还原滴定法测定。但可将 Ca^{2+} 定量沉淀为草酸钙后，过滤洗净后用硫酸溶解沉淀，即可用高锰酸钾标准滴定溶液滴定与 Ca^{2+} 相当量的 $C_2O_4^{2-}$，从而间接测定 Ca^{2+} 的含量。

由于可以采用返滴定、置换滴定和间接滴定等多种滴定方式，因而极大地扩展了滴定分析的应用范围。

四、溶液浓度的表示方法

在分析测试工作中，随时都要用到各种浓度的溶液，溶液的浓度通常是指在一定量的溶液中所含溶质的量，在国际标准和国家标准中，溶剂用 A 代表，溶质用 B 代表。溶液浓度的表示方法有多种，常用的有以下几种。

1. 质量分数 $w(B)$

指溶质 B 的质量与溶液的质量之比。

$$w(B)=\frac{m(B)}{m} \tag{1-13}$$

2. 质量浓度 $\rho(B)$

物质 B 的总质量 m 与相应混合物的体积 V（包括物质 B 的体积）之比。单位为千克每立方米（kg/m^3），常用克每升（g/L）。

$$\rho(B)=\frac{m(B)}{V} \tag{1-14}$$

3. 物质的量浓度 $c(B)$

物质 B 的物质的量 $n(B)$ 与相应混合物的体积 V 之比。单位为摩尔每立方米（mol/m^3），常用摩尔每升（mol/L）。

$$c(B)=\frac{n(B)}{V} \tag{1-15}$$

【例题 1-7】 将 $0.023kg$ 的乙醇溶于 $0.5kg$ 水中组成的溶液，其密度为 $0.992×10^3kg/m^3$，试分别用乙醇的（1）质量分数；（2）质量摩尔浓度；（3）物质的量浓度表示该溶液的组成。已知乙醇的摩尔质量为 $46×10^{-3}kg/mol$。

解（1）质量分数

$$w(乙醇)=\frac{m(乙醇)}{m(乙醇)+m(水)}×100\%=\frac{0.023}{0.023+0.5}×100\%=4.4\%$$

（2）质量摩尔浓度

$$b(乙醇)=\frac{n(乙醇)}{m(水)}=\frac{0.023/0.046}{0.5}=1.00(mol/kg)$$

（3）物质的量浓度

$$c(乙醇) = \frac{n(乙醇)}{V} = \frac{n(乙醇)}{[m(乙醇)+m(水)]/\rho}$$

$$= \frac{0.023/0.046}{(0.5+0.023)/(0.992\times10^3)} = 948.37(mol/m^3)$$

【例题 1-8】 实验室有质量分数为 36.5% 的浓盐酸，溶液密度为 1.12g/mL。请计算该盐酸的物质的量浓度。

解
$$c(HCl) = \frac{n(HCl)}{V}$$

$$c(HCl) = \frac{1000m(HCl)/M(HCl)}{m/\rho(HCl)} = \frac{w(HCl)\rho(HCl)\times1000}{M(HCl)}$$

$$c(HCl) = \frac{1000\times0.365\times1.12}{36.5}$$

$$= 11.2(mol/L)$$

五、标准滴定溶液的制备

在滴定分析中，无论采用何种滴定方法，都必须使用标准滴定溶液。它在滴定分析中常用作滴定剂，它是滴定分析中进行定量计算的参数之一。标准滴定溶液的制备方法有两种，一是直接法，二是间接法。

1. 直接法

准确称取一定量的基准物质，溶解后定量转移入容量瓶中，加蒸馏水稀释至刻度，充分摇匀。根据所称取基准物质的质量以及容量瓶的容积即可直接计算出该标准滴定溶液的准确浓度。

能用于直接制备标准滴定溶液或用来确定（标定）某一溶液准确浓度的化学试剂（物质），称为基准试剂（物质）。作为基准试剂，必须符合以下条件。

① 该试剂的实际组成应与其化学式相符。若含结晶水时，其结晶水的含量也应与化学式相符，如硼砂 $Na_2B_4O_7\cdot10H_2O$。

② 试剂必须具有足够的纯度，即主成分的含量应在 99.9% 以上，所含的杂质应不影响滴定反应的准确度。

③ 试剂应该相当稳定。例如，不易吸收空气中的水分和二氧化碳，不易被空气氧化，加热干燥时不易分解等。

④ 试剂的摩尔质量较大。因为在配制标准滴定溶液时，需要准确称取一定量的基准物质，相对而言，摩尔质量较大的试剂称量质量也较大，称量的误差会相对较小。

表 1-5 列出了滴定分析中最常用的基准试剂的干燥条件及其应用，在使用中，应按规定进行妥善保存和干燥处理。

2. 间接法

许多化学试剂不能完全符合基准试剂条件。例如，氢氧化钠易于吸收空气中的水分和二氧化碳，纯度不高；市售的盐酸中 HCl 的准确含量难以确定、易挥发；高锰酸钾和硫代硫酸钠等均不易提纯且见光容易分解。它们不能用直接法制备标准滴定溶液，只能采取间接法制备。

即先配制近似于所需浓度的溶液，然后用基准试剂或另一种已知浓度的标准滴定溶液来确定它的准确浓度，这个过程称为标定，这种制备标准滴定溶液的方法也叫标定法。大多数标准滴定溶液都是通过标定的方法确定准确浓度的。

表 1-5　滴定分析常用基准试剂的干燥条件及其应用

工作基准试剂			干 燥 条 件	标定对象
名称	分子式	式 量		
无水碳酸钠	Na_2CO_3	105.99	300℃灼烧至恒重	盐酸
邻苯二甲酸氢钾	$KHC_8H_4O_4$	204.22	105～110℃干燥至恒重	氢氧化钠
三氧化二砷	As_2O_3	197.84	硫酸干燥器中干燥至恒重	碘
草酸钠	$Na_2C_2O_4$	134.00	105℃±2℃干燥至恒重	高锰酸钾
碘酸钾	KIO_3	214.00	180℃±2℃的电烘箱中干燥至恒重	硫代硫酸钠
溴酸钾	$KBrO_3$	167.00	120℃±2℃干燥至恒重	硫代硫酸钠
重铬酸钾	$K_2Cr_2O_7$	294.18	120℃±2℃干燥至恒重	硫代硫酸钠
氧化锌	ZnO	81.389	于已在800℃恒重的铂坩埚中,逐渐升温至800℃灼烧至恒重	乙二胺四乙酸二钠
碳酸钙	$CaCO_3$	100.09	110℃±2℃干燥至恒重	乙二胺四乙酸二钠
氯化钠	$NaCl$	58.442	500～600℃灼烧至恒重	$AgNO_3$
氯化钾	KCl	74.551	500～600℃灼烧至恒重	$AgNO_3$
乙二胺四乙酸二钠	$C_{10}H_{14}N_2O_8Na_2 \cdot 2H_2O$	372.24	硝酸镁饱和溶液(有过剩的硝酸镁晶体)恒湿器中放置7天	氯化锌
硝酸银	$AgNO_3$	169.87	在硫酸干燥器中干燥至恒重	氯化钠
苯甲酸	C_6H_5COOH	122.12	五氧化二磷干燥器中干燥至恒重	氢氧化钠

六、滴定分析中的计算

滴定分析法中的计算包括标准滴定溶液的制备、标定滴定溶液的浓度以及滴定结果的计算等。滴定分析中滴定结果计算的基础是等物质的量规则。即在滴定过程中，若根据滴定反应选取适当的基本单元，则滴定到达化学计量点时，待测组分的物质的量就等于所消耗标准滴定溶液的物质的量，即：

$$n\left(\frac{1}{Z_A}A\right) = n\left(\frac{1}{Z_B}B\right) \tag{1-16}$$

在这里，有必要介绍基本单元的概念。按照 SI 和国家标准的规定，基本单元可以是分子、原子、离子、电子等基本粒子，也可以是这些基本粒子的特定组合。在滴定分析中，通常以实际反应的最小单元为基本单元。对于质子转移的酸碱反应，通常以转移一个质子的特定组合作为反应物的基本单元；而氧化还原反应是电子转移的反应，通常以转移一个电子 (e) 的特定组合作为反应物的基本单元。如，在酸性溶液中用 $K_2Cr_2O_7$ 标准滴定溶液滴定 Fe^{2+} 时，滴定反应为：

$$Cr_2O_7^{2-} + 6Fe^{2+} + 14H^+ \longrightarrow 2Cr^{3+} + 6Fe^{3+} + 7H_2O$$

根据化学计量关系可得 $n(Fe) = 6n(K_2Cr_2O_7)$。$K_2Cr_2O_7$ 的电子转移数为 6，Fe^{2+} 的电子转移数为 1。如果选择以 $\frac{1}{6}K_2Cr_2O_7$ 及 Fe^{2+} 为基本单元，则 $n(Fe) = n\left(\frac{1}{6}K_2Cr_2O_7\right)$。关于基本单元，存在以下关系式。

① 摩尔质量：
$$M\left(\frac{1}{Z}B\right) = \frac{1}{Z}M(B) \tag{1-17}$$

② 物质的量:
$$n\left(\frac{1}{Z}B\right) = Zn(B) \tag{1-18}$$

③ 物质的量浓度:
$$c\left(\frac{1}{Z}B\right) = Zc(B) \tag{1-19}$$

【例题 1-9】 准确称取基准物质 $K_2Cr_2O_7$ 2.4530g,溶解后全部转移至 500mL 容量瓶中,用蒸馏水稀释至刻度。求此溶液的浓度 $c\left(\frac{1}{6}K_2Cr_2O_7\right)$。

解 $M(K_2Cr_2O_7) = 294.18\text{mol/L}$

$$M\left(\frac{1}{6}K_2Cr_2O_7\right) = 49.03\text{mol/L}$$

$$n\left(\frac{1}{6}K_2Cr_2O_7\right) = \frac{m}{M\left(\frac{1}{6}K_2Cr_2O_7\right)} = \frac{2.4530}{49.03} = 0.05003 \text{ (mol)}$$

$$c\left(\frac{1}{6}K_2Cr_2O_7\right) = \frac{n\left(\frac{1}{6}K_2Cr_2O_7\right)}{V} = \frac{0.05003}{0.5000} = 0.1001 \text{ (mol/L)}$$

1. 标准滴定溶液的直接配制、稀释或增浓相关的计算

计算的基本公式为:
$$m(B) = c(B)V(B)M(B) \tag{1-20}$$

及
$$c(稀)V(稀) = c(浓)V(浓) \tag{1-21}$$

【例题 1-10】 欲配制 0.1000mol/L 的 $K_2Cr_2O_7$ 标准滴定溶液 250.0mL,应称取基准 $K_2Cr_2O_7$ 多少克?

解
$$m(K_2Cr_2O_7) = c(K_2Cr_2O_7)V(K_2Cr_2O_7)M(K_2Cr_2O_7)$$
$$= 0.1000 \times 0.2500 \times 294.18$$
$$= 7.355 \text{ (g)}$$

2. 标定溶液浓度的相关计算

基本公式为:
$$\frac{m(A)}{M(A)} = \frac{a}{b}c(B)V(B) \tag{1-22}$$

式中,A 代表基准物质。

上式可计算待标定溶液中 B 的浓度,也可估算基准物质的称量范围和估算滴定剂的体积。

【例题 1-11】 用基准 $Na_2B_4O_7 \cdot 10H_2O$ 标定 HCl 溶液的浓度,称取 0.4806g 硼砂,滴定至终点时,消耗 HCl 溶液 25.20mL,计算 HCl 溶液的浓度。

解 滴定反应为:
$$Na_2B_4O_7 + 2HCl + 5H_2O \longrightarrow 4H_3BO_3 + 2NaCl$$

由式(1-22)得:
$$\frac{m(Na_2B_4O_7 \cdot 10H_2O)}{M(Na_2B_4O_7 \cdot 10H_2O)} = \frac{1}{2}c(HCl)V(HCl)$$

$$c(HCl) = \frac{2 \times 0.4806}{25.20 \times 10^{-3} \times 381.42} = 0.1000 \text{ (mol/L)}$$

【例题 1-12】 在标定 0.10mol/L 的 NaOH 溶液时,若欲控制消耗的滴定剂体积在 30～

35mL，问应该称取基准试剂草酸（$H_2C_2O_4 \cdot 2H_2O$）多少克？如果改用邻苯二甲酸氢钾（KHP）作基准物，又应称取多少克？

解　（1）以草酸（$H_2C_2O_4 \cdot 2H_2O$）为基准试剂，滴定反应为：

$$H_2C_2O_4 + 2NaOH \longrightarrow Na_2C_2O_4 + 2H_2O$$

$$m(H_2C_2O_4 \cdot 2H_2O) = \frac{1}{2}c(NaOH)V(NaOH)M(H_2C_2O_4 \cdot 2H_2O)$$

$V = 30mL$ 时，则

$$m(H_2C_2O_4 \cdot 2H_2O) = \frac{1}{2} \times 0.1 \times 30 \times 10^{-3} \times 126.07 = 0.19 \text{ (g)}$$

$V = 35mL$ 时，则

$$m(H_2C_2O_4 \cdot 2H_2O) = \frac{1}{2} \times 0.1 \times 35 \times 10^{-3} \times 126.07 = 0.22 \text{ (g)}$$

因此，草酸的称量范围应该为 0.19～0.22g。

（2）以邻苯二甲酸氢钾（KHP）作基准物，滴定反应为：

$$KHP + NaOH \longrightarrow KNaP + H_2O$$

$$m(KHP) = c(NaOH)V(NaOH)M(KHP)$$

$V = 30mL$ 时，则

$$m(KHP) = 0.1 \times 30 \times 10^{-3} \times 204.22 = 0.61 \text{ (g)}$$

$V = 35mL$ 时，则

$$m(KHP) = 0.1 \times 35 \times 10^{-3} \times 204.22 = 0.71 \text{ (g)}$$

因此，邻苯二甲酸氢钾的称量范围为 0.61～0.71g。

答：应该称取基准试剂草酸 0.19～0.22g；应该称取邻苯二甲酸氢钾 0.61～0.71g。

由上述的计算可以看出，邻苯二甲酸氢钾的摩尔质量较大，草酸的摩尔质量较小且为二元酸，所以在标定同一浓度的氢氧化钠溶液时，采用摩尔质量较大的邻苯二甲酸氢钾作为基准试剂，可以减小称量的相对误差。

3. 待测物质（组分）质量分数的相关计算

分析测试的结果经常用待测物质的质量分数表示，可直接用式(1-23)计算。

基本公式为：

$$w(A) = \frac{m(A)}{m(\text{样})} \times 100\% = \frac{\frac{a}{b}c(B)V(B)M(A)}{m(\text{样})} \times 100\% \tag{1-23}$$

式中，A 表示待测物质；B 表示标准滴定溶液；$m(\text{样})$ 表示试样的质量。

【例题 1-13】　测定氮肥中氮含量时，称取试样 1.616g，溶解并定容于 250mL 容量瓶中，摇匀。准确移取 25.00mL 上述试液于蒸馏瓶中，加入过量的 NaOH 溶液，将产生的 NH_3 定量导入 40.00mL 0.05100mol/L 的 H_2SO_4 吸收液中吸收，剩余的 H_2SO_4 用 0.09600mol/L 的 NaOH 标准滴定溶液滴定，消耗 17.00mL。计算该试样中 NH_3 的质量分数。已知 $M(NH_3) = 17.01$g/mol。

解　该测定过程采用的是返滴定法。根据酸碱反应的化学计量关系不难得出：

$$n(NH_3) = 2\left[n(H_2SO_4) - \frac{1}{2}n(NaOH)\right]$$

所以有：

$$w(\text{NH}_3) = \frac{2 \times \left[(0.05100 \times 40.00) - \frac{1}{2} \times (0.0960 \times 17.00)\right] \times 17.01}{1.616 \times \frac{1}{10} \times 1000} \times 100\% = 25.77\%$$

答：该试样中 NH_3 的质量分数为 25.77%。

第四节　分析天平

确定被测物质准确质量的过程称为称量。若要确定物质中各组分的含量，首先必须做到准确称量。准确称量必须使用分析天平。

分析天平是定量分析中重要的仪器之一。天平的种类很多，分类方法也不同。常用的有半自动电光天平、全自动电光天平和电子天平等。

一、半自动电光天平

各种规格的半自动电光天平的结构和使用方法基本相同，现以常见的 TG-328B 型半自动机械加码电光天平（如图 1-3 所示）为例，介绍该类天平的构造和使用方法。

1. 构造

天平的主要部件有如下几种。

（1）横梁　横梁是天平的主要构件，一般由铝合金制成。横梁上有 3 个玛瑙刀，其中一个装在横梁的中间，刀口向下，称为中刀或支点刀。另两个等距地安装在横梁的两端，刀口向上，称为载重刀。3 个刀口的棱边完全平行，并处于同一水平面上。在横梁的两端装有两个平衡螺丝。平衡螺丝用来调节横梁的平衡位置。横梁中间装有垂直的指针，用以指示平衡位置。支点刀的后上方装有重心螺丝，用以调整天平的灵敏度。

（2）立柱　天平正中是立柱，安装在天平底板上。立柱的上方镶有一块玛瑙平板，与支点刀口接触。立柱的上方装有能升降的托梁架，关闭天平时它托住天平梁，使刀口与玛瑙平面脱离接触，以减少磨损，立柱的中部装有空气阻尼器的外筒。

（3）悬挂系统　悬挂系统包括吊耳、空气阻尼器和秤盘。吊耳的平板下面镶有光面玛瑙，与支点刀口相接触，使吊耳和秤盘、阻尼器内筒能自由摆动；空气阻尼器由两个特制的铝合金圆筒

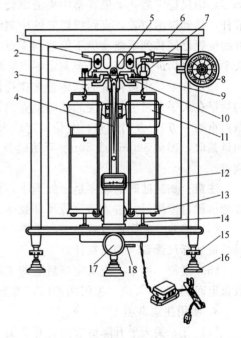

图 1-3　TG-328B 型半自动机械加码电光天平

1—横梁；2—平衡螺丝；3—吊耳；4—指针；
5—支点刀；6—框罩；7—圈码；8—指数盘；
9—支柱；10—折页；11—阻尼筒；12—投影屏；
13—秤盘；14—盘托；15—螺旋脚；16—垫脚；
17—升降枢旋钮；18—投影屏调节杆

构成，外筒固定在立柱上，内筒挂在吊耳上，两筒间隙均匀不互相摩擦，开启天平后内筒能自由上下运动，靠筒内空气阻力的作用使天平横梁很快停摆而达到平衡；两个秤盘分别挂在吊耳上，左盘放被称量物，右盘放砝码。值得注意的是，吊耳、阻尼器内筒、秤盘上都刻有"1"、"2"标记，安装时要注意分左右配套。

（4）光学读数装置　在指针的下端装有缩微标尺，光源发出的光线经聚光后，照射到天平指针下端的刻度标尺上，再经过放大，由反射镜反射到投影屏上。由于天平指针的偏移程度被放大在投影屏上，所以能准确读出 10mg 以下的质量。电光天平一般可以称量准确至 0.1mg，最大载荷为 100g 或 200g。

（5）砝码　每台天平都附有一盒配套使用的砝码，砝码盒内装有 1g、2g、3g、5g、10g、20g、20g、50g、100g 的三等砝码共 9 个。全自动电光天平的大小砝码全部由指数盘操纵自动加减。而半自动电光天平只有 1g 以下的砝码由指数盘操纵自动加减。

2. 使用方法

分析天平是精密仪器，使用时要认真、仔细，要预先熟悉使用方法，否则容易出错，导致称量不准确甚至损坏天平部件。天平的使用方法如下所述。

（1）称量前的准备　取下防尘罩，将防尘罩叠好放在天平箱上方。检查天平各部件是否正常；检查天平是否水平；秤盘是否洁净；圈码指数盘是否在"000"位置；圈码有无脱落；吊耳是否错位等。

（2）零点调节　接通电源，打开升降枢旋钮，此时在光屏上可以看到标尺的投影在移动。当标尺稳定后，如果屏幕中央的刻线与标尺上的"0.00"位置不重合，可拨动投影屏调节杆，移动屏的位置，直到投影屏的中刻线与标尺中的"0"线重合，即为零点。如果投影屏的位置已经移到不能动仍不能调到零点时，需关闭天平，调节横梁上的平衡螺丝，再开启天平调节投影屏调节杆，直至调定零点，然后关闭天平，准备称量。

（3）称量　将被称量的物体首先在托盘天平上粗称，然后放至天平左盘中心，根据粗称的数据在天平右盘上加相应的砝码至克位。半开天平，观察标尺移动方向（记住：光标总是飘向重的一方），及时调整；克位调定后再依次调整百毫克组和十毫克组圈码，每次均从中间量截取，即从 500mg 或 50mg 开始调节。待调定圈码至 10mg 位后，完全开启天平，准备读数。

注意：加减砝码的顺序是由大到小，依次调定。砝码未完全调定时不可完全开启天平，以免横梁过度倾斜，造成错位或吊耳脱落。

（4）读数　砝码调定后，关闭天平门，待标尺停稳后即可读数。被称量物的质量等于砝码总量加标尺读数（均以克计）。

（5）复原　称量、记录完毕后随即关闭天平，取出被称物，将砝码夹回砝码盒，圈码指数盘退回到"000"位，关闭两侧门，盖上防尘罩。

3. 使用注意事项

（1）开、关天平升降枢旋钮，开、关天平侧门，加、减砝码，取、放称量物等操作，动作都要轻、缓，且不可用力过猛；否则，往往会造成天平部件脱位。

（2）调定零点及记录称量读数后，应随手关闭天平，加、减砝码和被称物必须在天平关闭的状态下进行，砝码未调定时不可完全开启天平。

（3）称量读数时，必须关闭两个侧门，并完全开启天平。

（4）砝码必须用镊子夹取，并防止掉在地上、台上，不得任意使用其他砝码。

（5）使用天平的指数盘加减圈码时，动作一定要轻，不得听到"嘭、嘭"的声音。

（6）所称物品质量不得超过天平的最大载荷量，称量读数应立即记录在指定记录表（或记录本）中，不得记在它处再誊写。

（7）称量完毕后，应随即将天平复原，并检查天平周围是否清洁。

（8）天平使用一定时间（一般半年）后，要清洗、擦拭玛瑙刀口和砝码，并检查计量性能和调整灵敏度。

二、电子天平

用电磁力平衡被称物体重力的天平称为电子天平。

1. 性能特点

① 电子天平支撑点采用弹簧片，没有机械天平的宝石或玛瑙刀，取消了升降框装置，采用数字显示方式代替指针刻度显示。使用寿命长，性能稳定，灵敏度高，操作方便。

② 电子天平采用电磁力平衡原理，称量时全量程不用砝码。放上被称物后，在几秒内即达到平衡，显示读数，称量速度快，精度高。

③ 有的电子天平具有称量范围和读数精度可变的功能，如瑞士梅特勒 AE240 天平，在 $0\sim205g$ 的称量范围，读数精度为 0.1mg；在 $0\sim41g$ 称量范围内，读数精度为 0.01mg，可以一机多用。

④ 分析及半微量电子天平一般具有内部校准功能，天平内部装有标准砝码，使用校准功能时，标准砝码被启用，天平的微处理器将标准砝码的质量值作为校准标准，以获得正确的称量数据。

⑤ 电子天平是高智能化的，可在全量程范围内实现去皮、累加、超载显示、故障报警等功能。

⑥ 电子天平具有质量电信号输出，这是机械天平无法做到的。它可以连接打印机、计算机，实现称量、记录和计算的自动化，同时也可以在生产、科研中作为称量、检测的手段，或组成各种新仪器。

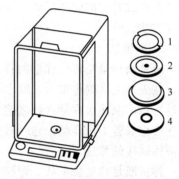

图 1-4　电子天平外形及相关部件
1—秤盘；2—盘托；
3—防风环；4—防尘隔板

2. 安装、使用方法

电子天平对环境的要求与机械天平基本相同，值得强调的是应使天平远离带有磁性或能产生磁场的物体和设备。

电子天平（如图 1-4 所示）的安装比较简单，一般按说明书要求进行即可。清洁天平各部件后，放好天平，调节水平，依次将防尘隔板、防风环、托盘、秤盘放上，连接电源即可。

电子天平的使用方法如下。

① 使用前检查天平是否水平，调整水平。

② 称量前接通电源预热 30min。

③ 校准。首次使用天平、将天平移动位置或放置一段时间后，都应对天平进行校准。为了使称量更精确，也可以随时对天平进行校准。校准可按说明书要求，用内装校准砝码或外部自备修正值的校准砝码进行。

④ 称量。按下显示器的开关键，待显示稳定的零点后，将物品放到秤盘上，关上防风门，显示稳定后即可读取称量值。操纵相应的按键可以实现"去皮"、"增重"、"减重"等称量功能。

例如，用小烧杯称取样品时，可先将洁净干燥的小烧杯放在秤盘中央，显示数字稳定后按"去皮"键，显示立即恢复为零，再缓缓加样品至显示出所需样品的质量时，停止加样，即可直接记录称取样品的质量。

短时间（$1\sim2h$）内暂时不使用天平，可不必关闭天平电源，以免再次使用时重新通电预热。

3. 维护与保养

① 将天平置于稳定的工作台上避免振动、气流及阳光照射。

② 在使用前调整水平仪气泡至中间位置。

③ 电子天平应按说明书的要求进行预热。

④ 称量易挥发和具有腐蚀性的物品时，应盛放在密闭的容器中，以免腐蚀和损坏电子天平。

⑤ 经常对电子天平进行自校或定期外校，保证其处于最佳状态。

⑥ 如果天子天平出现故障应及时检修，不可带"病"工作。

⑦ 天平不可过载使用，以免损坏天平。

⑧ 若长期不用电子天平时应暂时收藏好。

三、样品的称量方法

根据不同的称量对象，需采用相应的称量方法。一般有如下几种称量方法。

1. 直接法

天平零点调定后，将被称物直接放在秤盘上，调整天平平衡直接读取被称量物质量的方法，称为直接法。该称量方法适用于称量洁净干燥的器皿、棒状或块状的金属及其他整块的不易潮解或升华的固体样品。注意，不能用手直接取放被称物，应该采用垫纸条或用镊子夹取等方法。

2. 减量法

减量法称量是将被称量的样品置于干燥洁净的容器（如称量瓶、纸簸箕、小滴瓶等）中，在天平上准确称重后，取出一定量被称量样品后，再次称量容器，取两次称量读数之差为取出样品的质量。减量法可连续称取若干份样品，它一般适用于颗粒状、粉末状试剂或液体试样的称量。

称量瓶是称量粉末状、颗粒状样品最常用的容器，如图1-5所示。称量瓶的使用方法：使用前称量瓶要洗净烘干，被称样品也应烘干、研磨后装入称量瓶。装入量的多少，一般根据需称量决定，最多不超过称量瓶的 2/3。称量瓶用时不能直接用手拿，而应用纸条套住瓶身中部，用手指捏紧纸条进行操作（或戴细纱手套操作）。先粗称，再拿到分析天平上准确称量并记录读数；关闭天平，按所需称量的样品质量在天平上减去相应的砝码；拿出称量瓶，在盛接样品的容器上方打开瓶盖并用瓶盖轻敲称量瓶口的右上方，使样品缓缓倾入容器，如图1-6所示。估计倾出的样品已够量时，再边敲瓶口边将瓶身扶正（一般称为回敲），盖好瓶盖后方可离开容器的上方，再放回天平秤盘中准确称量。如果一次倾出的样品质量不够，可再次倾倒样品，若过量则应弃去重称，直至倾出样品的量满足要求后，再记录第二次天平称量的读数。两次读数之差即为样品的质量。

图 1-5　称量瓶

图 1-6　倾出试样的操作

3. 增量法

减量法所称样品的质量在一定的称量范围内即可，而在分析测试工作中有时需要准确称量一定质量的样品。例如，配制 100mL 1.000mg/mL 的 Ca^{2+} 标准溶液，必须准确称取 0.2497g 的 $CaCO_3$ 基准试剂，这就需要采用增量法（也称固定量称量法）称量。增量法的操作：准确称量一个洁净干燥的小烧杯的质量，读数后再加上所需样品质量的砝码，在天平半开状态下，小心缓慢地向小烧杯中加试剂，直至所指定的质量为止。增量法的操作较慢，适用于在空气中不易吸潮的粉末状或小颗粒样品。

4. 液体样品的称量

液体样品的准确称量比较麻烦，根据样品性质的不同需采用不同的称量方法。

① 对于性质稳定、不易挥发的样品，可将样品装在干燥的小滴瓶中用减量法称取。这种方法应该预先粗测每一滴样品的大致质量。

② 对于较易挥发的样品，可采用增量法。例如，称取浓 HCl 试样时，可先在 100mL 具塞锥形瓶中加入约 20mL 水，准确称量后，加入适量的试样，立即盖上瓶塞，再进行准确称量，然后进行测定。

③ 对于容易挥发或与水作用强烈的样品，可采取特殊的方法进行称量。例如，称量冰乙酸样品可用已知空瓶质量的小称量瓶准确称量，然后连瓶一起放入已盛有适量水的具塞锥形瓶中，摇开称量瓶盖，样品与水混匀后进行测定。对于发烟硫酸及浓硝酸样品，一般可采用直径约 10mm、带毛细管的安瓿球称量。

【技能训练1】 天平称量练习

一、训练目的

1. 熟悉各种天平的结构、性能、维护和保养常识。

2. 学会各种称量方法。

3. 养成良好的操作习惯。

二、训练所需试剂和仪器

1. 试剂

（1）质量 10g 左右的铜片。

（2）固体 $ZnSO_4$。

（3）双氧水溶液。

2. 仪器

架盘天平、半自动电光分析天平、电子天平、玻璃表面皿、称量瓶等。

三、训练内容

1. 熟悉天平

（1）熟悉半自动电光分析天平的结构，各部件名称及作用；练习水平和零点调节等操作。

（2）熟悉电子天平的外部结构，练习电子天平校正方法。

2. 直接称量法

用半自动电光分析天平分别准确称取一个铜片、一个称量瓶、一个表面皿的质量，平行称量 3 次。

直接称量法记录表

被称量物	m_1/g	m_2/g	m_3/g

3. 差减称量法

称量 0.5g（0.45～0.55g）无水 $ZnSO_4$ 固体。

（1）用半自动电光分析天平称量，并记录，连续称量 4 份样品。

（2）用电子天平称量并记录，连续称量 4 份样品。

差减称量法记录表

项　　目	m_1/g	m_2/g	m_3/g	m_4/g
敲样前				
敲样后				
样品质量				

4. 液体样品的称量

减量法称量 3g 双氧水溶液。

（1）用半自动电光分析天平称量，并记录，连续称量 3 份样品记录在表格中。

（2）用电子天平称量，并记录，连续称量 3 份样品记录在表格中。

（3）估计 1g 的双氧水溶液，大概要滴几滴。

液体样品称量记录表

项　　目	m_1/g	m_2/g	m_3/g
电光分析天平称量			
电子天平称量			

5. 注意事项

（1）使用半自动电光分析天平进行"试重"时，要半开天平以保证玛瑙刀口不受损。在读数时要全开天平，以保证读数准确。

（2）天平砝码与天平是配套的，不得随意使用，更不能用手直接拿取。

（3）被称量物不得随意放在干燥器和秤盘以外的地方（例如实验台等），更不能用手直接拿取。

（4）半自动电光分析天平在加减砝码和取放被称量物时，一定要在天平关闭状态下进行。

（5）电子天平一般要预热 20min 方可稳定。

（6）注意电子天平用于校正的标准砝码不可损坏或丢失。

（7）注意不可将被称量的药品洒落在天平秤盘上或其他部位，避免天平部件被腐蚀。

（8）无论是半自动电光分析天平还是电子天平，都不得随意移动位置。

四、思考题

1. 为什么半自动电光分析天平试重时加砝码总是"由大到小，中间截取"？

2. 在用差减法称量固体粉末样品时，不慎将样品洒落在锥形瓶外，该如何处理？

3. 何谓"回敲"，其目的是什么？

4. 比较半自动电光分析天平和电子天平在功能上有哪些不同？

本 章 小 结

一、定量分析的一般过程

定量分析的过程一般包括样品的采集和制备、试样的分解、试样的预处理、分析方法的选择、分析测试、结果计算及出具报告等步骤。

二、滴定分析基础知识

1. 滴定分析的基本概念和基本方法

（1）基本概念：滴定分析法、标准溶液、滴定、滴定剂、滴定终点、指示剂、化学计量点、终点误差。

（2）滴定分析对化学反应的要求：定量进行、快速反应、易于判断终点、无共存干扰组分。

（3）滴定方式：直接滴定法、返滴定法、置换滴定法、间接滴定法。

2. 溶液浓度的表示方法

质量分数 $\qquad\qquad w(B) = \dfrac{m(B)}{m}$

质量浓度 $\qquad\qquad \rho(B) = \dfrac{m(B)}{V}$

质量摩尔浓度 $\qquad\qquad b(B) = \dfrac{n(B)}{m(A)}$

物质的量浓度 $\qquad\qquad c(B) = \dfrac{n(B)}{V}$

3. 标准滴定溶液的制备

（1）了解常用的基准物及其干燥条件。

（2）标准滴定溶液的制备方法：直接法、间接法。

（3）作为基准试剂，必须符合以下条件。

① 该试剂的实际组成应与其化学式相符。

② 试剂必须具有足够的纯度。

③ 试剂应该相当稳定。

④ 试剂的摩尔质量较大。

4. 滴定分析中的计算

（1）标准滴定溶液的直接配制、稀释的计算。

（2）标定滴定溶液浓度的计算。

（3）待测物质（组分）质量分数的计算。

三、定量分析中的误差及其处理方法

1. 误差

绝对误差 $\qquad\qquad E_a = x - T$

相对误差 $\qquad\qquad E_r = \dfrac{E_a}{T} \times 100\%$

2. 偏差

绝对偏差	$d_i = x_i - \overline{x}$ $\quad (i = 1, 2, \cdots, n)$

平均偏差 $\quad \overline{d} = \dfrac{|d_1| + |d_2| + \cdots + |d_n|}{n} = \dfrac{1}{n} \sum |d_i|$

相对平均偏差 $\quad \overline{d}_r = \dfrac{\overline{d}}{\overline{x}} \times 100\%$

标准偏差 $\quad s = \sqrt{\dfrac{\sum (x_i - \overline{x})^2}{n - 1}}$

相对标准偏差 $\quad \mathrm{RSD} = \dfrac{s}{\overline{x}} \times 100\%$

3. 准确度和精密度的关系

好的精密度是获得准确结果的前提和保证，精密度差，所得结果不可靠，也就谈不上准确度高。但是精密度高，准确度不一定高，只有在减免或校正了系统误差的前提下，精密度高，其准确度才可能高。

4. 误差的分类

误差一般分为系统误差和随机误差。

系统误差来源于取样误差、方法误差、仪器误差、试剂误差、个人误差等。

5. 误差的减免方法

对照试验、空白试验、仪器校准、方法校正等。

四、有效数字及其运算

(1) 有效数字的意义和位数：有效数字是分析测试中实际测量得到的数字。有效数字位数反映了测量的准确度。

(2) 数字修约的规则："四舍六入，舍五成双"。

(3) 有效数字的运算规则。

① 加减法：以小数点后位数最少（即绝对误差最大）的数为依据。

② 乘除法：以其中相对误差最大（即有效数字位数最少）的数值为依据，先修约后计算。

五、分析结果的处理

1. 可疑测定值的取舍

常用的方法包括 Q 检验法和格鲁布斯法。

2. 分析结果的表示

(1) 被测组分的表示形式。

(2) 被测组分含量的表示方法。

3. 分析结果计算

4. 原始记录和检验报告

六、分析天平

1. 分析天平的分类

2. 半自动电光分析天平、电子天平的结构

3. 分析天平的使用和维护

4. 称量方法

直接法、减量法、增量法、液体试样的称量方法。

滴定分析法的发展史

酸碱滴定法的确立首先应归功于酸碱指示剂的发现和对指示剂的研究所取得的成绩。1881 年，龙格（Lunge）完全是凭经验而采用了甲基橙作指示剂来滴定碱式碳酸盐的。三年后，P·T·汤姆逊也在经验积累的基础上研究了一些常用的指示剂，然后，他给指示剂提供了一套实用的辨色标准。

1891 年，奥斯特瓦尔德提出了他的指示剂理论，即使不十分完善，但却为 A·汉奇（Hantzsch）提出的指示剂是假酸和假碱的概念铺平了道路。E·萨尔姆（Salm）、J·蒂勒（Thiele）和其他研究者检验了氢离子浓度与颜色变化的关系。萨尔姆在各种不同溶液中研究了 28 种指示剂。他的工作为索伦森（Sorensen）在 1909 年提出 pH 概念奠定了基础。1911 年，H·T·蒂泽德（1885～1959 年）研究了指示剂的灵敏度。三年后，N·比约鲁姆发表了有关指示剂理论的专著，对盐的水解作了很好的论述，并强调滴定到某一特定 pH 的重要性；这一目的通过利用指示剂在适当 pH 点发生的变化和采用电势滴定而最终达到了。细菌学家们发现 pH 指示剂在制备培养基方面很有价值。1915 年左右，美国农业部的化学家 Wm·M·克拉克（Clark）和 H·A·勒布斯（Lubs）非常细心地研究了各种适于作指示剂的染料。F·S·艾克里在 1916 年发现了磺酞类指示剂，其中百里酚蓝被证实特别有用，因为它能产生两种颜色变化，这后来被解释为它能起二元酸的作用所致。研究者们还很重视酸和碱的电离常数。1921 年，蒂泽德和博伊利指出了怎样去控制二元酸的滴定。

氨基酸的滴定很重要，引起了人们相当大的注意。1907 年，索伦森证实，如果先用甲醛把碱性的氨基保护起来，那么就可满意地进行氨基酸的滴定。20 世纪 20 年代，F·W·福尔曼以及 R·维尔施泰特和 E·阿尔德施米特-莱茨在观察到乙醇能够将氨基的碱性强度减弱到比羧基的酸性强度弱得多的程度后，各自独立地提出了另一种氨基酸滴定法。

氧化还原滴定法方面也有新试剂出现；普林斯顿的 N·H·富尔曼和密执安的 H·威拉德发明的硫酸铈法特别重要。氧化电势的研究也导致了新的指示剂。比如，克诺普曾提出二苯胺作为重铬酸钾法中滴定铁的内指示剂，但到了 1931 年，I·M·柯尔托夫（Kolthoff）和 L·A·萨弗（Sarver）证实使用二苯磺酸还更为有效。后来证实，高锰酸钾法和碘量法是最为方便可靠的两种氧化还原滴定分析法。

然而 20 世纪以来，容量分析中最大的成就莫过于氨羧配合剂滴定法的发明。在 30 年代，人们已知氨三乙酸、乙二胺四乙酸（EDTA）等氨基多羧酸在碱性介质中能与钙、镁离子生成极稳定的配合物，用于水的软化和皮革脱钙。瑞士苏黎世工业大学化学家施瓦岑巴赫（Gerold Schwarzenbach，1904～1978）对这类化合物的物理化学性质进行了广泛的研究，提出以 EDTA 滴定水的硬度，以紫脲酸铵为指示剂，获得了很大的成功。随后在 1946 年又提出以铬黑 T 作为这项滴定的指示剂，奠定了 EDTA 滴定法的基础。由于 EDTA 在水溶液中几乎和所有金属阳离子都可以形成配合物。但稳定性差别很大。因此可以借调节变换溶液中的 pH 或利用适当的掩蔽剂来提高 EDTA 滴定的选择性。例如，1948 年施瓦岑巴赫提出以 KCN 为掩蔽剂，用来掩蔽 Cd^{2+}、Zn^{2+}、Cu^{2+}、Ni^{2+}、Co^{2+}，用 NH_4F 来掩蔽 Al^{3+}。又如 1956 年原捷克斯洛伐克科学院的蒲希比（Rudolf Pribil）等提出用二甲酚橙为指示剂在不同 pH 条件下滴定 Bi^{3+}（pH＝5～6），Sc^{3+}、La^{3+}、Pb^{2+}、Zn^{2+}、Cd^{2+} 和 Hg^{2+}（pH＝5～6），并找到了三乙醇胺出色地解决了掩蔽 Fe^{3+} 的问题。到 60 年代，近 50 种元素都已能用 EDTA 直接滴定（包括回滴法），其他还有 16 种元素能间接滴定，特别是它能直接滴定碱土金属、铝及稀土元素，弥补了过去容量分析的一大缺陷。于是利用氨羧配合剂的滴定法受到了普遍的欢迎，很快在黑色金属、有色金属、硬质合金、耐火材料、硅酸盐、炉渣、矿石、化工材料、水质、电镀液等部门中得到推广应用。

沉淀滴定法的一个关键进展是 1923 年 K·法扬司（Fajans）采用的吸附指示剂。法扬司发现，荧光黄及其衍生物能清楚地指示银离子溶液滴定卤化物样品的终点。后来证实酒石黄和酚藏花红对酸溶液中的滴定很有效。他还证实，如果使用两种指示剂，碘化物和氯化物则可同时在一个溶液中进行滴定。酒石酸和草酸等一些二元酸能够与各种离子形成配合物，20 年代，舍伦及其同事发现丹宁是一种有用的试剂，它可以从这些配合物中沉淀出钽和铌。1905 年，L·丘加也夫（1873～1922）观察到，二甲基乙二肟能与镍盐的氨溶液发生反应，H·克劳特（Kraut）把这个试剂应用到定性分析中。1907 年，O·布龙克（Brunck）提出了重量分析操作法。

尽管仪器分析方法具有明显的优越性，但时至今日，对常量组分的测定仍是沿用传统的化学分析法，因为对含量较高的组分能取得较高的测定准确度仍是这种方法的优点。因此传统分析方法并未成为明日黄花。对比起来，仪器分析法设备复杂，价格昂贵，调试维修任务重，难于普及，对传统分析方法仍有研究发展的必要。因此 20 世纪以来这方面的研究论文仍不断涌现。

复习思考题

1. 物质的定量分析过程包含哪些步骤？
2. 如何制备固体样品？
3. 制备酸碱标准滴定溶液时，为什么用量筒量取盐酸、用架盘天平称取氢氧化钠，而不用吸量管和分析天平？
4. 标准滴定溶液装入滴定管之前，为什么要用待装溶液润洗滴定管 2～3 次？锥形瓶是否也需要用待装溶液润洗或烘干，为什么？
5. 标定 NaOH 及 HCl 时，如何确定欲称取基准物邻苯二甲酸氢钾和碳酸钠的质量范围？称得过多或过少对标定有何影响？
6. 溶解基准物质时，加入 20～30mL 水，是用量筒量取还是用移液管移取，为什么？
7. 如果基准物未烘干，将使标准滴定溶液浓度的标定结果偏高还是偏低？
8. 试区别准确度和精密度，误差和偏差的含义。
9. 简述系统误差的性质及其产生的原因。
10. 简述系统误差的减免方法。
11. 简述随机误差（偶然误差）的性质、产生的原因和减免方法。
12. 在使用半自动电光分析天平时，为何在加减砝码、取放被称量物以及加减圈码时，必须关闭天平？
13. 减量法称量时，可否用小药勺取样，为什么？

自 测 题

一、判断题

1. 准确度高精密度一定高。　　　　　　　　　　　　　　　　　　　　　　（　　）
2. 精密度高准确度就高。　　　　　　　　　　　　　　　　　　　　　　　（　　）

3. 某次滴定过程中消耗滴定剂 26.40mL，可以记录为 26.4mL。（　　）

4. 空白试验就是不加被测试样，在相同条件下进行的测定。（　　）

5. 若某数据的第一位有效数字大于 8 时，有效数字可以多计一位。（　　）

6. 不允许将数据记录在草稿纸上再誊写。（　　）

7. 计算 19.87×8.06×2.3645 时，可以先修约成三位有效数字后再计算出结果，也可以先算出结果后再保留三位有效数字。（　　）

8. 不小心将数据记错了，可用涂改液涂掉，重新记录上去。（　　）

9. 滴定至指示剂发生颜色突变的一点称为化学计量点。（　　）

10. 滴定操作应该快速进行，使滴定反应快速进行完全。（　　）

二、选择题

1. 下面数字中有效数字位数为四位的是（　　）。

   A. 0.052　　　　　　B. 0.0234　　　　　　C. 10.030　　　　　　D. 40.02%

2. 计算 6.5567/0.7796 − 4.09 的结果应保留的有效数字位数为（　　）。

   A. 五位　　　　　　B. 四位　　　　　　C. 两位　　　　　　D. 三位

3. pH=10.20，有效数字位数是（　　）。

   A. 四位　　　　　　B. 三位　　　　　　C. 两位　　　　　　D. 不确定

4. 在称量样品时试样会吸收微量水分，这种情况属于（　　）。

   A. 系统误差　　　　B. 随机误差　　　　C. 过失误差　　　　D. 没有误差

5. 标定盐酸溶液浓度时，使用的基准物 Na_2CO_3 中混有少量 $NaHCO_3$，将对分析结果产生（　　）影响。

   A. 正误差　　　　　B. 负误差　　　　　C. 无影响　　　　　D. 结果混乱

6. 下列试剂中，可以采用直接法配制成标准滴定溶液的是（　　）。

   A. 硫酸　　　　　　B. 氢氧化钾　　　　C. 硫代硫酸钠　　　D. 无水碳酸钠

三、计算题

1. 按有效数字运算规则，计算下列结果：

   (1) $7.9936/0.9967 − 5.02 = ?$

   (2) $2.187×0.584 + 9.6×10^{-5} − 0.0326×0.00814 = ?$

   (3) $0.03250×5.703×60.1/126.4 = ?$

   (4) $(1.276×4.17) + (1.7×10^{-4}) − (0.0021764×0.0121) = ?$

2. 有一化学试剂送给甲、乙两处进行分析，分析方案相同，实验条件相同，所得分析结果如下。

   甲处：40.15%，40.14%，40.16%

   乙处：40.02%，40.25%，40.18%

   请分别计算两处分析结果的精密度。用标准偏差和相对平均偏差计算，何处分析结果更可靠，说明原因。

3. 测定某矿石中铁含量，分析结果为 0.3406，0.3408，0.3404，0.3402。计算结果的平均值、平均偏差、相对平均偏差和标准偏差。

4. 测定工业纯碱中 Na_2CO_3 的含量时，称取 0.2457g 的 Na_2CO_3 试样，用 0.2071mol/L 的 HCl 标准滴定溶液滴定，以甲基橙指示终点，消耗 HCl 标准滴定溶液 21.45mL。求纯碱中 Na_2CO_3 的质量分数。

5. 称取 0.1500g 的 $Na_2C_2O_4$ 基准物，溶解后在强酸溶液中用 $KMnO_4$ 标准滴定溶液滴定，用去 20.00mL，计算该 $KMnO_4$ 溶液的浓度。

第二章 酸碱滴定法

【理论学习要点】

酸碱质子理论、酸碱离解常数、共轭酸碱对的概念、酸碱反应实质、酸碱溶液中 H^+ 浓度的计算、酸碱缓冲溶液的概念、酸碱指示剂的作用原理、强酸（碱）滴定强碱（酸）基本原理、强酸滴定弱碱基本原理、强碱滴定弱酸基本原理、弱酸弱碱准确滴定的条件、混合酸（碱）的滴定原理。

【能力培训要点】

移液管和吸量管的使用、容量瓶的使用、滴定管的使用、盐酸标准滴定溶液的制备、氢氧化钠标准滴定溶液的制备、易挥发组分的称样方法、酸碱滴定过程中滴定终点的判断、酸碱滴定法有关计算。

【应达到的能力目标】

1. 能够制备盐酸标准滴定溶液。
2. 能够制备氢氧化钠标准滴定溶液。
3. 能够利用酸碱滴定法测定工业硫酸的含量。
4. 能够利用酸碱滴定法测定工业冰乙酸的含量。
5. 能够利用酸碱滴定法测定氨水中氨的含量。
6. 能够利用酸碱滴定法测定混合碱中各组分的含量。
7. 能够对酸碱滴定法的滴定结果进行计算。

案例一 工业硫酸含量的测定

工业硫酸是一种重要的化工产品，也是一种基本的工业原料，广泛应用于化工、轻工、制药及国防科研等部门，在国民经济中占有非常重要的地位。工业硫酸含量的测定可依据 GB/T 534—2002，其具体方法为：称取一定量的样品，以甲基红-亚甲基蓝为指示剂，用氢氧化钠标准滴定溶液中和滴定以测得硫酸含量。

⬤ 案例分析

1. 在上述案例中，采用的是氢氧化钠标准滴定溶液。
2. 滴定过程中所发生的化学反应为：$H^+ + OH^- \rightleftharpoons H_2O$，该反应类型为酸碱中和反应。
3. 滴定终点的判断是以甲基红-亚甲基蓝为指示剂。

为完成工业硫酸含量的测定任务，需掌握如下理论知识和操作技能。

⬤ 理论基础

一、溶液的酸碱性与 pH

1. 酸碱质子理论

酸碱质子理论认为：凡是能够给出质子（H^+）的物质就是酸，凡是能够接受质子的物质就是碱。例如：

$$HAc \longrightarrow H^+ + Ac^- \qquad NH_3 + H^+ \Longleftrightarrow NH_4^+$$

$$\quad 酸 \qquad 质子 \quad 碱 \qquad\qquad 碱 \quad 质子 \quad 酸$$

按照酸碱质子理论，酸碱可以是阳离子、阴离子，也可以是中性分子。

2. 酸碱离解常数

（1）水的质子自递作用　对于某些物质，在不同的条件下，可分别呈现出酸或碱的性质。例如 $H_2PO_4^-$，在 H_3PO_4-$H_2PO_4^-$ 体系中表现为碱，在 $H_2PO_4^-$-HPO_4^{2-} 体系中表现为酸。这种既可以给出质子表现为酸，又可以接受质子表现为碱的物质，称为两性物质。水就是最常见的两性物质，即水分子之间存在质子的传递作用，称为水的质子自递作用。水的质子自递作用可用下式表示：

$$H_2O + H_2O \Longleftrightarrow H_3O^+ + OH^-$$

该反应的平衡常数称为水的质子自递常数，用 K_w 表示，即

$$K_w = [H_3O^+][OH^-]$$

在水溶液中，水合质子 H_3O^+ 常简写为 H^+。因此，K_w 的表示式又可简写为：

$$K_w = [H^+][OH^-] \tag{2-1}$$

K_w 也称为水的离子积，其值与浓度、压力无关，而与温度有关。在 25℃ 时，$K_w = 1.00 \times 10^{-14}$。

（2）酸碱离解常数　以 HA 代表一元弱酸，在水溶液中的离解反应与平衡常数可表示为：

$$HA + H_2O \Longleftrightarrow H_3O^+ + A^-$$

$$K_a = \frac{[H_3O^+][A^-]}{[HA]} \tag{2-2}$$

平衡常数 K_a 称为酸的离解常数，它是衡量酸强弱的参数。K_a 越大，表明该酸的酸性越强。如 $K_a(HAc) = 1.8 \times 10^{-5}$，$K_a(HCOOH) = 1.8 \times 10^{-4}$，因为 $K_a(HCOOH) > K_a(HAc)$，所以甲酸的酸性比乙酸的酸性强。在一定温度下 K_a 是一个常数，它仅随温度的变化而变化。

与此类似，碱在水溶液中也发生离解反应，它的平衡常数用 K_b 表示，称为碱的离解常数，K_b 是衡量碱强弱的尺度。

3. 共轭酸碱对

当酸 HA 离解时，除了给出 H^+，还生成了它的碱式型体 A^-，同理，A^- 可以获得一个 H^+ 变为其酸式型体 HA。

像 HA 和 A^- 这样，由得失一个质子而发生共轭关系的一对酸碱称为共轭酸碱对。

共轭酸碱对的 K_a、K_b 值之间满足：

$$K_a K_b = K_w \tag{2-3}$$

或

$$pK_a + pK_b = pK_w \tag{2-4}$$

因此，对于共轭酸碱对来说，酸的酸性越强（即 pK_a 越大），则其对应的共轭碱的碱性就越弱（即 pK_b 越小）；反之，酸的酸性越弱（即 pK_a 越小），则其对应的共轭碱的碱性就越强（即 pK_b 越大）。

4. 酸碱反应的实质

按照酸碱质子理论，酸碱反应的实质就是酸失去质子，碱得到质子的过程，酸碱反应即为酸碱之间发生质子转移的过程。

5. 酸碱溶液中 H^+ 浓度的计算

首先需要明确：酸的浓度和酸度是两个不同的概念，酸度是指溶液中 H^+ 的浓度（准确地说是 H^+ 的活度），常用 pH 来表示。而酸的浓度又叫酸的分析浓度，它是指 1L 溶液中所含某种酸的物质的量，即总浓度，它包括未离解和已离解酸的浓度。

同样，碱度和碱的浓度在概念上也是不同的，碱度常用 pOH 表示。酸或碱的浓度可用酸碱滴定法来确定。

（1）一元强酸（强碱）溶液　强酸或强碱在水溶液中全部离解，故在一般情况下，酸碱度计算比较简单。一元强酸溶液中氢离子的浓度等于该酸溶液的浓度；一元强碱溶液中氢氧根离子的浓度等于该碱溶液的浓度，即：

$$[H^+]=c_a, \qquad [OH^-]=c_b$$

但当强酸或强碱溶液的浓度很小（例如小于 10^{-6} mol/L）时，除了酸或碱本身离解出来的 H^+ 或 OH^- 外，还应考虑水离解出来的 H^+ 或 OH^-。如，当 $c_a < 10^{-8}$ mol/L 时，$[H^+]$ 可按式(2-5) 计算：

$$[H^+]=\sqrt{K_w} \tag{2-5}$$

对于一元强碱，情形类似。

（2）一元弱酸（碱）溶液　设一元弱酸 HA 的浓度为 c_a mol/L，HA 溶液中的 $[H^+]$ 可以根据溶液的浓度 c_a 和离解常数 K_a 计算求得。

当 $c_a K_a \geqslant 20 K_w$ 时，则

$$[H^+]=\frac{-K_a+\sqrt{K_a^2+4c_a K_a}}{2} \tag{2-6}$$

当 $c_a K_a \geqslant 20 K_w$ 且 $\dfrac{c_a}{K_a} \geqslant 500$ 时，则

$$[H^+]=\sqrt{c_a K_a} \tag{2-7}$$

式(2-7) 是计算一元弱酸溶液中 $[H^+]$ 的最简式。同理可得到计算一元弱碱溶液中 $[OH^-]$ 的最简式：

$$[OH^-]=\sqrt{c_b K_b} \tag{2-8}$$

【例题 2-1】 计算 0.4mol/L NaOH 溶液与 0.4mol/L HCOOH 溶液等体积混合后混合溶液的 pH。（HCOOH 的 $K_a=1.8 \times 10^{-4}$）

解
$$NaOH + HCOOH \Longrightarrow NaCOOH + H_2O$$

$$K_b(COOH^-)=\frac{K_w}{K_a(HCOOH)}=\frac{10^{-14}}{1.8 \times 10^{-4}}=5.6 \times 10^{-11}$$

$$c(NaCOOH)=\frac{0.4}{2}=0.2 \ (mol/L)$$

$$[OH^-]=\sqrt{c(NaCOOH)K_b(COOH^-)}=\sqrt{0.2 \times 5.6 \times 10^{-11}}$$
$$=3.3 \times 10^{-6} \ (mol/L)$$

$$pOH=-\lg [OH^-]=5.48$$
$$pH=14-pOH=14-5.48=8.52$$

答：混合溶液的 pH 为 8.52。

（3）多元弱酸（碱）溶液　有许多弱酸是多元弱酸，如 H_2S、H_3PO_4、H_2CO_3 等，它们在溶液中是逐级离解的，是一种复杂的酸碱平衡体系，若要严格地处理这样复杂的体系比较麻烦，本教材只作近似计算。由于它们的各级离解常数是 $K_1 > K_2 > K_3$，而且与第一级相

比，第二、第三级离解产生的 H^+ 相当少，可忽略不计。因此，多元弱酸溶液中的 H^+ 浓度可按一元弱酸的计算公式来处理。

表 2-1 列出了常见酸溶液中 $[H^+]$ 的计算式及其在允许有 5% 误差范围内的使用条件供参考。

表 2-1　常见酸溶液中计算 $[H^+]$ 的简化公式及使用条件

类别	计算公式	使用条件(允许误差 5%)
强酸	近似式：$[H^+]=c_a$	$c_a \geqslant 10^{-6}\,mol/L$
	$[H^+]=\sqrt{K_w}$	$c_a < 10^{-8}\,mol/L$
	精确式：$[H^+]=\dfrac{1}{2}(c_a+\sqrt{c_a^2+4K_w})$	$10^{-8}\,mol/L \leqslant c_a \leqslant 10^{-6}\,mol/L$
一元弱酸	近似式：$[H^+]=\dfrac{1}{2}(-K_a+\sqrt{K_a^2+4c_aK_a})$	$c_aK_a \geqslant 20K_w$
	最简式：$[H^+]=\sqrt{c_aK_a}$	$c_aK_a \geqslant 20K_w$，且 $c_a/K_a \geqslant 500$
二元弱酸	近似式：$[H^+]=\dfrac{1}{2}(-K_{a1}+\sqrt{K_{a1}^2+4c_aK_{a1}})$	$c_aK_a \geqslant 20K_w$，且 $2K_{a2}/\sqrt{c_aK_{a1}} \gg 1$
	最简式：$[H^+]=\sqrt{c_aK_{a1}}$	$c_aK_a \geqslant 20K_w$，$c_a/K_{a1} \geqslant 500$，且 $2K_{a2}/\sqrt{c_aK_{a1}} \gg 1$

【例题 2-2】　计算 $c(Na_2CO_3)=0.10\,mol/L$ 溶液的 pH。（H_2CO_3 的 $K_{a1}=4.6\times10^{-7}$，$K_{a2}=5.6\times10^{-11}$）

解　因为 $K_{a1} \gg K_{a2}$，所以只考虑第一步电离

$$K_{b1}(CO_3^{2-})=\frac{K_w}{K_{a2}(HCO_3^-)}=\frac{10^{-14}}{5.6\times10^{-11}}=1.8\times10^{-4}$$

$$[OH^-]=\sqrt{c(Na_2CO_3)K_{b1}(CO_3^{2-})}$$
$$=\sqrt{0.10\times1.8\times10^{-4}}=0.0042\ (mol/L)$$
$$pOH=-\lg[OH^-]=2.37$$
$$pH=14-pOH=14-2.37=11.63$$

答：溶液的 pH 为 11.63。

（4）两性物质溶液　两性物质如 $NaHA$ 之类，HA^- 既可以从溶剂中获得质子转变为 H_2A，也可以失去质子转变为共轭碱 A^{2-}。常见的两性物质有多元酸的酸式盐（如 $NaHCO_3$、NaH_2PO_4、Na_2HPO_4）以及弱酸弱碱盐（如 NH_4Ac、NH_4CN）等。一般来说，当 $NaHA$ 浓度较大时，溶液中 H^+ 浓度可按式(2-9)作近似计算：

$$[H^+]=\sqrt{K_{a1}K_{a2}} \tag{2-9}$$

6. 酸碱缓冲溶液

通常，把凡能抵御因加入酸、碱或稍加稀释而自身 pH 发生显著变化的性质，称为缓冲作用。具有缓冲作用的溶液，称为缓冲溶液。

（1）缓冲溶液的组成　酸碱缓冲溶液一般由浓度较大的弱酸（或弱碱）及其共轭碱（或共轭酸）组成，如 HAc-$NaAc$、$NH_3\cdot H_2O$-NH_4Cl 等。此外，pH<2 的强酸或 pH>12 的强碱溶液也具有缓冲作用，如 $0.1\,mol/L$ 的 HCl 溶液、$0.1\,mol/L$ 的 $NaOH$ 溶液等。

（2）缓冲溶液 pH 的计算　由弱酸 HA 及共轭碱 A^- 组成的缓冲溶液，其 $[H^+]$ 及 pH 的计算公式为：

$$[H^+]=K_a\cdot\frac{c(HA)}{c(A^-)} \tag{2-10}$$

$$pH=pK_a+\lg\frac{c(A^-)}{c(HA)} \tag{2-11}$$

【例题 2-3】 计算 0.1mol/L HCl 溶液与 0.4mol/L 氨水溶液等体积混合的混合溶液的 pH。（$NH_3 \cdot H_2O$ 的 $K_b = 1.80 \times 10^{-5}$）

解　　　　　　　　$HCl + NH_3 \cdot H_2O \Longleftrightarrow NH_4Cl + H_2O$

因氨水过量，该混合溶液构成 $NH_3 \cdot H_2O$-NH_4Cl 缓冲体系，此时

$$c(NH_3 \cdot H_2O) = \frac{0.4 - 0.1}{2} = 0.15 \ (mol/L)$$

$$c(NH_4Cl) = \frac{0.1}{2} = 0.05 \ (mol/L)$$

$$K_a = \frac{K_w}{K_b} = \frac{10^{-14}}{1.80 \times 10^{-5}} = 5.56 \times 10^{-10}$$

依据式(2-11)，得

$$pH = pK_a + \lg \frac{c(NH_3 \cdot H_2O)}{c(NH_3Cl)}$$

$$= -\lg 5.56 \times 10^{-10} + \lg \frac{0.15}{0.05}$$

$$= 9.73$$

答：混合溶液的 pH 为 9.73。

（3）缓冲容量及缓冲范围　缓冲溶液的缓冲能力以缓冲容量 β 表示，其物理意义为：使缓冲溶液的 pH 改变 1 个单位所需加入的强酸或强碱的物质的量。

缓冲溶液的缓冲容量 β 值取决于溶液的性质、浓度和 pH。

实验表明 $\frac{1}{10} \leqslant \frac{c(A^-)}{c(HA)} \leqslant 10$ 时，缓冲溶液具有较好的缓冲效果，若超出该范围，缓冲能力将显著下降。所以，由 $pH = pK_a + \lg \frac{c(A^-)}{c(HA)} = pK_a \pm 1$ 可知，HA-A^- 体系的缓冲范围为 $pH = pK_a \pm 1$。

（4）缓冲溶液的选择　常用的缓冲溶液种类很多，在使用时需根据实际情况，选用不同的缓冲溶液。缓冲溶液的选择原则为以下几点。

① 缓冲溶液对分析过程无干扰。

② 所需控制的 pH 应在缓冲溶液的缓冲范围之内。

③ 缓冲溶液应有足够的缓冲容量。

④ 组成缓冲溶液的物质应廉价易得，避免污染环境。

二、酸碱指示剂

1. 酸碱指示剂的作用原理

常用的酸碱指示剂一般是一些有机弱酸或弱碱，其酸式与共轭碱式具有不同的颜色。当溶液的 pH 改变时，酸碱指示剂在酸式与碱式之间转化，因而显示出不同的颜色。

以甲基橙为例。甲基橙是一种有机弱碱，它在溶液中的离解平衡用下式表示：

$$(CH_3)_2N-\!\!\!\!\bigcirc\!\!\!\!-N\!\!=\!\!N-\!\!\!\!\bigcirc\!\!\!\!-SO_3^- \underset{OH^-}{\overset{H^+}{\Longleftrightarrow}} (CH_3)_2N-\!\!\!\!\bigcirc\!\!\!\!=N-NH-\!\!\!\!\bigcirc\!\!\!\!-SO_3^-$$

黄色（偶氮式）　　　　　　　　　　　　红色（醌式）

由平衡关系式可以看出：当溶液中 ［H^+］增大时，平衡向右移动，此时甲基橙主要以醌式存在，呈现红色；当溶液中 ［H^+］降低而 ［OH^-］增大时，平衡向左移动，甲基橙主要以偶氮式存在，呈现黄色。

2. 指示剂的变色范围和变色点

若以 HIn 代表酸碱指示剂的酸式，其离解产物 In⁻ 代表酸碱指示剂的碱式，则离解平衡可表示为：

$$HIn \Longrightarrow H^+ + In^-$$

$$K_{HIn} = \frac{[H^+][In^-]}{[HIn]}$$

或

$$\frac{[In^-]}{[HIn]} = \frac{K_{HIn}}{[H^+]}$$

有关变色范围的讨论：

(1) 当 $\frac{[In^-]}{[HIn]} \geqslant 10$ 时，只能观察出碱式（In⁻）的颜色；

(2) 当 $\frac{[In^-]}{[HIn]} \leqslant \frac{1}{10}$ 时，只能观察出酸式（HIn）的颜色；

(3) 当 $\frac{1}{10} \leqslant \frac{[In^-]}{[HIn]} \leqslant 10$ 时，指示剂呈混合色，在此范围内溶液对应的 pH 为：$pK_{HIn} - 1$ 至 $pK_{HIn} + 1$。

所以，通常将 $pH = pK_{HIn} \pm 1$ 称为指示剂理论变色的 pH 范围，简称指示剂理论变色范围。将 $pH = pK_{HIn}$ 称为指示剂的理论变色点。

理论上，指示剂的变色范围是 2 个 pH，但实际上，指示剂的变色范围是由人的目视确定的。由于人眼对不同颜色的敏感程度不同，指示剂实际变色范围的 pH 幅度一般在 1～2 个 pH 单位。例如，甲基红的理论变色范围为 4.1～6.1，而实际变色范围为 4.4～6.2；甲基橙的理论变色范围为 2.4～4.4，而实际变色范围为 3.1～4.4。

3. 影响指示剂变色范围的因素

指示剂的实际变色范围越窄，在化学计量点时，溶液 pH 稍有变化，指示剂的颜色就立即从一种颜色变到另一种颜色，如此则可减小滴定误差。影响指示剂实际变色范围的因素有溶液的温度、指示剂用量、离子强度以及滴定程序等。

(1) 温度　指示剂的变色范围和指示剂的离解常数 K_{HIn} 有关，而 K_{HIn} 与温度有关，因此当温度改变时，指示剂的变色范围也随之改变。

(2) 指示剂用量　双色指示剂（酸式和碱式均有色的指示剂）的用量以较小为宜，如甲基红；而单色指示剂（如酚酞）的颜色深度仅取决于有色离子的浓度，因此使用时必须严格控制指示剂的用量。

此外，指示剂本身多为弱酸或弱碱，在滴定过程中也要消耗一定量的标准滴定溶液，因此指示剂的用量以少为宜，但亦不能太少，否则人眼无法观察。实际滴定过程中，通常使用浓度为 1g/L 的指示剂溶液，用量为每 10mL 试液中滴加 1 滴左右指示剂溶液。

(3) 离子强度　指示剂的 pK_{HIn} 值随溶液离子强度的不同而有少许变化。实验证明，溶液离子强度增加，对酸型指示剂其 pK_{HIn} 值减小，对碱型指示剂其 pK_{HIn} 值增大。

(4) 滴定程序　由于深色较浅色明显，所以在滴定过程中，可使溶液颜色由浅色变为深色，此时人眼较易辨别。

4. 混合指示剂

混合指示剂是利用颜色之间的互补作用，使指示剂变色范围变窄，从而使滴定终点时溶液颜色变化敏锐。其配制方法主要有两种，一种是由两种或两种以上的酸碱指示剂按一定的比例混合而成，如甲基红-溴甲酚绿；另一种是由某种酸碱指示剂与一种惰性染料按一定的比例配成，在指示溶液酸度的过程中，惰性染料本身并不发生颜色的改变，只是起衬托作用，通过颜色的互补来提高变色的敏锐性，如甲基橙-靛蓝二磺酸钠。

三、强酸（碱）滴定强碱（酸）基本原理

1. 滴定过程中溶液 pH 的变化

强酸（碱）滴定强碱（酸）的过程可用下列反应式表示：

$$H^+ + OH^- \rightleftharpoons H_2O$$

此种类型的酸碱滴定，其反应程度是最高的。下面以 0.1000mol/L NaOH 标准滴定溶液滴定 20.00mL 0.1000mol/L HCl 溶液为例来说明强碱滴定强酸过程中 pH 的变化与滴定曲线的情况。

该滴定过程可分为 4 个阶段。

（1）滴定开始前　溶液的 pH 由此时 HCl 溶液的酸度决定，即

$$[H^+] = 0.1000mol/L$$
$$pH = 1.00$$

（2）滴定开始至化学计量点前　溶液的 pH 由剩余 HCl 溶液的酸度决定。当滴入 NaOH 溶液为 VmL 时，溶液中剩余 HCl 溶液为（20.00−V）mL，则

$$[H^+] = \frac{0.1000 \times (20.00-V)}{20.00+V} (mol/L)$$

如，当滴入 NaOH 溶液 19.98mL 时，则

$$[H^+] = \frac{0.1000 \times (20.00-19.98)}{20.00+19.98} = 5.00 \times 10^{-5} (mol/L)$$
$$pH = 4.30$$

（3）化学计量点时　此时溶液中的 HCl 全部被 NaOH 中和，其产物为 NaCl 和 H_2O，因此溶液呈中性，即

$$[H^+] = [OH^-] = 1.00 \times 10^{-7} (mol/L)$$
$$pH = 7.00$$

（4）化学计量点后　溶液的 pH 由过量的 NaOH 溶液浓度决定。当滴入 NaOH 溶液为 VmL 时，溶液中过量的 NaOH 溶液为（V−20.00）mL，则

$$[H^+] = \frac{0.1000 \times (V-20.00)}{20.00+V} (mol/L)$$

如当滴入 NaOH 溶液 20.02mL 时，则

$$[OH^-] = \frac{0.1000 \times (20.02-20.00)}{20.00+20.02}$$
$$= 5.00 \times 10^{-5} (mol/L)$$
$$pOH = 4.30; \quad pH = 9.70$$

2. 滴定曲线的形状和滴定突跃

若以溶液的 pH 为纵坐标、以 NaOH 溶液的加入量（或滴定百分数）为横坐标作图，则可绘制出强碱滴定强酸的滴定曲线，如图 2-1 所示。

通过滴定过程 pH 的计算和图 2-1 可以看出，从滴定开始到加入 19.98mL NaOH 标准滴定溶液，溶液的 pH 仅改变了 3.30 个 pH 单位，曲线比较平坦。而在化学计量点附近，加入 1 滴 NaOH 溶液（相当于 0.04mL）

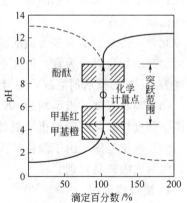

图 2-1　0.1000mol/L NaOH 溶液与 0.1000mol/L HCl 溶液的滴定曲线

就使溶液的酸度发生了巨大变化，其 pH 由 4.30 急增至 9.70，增幅达到 5.4 个 pH 单位，溶液也由酸性突变到碱性。从图 2-1 也可看到，在化学计量点前后 0.1%，曲线呈现近似垂直的一段，表明溶液 pH 有一个突然的改变，这种 pH 的突然改变称为滴定突跃，而突跃所在的 pH 范围称为滴定突跃范围。此后，再继续滴加 NaOH 溶液，溶液的 pH 变化越来越小，曲线又趋平坦。

值得注意的是，滴定突跃的大小与被滴定物质及标准滴定溶液的浓度有关。一般来说，酸碱浓度越大，滴定曲线中滴定突跃范围越宽，可供选择的指示剂越多；反之，酸碱浓度越小，滴定曲线中滴定突跃范围越窄，可供选择的指示剂越少。

3. 指示剂的选择

选择指示剂时，必须遵循如下原则：一是指示剂的变色范围全部或部分落入滴定突跃范围内；二是指示剂的变色点应尽量靠近化学计量点。如，在上述滴定过程中可选择甲基橙为指示剂。

 技能基础

一、移液管和吸量管的使用

移液管是用于准确量取一定体积溶液的量出式玻璃量器，它的中间有一个膨大部分，如图 2-2(a) 所示。管颈上部刻一圈标线，在标明的温度下，使溶液的弯月面与移液管标线相切，让溶液按一定的方法自由流出，则流出的体积与管上标明的体积相同。移液管按其容量精度分为 A 级和 B 级。

吸量管是具有分刻度的玻璃管，如图 2-2(b)～(d) 所示。它一般只用于量取小体积的溶液。常用的吸量管有 1mL、2mL、5mL、10mL 等规格，吸量管吸取溶液的准确度不如移液管。应该注意，有些吸量管其分刻度不是刻到管尖，而是离管尖尚差 1～2cm，如图 2-2(d) 所示。

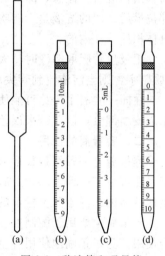

图 2-2 移液管和吸量管

1. 移液管的洗涤

吸取洗液至球部的 1/4～1/3 处，立即用右手食指按住管口，将移液管横过来，用两手的拇指及食指分别拿住移液管的两端，转动移液管并使洗液布满全管内壁，将洗液从上口倒出。依次用自来水和蒸馏水洗净。

2. 移液管和吸量管的润洗

移取溶液前，可用吸水纸将洗干净的移液管的尖端内外的水除去，然后用待吸溶液润洗3 次。方法是：先从试剂瓶中倒出少许溶液至一个干燥洁净的小烧杯中，然后用左手持洗耳球，吸液前先排尽洗耳球内的空气，将食指或拇指放在洗耳球的上方，其余手指自然地握住洗耳球，用右手的拇指和中指拿住移液管或吸量管标线以上的部分，无名指和小指辅助拿住移液管，如图 2-3 所示，将管尖伸入小烧杯的溶液中吸取，待吸液吸至球部的 1/4～1/3 处（注意，勿使溶液流回，即溶液只能上升不能下降，以免稀释溶液）时，立即用右手食指按住管口并移出。将移液管横过来，用两手的拇指及食指分别拿住移液管的两端，边转动边使移液管中的溶液浸润内壁，当溶液流至标度刻线以上且距上口 2～3cm 时，将

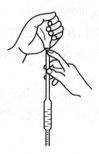

图 2-3 吸取溶液的操作

移液管直立，使溶液由尖嘴放出、弃去。如此反复润洗 3 次。

润洗过程非常重要，它是保证使移液管的内壁及有关部位残存溶液与待吸溶液处于同一浓度的关键步骤。吸量管的润洗操作与此相同。

3. 移取溶液

移液管经润洗后，移取溶液时，将移液管直接插入待吸溶液液面下 1～2cm 处（注意：管尖不应伸入太浅，以免液面下降后造成吸空；也不应伸入太深，以免移液管外部附有过多的溶液）。吸液时，应注意容器中液面和管尖的位置，应使管尖随液面下降而下降。当洗耳球慢慢放松时，管中的液面徐徐上升，当液面上升至标线以上 5mm（不可过高、过低）时，移去洗耳球，迅速用右手食指堵住管口，并将移液管往上提起，使之离开待吸溶液，用吸水纸擦拭管的下端原伸入溶液的部分，以除去管壁上的残液。左手改拿一个干净的小烧杯，然后使烧杯倾斜成 30°，其内壁与移液管尖紧贴，停留 30s 后右手食指微微松动，使液面缓慢下降，直到视线平视时弯月面与标线相切，这时立即将食指按紧管口。移开小烧杯，左手改拿接收溶液的容器，并将接收容器倾斜，使内壁紧贴移液管尖，成 30°左右。然后放松右手食指，使溶液自然地顺壁流下，如图 2-4 所示。待液面下降到管尖后，停靠 15s 左右，将管身往左右旋转一下，然后移出移液管。注意，除非在管上特别注明"吹"字的移液管以外，管尖部位最后残留的溶液是不能吹入接收容器中的，因为在工厂生产检定移液管时是没有把这部分体积计算在内的。

图 2-4　放出溶液的操作

用吸量管吸取溶液时，大体与上述操作相同。但若吸量管的分度刻至管尖，且管上标有"吹"字，则当溶液流到管尖后，需从管口将管尖残留的溶液吹出。

在同一实验中应尽可能使用同一支吸量管的同一段体积，并且尽可能使用上段，而不用末端收缩部分，以免带来误差。

二、容量瓶的使用

容量瓶是一种细颈梨形的平底玻璃瓶，带有玻璃磨口玻璃塞或塑料塞，可用橡皮筋将塞子系在容量瓶的颈上。颈上有标度刻线，一般表示在 20℃时液体充满至标度刻线时，所容纳的液体体积等于瓶上标示的体积。容量瓶的精度级别分为 A 级和 B 级。

容量瓶主要用于配制准确浓度的溶液或定量地稀释溶液，故常和分析天平、移液管等配合使用。为了正确地使用容量瓶，应注意以下几点。

1. 容量瓶的检查

检查内容包括：①瓶塞是否漏水。②标度刻线位置距离瓶口是否太近。如果漏水或标线离瓶口太近，不便混匀溶液，则不宜使用。

检查瓶塞是否漏水的方法为：加水至标度刻线附近，盖好瓶塞后用滤纸擦干瓶口。然后，用左手食指按住塞子，其余手指拿住瓶颈标线以上部分，右手用 3 个指尖托住瓶底边缘，如图 2-5(b) 所示。将瓶倒立 2min 以后不应有水渗出（可用滤纸片检查），如不漏水，将瓶直立，转动瓶塞 180°后，再倒立 2min 检查，如不漏水，方可使用。

使用容量瓶时，不要将其玻璃磨口塞随便取下放在桌面上，以免沾污或搞错，可用橡皮筋或细绳将瓶塞系在瓶颈上，如图 2-5(a) 所示。当使用平顶的塑料塞子时，操作时也可将塞子倒置在桌面上放置。

2. 容量瓶的洗涤

洗净的容量瓶要求倒出水后，内壁不挂水珠，否则必须用合成洗涤剂浸泡或用铬酸洗液

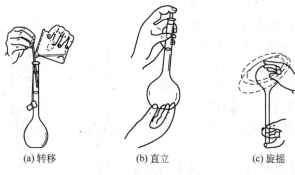

(a) 转移　　　　　(b) 直立　　　　　(c) 旋摇

图 2-5　容量瓶的检查

浸洗。用铬酸洗液洗时，先尽量倒出容量瓶中的水，倒入约 10～20mL 洗液，转动容量瓶使洗液布满全部内壁，然后放置数分钟，将洗液倒回原瓶，再依次用自来水、蒸馏水洗净。

3. 溶液的配制

用容量瓶配制标准溶液或分析试液时，最常用的方法是将待溶固体称出置于小烧杯中，加水或其他溶剂溶解，然后将溶液定量转入容量瓶中。定量转移溶液时，右手将玻璃棒悬空伸入容量瓶口中 1～2cm，玻璃棒的下端应靠在瓶颈内壁上，但不能碰容量瓶的瓶口。左手拿烧杯，使烧杯嘴紧靠玻璃棒（烧杯离容量瓶口 1cm 左右），使溶液沿玻璃棒和内壁流入容量瓶中，如图 2-5(a) 所示。烧杯中溶液流完后，将烧杯沿玻璃棒稍微向上提起，同时使烧杯直立，待竖直后移开。将玻璃棒放回烧杯中，用左手食指将其按住，可放于烧杯尖嘴处，也不能让玻璃棒在烧杯内滚动。然后，用洗瓶吹洗玻璃棒和烧杯内壁 5 次以上，再按上述方法将洗涤液定量地转移至容量瓶中。然后加入水至容量瓶的 3/4 左右容积时，用右手食指和中指夹住瓶塞的扁头，将容量瓶拿起，按同一方向摇动几周，使溶液初步混匀。继续加水至距离标线约 1cm 处，等 1～2min 使附在瓶颈内壁的溶液流下后，再用滴管（或洗瓶）滴加蒸馏水至弯月面下缘与标线相切，盖上瓶塞。用左手食指按住塞子，其余手指拿住瓶颈标线以上部分，右手指尖托住瓶底边缘［如图 2-5(b) 所示］将容量瓶倒置并摇荡［如图 2-5(c) 所示］，再倒转过来，使气泡上升到顶，如此反复 15 次左右，使溶液充分混匀（注意，每摇几次后应将瓶塞微微提起，然后塞上再摇）。

4. 溶液的稀释

若需将浓溶液定量稀释，则可用移液管准确移取一定体积的浓溶液于容量瓶中，加水至 3/4 左右容积时初步混匀，再加水至标线后按前述方法混匀溶液，即可得到准确浓度的稀溶液。

5. 使用注意事项

① 如配好的溶液需作长期保存时，应转移至磨口试剂瓶中，不应将容量瓶当做试剂瓶使用。

② 用后的容量瓶应立即用水冲洗干净。如长期不用，磨口处应洗净擦干，并用纸片将磨口隔开。

③ 容量瓶不得在烘箱中烘烤，也不能在电炉等加热器上直接加热。如需使用干燥的容量瓶，可将容量瓶洗净后，用乙醇等有机溶剂荡洗后晾干或用电吹风的冷风吹干。

三、滴定管的使用

滴定管是滴定时可准确放出滴定剂体积的玻璃量器。它的主要部分管身由细长且内径均匀的玻璃管制成，上面刻有均匀的分度线，线宽不超过 0.3mm。下端的流液口为一尖嘴，中间通过玻璃（或聚四氟乙烯）活塞或乳胶管（配以玻璃珠）连接以控制滴定速度。滴定管分为酸式滴定管，如图 2-6(a) 和碱式滴定管，如图 2-6(b)。另有一种自动定零位滴定管，如图 2-6(c)，它是将储液瓶与具塞滴定管通过磨口塞连接在一起的滴定装置，加液方便，自动调零点，主要适用于常规分析中的经常性滴定操作。

滴定管的总容量最小的为 1mL，最大的为 100mL，常用的是 50mL、25mL 和 10mL 的滴定管。滴定管的容量精度分为 A 级和 B 级。通常以喷、印的方法在滴定管上制出耐久性标志，

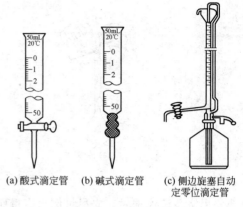

(a) 酸式滴定管　(b) 碱式滴定管　(c) 侧边旋塞自动定零位滴定管

图 2-6　滴定管

包括制造厂商标、标准温度（20℃）、量出式符号（Ex）、精度级别（A 或 B）以及标称总容量（mL）等。

酸式滴定管用来装酸性、中性及氧化性溶液，但不适宜装碱性溶液，因为碱性溶液能腐蚀玻璃的磨口和活塞。碱式滴定管用来装碱性及无氧化性溶液，能与橡胶起反应的溶液如高锰酸钾、碘和硝酸银等溶液，都不能加入碱式滴定管中。对于采用聚四氟乙烯活塞的滴定管，则酸、碱及氧化性溶液均可使用。

滴定管在使用前应先进行初步检查，如酸式滴定管活塞是否匹配、滴定管尖嘴和上口是否完好，碱式滴定管的乳胶管孔径与玻璃珠大小是否合适，乳胶管是否有孔洞、裂纹和硬化等。初步检查合格后，再进行下列操作。

1. 滴定管使用前的准备

（1）洗涤

① 酸式滴定管的洗涤：无明显油污或不太脏的滴定管，可用肥皂水或洗涤剂冲洗，若较脏且不易洗净时，则需用铬酸洗液浸泡后洗涤。洗涤时，倒入 10～15mL 洗液于滴定管中，两手平端滴定管，并不断转动，使洗液布满全管，洗净后将一部分洗液自管口放回原瓶，然后打开旋塞，将剩余的洗液从尖嘴处放回原瓶。若管内油污严重，则可先用温洗液（或使用针对性的洗涤液）浸泡一段时间，再按上述方法进行洗涤，最后用自来水、蒸馏水洗净。洗净后的滴定管内壁应被水均匀润湿而不挂水珠。如挂水珠，应重新洗涤。注意，酸式滴定管应先涂凡士林再进行洗涤。

② 碱式滴定管的洗涤：碱式滴定管的洗涤方法与酸管相同，但在使用洗液洗涤时需注意洗液不能直接接触乳胶管。为此，可取下乳胶管，将碱式滴定管倒立夹在滴定管架上，管口插入装有洗液的烧杯中，用洗耳球在管口处反复吸取洗液进行洗涤，然后用自来水、蒸馏水洗净。

（2）涂凡士林　酸式滴定管（简称酸管），为了使其玻璃活塞转动灵活，必须在塞子与塞座内壁涂少许凡士林。其方法为：将滴定管平放在桌面上，取下活塞，把活塞及活塞座内壁用吸水纸擦干（擦活塞座时应使滴定管平放在桌面上），然后用手指蘸上凡士林后，均匀地在活塞 A、B 两部分涂上薄薄的一层，如图 2-7 所示。注意，滴定管活塞套内壁不涂凡士林。

涂凡士林时，不要涂得太多，以免活塞孔被堵住，亦不可涂得太少，否则达不到转动灵活和防止漏水的目的。涂凡士林后，将活塞直接插入活塞套中（注意：滴定管仍应平放在桌

图 2-7 活塞涂凡士林操作

面上，否则管中的水会流入活塞座内）。插时活塞孔应与滴定管平行，此时活塞不要转动，这样可以避免将凡士林挤到活塞孔中去，然后，向同一方向不断旋转活塞，直至活塞全部呈透明状为止。旋转时，应有一定的向活塞小头部分方向挤的力，以免来回移动活塞，使塞孔受堵。最后将滴定管活塞的小头朝上，用橡皮圈套在活塞的小头部分沟槽上（注意，不允许用橡皮筋绕!），以防活塞脱落。在涂凡士林的过程中要特别小心，切莫让活塞跌落在地上，造成整根滴定管的报废。涂凡士林后的滴定管，活塞应转动灵活，凡士林层中没有纹路，活塞呈均匀的透明状态。

若活塞孔或出口尖嘴被凡士林堵塞时，可将滴定管充满水后，将活塞打开，用洗耳球在滴定管上部挤压、鼓气，便可将凡士林排除。

注意，若使用活塞为聚四氟乙烯的滴定管，则不需涂凡士林。

（3）检漏 检漏的方法是将滴定管用水充满至“0”刻线附近，然后夹在滴定管夹上，用吸水纸将滴定管外壁擦干，静置 1min，检查管尖及活塞周围有无水渗出，然后将活塞转动 180°，重新检查，如有漏水，必须重新涂凡士林或更换乳胶管（玻璃珠）。

（4）滴定管的润洗 为了不使标准滴定溶液的浓度发生变化，装入标准滴定溶液前应先用待装溶液润洗滴定管 3 次。润洗的方法是：先将试剂瓶中的溶液摇匀，使凝结在瓶内壁上的水珠混入溶液，在天气比较热或室温变化较大时，此项操作更为必要。向滴定管中加入 10～15mL 待装溶液，先从滴定管下端放出少许，然后双手平托滴定管的两端，边转动滴定管，边使溶液润洗滴定管整个内壁，最后将溶液从两端放出。重复 3 次。

（5）标准滴定溶液的装入 溶液应直接倒入滴定管中，不得用其他容器（如烧杯、漏斗等）来转移。装入前应先用标准滴定溶液润洗滴定管内壁 3 次。最后将标准滴定溶液直接倒入滴定管，直至充满至零刻度以上。

（6）滴定管尖嘴内气泡的检查及排除 滴定管充满标准滴定溶液后，应检查滴定管的出口下部尖嘴部分是否充满溶液，是否留有气泡。为了排除碱管中的气泡，可将碱管垂直地夹在滴定管架上，左手拇指和食指捏住玻璃珠部位，使橡胶管向上弯曲翘起，轻轻挤捏稍高于玻璃珠处的胶管，使溶液从管口喷出即可排除气泡，如图 2-8 所示。酸管的气泡，一般较易看出，当有气泡时，右手拿滴定管上部无刻度处，并使滴定管倾斜 30°，左手迅速打开活塞，使溶液冲出管口，反复数次，一般即可达到排除酸管出口处气泡的目的，由于目前酸管制作有时不符合规格要求，因此，有时按上法仍无法排除酸管出口处的气泡，这时可在活塞打开的情况下，上下晃动滴定管以达到排除气泡的目的。

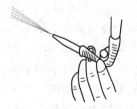

图 2-8 碱式滴定管排气泡的方法

（7）零点的调节 先将溶液装至 0 刻线以上 5mm 左右，不可过高，慢慢打开活塞使溶液液面慢慢下降，直至弯月面下缘恰好与零刻度线相切。将滴定管夹在滴定管架上，滴定之前再复核一下零点。

2. 滴定管的操作

（1）酸管的操作 使用酸管时，左手握滴定管活塞处，其无名指和小指向手心弯曲，轻轻地贴在活塞座小头的下边，用其余三指控制活塞的转动，如图 2-9 所示。但应注意，不要向外用力，以免推出活塞造成漏水，应使活塞稍有一点向手心的回力。当然，也不要过分往里用太大的回力，以免造成活塞转动困难。注意，手心不能顶到活塞，以免造成活塞漏水。

（2）碱管的控制 使用碱管时，以左手握持乳胶管，其拇指在前，食指在后，其他三指辅助夹住出口管。用拇指和食指捏住玻璃珠右侧中部，如图 2-10 所示。向右侧挤捏胶管，使玻璃珠移至手心一侧，这样，溶液即可从玻璃珠旁的缝隙流出，如图 2-11 所示。必须指出，不要用力捏玻璃珠，不可使玻璃珠上下移动，亦不要捏玻璃珠下部胶管，以免空气进入形成气泡，造成体积误差。

图 2-9　酸式滴定
管的操作

3. 滴定操作

滴定操作可在锥形瓶或烧杯中进行。在锥形瓶中进行滴定时，用右手的拇指、食指和中指拿住锥形瓶，其余两指辅助在下侧，使瓶底离滴定台高 2～3cm，滴定管下端伸入瓶口内约 1cm。左手握住滴定管，按前述方法，边滴加溶液，边用右手摇动锥形瓶，边滴边摇动。其两手操作姿势如图 2-9 和图 2-10 所示。

图 2-10　碱式滴定管的操作　图 2-11　碱式滴定管中溶　图 2-12　在烧杯中的　图 2-13　碘量瓶
　　　　　　　　　　　　　　液从缝隙中流出示意　　　滴定操作

在烧杯中滴定时，将烧杯放在滴定台上，调节滴定管的高度，使其下端伸入烧杯内约 1cm。滴定管下端应在烧杯中心的左后方处（放在中央影响搅拌，离杯壁过近不利搅拌均匀）。左手滴加溶液，右手持玻璃棒搅拌溶液，如图 2-12 所示。玻璃棒应作圆周搅动，不要碰到烧杯壁和底部。当滴定至接近终点，只需滴加半滴溶液时，用玻璃棒下端承接此悬挂的半滴溶液于烧杯中，但要注意，玻璃棒只能接触液滴，不能接触管尖，其余操作同前所述。

溴酸钾法、碘量法等需要在碘量瓶中进行反应和滴定。碘量瓶是带有磨口玻璃塞和水槽的锥形瓶（如图 2-13），喇叭形瓶口与瓶塞柄之间形成一圈水槽，槽中加纯水可形成水封，防止瓶中溶液反应生成的气体（Br_2、I_2 等）逸失。反应一定时间后，打开瓶塞水即流下并可冲洗瓶塞和瓶壁，即可开始滴定。

在进行滴定操作时，应注意如下几点。

① 最好每次滴定都从 0.00mL 开始，这样可以减少滴定误差。

② 滴定时，左手不能离开活塞，而任溶液自流。

③ 摇瓶时，应微动腕关节，使溶液向同一方向作圆周运动，不能前后振动，以免溶液溅出。不要因摇动而使瓶口碰在管口上，以免造成事故。摇瓶时，一定要使溶液旋转出现一旋涡，因此，要求有一定速度，不能摇得太慢，以免影响化学反应的进行。

④ 滴定时，要观察滴落点周围颜色的变化。不要去看滴定管上的刻度变化，而不顾滴定反应的进行。

⑤ 滴定速度的控制，一般开始时，滴定速度可稍快，此时约为 10mL/min（即每秒 3～

4滴），但不可滴成"水线"。接近终点时，应改为一滴一滴加入，即加一滴摇几下，再加，再摇。最后是每加半滴，摇几下锥形瓶，直至溶液出现明显的颜色变化为止。

⑥ 半滴的控制和吹洗。临近滴定终点时，要一边摇动，一边逐滴地滴入，甚至是半滴半滴地滴入。用酸管时，可轻轻转动活塞，使溶液悬挂在出口管嘴上，形成半滴，用锥形瓶内壁将其沾落（尽量往下沾），再用洗瓶吹洗；对碱管，加半滴溶液时，应先松开拇指与食指，将悬挂的半滴溶液沾在锥形瓶内壁上，再放开无名指和小指，这样可避免出口管尖出现气泡。

滴入半滴溶液时，也可采用倾斜锥形瓶的方法，将附于壁上的溶液涮至瓶中。这样可避免吹洗次数太多，造成被滴物过度稀释。

4. 滴定管的读数

滴定管读数前，应注意管出口尖嘴上有无气泡或挂着水珠。若滴定后在管出口尖嘴上有气泡或挂有水珠，易导致读数不准确。一般读数应遵守下列原则。

① 读数时应将滴定管从滴定管架上取下，用右手大拇指和食指捏住滴定管上部无刻度处，其他手指从旁辅助，使滴定管保持垂直，然后再读数。滴定管夹在滴定管架上读数的方法，一般不宜采用。

② 由于水的附着力和内聚力的作用，滴定管内的液面呈弯月形，无色和浅色溶液的弯月面比较清晰，读数时，应读弯月面下缘实线的最低点，为此，读数时，视线应与弯月面下缘实线的最低点相切，即视线应与弯月面下缘实线的最低点在同一水平面上，如图2-14所示。视线若高于液面，读数将偏低；反之，读数偏高。对于深色溶液（如$KMnO_4$、I_2等），其弯月面是不够清晰的，读数时，视线应与液面两侧的最高点相切，这样才易读准，如图2-15所示。

③ 为了保证读数准确，在滴定管装满或放出溶液后，必须静置1~2min，使附着在内壁上的溶液流下来后，再读数。注意，每次读数前，都应观察滴定管内壁是否挂有水珠，滴定管的出口尖嘴处有无悬液滴，滴定管尖嘴内有无气泡。

④ 读取的数值必须读至毫升小数点后第二位，即要求估计到0.01mL。正确掌握估计0.01mL读数的方法很重要。滴定管上两个小刻度之间为0.1mL，要估计其1/10的值，对一个分析工作者来说需要进行严格的训练。为此，可以采用以下方法进行估计：当液面在此二小刻度之间时，即为0.05mL；若液面在两小刻度的1/3处，即为0.03mL或0.07mL；当液面在两小刻度的1/5时，即为0.02mL或0.08mL等。

⑤ 使用蓝带滴定管时，液面呈现三角交叉点，读数方法为读取交叉点与刻度相交之点的读数，如图2-16所示。

⑥ 为便于读数，可采用读数卡，它有利于初学者练习读数。读数卡是用贴有黑纸或涂有

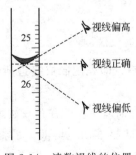

图 2-14　读数视线的位置

图 2-15　深色溶液的读数

黑色的长方形（约 3cm×1.5cm）的白纸板制成。读数时，将读数卡放在滴定管背后，使黑色部分在弯月面下约 1mm 处，此时即可看到弯月面的反射层全部成为黑色，如图 2-17 所示，读此黑色弯月面下缘的最低点。但对深色溶液须读其两侧最高点时，可以用白色卡片作为背景。

 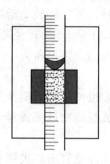

图 2-16　蓝带滴定管　　　　　　　　　　图 2-17　读数卡

　　滴定结束后，应弃去滴定管内剩余的溶液，不得将其倒回原试剂瓶中，以免污染整瓶操作溶液。然后将滴定管洗净，倒置在滴定管架上。

四、酸碱标准滴定溶液的制备

1. HCl 标准滴定溶液的配制和标定

（1）配制　盐酸标准滴定溶液一般采用间接法配制，即先用市售的盐酸试剂（分析纯）配制成接近所需浓度的溶液（其浓度值与所需配制浓度值的误差不得大于 5%），然后再用基准物质标定其准确浓度。由于浓盐酸具有挥发性，配制时所取 HCl 的量可稍多一些。

（2）标定　用于标定 HCl 标准滴定溶液的基准物质有无水碳酸钠和硼砂等。以无水碳酸钠为基准物质标定为例。因 Na_2CO_3 容易吸收空气中的水分，使用前必须在 $270\sim300℃$ 高温炉中灼烧至恒重，然后密封于称量瓶内，保存在干燥器中备用。标定时用甲基红-溴甲酚绿混合指示剂指示终点，近终点时煮沸溶液以趋除 CO_2，冷却后继续滴定至溶液呈暗红色即为终点。反应方程式为：

$$2HCl + Na_2CO_3 \longrightarrow H_2CO_3 + 2NaCl$$
$$\longrightarrow CO_2 \uparrow + H_2O$$

（3）标定结果的计算　HCl 标准滴定溶液的浓度可按式（2-12）计算：

$$c(HCl) = \frac{m(Na_2CO_3)}{V(HCl)M\left(\frac{1}{2}Na_2CO_3\right)} \tag{2-12}$$

式中　　$c(HCl)$——盐酸标准滴定溶液的物质的量浓度，mol/L；

　　　　$m(Na_2CO_3)$——无水碳酸钠的质量，g；

　　　　$V(HCl)$——消耗盐酸标准滴定溶液的体积，mL；

$M\left(\frac{1}{2}Na_2CO_3\right)$——$\frac{1}{2}Na_2CO_3$ 的摩尔质量，g/mol。

　　2. NaOH 标准滴定溶液的配制和标定

（1）配制　氢氧化钠标准滴定溶液采用间接法配制，即先配制成接近所需浓度的溶液，然后再用基准物质标定其准确浓度。

　　由于氢氧化钠易吸收空气中的 CO_2 而形成 CO_3^{2-}，而 CO_3^{2-} 的存在在滴定弱酸时会带入较大的误差，因此必须配制和使用不含 CO_3^{2-} 的 NaOH 标准滴定溶液。最常用的方法是先配制 NaOH 的饱和溶液，密闭静置数日，待其中的 Na_2CO_3 沉降后，取上层清液作储备液，其浓度约为 20mol/L。配制时，根据所需浓度移取一定体积的 NaOH 饱和溶液，再用无 CO_2 的蒸馏水稀释至所需的体积。

（2）标定　常用于标定 NaOH 标准滴定溶液的基准物质有邻苯二甲酸氢钾与草酸。以邻苯二甲酸氢钾（$KHC_8H_4O_4$，缩写为 KHP）为例。标定前，邻苯二甲酸氢钾应于 $100\sim125℃$ 干燥后备用。滴定时以酚酞为指示剂，终点时溶液由无色变至浅红色。其标定反应为：

（3）标定结果的计算　NaOH 标准滴定溶液的浓度可按式（2-13）计算：

$$c(NaOH) = \frac{m(KHP)}{V(NaOH)M(KHP)} \tag{2-13}$$

式中　$c(NaOH)$——氢氧化钠标准滴定溶液的物质的量浓度，mol/L；

$m(KHP)$——邻苯二甲酸氢钾的质量，g；

$V(NaOH)$——消耗氢氧化钠标准滴定溶液的体积，mL；

$M(KHP)$——邻苯二甲酸氢钾的摩尔质量，g/mol。

五、滴定结果计算

【例题 2-4】 用 $c\left(\frac{1}{2}H_2SO_4\right)=0.2020mol/L$ 的硫酸标准滴定溶液测定 Na_2CO_3 试样的含量时，称取 0.2009g Na_2CO_3 试样，消耗 18.32mL 硫酸标准滴定溶液，求试样中 Na_2CO_3 的质量分数。已知 $M(Na_2CO_3)=106.0g/mol$。

解　根据等物质的量反应原理，则

$$n\left(\frac{1}{2}H_2SO_4\right) = n\left(\frac{1}{2}Na_2CO_3\right)$$

$$c\left(\frac{1}{2}H_2SO_4\right)V\left(\frac{1}{2}H_2SO_4\right) = \frac{m(Na_2CO_3)}{M\left(\frac{1}{2}Na_2CO_3\right)}$$

$$w(Na_2CO_3) = \frac{c\left(\frac{1}{2}H_2SO_4\right)V\left(\frac{1}{2}H_2SO_4\right)M\left(\frac{1}{2}Na_2CO_3\right)}{m_{样}\times1000}\times100\%$$

$$= \frac{0.2020\times18.32\times106.0\times\frac{1}{2}}{0.2009\times1000}$$

$$= 97.63\%$$

答：试样中 Na_2CO_3 的质量分数为 97.63%。

【例题 2-5】 将 2.500g 大理石试样溶解于 50.00mL $c(HCl)=1.000mol/L$ HCl 标准溶液中，中和剩余的 HCl 标准溶液时用去 $c(NaOH)=0.1000mol/L$ NaOH 标准滴定溶液 30.00mL，求试样中 $CaCO_3$ 的含量。已知：$M(CaCO_3)=100.1g/mol$；$M(HCl)=36.45g/mol$；$M(NaOH)=40.00g/mol$。

解　根据等物质的量反应原理，则

$$n\left(\frac{1}{2}CaCO_3\right) = n(HCl) - n(NaOH)$$

$$w(CaCO_3) = \frac{[c(HCl)V(HCl) - c(NaOH)V(NaOH)]M\left(\frac{1}{2}CaCO_3\right)}{m_{样}}\times100\%$$

$$= \frac{[0.1000 \times 0.05000 - 0.1000 \times 0.03000] \times \frac{1}{2} \times 100.1}{2.500} \times 100\%$$

$$= 4.004\%$$

答：试样中 $CaCO_3$ 的含量为 4.004%。

【技能训练 2】 0.1mol/L 盐酸标准滴定溶液的制备

一、训练目的

1. 学会制备 HCl 标准滴定溶液。

2. 学会判断以甲基红-溴甲酚绿为指示剂时的滴定终点。

二、训练所需试剂和仪器

1. 试剂

(1) 盐酸（相对密度 1.19，分析纯）。

(2) 甲基红-溴甲酚绿混合指示剂：25mL0.2%甲基红乙醇溶液与 75mL0.1%溴甲酚绿乙醇溶液，混匀，转移入试剂瓶中，贴上标签。

(3) 基准物质：无水 Na_2CO_3，于 270~300℃高温炉中灼烧至恒重。

2. 仪器

烧杯、试剂瓶、锥形瓶、滴定管、架盘天平、分析天平等。

三、训练内容

1. 训练步骤

(1) 盐酸标准滴定溶液 $[c(HCl)=0.1mol/L]$ 的配制 用量筒量取约 9mL 浓盐酸，倒入 500mL 的烧杯中，加入 200mL 蒸馏水，搅匀后移入试剂瓶中，加水稀释至 1000mL，摇匀并贴上标签，待标定。

(2) 盐酸标准滴定溶液 $[c(HCl)=0.1mol/L]$ 的标定 准确称取已烘干的基准物质无水碳酸钠 0.15~0.20g 放入 250mL 锥形瓶中，加入 50mL 蒸馏水溶解，加 10 滴甲基红-溴甲酚绿混合指示液，用待标定的 0.1mol/L HCl 溶液滴定至溶液变为暗红色，煮沸 2min，冷却后继续滴定至溶液呈暗红色即为终点。记录所消耗 HCl 标准滴定溶液的体积，同时做空白实验。

2. 数据记录

3. HCl 标准滴定溶液浓度的计算

$$c(HCl) = \frac{m(Na_2CO_3)}{(V - V_0)M\left(\frac{1}{2}Na_2CO_3\right) \times 10^{-3}}$$

式中 $m(Na_2CO_3)$——无水碳酸钠的质量，g；

          V——滴定中消耗盐酸标准滴定溶液的体积，mL；

          V_0——空白试验消耗盐酸标准滴定溶液的体积，mL；

$M\left(\frac{1}{2}Na_2CO_3\right)$——$\frac{1}{2}Na_2CO_3$ 的摩尔质量，g/mol。

4. 注意事项

无水碳酸钠标定 HCl 溶液，在接近滴定终点时，应剧烈摇动锥形瓶以加速 H_2CO_3 分解；或将溶液加热至沸，以赶除 CO_2，冷却后再滴定至终点。

四、思考题

1. HCl 标准滴定溶液能否采用直接法配制？为什么？
2. 配制 HCl 溶液时，量取浓盐酸的体积是如何计算的？
3. 无水碳酸钠所用的蒸馏水的体积，是否需要准确量取？为什么？
4. 除用基准物质标定盐酸溶液外，还可用什么方法标定盐酸溶液？

【技能训练3】 0.1mol/L 氢氧化钠标准滴定溶液的制备

一、训练目的

1. 学会制备 NaOH 标准滴定溶液。
2. 学会判断以酚酞为指示剂时的滴定终点。

二、训练所需试剂和仪器

1. 试剂

(1) 固体氢氧化钠。

(2) 酚酞指示液（10g/L 乙醇溶液）：称取 1g 酚酞固体溶于 100mL 90％乙醇试剂中，转移入试剂瓶，贴上标签。

(3) 基准物质：邻苯二甲酸氢钾。

2. 仪器

表面皿、烧杯、试剂瓶、锥形瓶、滴定管、托盘天平、分析天平等。

三、训练内容

1. 训练步骤

(1) 氢氧化钠标准滴定溶液 [$c(NaOH) = 0.1mol/L$] 的配制 在托盘天平上用表面皿迅速称取 2.2～2.5g NaOH 固体于小烧杯中，以少量蒸馏水洗去表面可能含有的 Na_2CO_3。然后用一定量的蒸馏水溶解，移入 500mL 试剂瓶中，加水稀释到 500mL，用胶塞盖紧，摇匀，贴上标签，待测定。

(2) 氢氧化钠标准滴定溶液 [$c(NaOH) = 0.1mol/L$] 的标定 准确称取已在 105～110℃干燥至恒重的基准物质邻苯二甲酸氢钾 0.75g 于 250mL 锥形瓶中，加无二氧化碳的水溶解，滴加 2 滴酚酞指示液，用待标定的 NaOH 标准滴定溶液滴定至溶液由无色变为微红色，并保持 30s 不退即为终点。记录所消耗 NaOH 标准滴定溶液的体积。同时做空白实验。

2. 数据记录

3. NaOH 标准滴定溶液浓度的计算

$$c(NaOH) = \frac{m(KHP)}{(V - V_0)M(KHP) \times 10^{-3}}$$

式中 $m(KHP)$——邻苯二甲酸氢钾的质量，g；

         V——滴定中消耗氢氧化钠标准滴定溶液的体积，mL；

         V_0——空白试验消耗氢氧化钠标准滴定溶液的体积，mL；

   $M(KHP)$——邻苯二甲酸氢钾的摩尔质量，g/mol。

4. 注意事项

配制 NaOH 溶液，以少量蒸馏水洗去固体 NaOH 表面可能含有的碳酸钠时，不能用玻璃棒搅拌，且操作要迅速，以免因氢氧化钠溶解过多而减少溶液浓度。

四、思考题

1. 配制不含碳酸钠的氢氧化钠溶液有几种方法？

2. 怎样得到不含二氧化碳的蒸馏水？

3. 称取氢氧化钠固体时，为什么要迅速称取？

4. 用邻苯二甲酸氢钾标定氢氧化钠为什么用酚酞而不用甲基橙作指示剂？

5. 标定氢氧化钠溶液时，可用基准物邻苯二甲酸氢钾，也可用盐酸标准滴定溶液。试比较此两种方法的优缺点。

【技能训练4】　工业硫酸含量的测定

一、训练目的

1. 学会利用酸碱滴定法测定工业硫酸含量的方法。

2. 能够正确判断滴定终点。

二、训练所需试剂和仪器

1. 试剂

(1) 浓硫酸试样。

(2) 甲基红-亚甲基蓝混合指示液：称取 0.175g 分析纯甲基红，研细，溶于 50mL 95% 乙醇中。称取 0.083g 亚甲基蓝，溶于 50mL 95% 乙醇中。将两溶液分别存于棕色瓶中，用时按（1+1）混合。混合指示剂使用期不应超过 1 周。

(3) 氢氧化钠标准滴定溶液：$c(NaOH)=0.5mol/L$。

2. 仪器

烧杯、锥形瓶、滴定管、分析天平等。

三、训练内容

1. 训练步骤

(1) 试样溶液的制备　用已称量的带磨口盖的小称量瓶，称取约 0.7g 试样（精确至 0.0001g），小心移入盛有 50mL 水的 250mL 锥形瓶中，冷却至室温，备用。

(2) 滴定　于试液中加 2～3 滴混合指示剂，用氢氧化钠标准滴定溶液滴定至溶液呈灰绿色即为终点。记录所消耗氢氧化钠标准滴定溶液的体积。

2. 数据记录

3. 结果计算

$$w(H_2SO_4)=\frac{c(NaOH)VM\left(\frac{1}{2}H_2SO_4\right)\times10^{-3}}{m_样}\times100\%$$

式中　$c(NaOH)$——氢氧化钠标准滴定溶液的浓度，mol/L；

　　　　　V——滴定样品时所消耗氢氧化钠标准滴定溶液的体积，mL；

　　　　　$m_样$——样品的质量，g；

$M\left(\frac{1}{2}H_2SO_4\right)$——$\frac{1}{2}H_2SO_4$ 的摩尔质量，g/mol。

4. 注意事项

(1) 由于硫酸具有强腐蚀性，使用和称取硫酸试样时严禁溅出。

(2) 硫酸稀释时会放出大量的热，使得试样溶液温度变高，需冷却后才能进行滴定操作。

四、思考题

用酸碱滴定法测定工业硫酸含量时，除用甲基红-亚甲基蓝混合指示液外，还可以选择何种指示剂？

案例二　工业冰乙酸含量的测定

工业冰乙酸是最重要的有机原料之一，主要用于生产醋酸乙烯、醋酐、双乙烯酮、醋酸酯、醋酸盐、醋酸纤维及氯乙酸等产品，是合成纤维、胶黏剂、医药、农药和染料的重要原料，也是优良的有机溶剂，在塑料、橡胶、印刷等行业被广泛应用。其化学式为 CH_3COOH，简写为 HAc。国家标准 GB/T 1628—2008 规定对工业冰乙酸中乙酸含量的测定方法为：用具塞称量瓶称取约 2.5g 试样（精确至 0.0002g），置于已盛有 50mL 无二氧化碳水的 250mL 锥形瓶中，并将称量瓶盖摇开，加 0.5mL 酚酞指示液，用氢氧化钠标准滴定溶液滴定至微粉红色，保持 5s 不退即为终点。根据氢氧化钠标准滴定溶液的消耗量，计算工业冰乙酸中乙酸的含量。

案例分析

1. 在上述案例中，采用的是氢氧化钠标准滴定溶液。

2. 滴定过程中所发生的化学反应为：$HAc + NaOH \Longrightarrow NaAc + H_2O$，该反应是强碱与弱酸的反应。

3. 在滴定终点时，溶液的 pH 约为 9，所以选用酚酞作指示剂。

4. 由于乙酸易挥发，在称量时必须闭塞称量。

为完成工业冰乙酸中乙酸含量的测定任务，需具备如下理论知识。

理论基础

一、强碱滴定弱酸基本原理

用氢氧化钠滴定工业冰乙酸时是通过指示剂的颜色变化来指示滴定终点的，而指示剂的种类很多，为了选择合适的指示剂，必须了解滴定过程中溶液 pH 的变化，特别是化学计量点附近 pH 的变化。

1. 滴定过程中溶液 pH 的变化

现以 0.1000mol/L NaOH 滴定 20.00mL 0.1000mol/L HAc（HAc 的离解常数 $K_a = 1.8 \times 10^{-5}$）为例，加以说明。

滴定反应为：

$$NaOH + HAc \Longrightarrow NaAc + H_2O$$

（1）滴定开始前 $[V(NaOH) = 0.00mL]$　此时溶液即为 0.1000mol/L 的 HAc 溶液，HAc 是弱酸，可用弱酸 pH 计算公式计算溶液的 pH。

因为　　　$c(HAc)K_a > 20K_w, \dfrac{c(HAc)}{K_a} > 500$

则　　　$[H^+] = \sqrt{cK_a} = \sqrt{0.1000 \times 1.8 \times 10^{-5}} = 1.34 \times 10^{-3} (mol/L)$

　　　　　$pH = 2.87$

（2）滴定开始至化学计量点前　这一阶段溶液由未反应的 HAc 与反应生成的 NaAc 组成，这一体系为缓冲体系。缓冲溶液的 pH 计算公式为：

$$pH = pK_a + \lg \frac{[共轭碱]}{[酸]}$$

所以，对 HAc-NaAc 缓冲体系：

$$pH = pK_a + \lg \frac{[NaAc]}{[HAc]}$$

例如，当 NaOH 滴定体积为 19.80mL 时，剩余的 HAc 溶液为 0.20mL，

$$[HAc] = \frac{0.1000 \times (20.00 - 19.80)}{20.00 + 19.80}$$

$$[NaAc] = \frac{0.1000 \times 19.80}{20.00 + 19.80}$$

$$pH = 4.74 + \lg \frac{19.80}{0.20} = 6.74$$

同理，当 NaOH 滴定体积为 19.98mL 时，剩余的 HAc 溶液为 0.02mL，pH=7.76。

（3）化学计量点时　此时加入的 NaOH 与 HAc 完全反应，溶液为 0.05000mol/L 的 NaAc 水溶液，Ac^- 为一弱碱，与 HAc 互为共轭酸碱对。根据共轭酸碱对离解常数的关系：

$$K_b = \frac{K_w}{K_a} = \frac{10^{-14}}{1.8 \times 10^{-5}} = 5.6 \times 10^{-10}$$

因为

$$\frac{c(Ac^-)}{K_b} > 500, c(Ac^-)K_b > 20K_w$$

所以

$$[OH^-] = \sqrt{c(Ac^-)K_b} = 5.3 \times 10^{-6} (mol/L)$$

$$pH = 14.00 - pOH = 14.00 - 5.28 = 8.72$$

（4）化学计量点后　化学计量点后，溶液中有剩余的 NaOH，抑制了 Ac^- 的离解，溶液的 pH 决定于过量的 NaOH 浓度。

例如，当 NaOH 滴定体积为 20.02mL 时，过量 0.02mL NaOH，此时

$$[OH^-] = n(NaOH)/V(NaOH)$$

$$= (0.1000 \times 0.02)/(20.00 + 20.02)$$

$$= 5.0 \times 10^{-5} (mol/L)$$

$$pOH = 4.30 \quad pH = 14 - 4.3 = 9.70$$

按上述方法，可计算出滴定过程中溶液的 pH 变化，其计算结果见表 2-2 所示。

表 2-2　0.1000mol/L NaOH 滴定 20.00mL 0.1000mol/L HAc 溶液 pH 的变化

加入 NaOH/mL	HAc 被滴定百分数/%	溶液组成	计算式	pH
0.00	0	HAc	$[H^+] = \sqrt{c(HAc)K_a}$	2.88
10.00	50.0	$HAc + Ac^-$		4.76
18.00	90.0	$HAc + Ac^-$		5.71
19.80	99.0	$HAc + Ac^-$	$[H^+] = K_a \times \frac{[HAc]}{[NaAc]}$	6.74
19.96	99.8	$HAc + Ac^-$		7.46
19.98	99.9	$HAc + Ac^-$		7.76
20.00	100.0	Ac^-	$[OH^-] = \sqrt{\frac{K_w}{K_a}[Ac^-]}$	8.73
20.02	100.1	$Ac^- + OH^-$		9.70
20.04	101.2	$Ac^- + OH^-$		10.00
20.20	101.0	$Ac^- + OH^-$		10.70
22.00	110.0	$Ac^- + OH^-$	$[OH^-] = [NaOH]_{过量}$	11.68

（滴定）（突跃）

2. 滴定曲线及指示剂的选择

以 HAc 被滴定的百分数为横坐标，以溶液 pH 为纵坐标绘制滴定曲线，结果如图 2-18

所示。

由表 2-2 及滴定曲线可知以下几点。

（1）滴定前，由于 HAc 离解度要比同浓度 HCl 的离解度小，与滴定同浓度的 HCl 溶液相比，滴定曲线的起始点提高。

（2）滴定开始时，溶液 pH 升高较快，原因是生成的 Ac^- 产生同离子效应，使 HAc 更难离解，$[H^+]$ 降低较快。

（3）随着滴定的进行，Ac^- 的增加构成 HAc-Ac^- 缓冲体系，故使溶液 pH 增加缓慢，因此这一段曲线较为平坦；接近化学计量点时，由于溶液中 HAc 已很

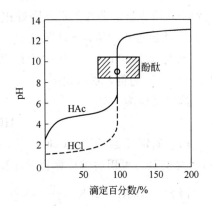

图 2-18　0.1000mol/L NaOH 滴定
0.1000mol/L HAc 的滴定曲线

少，溶液的缓冲作用减弱，所以继续滴加 NaOH，溶液的 pH 变化速度又逐渐加快。

（4）经计算，0.1000mol/L NaOH 滴定 0.1000mol/L HAc 溶液的滴定突跃范围为 7.76～9.70，该突跃在碱性范围内，且滴定突跃范围较窄。

（5）化学计量点后，溶液 pH 变化规律与强碱滴定强酸时的情形相同。

由滴定过程中的 pH 突跃范围可见，在酸性范围内变色的指示剂如甲基橙、甲基红等都不能用作 NaOH 滴定 HAc 的指示剂，否则将引起很大的滴定误差。而酚酞、百里酚酞和百里酚蓝等的变色范围恰在此突跃范围之内，所以可作为这一滴定类型的指示剂。

3. 弱酸被准确滴定的判定依据

由上面计算可知，当用强碱滴定较弱的酸时，滴定突跃中的 pH 上限总是由强碱过量的部分所决定，一般为定值；而滴定突跃 pH 下限可由公式 $pH = pK_a + \lg \dfrac{c(A^-)}{c(HA)}$ 计算。图 2-19 为用强碱滴定 0.1mol/L 各种强度酸的滴定曲线。

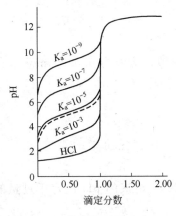

图 2-19　强碱滴定 0.1mol/L
各种强度酸的滴定
曲线（虚线为 HAc）

由此可知，滴定突跃范围与弱酸的浓度和离解常数有关。弱酸离解常数越小即酸性越弱、酸的浓度越低时，滴定突跃越小，越难选择合适的指示剂。实践证明，只有一元弱酸的 $cK_a \geqslant 10^{-8}$ 时，才能获得较为准确的滴定结果。因此，通常以 $cK_a \geqslant 10^{-8}$ 且 $c \geqslant 10^{-3}$ mol/L 作为判断弱酸能否被强碱准确滴定的基本条件。

当弱酸用上述判断依据判断不能准确滴定时，可采取强化酸碱的办法来滴定。如 H_3BO_3 的 $K_a = 5.7 \times 10^{-10}$，$cK_a \leqslant 10^{-8}$，加入甘油后可生成 $K_a = 3.0 \times 10^{-7}$ 的甘油硼酸，就可以准确滴定了。

再如 NH_4Cl 的 $K_a = 5.6 \times 10^{-10}$，也不能直接准确滴定，但加入甲醛后，发生了下列反应：

$$4NH_4^+ + 6HCHO \longrightarrow (CH_2)_6N_4H^+ + 3H^+ + 6H_2O$$

就可以准确滴定了。

二、强酸滴定弱碱基本原理

强酸滴定弱碱基本原理与强碱滴定弱酸非常相似，所不同的仅仅是溶液的 pH 变化是由

大到小，所以滴定曲线的形状刚好相反。

1. 滴定过程中溶液 pH 的变化

现以 0.1000mol/L HCl 滴定 20.00mL 0.1000mol/L NH$_3$（NH$_3$ 的离解常数 K_b = 1.8×10^{-5}）为例，加以说明。

滴定反应为：

$$HCl + NH_3 \longrightarrow NH_4Cl$$

(1) 滴定开始前 [V(HCl) = 0.00mL]　此时溶液即为 0.1000mol/L 的 NH$_3$ 溶液，NH$_3$ 是弱碱，可用弱碱计算公式计算溶液的 pH。

因为　　　$cK_b > 20K_w, \dfrac{c}{K_b} > 500$

则　　　$[OH^-] = \sqrt{cK_b} = \sqrt{0.1000 \times 1.8 \times 10^{-5}} = 1.34 \times 10^{-3}$ (mol/L)

　　　　pOH = 2.87

　　　　pH = 14 - pOH = 14 - 2.87 = 11.13

(2) 滴定开始至化学计量点前　这一阶段溶液由未反应的 NH$_3$ 与反应生成的 NH$_4$Cl 组成，该体系为一个缓冲体系。缓冲溶液的 pH 计算公式为：

$$pH = pK_a + \lg \frac{[碱]}{[共轭酸]}$$

K_a 为 NH$_3$ 的共轭酸 NH$_4$Cl 的离解常数。

$$K_a = \frac{K_w}{K_b} = \frac{10^{-14}}{1.8 \times 10^{-5}} = 5.6 \times 10^{-10}$$

例如，当 HCl 滴定体积为 19.80mL，即剩余 NH$_3$ 溶液为 0.20mL 时，则

$$[NH_3] = \frac{0.1000 \times (20.00 - 19.80)}{20.00 + 19.80}$$

$$[NH_4Cl] = \frac{0.1000 \times 19.80}{20.00 + 19.80}$$

$$pH = 9.26 + \lg \frac{0.20}{19.80} = 7.26$$

(3) 化学计量点时　此时加入的 HCl 将 NH$_3$ 全部反应掉，溶液为 0.05000mol/L 的 NH$_4$Cl 水溶液，NH$_4$Cl 为一弱酸，依据弱酸计算公式计算其 pH。

因为　　　$\dfrac{c}{K_a} > 500, cK_a > 20K_w$

所以　　　$[H^+] = \sqrt{cK_a} = \sqrt{0.05000 \times 5.6 \times 10^{-10}} = 5.29 \times 10^{-6}$ (mol/L)

　　　　　　pH = 5.28

(4) 化学计量点后　化学计量点后，溶液中有过量的 HCl，溶液的 pH 决定于过量的 HCl 浓度，其计算公式与强酸滴定强碱相同。

例如，当 HCl 滴定体积为 20.02mL，即 HCl 过量 0.02mL 时，

$$[H^+] = n(HCl)/V(HCl)$$

$$= (0.1000 \times 0.02)/(20.00 + 20.02)$$

$$= 5.0 \times 10^{-5} (mol/L)$$

$$pH = 4.30$$

按上述方法，可计算出滴定过程中溶液的 pH 变化情况，见表 2-3 所列。

表 2-3　0.1000mol/L HCl 滴定 20.00mL 0.1000mol/L NH₃ 溶液 pH 的变化

加入 HCl/mL	NH₃ 被滴定百分数/%	溶液组成	计算式	pH	
0.00	0	NH₃		11.13	
10.00	50.0	NH₃+NH₄Cl	$[OH^-]=\sqrt{c(NH_3)K_b}$	9.25	
18.00	90.0	NH₃+NH₄Cl		8.30	
19.80	99.0	NH₃+NH₄Cl	$[H^+]=K_a\times\dfrac{[NH_4Cl]}{[NH_3]}$	7.25	
19.96	99.8	NH₃+NH₄Cl		6.55	
19.98	99.9	NH₃+NH₄Cl		6.25	滴定
20.00	100.0	NH₄Cl	$[H^+]=\sqrt{c(NH_4Cl)K_a}$	5.28	
20.02	100.1	NH₄Cl+HCl		4.30	突跃
20.20	101.0	NH₄Cl+HCl	$[H^+]=[HCl]_{过量}$	3.30	
22.00	110.0	NH₄Cl+HCl		2.30	

2. 滴定曲线及指示剂的选择

以 NH₃ 被中和的百分数为横坐标，以溶液 pH 为纵坐标绘制滴定曲线，结果如图 2-20 所示。

由表 2-3 和图 2-20 可知，强酸滴定弱碱与强碱滴定弱酸一样，滴定突跃范围比强酸滴定强碱要小得多，突跃范围主要集中在弱酸性区域（6.25～4.30），在化学计量点时溶液呈弱酸性（pH＝5.28），必须选择在酸性区域变色的指示剂，如甲基红、溴甲酚绿等。若选择甲基橙作指示剂，当滴定到溶液由黄色变至橙色（pH＝4.0）时，滴定误差达到＋0.20%。

与弱酸一样，一元弱碱能够被强酸直接准确滴定的条件是：$cK_b\geqslant10^{-8}$ 且 $c\geqslant10^{-3}$ mol/L。

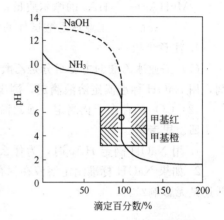

图 2-20　0.1000mol/L HCl 滴定
0.1000mol/L NH₃ 的滴定曲线

【技能训练 5】　工业冰乙酸含量的测定

一、训练目的

1. 学会挥发性样品的称样方法。

2. 学会以氢氧化钠为标准滴定溶液测定工业冰乙酸含量的方法。

3. 学会正确判断滴定终点。

二、训练所需试剂和仪器

1. 试剂

（1）NaOH 标准滴定溶液：$c(NaOH)＝1.000$ mol/L。

（2）酚酞指示液：5g/L。

（3）工业冰乙酸试样。

2. 仪器

具塞称量瓶、锥形瓶、滴定管、量筒、分析天平等。

三、训练内容

1. 训练步骤

用容量约 3mL 的具塞称量瓶称取约 2.5g 冰乙酸试样，精确至 0.0002g。置于已盛有

50mL 无二氧化碳水的 250mL 锥形瓶中，并将称量瓶盖摇开，加 0.5mL 酚酞指示液，用氢氧化钠标准滴定溶液滴定至溶液呈微粉红色，保持 5s 不退即为终点，记录所消耗 NaOH 标准滴定溶液的体积 V。

2. 数据记录

3. 结果计算

$$w(\text{HAc}) = \frac{c(\text{NaOH})V(\text{NaOH})M(\text{HAc}) \times 10^{-3}}{m_{样}} \times 100\%$$

式中　$w(\text{HAc})$——工业冰乙酸的质量分数，%；

　　　$c(\text{NaOH})$——NaOH 标准滴定溶液的浓度，mol/L；

　　　$V(\text{NaOH})$——滴定时消耗 NaOH 标准滴定溶液的体积，mL；

　　　$M(\text{HAc})$——HAc 的摩尔质量，g/mol；

　　　$m_{样}$——工业冰乙酸试样的质量，g。

4. 注意事项

（1）工业冰乙酸的主要组分是乙酸，此外还含有少量其他弱酸如甲酸等。以酚酞为指示剂，用 NaOH 标准滴定溶液滴定，测出的是总酸度，以乙酸来表示。

（2）CO_2 的存在干扰测定，因此稀释用的水应是经过煮沸除去 CO_2 的蒸馏水。

四、思考题

1. 用 NaOH 滴定 HAc 时，为什么用酚酞作指示剂而不用甲基橙？

2. 如果 NaOH 标准滴定溶液在保存过程中吸收了空气中的 CO_2，测定结果是偏高、偏低还是无影响？

【技能训练 6】　氨水中氨含量的测定

一、训练目的

1. 进一步巩固挥发性液体试样的称量方法。

2. 学会以 HCl 为标准滴定溶液测定氨水中氨的含量。

3. 学会正确判断滴定终点。

二、训练所需试剂和仪器

1. 试剂

（1）HCl 标准滴定溶液：$c(\text{HCl}) = 0.5$ mol/L。

（2）甲基红-亚甲基蓝混合指示剂：称取 0.175g 分析纯甲基红，研细，溶于 50mL 95% 乙醇中。称取 0.083g 亚甲基蓝，溶于 50mL 95% 乙醇中。将两溶液分别存于棕色瓶中，用时按（1+1）混合。混合指示剂使用期不应超过 1 周。

（3）氨水试样。

2. 仪器

具塞轻体锥形瓶、移液管、滴定管、量筒、分析天平等。

三、训练内容

1. 训练步骤

量取 15mL 水倾入具塞轻体锥形瓶中，准确称其质量，加入 1mL 氨水试样，立即盖紧瓶塞，再称量。然后加 40mL 水和 2 滴甲基红-亚甲基蓝混合指示剂，用 $c(\text{HCl}) = 0.5$ mol/L HCl 标准滴定溶液滴定至溶液由绿色变成红色即为终点，平行测定 3 次，记录所消耗 HCl

标准滴定溶液的体积 V。

2. 数据记录

3. 结果计算

$$w(NH_3) = \frac{c(HCl)V(HCl)M(NH_3) \times 10^{-3}}{m_样} \times 100\%$$

式中　$w(NH_3)$——氨水中氨的质量分数，%；

$c(HCl)$——HCl 标准滴定溶液的物质的量浓度，mol/L；

$V(HCl)$——滴定时消耗 HCl 标准滴定溶液的体积，mL；

$M(NH_3)$——NH_3 的摩尔质量，g/mol；

$m_样$——氨水试样的质量，g。

4. 注意事项

（1）因为氨易挥发，称量时动作应迅速。

（2）锥形瓶外壁水擦干并编号后再带至天平室。

（3）混合指示剂变色很敏锐，终点时滴定速度要慢。

四、思考题

1. 混合指示剂有何特点，本实验为何选用甲基红-亚甲基蓝混合指示剂？

2. 量取氨水体积需不需要准确，称量需不需要准确？

案例三　混合碱的分析

混合碱是指 NaOH、Na_2CO_3、与 $NaHCO_3$ 中两种组分 NaOH 与 Na_2CO_3 或 Na_2CO_3 与 $NaHCO_3$ 的混合物。NaOH 俗称烧碱，在生产或存放过程中，常因吸收空气中的 CO_2，因而含有少量 Na_2CO_3。对于工业 NaOH 中 NaOH 和 Na_2CO_3 含量的测定，可依据 GB/T 4348.1—2000。其具体方法为：试样溶液中先加入氯化钡，将碳酸钠转化为碳酸钡沉淀，然后以酚酞为指示剂，用盐酸标准滴定溶液滴定至终点，根据盐酸标准滴定溶液的消耗量计算 NaOH 的含量。然后再移取相同量的试样溶液，采用溴甲酚绿-甲基红混合指示剂，以盐酸标准滴定溶液滴定至终点，测得氢氧化钠和碳酸钠的总和，再减去氢氧化钠含量，即可得到碳酸钠的含量。当碳酸钠含量很少时，也可用双指示剂法。其方法为：在混合碱试样中加入酚酞指示剂，此时溶液呈红色，用 HCl 标准滴定溶液滴定至溶液由红色恰好变为无色时，再加入甲基橙指示剂，继续用 HCl 标准滴定溶液滴定至溶液由黄色变为橙色。根据两次滴定所消耗 HCl 标准滴定溶液的体积计算出 NaOH 和 Na_2CO_3 的含量。该法方便、快速，在生产中应用普遍。

案例分析

1. 与前面案例不同，本案例测定的是混合物。

2. 对于 NaOH 与 Na_2CO_3 混合碱，当 Na_2CO_3 含量高时用氯化钡法，当 Na_2CO_3 含量低时可用双指示剂法测定。

3. 氯化钡法与双指示剂法相比，操作麻烦，但由于测定时 CO_3^{2-} 被沉淀，最后的滴定是强酸滴定强碱，因此结果反而比双指示剂法准确。

为完成工业 NaOH 中 NaOH 和 Na_2CO_3 含量的测定任务，需具备如下理论知识。

理论基础

一、多元酸（碱）和混合酸（碱）的滴定条件

多元酸碱或混合酸碱的滴定比一元酸碱的滴定复杂，这是因为如果考虑能否直接准确滴定的问题就意味着必须考虑两种情况：一是能否滴定酸或碱的总量，二是能否分级滴定（对多元酸碱）或分别滴定（混合酸碱）。下面结合实例进行简要的讨论。

1. 多元酸（碱）的滴定

（1）滴定可行性判断和滴定突跃　多元酸碱存在多级离解，对多元酸，其离解常数分别用 K_{a1}、K_{a2}、…、K_{ax} 表示；对多元碱，其离解常数分别用 K_{b1}、K_{b2}、…、K_{bx} 表示。

① 当 $cK_{a1} \geqslant 10^{-8}$ 或 $cK_{b1} \geqslant 10^{-8}$ 时，这一级离解的 H^+ 或 OH^- 可以被直接滴定。

② 当多元酸或多元碱的相邻两个离解常数之比不小于 10^5 时，可分级滴定，即较强的那一级离解的 H^+ 或 OH^- 先被滴定，出现第一个滴定突跃，较弱的那一级离解的 H^+ 或 OH^- 后被滴定。但能否出现第二个滴定突跃，则取决于酸或碱的第二个离解常数是否满足 $cK_{a2} \geqslant 10^{-8}$ 或 $cK_{b2} \geqslant 10^{-8}$。

③ 如果相邻的两个离解常数之比 $< 10^5$，则滴定时两个滴定突跃将混在一起，这时只出现一个滴定突跃。

下面以 Na_2CO_3 为例，说明多元酸（碱）的滴定原理。

（2）Na_2CO_3 的滴定　Na_2CO_3 是二元碱，在水溶液中存在如下离解平衡：

$$CO_3^{2-} + H_2O \Longrightarrow HCO_3^- + OH^- \qquad pK_{b1} = 3.75$$

$$HCO_3^- + H_2O \Longrightarrow H_2CO_3 + OH^- \qquad pK_{b2} = 7.62$$

在满足一般分析的要求下，Na_2CO_3 还是能够分级滴定的，只是滴定突跃较小。如果用 HCl 滴定，则第一步生成 $NaHCO_3$，反应式为：

$$Na_2CO_3 + HCl \longrightarrow NaHCO_3 + NaCl$$

继续用 HCl 滴定，则生成的 $NaHCO_3$ 进一步反应生成碱性更弱的 H_2CO_3，H_2CO_3 本身不稳定，很容易分解生成 CO_2 与 H_2O，反应式为：

$$NaHCO_3 + HCl \longrightarrow H_2CO_3 + NaCl$$

$$H_2CO_3 \Longrightarrow CO_2 + H_2O$$

图 2-21 为 0.1000mol/L HCl 标准滴定溶液滴定 20.00mL 0.1000mol/L Na_2CO_3 溶液的滴定曲线。

第一化学计量点时，HCl 与 Na_2CO_3 反应生成 $NaHCO_3$。$NaHCO_3$ 为两性物质，其浓度为 0.0500mol/L。根据两性物质 H^+ 浓度计算公式：

$$[H^+]_1 = \sqrt{K_{a1}K_{a2}} = \sqrt{10^{-6.38} \times 10^{-10.25}}$$
$$= 4.84 \times 10^{-9}(mol/L)$$
$$pH_1 = 8.32$$

（H_2CO_3 的 $pK_{a1} = 6.38$，$pK_{a2} = 10.25$）

此时如选用酚酞作指示剂，终点误差较大，滴定准确度不高。若采用酚红-百里酚蓝混合指示剂，并用同浓度 $NaHCO_3$ 溶液作参比时，滴定误

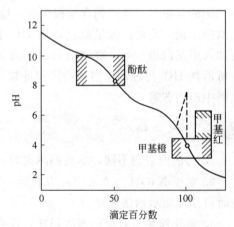

图 2-21　0.1000mol/L HCl 标准滴定溶液滴定 20.00mL 0.1000mol/L Na_2CO_3 溶液的滴定曲线

差约为 0.5%。

第二化学计量点时，HCl 进一步与 NaHCO₃ 反应，生成 H₂CO₃，其在水溶液中的饱和浓度为 0.0400mol/L。H_2CO_3 为二元弱酸，根据二元弱酸 H⁺ 浓度最简计算公式：

$$[H^+]_2 = \sqrt{cK_{a1}} = \sqrt{0.0400 \times 10^{-6.38}}$$

$$= 1.3 \times 10^{-4} \ (mol/L)$$

$$pH_2 = 3.89$$

若选择甲基橙为指示剂，在室温下滴定时，终点变化不敏锐。为提高滴定准确度，可采用为 CO_2 所饱和并含有相同浓度 NaCl 和指示剂的溶液作参比。

2. 混合酸（碱）的滴定

混合酸（碱）的滴定主要包括两种情况：一是强酸（碱）-弱酸（碱）的滴定，二是两种弱酸（碱）的滴定。

（1）强酸（碱）-弱酸（碱）的滴定　设两种酸（碱）的浓度均为 0.1mol/L，对于强酸与弱酸的混合或强碱与弱碱的混合，有以下几种。

① 若弱酸或弱碱的离解常数 $K < 10^{-7}$，则弱酸或弱碱的存在不影响强酸强碱的滴定，但无法准确测定混合酸或混合碱的总量。

② 若弱酸或弱碱的离解常数 $K > 10^{-5}$，则不能分别滴定，只能测定混合酸或混合碱的总量。

③ 若弱酸或弱碱的 $10^{-7} < K < 10^{-5}$，则可分别滴定强酸（碱）及弱酸（碱）的含量。

（2）两种弱酸（碱）的滴定　对于两种弱酸（碱）的混合液，设离解常数 $K_2 < K_1$，浓度 $c_2 < c_1$，则其能够直接滴定的条件为：

$$\begin{cases} c_1 K_1 \geqslant 10^{-8}, \text{且 } c_1 \geqslant 10^{-3} mol/L \\ c_2 K_2 \geqslant 10^{-8}, \text{且 } c_2 \geqslant 10^{-3} mol/L \end{cases}$$

两种弱酸（碱）的混合液能够分别滴定的条件为：

$$\begin{cases} \dfrac{c_1 K_1}{c_2 K_2} \geqslant 10^5 \\ c_2 K_2 \geqslant 10^{-8}, \text{且 } c_2 \geqslant 10^{-3} mol/L \end{cases}$$

二、混合碱的测定原理

混合碱中的组分主要有 NaOH、Na₂CO₃ 与 NaHCO₃，由于 NaOH 与 NaHCO₃ 不可能共存，因此混合碱的组成或者为 3 种组分中的任一种，或者为 NaOH 与 Na₂CO₃ 的混合物，或者为 Na₂CO₃ 与 NaHCO₃ 的混合物。若是单一组分的化合物，用 HCl 标准滴定溶液直接滴定即可；若是两者的混合物，则可用氯化钡法与双指示剂法进行测定。

1. 氯化钡法

（1）NaOH 与 Na₂CO₃ 混合物的测定　准确称取一定量试样，溶解后稀释至一定体积，移取相同体积的试液两份，分别做如下测定。

第一份以甲基橙作指示剂，用 HCl 标准滴定溶液滴定至溶液变为红色，则溶液中的 NaOH 与 Na₂CO₃ 完全被中和，此时测定的是总碱度。设所消耗 HCl 标准滴定溶液的体积为 V_1(mL)，反应如下：

$$NaOH + HCl \longrightarrow NaCl + H_2O$$

$$Na_2CO_3 + 2HCl \longrightarrow CO_2 \uparrow + 2NaCl + H_2O$$

第二份试液中先加入过量的 BaCl₂，使 Na₂CO₃ 完全转化为 BaCO₃ 沉淀。在沉淀存在的情况下，以酚酞作指示剂，用 HCl 标准滴定溶液滴定至溶液变为无色时，此时溶液中的 NaOH 完全被中和。设所消耗 HCl 标准滴定溶液的体积为 V_2(mL)，反应如下：

$$Na_2CO_3 + BaCl_2 \longrightarrow BaCO_3 \downarrow + 2NaCl$$
$$NaOH + HCl \longrightarrow NaCl + H_2O$$

因 NaOH 消耗 HCl 标准滴定溶液的体积为 V_2(mL)，所以有：

$$w(NaOH) = \frac{c(HCl)V_2M(NaOH) \times 10^{-3}}{m_{样}} \times 100\% \tag{2-14}$$

式中　$w(NaOH)$——混合碱中 NaOH 的质量分数，%；

　　　$c(HCl)$——HCl 标准滴定溶液的物质的量浓度，mol/L；

　　　V_2——以酚酞为指示剂时滴定所消耗 HCl 标准滴定溶液的体积，mL；

　　　$M(NaOH)$——NaOH 的摩尔质量，g/mol；

　　　$m_{样}$——试样的质量，g。

因 Na_2CO_3 消耗 HCl 标准滴定溶液的体积为 $V_1 - V_2$(mL)，所以有：

$$w(Na_2CO_3) = \frac{\frac{1}{2}c(HCl)(V_1 - V_2)M(Na_2CO_3) \times 10^{-3}}{m_{样}} \times 100\% \tag{2-15}$$

式中　$w(Na_2CO_3)$——混合碱中 Na_2CO_3 的质量分数，%；

　　　V_1——以甲基橙为指示剂时滴定所消耗 HCl 标准滴定溶液的体积，mL；

　　　$M(Na_2CO_3)$——Na_2CO_3 的摩尔质量，g/mol。

(2) Na_2CO_3 与 $NaHCO_3$ 混合物的测定　与 NaOH 与 Na_2CO_3 混合物的测定类似，准确称取一定量试样，溶解后稀释至一定体积，移取相同体积的试液两份，分别做如下测定。

第一份仍以甲基橙为指示剂，用 HCl 标准滴定溶液滴定至溶液变为红色，则溶液中的 Na_2CO_3 与 $NaHCO_3$ 完全被中和，此时测定的是总碱度。设所消耗 HCl 标准滴定溶液的体积仍记为 V_1(mL)，反应如下：

$$Na_2CO_3 + 2HCl \longrightarrow CO_2 \uparrow + 2NaCl + H_2O$$
$$NaHCO_3 + HCl \longrightarrow CO_2 \uparrow + NaCl + H_2O$$

第二份试样溶液中先准确加入过量的已知准确浓度的 NaOH 标准滴定溶液 V(mL)，使溶液中的 $NaHCO_3$ 全部转化为 Na_2CO_3，然后再加入过量的 $BaCl_2$，使 Na_2CO_3 完全转化为 $BaCO_3$ 沉淀。在沉淀存在的情况下，以酚酞作指示剂，以 HCl 标准滴定溶液滴定至溶液变为无色时，则表明溶液中过量的 NaOH 全部被中和。设所消耗 HCl 标准滴定溶液的体积为 V_2(mL)。

显然，使溶液中 $NaHCO_3$ 全部转化为 Na_2CO_3 所消耗的 NaOH 物质的量即为溶液中 $NaHCO_3$ 的物质的量，因此有：

$$w(NaHCO_3) = \frac{[c(NaOH)V - c(HCl)V_2]M(NaHCO_3) \times 10^{-3}}{m_{样}} \times 100\% \tag{2-16}$$

式中　$w(NaHCO_3)$——混合碱中 $NaHCO_3$ 的质量分数，%；

　　　$c(HCl)$——HCl 标准滴定溶液的物质的量浓度，mol/L；

　　　$c(NaOH)$——NaOH 标准滴定溶液的物质的量浓度，mol/L；

　　　V——NaOH 标准滴定溶液的体积，mL；

　　　V_2——以酚酞为指示剂时滴定所消耗 HCl 标准滴定溶液的体积，mL；

　　　$M(NaHCO_3)$——$NaHCO_3$ 的摩尔质量，g/mol；

$m_样$——试样的质量，g。

同样，与溶液中 Na_2CO_3 反应的 HCl 标准滴定溶液的体积则为总体积 V_1 减去 $NaHCO_3$ 所消耗的体积，因此有：

$$w(Na_2CO_3) = \frac{\{c(HCl)V_1 - [c(NaOH)V - c(HCl)V_2]\}M\left(\frac{1}{2}Na_2CO_3\right) \times 10^{-3}}{m_样} \times 100\%$$

(2-17)

式中　$w(Na_2CO_3)$——混合碱中 Na_2CO_3 的质量分数，%；

　　　　V_1——以甲基橙作指示剂时滴定所消耗 HCl 标准滴定溶液的体积，mL；

　　　$M\left(\frac{1}{2}Na_2CO_3\right)$——$\frac{1}{2}Na_2CO_3$ 的摩尔质量，g/mol。

2. 双指示剂法

双指示剂法测定混合碱时，无论其组成如何，方法均是相同的。具体操作如下：准确称取一定量试样，用蒸馏水溶解后，先以酚酞为指示剂，用 HCl 标准滴定溶液滴定至溶液由红色恰好变为无色时，则试液中所含 NaOH 完全被中和，Na_2CO_3 则被中和到 $NaHCO_3$，若溶液中含有 $NaHCO_3$，则未被滴定。设所消耗 HCl 标准滴定溶液的体积为 V_1（mL）。反应如下：

$$NaOH + HCl \longrightarrow NaCl + H_2O$$
$$Na_2CO_3 + HCl \longrightarrow NaCl + NaHCO_3$$

然后，再加入甲基橙指示剂，继续用 HCl 标准滴定溶液滴定到溶液由黄色变为橙色。此时试液中的 $NaHCO_3$（可能是原试样中含有的，亦可能是 Na_2CO_3 经第一步反应后生成的）被中和成 CO_2 和 H_2O。设又消耗的 HCl 标准滴定溶液的体积为 V_2（mL）。反应如下：

$$NaHCO_3 + HCl \longrightarrow NaCl + CO_2 \uparrow + H_2O$$

根据两次滴定所消耗 HCl 标准滴定溶液的体积，即可判断出混合碱的组成并计算出各组分的含量。

(1) 若 $V_1 > V_2$，表明该混合碱为 Na_2CO_3 与 NaOH 的混合物。由上述分析可知，中和 Na_2CO_3 所需 HCl 是分两批加入的，两次用量应当相等。即滴定 Na_2CO_3 所消耗的 HCl 的体积为 $2V_2$，而中和 NaOH 所消耗的 HCl 的体积为 $(V_1 - V_2)$。故该混合碱中 NaOH 和 Na_2CO_3 的含量可按式(2-18) 计算：

$$w(NaOH) = \frac{(V_1 - V_2)c(HCl)M(NaOH) \times 10^{-3}}{m_样} \times 100\%$$

(2-18)

$$w(Na_2CO_3) = \frac{c(HCl) \times 2V_2 M\left(\frac{1}{2}Na_2CO_3\right) \times 10^{-3}}{m_样} \times 100\%$$

(2-19)

(2) 若 $V_1 < V_2$，则表明该混合碱为 Na_2CO_3 与 $NaHCO_3$ 的混合物。此时 V_1 为中和 Na_2CO_3 时所消耗的 HCl 的体积，故 Na_2CO_3 所消耗的 HCl 的体积应为 $2V_1$，中和 $NaHCO_3$ 消耗的 HCl 的体积为 $(V_2 - V_1)$。故该混合碱中 $NaHCO_3$ 和 Na_2CO_3 的含量可按式(2-20)、式(2-21) 计算：

$$w(NaHCO_3) = \frac{(V_2 - V_1)c(HCl)M(NaHCO_3) \times 10^{-3}}{m_样} \times 100\%$$

(2-20)

$$w(Na_2CO_3) = \frac{c(HCl)V_1 M(Na_2CO_3) \times 10^{-3}}{m_样} \times 100\%$$

(2-21)

【技能训练 7】　烧碱中 NaOH 和 Na₂CO₃ 含量的测定

一、训练目的

1. 学会利用氯化钡法测定烧碱中两种组分的含量。

2. 学会利用双指示剂法测定烧碱中两种组分的含量。

二、训练所需试剂和仪器

1. 试剂

(1) HCl 标准滴定溶液：$c(HCl)=1.0mol/L$。

(2) 甲基橙指示剂：1g/L 20% 的乙醇溶液。

(3) 酚酞指示剂：10g/L 乙醇溶液。

(4) 溴甲酚绿-甲基红混合指示剂：3 份 0.1% 溴甲酚绿乙醇溶液加 1 份 0.2% 甲基红乙醇溶液。

(5) 氯化钡溶液：100g/L。

使用前，以酚酞为指示剂，用氢氧化钠标准溶液调至微红色。

(6) 烧碱试样。

2. 仪器

称量瓶、分析天平、容量瓶、移液管、具塞锥形瓶、磁力搅拌器、烧杯、锥形瓶、滴定管等。

三、训练内容

1. 训练步骤

(1) 氯化钡法

① 试样溶液的制备。用已知质量，且干燥、洁净的称置瓶，迅速从样品瓶中移取固体烧碱 36g±1g 或液体烧碱 50g±1g（精确至 0.01g）。将已称取的样品置于已盛有约 300mL 水的 1000mL 容量瓶中，冲洗称量瓶，将洗液并入容量瓶中。冷却至室温后稀释至刻度，摇匀。

② 氢氧化钠含量的测定。量取 50.00mL 试样溶液，注入 250mL 具塞锥形瓶中，加入 10mL 氯化钡溶液，加入 2～3 滴酚酞指示剂，在磁力搅拌器搅拌下，用 1.0mol/L 盐酸标准滴定溶液密闭滴定至溶液呈微红色即为终点。滴定所消耗盐酸标准滴定溶液的体积记为 V_1(mL)。

③ 氢氧化钠和碳酸钠含量的测定。量取 50.00mL 试样溶液，注入 250mL 具塞锥形瓶中，加入 10 滴溴甲酚绿-甲基红混合指示剂，在磁力搅拌器搅拌下，用 1.0mol/L 盐酸标准滴定溶液密闭滴定至溶液呈酒红色即为终点。滴定所消耗盐酸标准滴定溶液的体积记为 V_2(mL)。

(2) 双指示剂法

① 试样溶液的制备。准确称取 1.5～2.0g 烧碱试样于 250mL 烧杯中，加水使之溶解后，定量转入 250mL 容量瓶中，用水稀释至刻度，充分摇匀。

② 氢氧化钠和碳酸钠含量的测定。用移液管移取 25.00mL 试液于锥形瓶中，加酚酞指示液 2 滴，用 0.1mol/L HCl 标准滴定溶液滴定至溶液由红色恰好变为无色，滴定所消耗盐酸标准滴定溶液的体积记为 V_1(mL)；然后，加入甲基橙指示液 1～2 滴，继续用 HCl 标准滴定溶液滴定至溶液由黄色变为橙色。滴定所消耗盐酸标准滴定溶液的体积记为 V_2(mL)。

2. 数据记录

3. 结果计算

（1）氯化钡法

$$w(\mathrm{NaOH}) = \frac{c(\mathrm{HCl})V_2 M(\mathrm{NaOH}) \times 10^{-3}}{m_{样}} \times 100\%$$

$$w(\mathrm{Na_2CO_3}) = \frac{c(\mathrm{HCl})(V_1 - V_2)M\left(\frac{1}{2}\mathrm{Na_2CO_3}\right) \times 10^{-3}}{m_{样}} \times 100\%$$

（2）双指示剂法

$$w(\mathrm{NaOH}) = \frac{(V_1 - V_2)c(\mathrm{HCl})M(\mathrm{NaOH}) \times 10^{-3}}{m_{样}} \times 100\%$$

$$w(\mathrm{Na_2CO_3}) = \frac{c(\mathrm{HCl}) \times 2V_2 M\left(\frac{1}{2}\mathrm{Na_2CO_3}\right) \times 10^{-3}}{m_{样}} \times 100\%$$

4. 注意事项

（1）溶解烧碱试样时一定要用新煮沸的冷蒸馏水，并使其充分的溶解，然后再移入容量瓶里，最后再用新煮沸的冷蒸馏水稀释至刻度。

（2）达到第一终点前，滴定速度不宜过快，否则易造成溶液中 HCl 局部过浓，引起 CO_2 的损失，带来较大的误差，滴定速度亦不能太慢，摇动要均匀。

（3）近终点时，一定要充分摇动，以防因形成 CO_2 的过饱和溶液而使终点提前到达。

四、思考题

1. 利用双指示剂法测定混合碱，试判断在下列五种情况下混合碱试样的组成：（a）$V_1 = 0$，$V_2 > 0$；（b）$V_2 = 0$，$V_1 > 0$；（c）$V_1 > V_2$；（d）$V_1 < V_2$；（e）$V_1 = V_2 > 0$。

2. 什么是双指示剂法？

3. 如果样品是碳酸钠和碳酸氢钠的混合物，应如何测定其含量？

本 章 小 结

1. 酸碱质子理论

酸碱质子理论认为：凡是能够给出质子（H^+）的物质就是酸，凡是能够接受质子的物质就是碱。

2. 酸碱离解常数

平衡常数 K_a 称为酸的离解常数，它是衡量酸强弱的参数。K_a 越大，表明该酸的酸性越强。在一定温度下 K_a 是一个常数，它仅随温度的变化而变化。K_b 称为碱的离解常数，它是衡量碱强弱的尺度。

3. 共轭酸碱对

由得失一个质子而发生共轭关系的一对酸碱称为共轭酸碱对。

共轭酸碱对的 K_a、K_b 值之间满足

$$K_a K_b = K_w \quad 或 \quad pK_a + pK_b = pK_w$$

4. 酸碱反应的实质

按照酸碱质子理论，酸碱反应的实质就是酸失去质子，碱得到质子的过程，酸碱反应是酸碱之间发生了质子转移。

5. 酸碱溶液中 H^+ 浓度的计算

6. 酸碱缓冲溶液

通常把凡能抵御因加入酸、碱或稍加稀释而自身 pH 不发生显著变化的性质，称为缓冲作用。具有缓冲作用的溶液，称为缓冲溶液。酸碱缓冲溶液一般由具有一定浓度共轭酸碱对的溶液组成；pH<2 或 pH>12 的强酸或强碱溶液也具有缓冲作用。

缓冲溶液的缓冲能力以缓冲容量 β 表示，其物理意义是为使缓冲溶液的 pH 改变 1 个单位所需加入的强酸或强碱的物质的量。缓冲溶液的缓冲容量 β 值取决于溶液的性质、浓度和 pH。

7. 酸碱指示剂的作用原理

常用的酸碱指示剂一般是有机弱酸或弱碱，其酸式与共轭碱式具有不同的颜色。当溶液的 pH 改变时，酸碱指示剂在酸式与碱式之间转化，因而显示不同的颜色。将 $pH = pK_{HIn} \pm 1$ 称为指示剂理论变色的 pH 范围，简称指示剂理论变色范围。将 $pH = pK_{HIn}$ 称为指示剂的理论变色点。影响指示剂实际变色范围的因素包括溶液温度、指示剂的用量、离子强度以及滴定程序等。

8. 强酸（碱）滴定强碱（酸）基本原理

通过滴定过程 pH 的计算和滴定曲线图的分析，存在 pH 的突然改变称为滴定突跃，而突跃所在的 pH 范围称为滴定突跃范围。滴定的突跃大小与被滴定物质及标准滴定溶液的浓度有关。

选择指示剂的原则是：一是指示剂的变色范围全部或部分地落入滴定突跃范围内；二是指示剂的变色点尽量靠近化学计量点。同时指示剂的颜色变化由浅入深人眼容易观察，在选择指示剂时也应考虑。

9. 强碱（酸）滴定弱酸（碱）基本原理

随着滴定的进行，溶液的 pH 发生变化，在化学计量点附近 pH 发生突跃，选择适当的指示剂指示终点，根据滴定终点时标准滴定溶液的消耗量计算弱酸（碱）的含量。

10. 弱酸（碱）被准确滴定的判定依据

通常以 $cK_a \geqslant 10^{-8}$ 且 $c \geqslant 10^{-3} \, mol/L$ 作为判断弱酸能否准确进行滴定的依据。

通常以 $cK_b \geqslant 10^{-8}$ 且 $c \geqslant 10^{-3} \, mol/L$ 作为判断弱碱能否准确进行滴定的依据。

11. 多元酸（碱）的滴定

多元酸碱存在多级离解。

① 当 $cK_{a1} \geqslant 10^{-8}$ 或 $cK_{b1} \geqslant 10^{-8}$ 时，这一级离解的 H^+ 或 OH^- 可以被直接滴定。

② 当多元酸或多元碱的相邻两个离解常数之比 $\geqslant 10^5$ 时，可分级滴定。

③ 如果相邻的两个离解常数之比 $< 10^5$，滴定时两个滴定突跃将混在一起，这时只出现一个滴定突跃，不能分级滴定。

12. 混合酸（碱）的滴定

对于强酸与弱酸的混合或强碱与弱碱的混合：

① 若弱酸或弱碱的离解常数 $K < 10^{-7}$，则弱酸或弱碱的存在不影响强酸强碱的滴定，但无法准确测定混合酸或混合碱的总量；

② 若弱酸或弱碱的离解常数 $K > 10^{-5}$，则不能分别滴定，只能测定混合酸或混合碱的总量；

③ 弱酸或弱碱的 $10^{-7} < K < 10^{-5}$，则可分别滴定强酸（碱）、弱酸（碱）的含量。

两种弱酸（碱）的混合液，设离解常数 $K_2 < K_1$，浓度 $c_2 < c_1$，能直接滴定的条件为：

$$\begin{cases} c_1 K_1 \geqslant 10^{-8}, \text{且 } c_1 \geqslant 10^{-3}\,\mathrm{mol/L} \\ c_2 K_2 \geqslant 10^{-8}, \text{且 } c_2 \geqslant 10^{-3}\,\mathrm{mol/L} \end{cases}$$

两种弱酸（碱）的混合液能分别滴定的条件为：

$$\begin{cases} \dfrac{c_1 K_1}{c_2 K_2} \geqslant 10^5 \\ c_2 K_2 \geqslant 10^{-8}, \text{且 } c_2 \geqslant 10^{-3}\,\mathrm{mol/L} \end{cases}$$

13. 混合碱的测定

混合碱的测定可用氯化钡法或双指示剂法。

（1）氯化钡法　准确称取一定量试样，溶解后稀释至一定体积，移取相同体积的试液两份，第一份用甲基橙作指示剂，用 HCl 标准滴定溶液滴定至溶液变为红色；第二份试液中先加入过量的 $BaCl_2$，使 Na_2CO_3 完全转化为 $BaCO_3$ 沉淀，在沉淀存在的情况下，以酚酞为指示剂，用 HCl 标准滴定溶液滴定至溶液变为无色。根据两次滴定中消耗的 HCl 量，计算混合碱中各组分的含量。

（2）双指示剂法　准确称取一定量试样，用蒸馏水溶解后，先以酚酞为指示剂，用 HCl 标准滴定溶液滴定到溶液由红色恰好变为无色。再加入甲基橙指示剂，继续用 HCl 标准滴定溶液滴定到溶液由黄色变为橙色。根据两次消耗 HCl 标准滴定溶液体积的大小，判断混合碱的组成并计算各组分的含量。

知识链接

酸碱指示剂的发现者波义耳

酸碱指示剂是检验溶液酸碱性的常用化学试剂，像科学上的许多其他发现一样，酸碱指示剂的发现是化学家善于观察、勤于思考、勇于探索的结果。

300 多年前的一天清晨，英国年轻的科学家波义耳正准备到实验室去做实验，一位花木工送来一篮鲜美的紫罗兰。喜爱鲜花的波义耳随手取下一块带进了实验室，把鲜花放在实验桌上开始了实验，当他从大瓶里倾倒出盐酸时，一股刺鼻的气体从瓶口涌出，倒出的淡黄色液体冒出白雾，还有少许酸沫飞溅到鲜花上，他想"真可惜，酸弄到鲜花上了"，为洗掉花上的酸沫，他把花放到水里，一会儿发现紫罗兰颜色变红了，波义耳既新奇又兴奋，他认为可能是盐酸使紫罗兰颜色变红，为进一步验证这一现象，他立即返回住所，把那篮鲜花全部拿到实验室，取了当时已知的几种酸的稀溶液，把紫罗兰花瓣分别放入这些稀酸中，结果现象完全相同，紫罗兰都变为红色。由此他推断，不仅盐酸，而且其他各种酸都能使紫罗兰变为红色。他想，这太重要了，以后只要把紫罗兰花瓣放进溶液，看它是不是变红色，就可判别这种溶液是不是酸。偶然的发现，激发了科学家的探求欲望，后来，他又找来其他花瓣做试验，并制成花瓣的水或酒精的浸液，用它来检验是不是酸，同时用它来检验一些碱溶液，也产生了一些变色现象。

这位追求真知、永不困倦的科学家，为了获得丰富、准确的第一手资料，他还采集了药草、牵牛花、苔藓、月季花、树皮和各种植物的根，泡出了多种颜色的不同浸液，有些浸液遇酸变色，有些浸液遇碱变色，不过有趣的是，他从石蕊苔藓中提取的紫色浸液，酸能使它变红色，碱能使它变蓝色，这就是最早的石蕊试液，波义耳把它称作指示剂。为使用方便，波义耳用一些浸液把纸浸透、烘干制成纸片，使用时只要将小纸片放入被检测的溶液中，纸片上就会发生颜色变化，从而显示出溶液是酸性还是碱性。今天，人们使用的石蕊、酚酞试纸、pH 试纸，就是根据波义耳的发现原理研制而成的。后来，随着科学技术的进步和发展，许多其他的指示剂也相继被另一些科学家所发现。

复习思考题

1. 酸碱质子理论中酸碱是如何定义的？

2. 酸碱反应的实质是什么？

3. 何为缓冲溶液的缓冲容量？影响缓冲容量的因素有哪些？一般弱酸及其共轭碱缓冲体系的缓冲范围为多少？

4. 指示剂能指示酸碱滴定终点的原理是什么？

5. 影响酸碱指示剂变色范围的因素有哪些？

6. 什么叫混合指示剂？混合指示剂有什么优点？

7. 选择指示剂的原则是什么？

8. 常用的酸、碱标准滴定溶液有哪些？通常使用的浓度是多少？

9. CO_2 对酸碱滴定有一定的影响，用什么方法可以减小这种影响？在滴定分析中还应注意些什么？

10. 在什么条件下能用强酸（碱）直接滴定一元弱碱（酸）？

11. 满足什么条件时就能用强酸（碱）对多元碱（酸）进行分步滴定？

12. 为什么 NaOH 可以直接滴定 HAc，但不能直接滴定 H_3BO_3？

13. 用 $c(NaOH)=0.1mol/L$ NaOH 溶液滴定下列各种酸能出现几个滴定突跃？各选何种指示剂？

    (1) CH_3COOH (2) $H_2C_2O_4 \cdot 2H_2O$ (3) H_3PO_4

自 测 题

一、填空题

1. 下列物质属于酸的有（写化学式前的序号）_____；
属于碱的有（写化学式前的序号）_____。
其中是共轭酸碱对的两个物质是_____。
①Na_2CO_3 ②NaH_2PO_4 ③NH_4NO_3 ④$(NH_4)_2SO_3$ ⑤KHS ⑥K_2S

2. 混合指示剂的特点是_____和_____。

3. 酸碱指示剂一般是有机_____酸或_____碱，当溶液中的 pH 改变时，指示剂由于_____的改变而发生_____的改变。指示剂从一种颜色完全转变到另一种颜色（即显过渡颜色）的 pH 范围，称为指示剂的_____。

4. 酸碱缓冲溶液的选择依据是_____、_____、_____和_____。

5. 当以酚酞作指示剂时，用 NaOH 标准滴定溶液测定某 HCl 溶液的浓度时，已知 NaOH 标液在保存时吸收了少量的 CO_2，对分析结果的影响将会_____（偏高、偏低或无影响）。

6. 以 HCl 滴定 Na_2CO_3 时，如用酚酞为指示剂则滴至_____计量点；如用甲基橙为指示剂则滴至_____计量点。

7. 未知碱溶液，用酚酞为指示剂滴定，消耗 HCl 标准滴定溶液的体积为 V_1；若用甲基橙为指示剂继续滴定，消耗同一 HCl 标准滴定溶液的体积为 V_2，根据 V_1、V_2 可以判断碱液的组成，即 $V_1 > V_2$ 为_____；$V_2 > V_1$ 为_____；$V_1 = V_2 > 0$ 为_____；$V_1 > 0$，$V_2 = 0$ 为_____；$V_1 = 0$，$V_2 > 0$ 为_____。

8. 以 HCl 标准滴定溶液滴定氨水时，分别以甲基橙和酚酞作指示剂，耗用的体积分别用 $V_甲$、$V_酚$ 表示，则 $V_甲$ 与 $V_酚$ 的关系是_____。

9. 一含有 NH_4^+ 和 H_3BO_3 的混合液，若采用甲醛与 NH_4^+ 作用，然后用 NaOH 标准滴定溶液滴定至酚酞终点，H_3BO_3 对分析结果的影响将会_____（偏高、偏低、无影响）。

10. 溶液的 pH 与 pOH 关系是_____。

二、选择题

1. 对某一元弱酸溶液，物质的量浓度为 c，电离常数为 K_a，存在 $cK_a \geqslant 20K_w$，且 $c_a/K_a \geqslant 500$，则该一元弱酸溶液 $[H^+]$ 的最简计算公式为（　　）。

　　A. $\sqrt{cK_a}$　　　　　　　B. cK_a　　　　　　　C. $1/2\sqrt{cK_a}$　　　　　　　D. pK_ac

2. 已知 $T_{H_2SO_4/NaOH} = 0.004904$ g/mL，则氢氧化钠物质的量浓度为（　　）mol/L。$M(H_2SO_4) = 98.07$ g/mol。

　　A. 0.0001000　　　　　　B. 0.005000　　　　　　C. 0.5000　　　　　　D. 0.1000

3. 人体血液的 pH 总是维持在 7.35～7.45。这是由于（　　）。

　　A. 人体内含有大量水分　　　　　　　　　　　B. 血液中的 HCO_3^- 和 H_2CO_3 起缓冲作用

　　C. 血液中含有一定量的 Na^+　　　　　　　　D. 血液中含有一定量的 O_2

4. 已知邻苯二甲酸氢钾（KHP）的摩尔质量为 204.2 g/mol，用它来标定 0.1 mol/L 的 NaOH 溶液，应称取 KHP 的质量为（　　）。

　　A. 0.25g 左右　　　　　　B. 0.4g 左右　　　　　　C. 1g 左右　　　　　　D. 0.7g 左右

5. HAc-NaAc 缓冲溶液 $[H^+]$ 的计算公式为（　　）。

　　A. $[H^+] = \sqrt{K_{HAc}c(HAc)}$　　　　　　　　B. $[H^+] = K_{HAc}\dfrac{c(HAc)}{c(NaAc)}$

　　C. $[H^+] = \sqrt{K_{a1}K_{a2}}$　　　　　　　　　　D. $[H^+] = c(HAc)$

6. 欲配制 6 mol/L H_2SO_4 溶液，在 100 mL 纯水中应加入 18 mol/L H_2SO_4 多少毫升？（　　）。

　　A. 50mL　　　　　　　　B. 20mL　　　　　　　　C. 10mL　　　　　　　　D. 5mL

7. 酸碱滴定曲线直接描述的内容是（　　）。

　　A. 指示剂的变色范围　　　　　　　　　　　　B. 滴定过程中 pH 变化规律

　　C. 滴定过程中酸碱浓度变化规律　　　　　　　D. 滴定过程中酸碱体积变化规律

8. 标定盐酸标准滴定溶液常用的基准物质有（　　）。

　　A. 无水碳酸钠　　　　B. 氧化锌　　　　　　C. 草酸　　　　　　D. 碳酸钙

9. 下列各组物质按等物质的量混合配成溶液后，其中不是缓冲溶液的是（　　）。

　　A. $NaHCO_3$ 和 Na_2CO_3　　　　　　　　　　B. NaCl 和 NaOH

　　C. NH_3 和 NH_4Cl　　　　　　　　　　　　D. HAc 和 NaAc

10. 下列有关指示剂变色点的叙述正确的是（　　）。

　　A. 指示剂的变色点就是滴定反应的化学计量点

　　B. 指示剂的变色点随反应的不同而改变

　　C. 指示剂的变色点与指示剂的本质有关，其 pH 等于 pK_a

　　D. 指示剂的变色点一般是不确定的

11. 用 0.1000 mol/L HCl 标准滴定溶液滴定 0.1000 mol/L 氨水溶液，化学计量点时的 pH 为（　　）。

　　A. 等于 7.00　　　B. 大于 7.00　　　C. 小于 7.00　　　D. 等于 8.00

12. 标定 NaOH 溶液时，若采用部分风化的 $H_2C_2O_4 \cdot 2H_2O$，则标定所得的 NaOH 浓度（　　）。

　　A. 偏高　　　　　　B. 偏低　　　　　　C. 无影响　　　　　　D. 不能确定

13. 用 0.1000 mol/L HCl 标准滴定溶液滴定 0.1000 mol/L 氨水溶液，化学计量点时 pH 为 5.28，应选用下列何种指示剂？（　　）。

　　A. 溴酚蓝（3.0～4.6）　　　　　　　　　　B. 甲基红（4.4～6.2）

　　C. 甲基橙（3.1～4.4）　　　　　　　　　　D. 中性红（6.8～8.0）

14. 若用 0.1 mol/L 的 NaOH 溶液分别滴定 25.00 mL HCl 和 HAc 溶液，所消耗碱的体积相等，则表示（　　）。

A. HCl 和 HAc 溶液中 [H$^+$] 相等　　　　B. HCl 和 HAc 的浓度相等

C. 两者的酸度相等　　　　　　　　　　　D. 两溶液的 pH 相等

15. 以 HCl 滴定 Na$_2$CO$_3$ 达第一化学计量点时，为提高滴定的准确度，可（　）。

A. 适当加热溶液　　　　　　　　　　　B. 适当增加指示剂用量

C. 增大 HCl 标准滴定溶液浓度　　　　　D. 用 NaHCO$_3$ 参比溶液对照

16. 用 HCl 滴定 Na$_2$CO$_3$ 达第二化学计量点时，为防止终点提前，可（　）。

A. 采用混合指示剂　　　　　　　　　　B. 在近终点时剧烈摇动溶液

C. 加入水溶性有机溶剂　　　　　　　　D. 在近终点时缓慢滴定

17. 在水溶液中，直接滴定弱酸或弱碱时，要求 cK_a 或 cK_b（　）。

A. $\geqslant 10^{-6}$ 　　　　B. $\geqslant 10^{-8}$ 　　　　C. $\leqslant 10^{-6}$ 　　　　D. $\leqslant 10^{-8}$

18. 下列物质中，能用 NaOH 标准滴定溶液直接滴定的是（　）。

A. 苯酚　　　　B. NH$_4$Cl　　　　C. 邻苯二甲酸　　　　D. （NH$_4$）$_2$SO$_4$

19. 以双指示剂法测定烧碱中 NaOH 与 Na$_2$CO$_3$ 含量时，下列叙述不正确的是（　）。

A. 吸出试液后立即滴定　　　　　　　　B. 以酚酞为指示剂滴定时，滴定速度不要太快

C. 吸出试液后不必立即滴定　　　　　　D. 以酚酞为指示剂滴定时，应不断摇动

20. 下列物质对不能在溶液中共存的是（　）。

A. Na$_2$CO$_3$＋NaHCO$_3$　　　　　　　B. NaOH＋Na$_2$CO$_3$

C. NaOH＋NaHCO$_3$　　　　　　　　　D. Na$_2$HPO$_4$＋NaH$_2$PO$_4$

三、计算题

1. 将 41g NaAc 固体与 300mL 0.5mol/L HAc 溶液混合，稀释至 1L，计算溶液的 pH。

2. 将 150mL 1mol/L 的 HCl 与 250mL 1.5mol/L 的 NH$_3$·H$_2$O 溶液混合，稀释至 1L，计算溶液的 pH。

3. 欲配制 1L pH＝10.00 的 NH$_3$-NH$_4$Cl 缓冲溶液，现有 250mL 10mol/L 的 NH$_3$·H$_2$O 溶液，还需称取 NH$_4$Cl 固体多少克？

4. 用酸碱滴定法测定工业硫酸的含量。称取硫酸试样 2.000g，配成 250mL 的溶液，移取 25mL 该溶液，以甲基橙为指示剂，用浓度为 0.1233mol/L 的 NaOH 标准滴定溶液，到终点时消耗 NaOH 标准滴定溶液 31.42mL。计算工业硫酸的质量分数。

5. 将 25.00mL 食醋样品（ρ＝1.06g/mL）准确稀释至 250.0mL，每次取 25.00mL，以酚酞为指示剂，用 0.09000mol/L NaOH 溶液滴定，结果平均消耗 NaOH 溶液 21.25mL，计算醋酸的质量分数。

6. 称取混合碱试样 0.6839g，溶于水，用 c(HCl)＝0.2000mol/L 的 HCl 标准滴定溶液滴定至酚酞变色，用去 23.10mL。然后加入甲基橙，继续用 HCl 标准滴定溶液滴定至甲基橙变色，又用去 26.81mL。问试样中含有何种成分？其含量各为多少？M(Na$_2$CO$_3$)＝106.0g/mol，M(NaHCO$_3$)＝84.01g/mol，M(NaOH)＝40.00g/mol。

7. 有一含 NaOH 和 Na$_2$CO$_3$ 的试样 1.179g，溶解后用酚酞作指示剂时消耗 c(HCl)＝0.3000mol/L 溶液 48.16mL，再加甲基橙指示剂，又用该酸滴定，又需 24.02mL，计算试样中 NaOH 和 Na$_2$CO$_3$ 的质量分数。M(Na$_2$CO$_3$)＝106.0g/mol，M(NaOH)＝40.00g/mol。

第三章　配位滴定法

【理论学习要点】

　　EDTA 的性质、EDTA 与金属离子的配位特点、金属指示剂的变色原理、金属指示剂应具备的条件、配合物的稳定常数、影响配位平衡的主要因素、配合物的条件稳定常数、滴定曲线。

【能力培训要点】

　　EDTA 标准滴定溶液的制备、金属指示剂的使用注意事项、单一金属离子滴定可行性的判断、配位滴定中溶液酸度的选择、提高配位滴定选择性的方法、配位滴定相关计算。

【应达到的能力目标】

　　1. 能够制备 EDTA 标准滴定溶液。

　　2. 能够测定工业硫酸锌样品中的锌含量。

　　3. 能够测定镍盐样品中的镍含量。

　　4. 能够测定水的硬度。

　　5. 能够对配位滴定法的滴定结果进行计算。

案例一　EDTA 标准滴定溶液的制备

　　利用配合物的形成及解离反应进行滴定的分析方法称为配位滴定法。目前，使用最多的配合剂是氨羧类配合剂，EDTA 是其中应用最广泛的一种配合剂。EDTA 标准滴定溶液的制备可依据 GB/T 601—2002，其具体方法为：称取一定量的乙二胺四乙酸二钠，加适量蒸馏水，加热溶解，冷却，摇匀，转移至试剂瓶中待标定。然后，称取一定量已灼烧至恒重的基准试剂氧化锌，溶解后用氨水溶液调节 pH 为 7～8，加入一定量氨-氯化铵缓冲溶液及铬黑 T 指示液，用配制好的 EDTA 溶液滴定至溶液由紫色变为纯蓝色。同时做空白试验。

案例分析

　　1. EDTA 是配位滴定中最常用的滴定剂。

　　2. EDTA 标准滴定溶液需用间接法配制，其准确浓度通常用基准试剂氧化锌进行标定。

　　3. EDTA 的标定需要在一定的酸度条件下完成。

　　4. 标定过程中，终点的判断是以铬黑 T 为指示剂的。

　　为完成 EDTA 标准滴定溶液的制备这一任务，需掌握如下理论知识和操作技能。

理论基础

配位滴定法是利用配合物的形成及解离反应进行滴定的分析方法。配位反应的实质可以用以下通式表示：

$$M \quad + \quad L \quad \Longleftrightarrow \quad ML$$

金属离子　　　　配位剂　　　　配合物

大多数金属离子都能与多种配位剂形成稳定性不同的配合物，但不是所有的配位反应都能用于滴定。能用于配位滴定的反应除必须满足滴定分析的基本条件外，还必须能生成稳定的、中心离子与配位体比例恒定的配合物，而且能溶于水。

无机配位反应能用于滴定分析的很少。目前应用最广的是一种有机配位剂乙二胺四乙酸及其二钠盐，简称 EDTA。EDTA 能与大多数金属离子形成稳定的配合物，广泛应用于无机物的定量分析中。

一、EDTA 的性质

乙二胺四乙酸简称 EDTA，常用 H_4Y 表示其化学式，其结构式为：

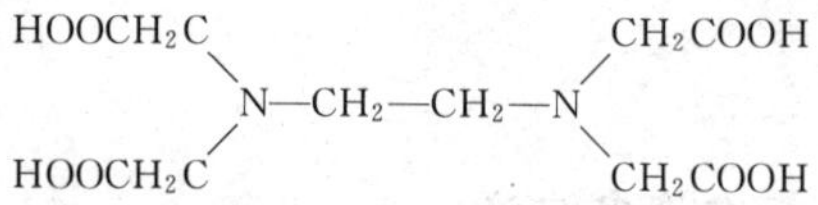

$$\begin{array}{c} HOOCH_2C \\ \\ HOOCH_2C \end{array} N-CH_2-CH_2-N \begin{array}{c} CH_2COOH \\ \\ CH_2COOH \end{array}$$

乙二胺四乙酸为无色结晶性粉末，在水中的溶解度很小（在 25℃时，每 100mL 水中仅能溶解 0.02g），故常用它的二钠盐 $Na_2H_2Y \cdot 2H_2O$（在 25℃时，每 100mL 水中能溶解 11.1g，其饱和水溶液的浓度约为 0.3mol/L），一般也简称 EDTA。

H_4Y 在酸性很强的溶液中，可生成 H_6Y^{2+}，这样 EDTA 就相当于六元酸，存在着以下一系列的离解平衡：

$$H_6Y^{2+} \Longleftrightarrow H^+ + H_5Y^+ \qquad K_{a1} = \frac{[H^+][H_5Y^+]}{[H_6Y^{2+}]} = 10^{-0.9}$$

$$H_5Y^+ \Longleftrightarrow H^+ + H_4Y \qquad K_{a2} = \frac{[H^+][H_4Y]}{[H_5Y^+]} = 10^{-1.6}$$

$$H_4Y \Longleftrightarrow H^+ + H_3Y^- \qquad K_{a3} = \frac{[H^+][H_3Y^-]}{[H_4Y]} = 10^{-2.0}$$

$$H_3Y^- \Longleftrightarrow H^+ + H_2Y^{2-} \qquad K_{a4} = \frac{[H^+][H_2Y^{2-}]}{[H_3Y^-]} = 10^{-2.67}$$

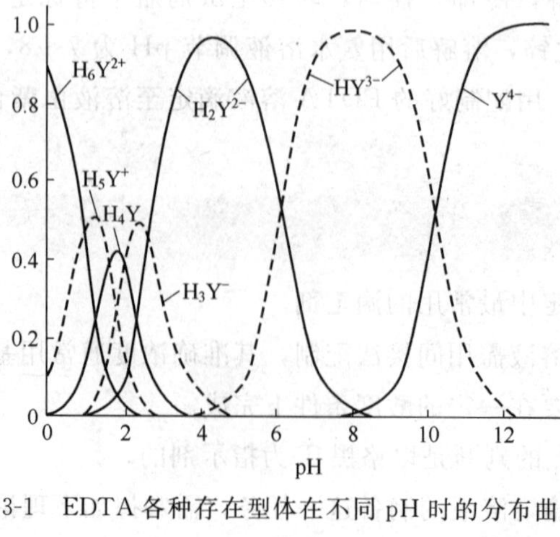

图 3-1　EDTA 各种存在型体在不同 pH 时的分布曲线

$$H_2Y^{2-} \rightleftharpoons H^+ + HY^{3-} \qquad K_{a5} = \frac{[H^+][HY^{3-}]}{[H_2Y^{2-}]} = 10^{-6.16}$$

$$HY^{3-} \rightleftharpoons H^+ + Y^{4-} \qquad K_{a6} = \frac{[H^+][Y^{4-}]}{[HY^{3-}]} = 10^{-10.26}$$

可见，EDTA 在水溶液中以 H_6Y^{2+}、H_5Y^+、H_4Y、H_3Y^-、H_2Y^{2-}、HY^{3-} 和 Y^{4-} 七种型体存在。当 pH 不同时，各种存在型体所占的分布分数 δ 是不同的。根据计算，可以绘制不同 pH 时 EDTA 溶液中各种存在型体的分布曲线，如图 3-1 所示。

在不同 pH 时，EDTA 的主要存在型体列于表 3-1 中。

在这七种型体中，只有 Y^{4-} 能与金属离子直接配位。所以，溶液的酸度越低，Y^{4-} 的分布分数越大，EDTA 的配位能力越强。

表 3-1　不同 pH 时，EDTA 的主要存在型体

pH	<0.9	0.9~1.6	1.6~2.0	2.0~2.67	2.67~6.16	6.16~10.26	>10.26
主要存在型体	H_6Y^{2+}	H_5Y^+	H_4Y	H_3Y^-	H_2Y^{2-}	HY^{3-}	Y^{4-}

二、EDTA 与金属离子的配位特点

EDTA 具有很强的配位能力，几乎能与所有的金属离子形成配合物，EDTA 与金属离子所形成的配合物具有如下特点。

1. EDTA 与不同价态的金属离子形成配合物时，一般情况下配位比是 1：1，化学计量关系简单。

2. EDTA 配合物的稳定性高，能与金属离子形成具有多个五元环结构的螯合物，具有较高的稳定性。

3. EDTA 配合物易溶于水，且大多数金属离子与 EDTA 形成配合物的反应速率很快（瞬间生成），符合滴定要求。

4. EDTA 与无色金属离子所形成的配合物都是无色的，与有色金属离子则形成颜色更深的配合物，例如：

$$CuY^{2-} \qquad NiY^{2-} \qquad CoY^{2-} \qquad MnY^{2-} \qquad CrY^- \qquad FeY^-$$

深蓝　　　　蓝　　　　紫红　　　　紫红　　　　深紫　　　　黄

三、金属指示剂

在配位滴定中，通常把配位滴定用的指示剂称为金属指示剂。

1. 金属指示剂的变色原理

金属指示剂本身常常是一种配位剂，它能和金属离子 M 生成与其本身颜色（A 色）不同的有色（B 色）配合物。

In ＋ M $\rightleftharpoons$ MIn
指示剂（A 色）　　　　　指示剂-金属配合物（B 色）

在滴定过程中，随着 EDTA 的滴加，溶液中游离的金属离子逐渐地被配位形成 MY，由于 EDTA 与金属离子形成的配合物 MY 比指示剂与金属离子形成的配合物 MIn 更稳定（$\lg K_{MY} > \lg K_{MIn}$）。因此，滴定达到化学计量点时，EDTA 就夺取 MIn（B 色）中的 M 形成 MY 而置换出 In，使溶液呈现 In 本身的颜色（A 色）。

MIn＋Y $\rightleftharpoons$ MY ＋In
B 色　　　　　　　　A 色

例如，铬黑 T 在 pH＝10 的水溶液中呈蓝色，与 Mg^{2+} 所形成的配合物的颜色为酒红色。若在 pH＝10 时用 EDTA 滴定 Mg^{2+}，滴定开始前加入指示剂铬黑 T，则铬黑 T 与溶

液中部分的 Mg^{2+} 反应，此时溶液呈 Mg^{2+}-铬黑 T 的红色。随着 EDTA 的加入，EDTA 逐渐与 Mg^{2+} 反应。在化学计量点附近，Mg^{2+} 的浓度降至很低，加入的 EDTA 进而夺取了 Mg^{2+}-铬黑 T 中的 Mg^{2+}，使铬黑 T 游离出来，此时溶液呈现蓝色，指示滴定终点的到达。

2. 金属指示剂应具备的条件

作为金属指示剂必须具备以下条件。

(1) 金属指示剂与金属离子形成的配合物的颜色，应与金属指示剂本身的颜色有明显的差异，这样才能借助颜色的明显变化来判断滴定终点的到达。

(2) 金属指示剂与金属离子形成的配合物 MIn 要有适当的稳定性，但又应比 MY 的稳定性差。如果 MIn 稳定性过高（K_{MIn} 太大），则在化学计量点附近，Y 不易与 MIn 中的 M 结合，终点推迟，甚至不变色，得不到终点。如果稳定性过低，则未到达化学计量点时 MIn 就会分解，变色不敏锐，影响滴定的准确度。一般要求 $K_{MIn} \geqslant 10^4$，$K_{MY}/K_{MIn} \geqslant 10^2$。

(3) 金属指示剂与金属离子之间的反应要迅速、变色可逆，这样才便于滴定。

(4) 金属指示剂应易溶于水，不易变质，便于使用和保存。

3. 常用的金属指示剂及其配制方法

常用的金属指示剂及其配制方法见表 3-2 所列。

表 3-2　常用的金属指示剂及其配制方法

指示剂	使用 pH 范围	颜色变化		可直接滴定的离子	配制方法
		In	MIn		
铬黑 T(EBT)	8~10	蓝	红	pH＝10，Mg^{2+}、Zn^{2+}、Cd^{2+}、Pb^{2+}、Mn^{2+}	1g 铬黑 T 与 100g NaCl 混合研细 5g/L 醇溶液加 20g 盐酸羟胺
二甲酚橙(XO)	＜6	黄	红紫	pH＝1~3，Bi^{3+} pH＝5~6，Zn^{2+}、Cd^{2+}、Pb^{2+}	2g/L 水溶液
钙指示剂(NN)	12~13	蓝	红	pH＝12~13，Ca^{2+}	1g 钙指示剂与 100g NaCl 混合研细
磺基水杨酸钠	1.5~2.5	淡黄	紫红	pH＝1.5~3，Fe^{3+}	100g/L 水溶液
K-B 指示剂	8~13	蓝	红	pH＝10，Mg^{2+}、Zn^{2+} pH＝13，Ca^{2+}	100g 酸性铬蓝 K 与 2.5g 萘酚绿 B 和 50g KNO_3 混合研细
PAN	2~12	黄	红	pH＝2~3，Bi^{3+} pH＝4~5，Cu^{2+}、Ni^{2+} pH＝5~6，Cu^{2+}、Cd^{2+}、Pb^{2+}、Zn^{2+}、Sn^{2+} pH＝10，Cu^{2+}、Zn^{2+}	1g/L 或 2g/L 乙醇溶液

● 技能基础

一、EDTA 标准滴定溶液的制备

乙二胺四乙酸难溶于水，实际工作中，通常用它的二钠盐制备标准滴定溶液。乙二胺四乙酸二钠盐（也简称 EDTA）是白色微晶粉末，易溶于水，经提纯后可作基准物质，直接制备标准滴定溶液，但提纯方法较复杂。实验室中一般采用间接法制备。

1. 配制

常用的 EDTA 标准滴定溶液的浓度为 0.01~0.05mol/L。称取一定量（按所需浓度和体积计算）EDTA[$Na_2H_2Y \cdot 2H_2O$，$M(Na_2H_2Y \cdot 2H_2O) = 372.2g/mol$]，用适量蒸馏水溶解（必要时可加热），然后稀释至所需体积，并充分混匀，转移至试剂瓶中待标定。在EDTA的配制过程中需注意以下问题。

① EDTA 二钠盐溶液的 pH 正常值为 4.8，市售的试剂如果不纯，pH 常低于 2，有时pH<4。当室温较低时易析出难溶于水的乙二胺四乙酸，使溶液变浑浊，并且溶液的浓度也发生变化。因此配制溶液时，可用 pH 试纸检查，若溶液 pH 较低，可加几滴 0.1mol/L NaOH 溶液，使溶液的 pH 在 5～6.5 之间直至变清为止。

② 若蒸馏水中含有 Al^{3+}、Fe^{3+}、Cu^{2+} 等，会使指示剂封闭，影响终点观察；若蒸馏水中含有 Ca^{2+}、Mg^{2+}、Pb^{2+} 等，在滴定中会消耗一定量的 EDTA，对结果产生影响。因此，为了保证水的质量常用二次蒸馏水或去离子水来配制溶液。

③ 配制好的 EDTA 溶液应储存在聚乙烯塑料瓶或硬质玻璃瓶中。若储存在软质玻璃瓶中，EDTA 会不断地溶解玻璃中的 Ca^{2+}、Mg^{2+} 等，形成配合物，使其浓度不断降低。

2. 标定

标定 EDTA 溶液常用的基准物质有以下几类。

① 纯金属，如 Zn、Cu、Pb 等。纯度应达 99.95% 以上，使用前应预处理，以除去表面氧化膜。

② 金属氧化物，如 ZnO、MgO 等。使用前应高温灼烧至恒重，然后用盐酸溶解。

③ $CaCO_3$、$MgSO_4 \cdot 7H_2O$ 等盐类。

现以氧化锌标定 EDTA 溶液为例讨论其标定过程。

准确称取一定量的 ZnO，溶解后配制成 250mL 溶液，取出 25.00mL，用来标定 EDTA 溶液。在 pH=10 的 NH_3-NH_4Cl 缓冲溶液中，以铬黑 T（EBT）为指示剂，直接滴定。

在 pH=10 时，铬黑 T 呈蓝色，它与 Zn^{2+} 的配合物呈红色。

$$Zn^{2+} + HIn^{2-} \Longrightarrow ZnIn^- + H^+$$
$$\text{蓝色} \qquad \text{红色}$$

当滴入 EDTA 溶液时，溶液中游离的 Zn^{2+} 首先与 EDTA 的阴离子反应，生成配合物 ZnY^{2-}：

$$Zn^{2+} + H_2Y^{2-} \Longrightarrow ZnY^{2-} + 2H^+$$

溶液呈红色，到达化学计量点时，EDTA 夺取配合物 $ZnIn^-$ 中的 Zn^{2+}，释放出指示剂 HIn^{2-}，使溶液由红色变为蓝色即为终点。

$$ZnIn^- + H_2Y^{2-} \Longrightarrow ZnY^{2-} + HIn^{2-} + H^+$$
$$\text{红色} \qquad\qquad \text{蓝色}$$

3. 标定结果的计算

$$c(\text{EDTA}) = \frac{\dfrac{25.00}{250.0}m}{(V_1 - V_0)M(\text{ZnO}) \times 10^{-3}} \tag{3-1}$$

式中　$c(\text{EDTA})$——EDTA 标准滴定溶液的浓度，mol/L；

　　　　m——基准物 ZnO 的质量，g；

　　　　V_1——滴定消耗 EDTA 标准滴定溶液的体积，mL；

　　　　V_0——空白试验消耗 EDTA 标准滴定溶液的体积，mL；

　　　　$M(\text{ZnO})$——基准物 ZnO 的摩尔质量，g/mol。

二、金属指示剂的使用注意事项

金属指示剂在使用时可能出现封闭、僵化及变质等问题，在使用过程中需要特别注意。

1. 指示剂的封闭现象

有些指示剂能与某些金属离子生成极稳定的配合物，这些配合物比对应的 MY 配合物更稳定，以致到达化学计量点时滴入过量的 EDTA，指示剂也不能释放出来，溶液颜色不变化，这种现象称为指示剂的封闭现象。例如，用铬黑 T 作指示剂，在 pH＝10 的条件下，用 EDTA 滴定 Ca^{2+}、Mg^{2+} 时，Fe^{3+}、Al^{3+}、Ni^{2+} 和 Co^{2+} 对铬黑 T 有封闭作用，这时，可加入少量三乙醇胺（掩蔽 Fe^{3+} 和 Al^{3+}）和 KCN（掩蔽 Ni^{2+} 和 Co^{2+}）以消除干扰。

2. 指示剂的僵化现象

有些指示剂和金属离子形成的配合物在水中溶解度小，使 EDTA 与指示剂-金属离子配合物 MIn 的置换缓慢，终点的颜色变化不明显，这种现象称为指示剂的僵化现象。此时，可加入适当的有机溶剂或加热，以增大其溶解度。例如，用 PAN 作指示剂时，可加入少量的甲醇或乙醇，也可将溶液适当加热以加快置换速率，使指示剂的变色敏锐一些。

3. 指示剂的氧化变质现象

金属指示剂大多是含有双键的有色化合物，易被日光、氧化剂、空气等所分解；有些金属指示剂在水溶液中不稳定，日久会变质。例如，铬黑 T 和钙指示剂的水溶液均易氧化变质，所以常配成固体混合物或加入具有还原性的物质来配成溶液，常用固体 NaCl 或 KCl 作稀释剂来配制。

【技能训练 8】　0.02mol/L EDTA 标准滴定溶液的制备

一、训练目的

1. 学会制备 EDTA 标准滴定溶液。
2. 学会判断滴定终点。

二、训练所需试剂和仪器

1. 试剂

（1）基准物质：锌（或氧化锌、碳酸钙）。

（2）EDTA 二钠盐。

（3）浓 HCl。

（4）HCl（1＋2）。

（5）KOH（100g/L）。

（6）氨水（1＋1）。

（7）六亚甲基四胺（300g/L）。

（8）NH_3-NH_4Cl 缓冲溶液（pH＝10）：称取固体 NH_4Cl 5.4g，加水 20mL，浓氨水 35mL，溶解后，以水稀释成 1000mL，摇匀备用。

（9）铬黑 T 指示液：称取 0.25g 固体铬黑 T 及 2.5g 盐酸羟胺，以 50mL 无水乙醇溶解。

（10）二甲酚橙（2g/L 水溶液）。

（11）钙指示剂：钙指示剂与固体 NaCl 以（1＋25）混合。

2. 仪器

烧杯、移液管、容量瓶、锥形瓶、滴定管、架盘天平、分析天平等。

三、训练内容

1. 训练步骤

Ⅰ. EDTA 标准滴定溶液 [c(EDTA)＝0.02mol/L] 的配制

称取分析纯 EDTA 二钠盐 3.7g，溶于 300mL 水中，加热溶解，冷却后转移至试剂瓶中，然后稀释至 500mL，充分摇匀，待标定。

Ⅱ. EDTA 标准滴定溶液 [c(EDTA)＝0.02mol/L] 的标定

（1）以金属 Zn 或 ZnO 为基准物质标定 EDTA

① Zn^{2+} 标准滴定溶液 [c(EDTA)＝0.02mol/L] 的制备。

a. 以金属 Zn 配制 Zn^{2+} 标准滴定溶液。准确称取基准物质锌 0.33g，置于小烧杯中，加入 5～6mL HCl（1＋2），待锌完全溶解后，以少量蒸馏水冲洗杯壁，定量转入 250mL 容量瓶中，稀释至刻度，摇匀。Zn^{2+} 标准滴定溶液的浓度可按下式计算：

$$c(\mathrm{Zn}^{2+})=\frac{m(\mathrm{Zn})}{M(\mathrm{Zn})\times250\times10^{-3}}$$

式中　　$c(\mathrm{Zn}^{2+})$——Zn^{2+} 标准滴定溶液的浓度，mol/L；

$m(\mathrm{Zn})$——基准物质锌的质量，g；

$M(\mathrm{Zn})$——基准物质锌的摩尔质量，g/mol。

b. 以 ZnO 配制 Zn^{2+} 标准滴定溶液。准确称取基准物质 ZnO 0.4g，应先用几滴水润湿，盖上表面皿，滴加浓 HCl 至 ZnO 刚好溶解（约 2mL），再加入 25mL 蒸馏水定量转入 250mL 容量瓶中，稀释至刻度，摇匀。Zn^{2+} 标准滴定溶液的浓度可按下式计算：

$$c(\mathrm{Zn}^{2+})=\frac{m(\mathrm{ZnO})}{M(\mathrm{ZnO})\times250\times10^{-3}}$$

式中　　$c(\mathrm{Zn}^{2+})$——Zn^{2+} 标准滴定溶液的浓度，mol/L；

$m(\mathrm{ZnO})$——基准物质 ZnO 的质量，g；

$M(\mathrm{ZnO})$——基准物质 ZnO 的摩尔质量，g/mol。

② EDTA 标准滴定溶液 [c(EDTA)＝0.02mol/L] 的标定。

a. 以铬黑 T 作指示剂。用移液管移取 25.00mL Zn^{2+} 标准滴定溶液于 250mL 锥形瓶中，加 20mL 蒸馏水，滴加氨水（1＋1）至刚出现浑浊，此时 pH 约为 8，然后加入 10mL NH$_3$-NH$_4$Cl 缓冲溶液，加入 4 滴铬黑 T 指示液，用待标定的 EDTA 溶液滴定至溶液由红色变为蓝色即为终点，记录所消耗 EDTA 溶液的体积。

b. 以二甲酚橙作指示剂。用移液管移取 25.00mL Zn^{2+} 标准滴定溶液于 250mL 锥形瓶中，加入 20mL 蒸馏水，2～3 滴二甲酚橙指示剂，加（CH$_2$)$_6$N$_4$（六亚甲基四胺）至溶液呈稳定的紫红色（30s 内不退色），用待标定的 EDTA 溶液滴定至溶液由紫红色变为亮黄色即为终点，记录所消耗 EDTA 溶液的体积。

（2）以 CaCO$_3$ 为基准物质标定 EDTA

① 标准滴定溶液 [c(Ca^{2+})＝0.02mol/L] 的制备。准确称取基准物质 CaCO$_3$ 0.5g，置于小烧杯中，加入少量水润湿，盖上表面皿，然后滴加 HCl（1＋2）使 CaCO$_3$ 全部溶解（注意控制速度，防止飞溅），以少量水冲洗表面皿，定量转入 250mL 容量瓶中，稀释至刻度，摇匀。Ca^{2+} 标准滴定溶液的浓度可按下式计算：

$$c(\mathrm{Ca}^{2+})=\frac{m(\mathrm{CaCO}_3)}{M(\mathrm{CaCO}_3)\times250\times10^{-3}}$$

式中　　$c(\mathrm{Ca}^{2+})$——Ca^{2+} 标准滴定溶液的浓度，mol/L；

$m(CaCO_3)$——基准物质 $CaCO_3$ 的质量，g；

$M(CaCO_3)$——基准物质 $CaCO_3$ 的摩尔质量，g/mol。

② EDTA 标准滴定溶液 $[c(EDTA)=0.02mol/L]$ 的标定。用移液管移取 25.00mL Ca^{2+} 标准滴定溶液于 250mL 锥形瓶中，加入约 20mL 蒸馏水，加少量钙指示剂，滴加 KOH 溶液（大约 20 滴）至溶液呈现稳定的酒红色，用待标定的 EDTA 溶液滴定至溶液由酒红色变为纯蓝色即为终点，记录所消耗 EDTA 溶液的体积。

2. 数据记录

3. EDTA 标准滴定溶液浓度的计算

$$c(EDTA)=\frac{cV}{V(EDTA)}$$

式中　$c(EDTA)$——EDTA 标准滴定溶液的浓度，mol/L；

　　　　c——Zn^{2+} 标准滴定溶液或 Ca^{2+} 标准滴定溶液的浓度，mol/L；

　　　　V——所移取 Zn^{2+} 标准滴定溶液或 Ca^{2+} 标准滴定溶液的体积，mL；

　　$V(EDTA)$——滴定时消耗 EDTA 标准滴定溶液的体积，mL。

4. 注意事项

（1）以基准物质配制 Zn^{2+}、Ca^{2+} 标准滴定溶液时，应使基准物质溶解完全，且要定量转移至容量瓶中。

（2）滴定氨水调整溶液酸度时要逐滴加入，且边加边摇动锥形瓶，防止滴加过量，以刚出现浑浊为限。

（3）加入 NH_3-NH_4Cl 缓冲溶液后应尽快滴定，不宜放置过久。

四、思考题

1. 配制 EDTA 标准滴定溶液时为什么使用乙二胺四乙酸二钠，而不使用乙二胺四乙酸？

2. 用 Zn^{2+} 标定 EDTA 时，为什么要先调节溶液 pH，然后再加入缓冲溶液？

3. 用 Zn^{2+} 标定 EDTA，用氨水调节 pH 时，先有白色沉淀生成，后来又溶解，如何解释该现象？

4. 以 HCl 溶液溶解 $CaCO_3$ 基准物质时，操作中应注意些什么？为什么？

案例二　工业硫酸锌（$ZnSO_4 \cdot 7H_2O$）中锌含量的测定

工业硫酸锌是制造锌钡白和锌盐的主要原料，可用作印染媒染剂、木材和皮革的保存剂、医药催吐剂；也可用于防止果树苗圃的病害和制造电缆；还是生产黏胶纤维和维尼纶纤维的重要辅助原料；另外，在电镀和电解工业中也有应用。工业硫酸锌含量的测定可依据国家化工行业标准 HG/T 2326—2005，其具体方法为：准确称取适量试样，滴加少量硫酸，加水溶解后在硫酸锌溶液中，加入氟化铵和碘化钾消除铜、铁等杂质的干扰，在 pH 约为 5.5 的条件下，以二甲酚橙为指示剂用乙二胺四乙酸二钠标准滴定溶液滴定至溶液由红色变为亮黄色即为终点。根据滴定过程中所消耗乙二胺四乙酸二钠标准滴定溶液的体积即可计算出工业硫酸锌中锌的含量。

案例分析

1. 在上述案例中，采用的是 EDTA 标准滴定溶液。

2. 滴定过程中所发生的化学反应为：$Zn+Y \rightleftharpoons ZnY$，该反应类型为配位反应。

3. 滴定终点的判断是以二甲酚橙为指示剂的。

4. 该滴定过程需在一定的酸度（pH 约为 5.5）条件下完成。

5. 滴定时，加入了氟化铵和碘化钾，以消除铜、铁等杂质的干扰。

为完成工业硫酸锌（$ZnSO_4 \cdot 7H_2O$）中锌含量的测定任务，需掌握如下理论知识和操作技能。

 理论基础

一、配合物的稳定常数

在配位反应中，配合物的形成和离解同处于相对平衡状态中，其平衡常数可以用稳定常数或不稳定常数（即离解常数）来表示，习惯上用稳定常数 $K_稳$ 表示。

对于 EDTA 与金属离子形成的 1∶1 型配合物，其反应式及稳定常数可表示为：

$$M+Y \rightleftharpoons MY$$

$$K_{MY} = \frac{[MY]}{[M][Y]} \tag{3-2}$$

对于具有相同配位数的配合物，$K_稳$ 或 $\lg K_稳$ 值越大，说明配合物越稳定。反之，则不稳定。

K_{MY} 也称为 MY 的形成常数。一些常见金属离子与 EDTA 形成的配合物 MY 的稳定常数见表 3-3。由表中数据可知，绝大多数金属离子与 EDTA 形成的配合物都相当稳定。

表 3-3　一些金属离子 EDTA 配合物的 $\lg K_{MY}$（溶液离子强度 $I=0.1$，温度 20℃）

离子	$\lg K_{MY}$	离子	$\lg K_{MY}$	离子	$\lg K_{MY}$
Ag^+	7.32	Cu^{2+}	18.80	Ni^{2+}	18.62
Al^{3+}	16.3	Fe^{2+}	14.32	Pb^{2+}	18.04
Ba^{2+}	7.86	Fe^{3+}	25.1	Sn^{2+}	22.11
Be^{2+}	9.3	Hg^{2+}	21.7	Sr^{2+}	8.73
Bi^{3+}	27.94	In^{3+}	25.0	Th^{4+}	23.2
Ca^{2+}	10.69	Mg^{2+}	8.7	Ti^{3+}	21.3
Cd^{2+}	16.46	Mn^{2+}	13.87	Tl^{3+}	37.8
Co^{2+}	16.31	Mo^{2+}	28	Zn^{2+}	16.50
Cr^{3+}	23.4	Na^+	1.66	ZrO^{2+}	29.5

二、影响配位平衡的主要因素

实际分析工作中，配位滴定是在一定条件下进行的。例如，为控制溶液的酸度，需要加入某种缓冲溶液；为掩蔽干扰离子，需要加入某种掩蔽剂等。此时，溶液中除了 M 和 Y 的主反应外，还可能发生如下一些副反应：

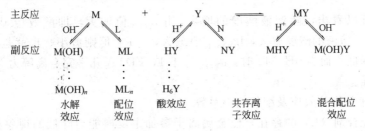

显然，副反应的存在，将使主反应的化学平衡发生移动，主反应产物 MY 的稳定性发

生变化，因而对配位滴定的准确度会有较大影响，其中介质酸度的影响最为重要，成为ED-TA滴定中首先要考虑的问题。

1. EDTA 的酸效应及酸效应系数

当滴定体系中有 H^+ 存在时，H^+ 与 EDTA 之间发生反应，使参与主反应的 EDTA 浓度减小，主反应的化学平衡向左移动，配位反应完全的程度降低，这种现象称为 EDTA 的酸效应。

酸效应的大小可用酸效应系数来衡量。它是指 EDTA 各种存在型体的总浓度 $[Y']$ 与能直接参与主反应的 $[Y]$ 的平衡浓度之比，用符号 $\alpha_{Y(H)}$ 表示。

$$\alpha_{Y(H)} = \frac{[Y']}{[Y]} = \frac{[Y] + [HY] + \cdots + [H_6Y]}{[Y]} \tag{3-3}$$

经推导可得：

$$\alpha_{Y(H)} = 1 + \frac{[H]}{K_{a6}} + \frac{[H]^2}{K_{a6}K_{a5}} + \cdots + \frac{[H]^6}{K_{a6}K_{a5}\cdots K_{a1}} = \frac{1}{\delta_Y} \tag{3-4}$$

式中，K_{a1}，K_{a2}，$\cdots$，K_{a6} 是 EDTA 的各级离解常数。根据各级离解常数可以计算出不同 pH 下的 $\alpha_{Y(H)}$ 值。$\alpha_{Y(H)} = 1$，说明 Y 没有副反应，$\alpha_{Y(H)}$ 值越大，酸效应就越严重。

【例题 3-1】 计算 pH=5.0 时 EDTA 的酸效应系数 $\alpha_{Y(H)}$。

解 已知 EDTA 的各级离解常数 $K_{a1} \sim K_{a6}$ 分别为 $10^{-0.9}$，$10^{-1.6}$，$10^{-2.0}$，$10^{-2.67}$，$10^{-6.16}$，$10^{-10.26}$，所以 pH=5 时，则

$$\alpha_{Y(H)} = 1 + \frac{10^{-5.0}}{10^{-10.26}} + \frac{10^{-10.0}}{10^{-16.42}} + \frac{10^{-15.0}}{10^{-19.09}} + \frac{10^{-20.0}}{10^{-21.09}} + \frac{10^{-25.0}}{10^{-22.69}} + \frac{10^{-30.0}}{10^{-23.59}}$$

$$= 1 + 10^{5.26} + 10^{6.42} + 10^{4.09} + 10^{1.09} + 10^{-2.31} + 10^{-6.41}$$

$$\approx 10^{6.45}$$

在 EDTA 滴定中，$\alpha_{Y(H)}$ 是最常用的副反应系数。为应用方便，通常用其对数值 $\lg\alpha_{Y(H)}$。表 3-4 给出了不同 pH 时的 $\lg\alpha_{Y(H)}$ 值。

表 3-4　不同 pH 时 EDTA 的酸效应系数 $\lg\alpha_{Y(H)}$

pH	$\lg\alpha_{Y(H)}$	pH	$\lg\alpha_{Y(H)}$	pH	$\lg\alpha_{Y(H)}$
0.0	21.38	3.4	9.71	6.8	3.55
0.4	19.59	4.0	8.86	7.0	3.32
0.8	18.01	4.0	8.44	7.5	2.78
1.0	17.20	4.4	7.64	8.0	2.26
1.4	15.68	4.8	6.84	8.5	1.77
1.8	14.21	5.0	6.45	9.0	1.29
2.0	13.51	5.4	5.69	9.5	0.83
2.4	12.24	5.8	4.98	10.0	0.45
2.8	11.13	6.0	4.65	11.0	0.07
3.0	10.63	6.4	4.06	12.0	0.00

由表 3-4 可以看出，随溶液酸度的增大，$\lg\alpha_{Y(H)}$ 值增大，即酸效应显著。显然，当 $[Y']$ 值一定时，溶液的酸度愈大，$\lg\alpha_{Y(H)}$ 值愈大，$[Y]$ 值则愈小，也就是 EDTA 参与配位反应的能力降低。而当 pH>12 时，$\alpha_{Y(H)}$ 等于 1，EDTA 几乎完全离解为 Y，此时 EDTA 的配位能力最强。

2. 金属离子的配位效应及配位效应系数

由于其他配合剂（L）的存在，使金属离子参加主反应能力降低的现象称为配位效应。当有配位效应存在时，未与 Y 配位的金属离子，除游离的 M 外，还有 ML，ML_2，$\cdots$，

ML_n 等，若以 $[M']$ 表示未与 Y 配位的金属离子总浓度，则

$$[M']=[M]+[ML]+[ML_2]+\cdots+[ML_n]$$

由于 L 与 M 配位，使 $[M]$ 降低，影响 M 与 Y 的主反应，其影响可用配位效应系数 $\alpha_{M(L)}$ 表示：

$$\alpha_{M(L)}=\frac{[M']}{[M]}=\frac{[M]+[ML]+[ML_2]+\cdots+[ML_n]}{[M]} \tag{3-5}$$

$\alpha_{M(L)}$ 表示未配位的金属离子的各种型体的总浓度是游离金属离子浓度的多少倍。当 $\alpha_{M(L)}=1$ 时，$[M']=[M]$，表示金属离子没有发生副反应，$\alpha_{M(L)}$ 值越大，副反应就越严重。

若用 K_1，K_2，$\cdots$，K_n 表示配合物 ML_n 的各级稳定常数，则有：

配位平衡	各级稳定常数
$M+L \rightleftharpoons ML$	$K_1=\dfrac{[ML]}{[M][L]}$
$ML+L \rightleftharpoons ML_2$	$K_2=\dfrac{[ML_2]}{[ML][L]}$
$\vdots$	$\vdots$
$ML_{n-1}+L \rightleftharpoons ML_n$	$K_n=\dfrac{[ML_n]}{[ML_{n-1}][L]}$

将 K 的关系式代入式(3-5)，并整理可得：

$$\alpha_{M(L)}=1+[L]K_1+[L]^2K_1K_2+\cdots+[L]^nK_1K_2\cdots K_n \tag{3-6}$$

化学手册中还常常给出配合物的累积稳定常数（β_i）的数据，β_i 与稳定常数 K_i 之间的关系为：

$$\beta_1=K_1$$
$$\beta_2=K_1K_2$$
$$\vdots$$
$$\beta_n=K_1K_2\cdots K_n$$

将 β_i 的关系式代入式(3-6) 可得：

$$\alpha_{M(L)}=1+[L]\beta_1+[L]^2\beta_2+\cdots+[L]^n\beta_n \tag{3-7}$$

可以看出，游离配体的浓度越大，或其配合物稳定常数越大，则配位效应系数越大，不利于主反应的进行。

三、EDTA 配合物的条件稳定常数

由前述可知，EDTA 与金属离子所形成配合物的稳定常数 K_{MY} 越大，表示配位反应进行越完全，生成的配合物 MY 就越稳定。其实，这只是在理想状态下的平衡常数，没有考虑到溶液中其他条件的影响。所以，这个常数又称为绝对稳定常数。而在实际工作中由于副反应的存在，主反应的平衡将发生移动，配合物的稳定性降低。这时就不能采用 K_{MY} 来衡量配合物的实际稳定性了，而应该采用配合物的条件稳定常数 K'_{MY}。它表示在一定条件下 MY 的实际稳定程度，因此，K'_{MY} 是用副反应校正后的实际稳定常数，它可表示为：

$$K'_{MY}=\frac{[MY]}{[M'][Y']} \tag{3-8}$$

配位滴定法中，一般情况下，对主反应影响较大的副反应是 EDTA 的酸效应与金属离子的配位效应，其中尤以酸效应影响更大。如不考虑其他副反应，仅考虑 EDTA 的酸效应，则

$$K'_{MY} = \frac{[MY]}{[M][Y']} = \frac{K_{MY}}{\alpha_{Y(H)}} \tag{3-9}$$

等式两边取对数得：

$$\lg K'_{MY} = \lg K_{MY} - \lg\alpha_{Y(H)} \tag{3-10}$$

【例题 3-2】 设只考虑酸效应，计算 pH＝2.0 和 pH＝5.0 时 ZnY 的 K'_{ZnY}。

解 查表得 $\lg K_{ZnY} = 16.50$

（1）pH＝2.0 时，查表得 $\lg\alpha_{Y(H)} = 13.51$，故：

$$\lg K'_{ZnY} = \lg K_{ZnY} - \lg\alpha_{Y(H)} = 16.50 - 13.51 = 2.99$$

$$K'_{ZnY} = 10^{2.99}$$

（2）pH＝5.0 时，查表得 $\lg\alpha_{Y(H)} = 6.45$，故：

$$\lg K'_{ZnY} = \lg K_{ZnY} - \lg\alpha_{Y(H)} = 16.50 - 6.45 = 10.05$$

$$K'_{ZnY} = 10^{10.05}$$

四、配位滴定曲线

滴定过程中随着 EDTA 标准滴定溶液的滴入，溶液中金属离子的浓度不断减小。由于金属离子浓度一般较小（10^{-2} mol/L），常用 pM [pM＝$-\lg c(M)$] 来表示，滴定到达化学计量点时，pM 将发生突变，可利用适当方法加以指示。利用滴定过程中 pM 随滴定剂 EDTA 滴入量的变化而变化的关系所绘制的曲线，称为配位滴定曲线。图 3-2 表示在不同 pH 时，用 $c(EDTA) =$ 0.01mol/L EDTA 标准滴定溶液滴定 $c(Ca^{2+}) =$ 0.01mol/L Ca^{2+} 溶液，滴定过程中 Ca^{2+} 浓度随 EDTA 加入量的变化而变化的情况。

由图 3-2 可知，该滴定曲线与酸碱滴定曲线相似，随着滴定剂 EDTA 的加入，金属离子的浓度在化学计量点附近有突跃变化。

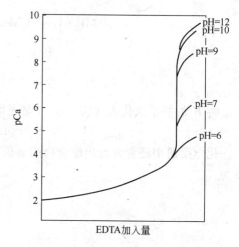

图 3-2　不同 pH 时用 $c(EDTA) =$ 0.01mol/L EDTA 标准滴定溶液滴定 $c(Ca^{2+}) =$ 0.01mol/L Ca^{2+} 的滴定曲线

讨论配位滴定的滴定曲线主要是为了选择适当的条件，其次是为选择指示剂提供一个大概的范围。

 技能基础

一、单一金属离子滴定可行性的判断和酸度的选择

1. 可行性判断

在配位滴定中，通常采用指示剂来指示终点。配位滴定一般要求滴定的相对误差不超过±0.1%，根据终点误差理论，此时要求被滴定金属离子的浓度 $c(M)$ 与其配合物的条件稳定常数 K'_{MY} 的乘积应大于等于 10^6，即

$$\lg[c(M) K'_{MY}] \geqslant 6 \tag{3-11}$$

因此，通常情况下用式(3-11)作为配位滴定中判断能否准确滴定单一金属离子的依据。当金属离子浓度为 10^{-2}mol/L 时，则要求：

$$\lg K'_{MY} \geqslant 8 \tag{3-12}$$

【例题 3-3】 在 pH＝2.0 和 pH＝5.0 的介质中，能否用 0.01mol/L EDTA 标准滴定溶

液准确滴定 0.01mol/L Zn^{2+} 溶液？

解　查表得 $\lg K_{ZnY} = 16.50$

pH＝2.0 时，查表得 $\lg \alpha_{Y(H)} = 13.51$，故

$$\lg K'_{ZnY} = \lg K_{ZnY} - \lg \alpha_{Y(H)} = 16.50 - 13.51 = 2.99 < 8$$

pH＝5.0 时，查表得 $\lg \alpha_{Y(H)} = 6.45$，故

$$\lg K'_{ZnY} = \lg K_{ZnY} - \lg \alpha_{Y(H)} = 16.50 - 6.45 = 10.05 > 8$$

答：当 pH＝2.0 时 Zn^{2+} 是不能被准确滴定，而 pH＝5.0 是可以被准确滴定的。

由上例可以看出，用 EDTA 滴定金属离子时，若要准确滴定，必须选择适当的 pH。因为酸度是影响金属离子能否被准确滴定的重要影响因素。

2. 溶液酸度的选择

在滴定金属离子时，溶液的酸度是有一个上限的，超过此值就会引起较大的滴定误差（≥0.1%）。这一最高允许的酸度就是滴定该金属离子的最高允许酸度，与之相应的溶液的 pH，称为最低 pH。滴定不同的金属离子有不同的最高允许酸度，表 3-5 列出了部分金属离子被 EDTA 溶液滴定的最低 pH。

表 3-5　部分金属离子被 EDTA 溶液滴定的最低 pH

金属离子	$\lg K_{MY}$	最低 pH	金属离子	$\lg K_{MY}$	最低 pH
Mg^{2+}	8.7	约 9.7	Pb^{2+}	18.04	约 3.2
Ca^{2+}	10.96	约 7.5	Ni^{2+}	18.62	约 3.0
Mn^{2+}	13.87	约 5.2	Cu^{2+}	18.80	约 2.9
Fe^{2+}	14.32	约 5.0	Hg^{2+}	21.80	约 1.9
Al^{3+}	16.30	约 4.2	Sn^{2+}	22.12	约 1.7
Co^{3+}	16.31	约 4.0	Cr^{3+}	23.40	约 1.4
Cd^{2+}	16.46	约 3.9	Fe^{3+}	25.10	约 1.0
Zn^{2+}	16.50	约 3.9	ZrO^{2+}	29.50	约 0.4

必须指出：在配位滴定中，要全面考虑酸度对配位滴定的影响。过高的 pH 会使某些金属离子水解生成氢氧化物沉淀而降低金属离子的浓度。例如滴定 Mg^{2+} 时要求溶液的 pH ＜12，否则会产生 $Mg(OH)_2$ 沉淀。任何金属离子的配位滴定都要求控制在一定酸度范围内进行。此外，配位反应本身会释放出 H^+，使溶液的酸度升高，为此在配位滴定时，总要加入一定量的 pH 缓冲溶液，以保持溶液的酸度基本稳定不变。

二、计算示例

【**例题 3-4**】 称取基准 ZnO 0.2000g，用 HCl 溶解后，标定 EDTA 溶液，用去 24.00mL，求 EDTA 标准滴定溶液的浓度？

解　根据等物质的量反应原理

$$n(ZnO) = n(EDTA)$$

$$\frac{m(ZnO)}{M(ZnO)} = c(EDTA)V(EDTA)$$

即

$$c(EDTA) = \frac{m(ZnO)}{M(ZnO)V(EDTA)}$$

$$c(EDTA) = \frac{0.2000}{81.39 \times 24.00 \times 10^{-3}} = 0.1024 \text{（mol/L）}$$

答：该 EDTA 溶液的浓度为 0.1024mol/L。

【**例题 3-5**】 称取工业硫酸锌（$ZnSO_4 \cdot 7H_2O$）试样 5.0000g，用硫酸溶解后，用容量瓶配成 250mL 溶液。准确移取 25.00mL 溶液于锥形瓶中，在 pH 约为 5.5 时，用二甲酚橙

作指示剂，用 0.04998mol/L EDTA 标准滴定溶液滴定，用去 33.60mL。计算此试样中锌的质量分数。

解　根据等物质的量反应原理：

$$n(Zn) = n(EDTA)$$

$$\frac{m(Zn)}{M(Zn)} \times \frac{25.00}{250} = c(EDTA)V(EDTA)$$

$$w(Zn) = \frac{m(Zn)}{m_样} \times 100\%$$

则

$$w(Zn) = \frac{c(EDTA)V(EDTA)M(Zn) \times \frac{250}{25.00}}{m_样} \times 100\%$$

$$w(Zn) = \frac{0.04998 \times 33.60 \times 10^{-3} \times 65.38 \times \frac{250}{25.00}}{5.0000} \times 100\% = 21.96\%$$

答：该工业硫酸锌中锌的质量分数为 21.96%。

【例题 3-6】　称取 0.5000g 煤试样，灼烧并使其中的硫完全氧化为 SO_4^{2-}。处理成溶液并除去重金属离子后，加入 0.05000mol/L $BaCl_2$ 20.00mL，使其生成 $BaSO_4$ 沉淀，过量的 Ba^{2+} 用 0.02500mol/L EDTA 标准滴定溶液滴定，用去 20.00mL。计算煤中硫的质量分数？

解　所加入 $BaCl_2$ 物质的量 $n(BaCl_2) = 0.05000 \times 20.00 \times 10^{-3} = 1 \times 10^{-3}$ （mol）

所消耗 EDTA 物质的量 $n(EDTA) = 0.02500 \times 20.00 \times 10^{-3} = 0.5 \times 10^{-3}$ （mol）

则，用来沉淀 SO_4^{2-} 所消耗 $BaCl_2$ 的物质的量为：

$$n(SO_4^{2-}) = n(BaCl_2) - n(EDTA)$$
$$= 1 \times 10^{-3} - 0.5 \times 10^{-3}$$
$$= 0.5 \times 10^{-3} \text{ （mol）}$$

$$w(S) = \frac{n(S)M(S)}{m_样}$$

$$w(S) = \frac{0.5 \times 10^{-3} \times 32.07}{0.5000} \times 100\% = 3.21\%$$

答：煤试样中的硫的质量分数为 3.21%。

【技能训练 9】　工业硫酸锌 $(ZnSO_4 \cdot 7H_2O)$ 中锌含量的测定

一、训练目的

1. 学会测定工业硫酸锌 $(ZnSO_4 \cdot 7H_2O)$ 中锌含量的方法。

2. 学会正确判断以二甲酚橙为指示剂时的滴定终点。

二、训练所需试剂和仪器

1. 试剂

(1) 工业硫酸锌 $(ZnSO_4 \cdot 7H_2O)$ 试样。

(2) 固体碘化钾。

(3) 氟化铵溶液：200g/L。

（4）乙酸-乙酸钠缓冲溶液（pH≈5.5）：称取 200g 乙酸钠，溶于水，加 10mL 冰乙酸，稀释至 1000mL。

（5）二甲酚橙指示液：2g/L。

（6）EDTA 标准滴定溶液：$c(EDTA)=0.05mol/L$。

2. 仪器

移液管、容量瓶、锥形瓶、滴定管、分析天平等。

三、训练内容

1. 训练步骤

称取工业硫酸锌试样 5g，精确至 0.2mg。置于 100mL 烧杯中，滴加 10 滴硫酸溶液，加水溶解，全部转移至 250mL 容量瓶中，用水稀释至刻度，摇匀。

用移液管移取 25.00mL 上述试样溶液，置于 250mL 锥形瓶中，加 50mL 水、10mL 氟化铵溶液、0.5g 碘化钾，混匀后加入 15mL 乙酸-乙酸钠缓冲溶液，3 滴二甲酚橙指示液，用 EDTA 标准滴定溶液滴定至溶液由红色变为亮黄色即为终点。同时做空白试验。

2. 数据记录

3. 结果计算

$$w(Zn)=\frac{c(V-V_0)M\times10^{-3}}{m\times\frac{25}{250}}\times100\%$$

式中　c——EDTA 标准滴定溶液的浓度，mol/L；

　　　V——滴定中消耗 EDTA 标准滴定溶液的体积，mL；

　　　V_0——空白试验中消耗 EDTA 标准滴定溶液的体积，mL；

　　　M——Zn 的摩尔质量，g/mol；

　　　m——工业硫酸锌试样的质量，g。

四、思考题

1. 测定中，为何要加入氟化铵溶液和碘化钾？

2. 加入乙酸-乙酸钠缓冲溶液的目的是什么？

【技能训练 10】　镍盐中镍含量的测定

一、训练目的

1. 学会 EDTA 返滴定法测定镍盐中镍含量的方法。

2. 学会正确判断以 PAN 为指示剂的滴定终点。

二、训练所需试剂和仪器

1. 试剂

（1）EDTA 标准滴定溶液：$c(EDTA)=0.02mol/L$。

（2）氨水（1+1）。

（3）乙酸-乙酸铵缓冲溶液：称取 NH_4Ac 20.0g，以适量水溶解，加 HAc（1+1）50mL，稀释至 100mL。

（4）稀 H_2SO_4（6mol/L）。

（5）固体硫酸铜（$CuSO_4 \cdot 5H_2O$）。

（6）PAN 指示剂（1g/L）：0.10g PAN 溶于少量乙醇，用乙醇稀释至 100mL。

（7）刚果红试纸。

2. 仪器

移液管、容量瓶、锥形瓶、滴定管、分析天平等。

三、训练内容

1. 训练步骤

（1）$c(CuSO_4) = 0.02mol/L$ 溶液的配制　称取 1.25g $CuSO_4 \cdot 5H_2O$，溶于少量稀 H_2SO_4 中，转入 250mL 容量瓶中，用水稀释至刻度，摇匀，待标定。

（2）$CuSO_4$ 标准滴定溶液的标定　从滴定管放出 25.00mL EDTA 标准滴定溶液于 250mL 锥形瓶中，加入 50mL 水，加入 20mL HAc-NH_4Ac 缓冲溶液，煮沸后立即加入 10 滴 PAN 指示剂，迅速用待标定的 $CuSO_4$ 溶液滴定至溶液呈紫红色即为终点，记录所消耗 $CuSO_4$ 标准滴定溶液的体积。

（3）镍盐中镍含量的测定　准确称取适量镍盐试样（相当于含镍在 30mg 以内）于小烧杯中，加水 50mL，溶解并定量转入 100mL 容量瓶中，用水稀释至刻度，摇匀。用移液管吸取 10.00mL 置于锥形瓶中，加入 $c(EDTA) = 0.02mol/L$ EDTA 标准滴定溶液 30.00mL，用氨水（1+1）调节使刚果红试纸变红，加 HAc-NH_4Ac 缓冲溶液 20mL，煮沸后立即加入 10 滴 PAN 指示剂，迅速用 $CuSO_4$ 标准滴定溶液滴定至溶液由绿色变为蓝紫色即为终点。记录所消耗 $CuSO_4$ 标准滴定溶液的体积。

2. 数据记录

3. 结果计算

（1）$CuSO_4$ 标准滴定溶液的浓度

$$c(CuSO_4) = \frac{c(EDTA)V(EDTA)}{V(CuSO_4)}$$

式中　$c(CuSO_4)$——$CuSO_4$ 标准滴定溶液的浓度，mol/L；

　　　$c(EDTA)$——EDTA 标准滴定溶液的浓度，mol/L；

　　　$V(CuSO_4)$——标定时消耗 $CuSO_4$ 标准滴定溶液的体积，mL；

　　　$V(EDTA)$——标定时所取 EDTA 标准滴定溶液的体积，mL。

（2）镍盐中镍含量

$$w(Ni) = \frac{[c(EDTA)V(EDTA) - c(CuSO_4)V(CuSO_4)] \times 10^{-3} M(Ni)}{m \times \frac{1}{10}} \times 100\%$$

式中　$c(EDTA)$——EDTA 标准滴定溶液的浓度，mol/L；

　　　$V(EDTA)$——测定时所取 EDTA 标准滴定溶液的体积，mL；

　　　$c(CuSO_4)$——$CuSO_4$ 标准滴定溶液的浓度，mol/L；

　　　$V(CuSO_4)$——测定时消耗 $CuSO_4$ 标准滴定溶液的体积，mL；

　　　$M(Ni)$——Ni 的摩尔质量，g/mol；

　　　m——试样的质量，g。

四、思考题

1. 用 EDTA 测定镍含量为什么要采用返滴定法？

2. 以 PAN 为指示剂测定 Ni^{2+} 时，滴定终点为什么是从绿色变为蓝紫色？试用反应式表示。

3. Ni^{2+} 试液中加入 EDTA 后，在加热前为什么要加入氨水使刚果红试纸变红？此时 pH 约为多少？

4. 为什么在刚果红试纸变红后加 HAc-NH₄Ac 缓冲溶液？

5. Ni²⁺ 试液中加入 EDTA 后，煮沸的目的是什么？为什么需迅速滴定？

案例三　水的总硬度的测定

硬度是工业用水的重要指标，如锅炉给水，经常要进行硬度分析，为水的处理提供依据。测定水的总硬度就是测定水中 Ca^{2+}、Mg^{2+} 的总含量。水的总硬度的测定可依据 GB 7477—87，其具体方法为：吸取一定量的水样，加 NH_3-NH_4Cl 缓冲溶液调节 pH 为 10.0 ± 0.1，以铬黑 T 为指示剂，用 EDTA 标准滴定溶液滴定以测得水的总硬度。

案例分析

1. 与案例二相同，滴定中采用的是 EDTA 标准滴定溶液。
2. 测定时，需控制溶液的酸度，本案例中通过加入 NH_3-NH_4Cl 缓冲溶液进行控制。
3. 滴定终点的判断是以铬黑 T 为指示剂的。

为完成水的总硬度的测定任务，需掌握如下理论知识和操作技能。

理论基础

水中硬度概述

工业用水常形成锅垢，这是由于水中钙、镁的碳酸盐、酸式碳酸盐、硫酸盐、氯化物等所致。水中钙、镁盐等的含量用"硬度"表示，其中 Ca^{2+}、Mg^{2+} 含量是计算硬度的主要指标。水的总硬度包括暂时硬度和永久硬度，在水中以碳酸盐及酸式碳酸盐形式存在的钙盐、镁盐，加热能被分解、析出沉淀而除去，这类盐所形成的硬度称为暂时硬度。而钙、镁的硫酸盐或氯化物等所形成的硬度称为永久硬度。

各国对水的硬度表示方法不同，中国常以含 $CaCO_3$ 或 CaO 的质量浓度 ρ 表示硬度，单位取 mg/L；也有用含 $CaCO_3$ 的物质的量浓度来表示的，单位取 mmol/L。国家标准规定饮用水硬度以 $CaCO_3$ 计，不能超过 450mg/L。

技能基础

提高配位滴定选择性的方法

由于 EDTA 能与许多金属离子形成稳定的配合物，而在被滴定的试液中往往同时存在多种金属离子，它们的存在将干扰滴定的进行。如何提高配位滴定的选择性，是配位滴定需要解决的重要问题。为了减少或消除共存离子的干扰，在实际滴定中，常用下列几种方法。

1. 控制溶液的酸度

不同的金属离子和 EDTA 所形成的配合物稳定常数是不同的，因此在滴定时所允许的最小 pH 也不同。若溶液中同时存在两种或两种以上的金属离子，它们与 EDTA 所形成的配合物稳定常数又相差足够大，则可控制溶液的酸度，使其只满足滴定某一种离子允许的最小 pH，但又不会使该离子发生水解而析出沉淀，此时就只能有一种离子与 EDTA 形成稳定的配合物，而其他离子与 EDTA 不发生配位反应，这样即可以避免干扰。

设溶液中有 M 和 N 两种金属离子，它们均可与 EDTA 形成配合物，但 $K_{MY}>K_{NY}$，对于有干扰离子共存时的配位滴定，通常允许有 $\leqslant\pm0.5\%$ 的相对误差，当 $c_M=c_N$，而且用指示剂检测终点时终点与化学计量点两者 pM 的差值 $\Delta pM \approx 0.3$ 时，经计算推导，可得出欲准确滴定 M，而 N 不干扰时需要满足的条件，即

$$\Delta \lg K \geqslant 5 \tag{3-13}$$

一般以式(3-13)作为判断能否通过控制酸度对金属离子进行分别滴定的条件。

【例题 3-7】 在溶液中 Pb^{2+} 和 Ca^{2+} 浓度均为 $2.0 \times 10^{-2} mol/L$。如用相同浓度的 EDTA 标准滴定溶液滴定，问：(1) 能否用控制酸度的方法分步滴定？(2) 求滴定 Pb^{2+} 的酸度范围。

解

(1) 由于两种金属离子浓度相同，此时判断能否用控制酸度分步滴定的判别式为：$\Delta \lg K \geqslant 5$。查表得 $\lg K_{PbY} = 18.0$，$\lg K_{CaY} = 10.7$，则

$$\Delta \lg K = 18.0 - 10.7 = 7.3 > 5$$

所以可以用控制酸度的方法分步滴定。

(2) 由于 $c(Pb^{2+}) = 2.0 \times 10^{-2} mol/L$，则

$$\lg \alpha_{Y(H)} \leqslant \lg K_{MY} - 8$$
$$\lg \alpha_{Y(H)} \leqslant 18.0 - 8 = 10.0$$

查表得：　　　　　　　　　　　　$pH \geqslant 3.7$

所以滴定 Pb^{2+} 的最高酸度 $pH = 3.7$。

而在 $pH > 7.0$ 时，Pb^{2+} 将开始水解析出沉淀。

所以，滴定 Pb^{2+} 适宜的酸度范围是 $pH = 3.7 \sim 7.0$。

答：可用控制酸度的方法分步滴定 Pb^{2+} 和 Ca^{2+}；滴定 Pb^{2+} 适宜的酸度范围是 $pH = 3.7 \sim 7.0$。

2. 掩蔽和解蔽的方法

当 $\Delta \lg K < 5$ 时，采用控制酸度的方法分别滴定已不可能，这时可利用加入掩蔽剂的方法来降低干扰离子的浓度以消除干扰。掩蔽方法按掩蔽反应类型的不同分为配位掩蔽法、氧化还原掩蔽法和沉淀掩蔽法等。

(1) 常用的掩蔽方法

① 配位掩蔽法。利用配位反应降低干扰离子浓度的方法，称为配位掩蔽法。例如，溶液中有 Al^{3+} 和 Zn^{2+} 时，在 $pH = 5.5$ 的酸性溶液中，可用 NH_4F 掩蔽 Al^{3+} 以滴定 Zn^{2+}。

采用配位掩蔽法，在选择掩蔽剂时应注意如下几个问题。

a. 掩蔽剂与干扰离子形成的配合物应远比待测离子与 EDTA 形成的配合物稳定，而且所形成的配合物应为无色或浅色。

b. 掩蔽剂与待测离子不发生配位反应或形成的配合物稳定性要远小于待测离子与 EDTA 配合物的稳定性。

c. 掩蔽作用与滴定反应的 pH 条件大致相同。例如，在 $pH = 10$ 时测定 Ca^{2+}、Mg^{2+} 总量，少量 Fe^{3+}、Al^{3+} 的干扰可使用三乙醇胺进行掩蔽，但若在 $pH = 1$ 时测定 Bi^{3+} 就不能再使用三乙醇胺进行掩蔽，因为 $pH = 1$ 时三乙醇胺不具有掩蔽作用。

实际工作中常用的配位掩蔽剂见表 3-6 所列。

② 氧化还原掩蔽法。利用氧化还原反应，改变干扰离子的价态，以消除干扰的方法，称为氧化还原掩蔽法。例如，在滴定 Bi^{3+} 时，为防止 Fe^{3+} 的干扰，可加入抗坏血酸或盐酸羟胺等，将 Fe^{3+} 还原为 Fe^{2+}，由于 Fe^{2+} 的 EDTA 配合物稳定常数（$10^{14.33}$）比 Fe^{3+} 的 EDTA 配合物稳定常数（$10^{25.1}$）小得多，完全可以避免 Fe^{3+} 的干扰。

③ 沉淀掩蔽法。利用沉淀反应降低干扰离子的浓度，以消除干扰的方法，称为沉淀掩

表 3-6 部分常用的配位掩蔽剂

掩 蔽 剂	被掩蔽的金属离子	pH
三乙醇胺	Al^{3+}、Fe^{3+}、Sn^{4+}、TiO_2^{2+}	10
氟化物	Al^{3+}、Sn^{4+}、TiO_2^{2+}、Zr^{4+}	>4
乙酰丙酮	Al^{3+}、Fe^{2+}	5~6
邻二氮菲	Cu^{2+}、Co^{2+}、Ni^{2+}、Cd^{2+}、Hg^{2+}	5~6
氰化物	Cu^{2+}、Co^{2+}、Ni^{2+}、Cd^{2+}、Hg^{2+}、Fe^{2+}	10
二巯基丙醇	Zn^{2+}、Pb^{2+}、Bi^{3+}、Sb^{2+}、Sn^{4+}、Cd^{2+}、Cu^{2+}	
硫脲	Hg^{2+}、Cu^{2+}	
碘化物	Hg^{2+}	

蔽法。例如，以 EDTA 滴定水中 Ca^{2+} 时，为防止 Mg^{2+} 的干扰，可调节溶液 pH≥12，此时，Mg^{2+} 生成 $Mg(OH)_2$ 沉淀，即可采用钙指示剂以 EDTA 滴定水中 Ca^{2+} 了。

沉淀掩蔽法要求所生成的沉淀溶解度小，沉淀的颜色为无色或浅色，沉淀最好是晶形沉淀，吸附作用小。

由于某些沉淀反应进行得不够完全，造成掩蔽效率有时不太高，加上沉淀的吸附现象，既影响滴定准确度又影响终点观察。因此，沉淀掩蔽法不是一种理想的掩蔽方法，在实际工作中应用不多。配位滴定中部分常用的沉淀掩蔽剂见表 3-7 所列。

表 3-7 配位滴定中部分常用的沉淀掩蔽剂

掩蔽剂	被掩蔽离子	被测离子	pH	指示剂
氢氧化物	Mg^{2+}	Ca^{2+}	12	钙指示剂
KI	Cu^{2+}	Zn^{2+}	5~6	PAN
氟化物	Ba^{2+}、Sr^{2+}、Ca^{2+}、Mg^{2+}	Zn^{2+}、Cd^{2+}、Mn^{2+}	10	EBT
硫酸盐	Ba^{2+}、Sr^{2+}	Ca^{2+}、Mg^{2+}	10	EBT
铜试剂	Bi^{3+}、Cu^{2+}、Cd^{2+}	Ca^{2+}、Mg^{2+}	10	EBT

（2）解蔽方法 将干扰离子掩蔽起来滴定被测离子后，再加入一种试剂，使已经被掩蔽剂结合的干扰离子重新释放出来，再进行滴定的方法称为解蔽。

例如，用配位滴定法测定 Zn^{2+} 和 Pb^{2+} 时，可在氨性溶液中加入 KCN 掩蔽 Zn^{2+}，以铬黑 T 为指示剂，用 EDTA 标准滴定溶液滴定 Pb^{2+}（pH＝10），然后加入甲醛或三氯乙醛破坏 $[Zn(CN)_4]^{2-}$ 配离子，再用 EDTA 溶液滴定 Zn^{2+}。

$$4HCHO+[Zn(CN)_4]^{2-}+4H_2O \longrightarrow Zn^{2+}+4H_2C(OH)CN+4OH^-$$

3．选用其他配位剂滴定

氨羧配位剂的种类很多，除 EDTA 外，还有一些其他种类的氨羧配位剂，它们与金属离子形成配合物的稳定性各具特点。选用不同的氨羧配位剂作为滴定剂，可以选择性地滴定某些离子。

例如，在大量 Mg^{2+} 存在的情况下，采用 EDTA 作为滴定剂进行滴定，则 Mg^{2+} 的干扰严重。若用 EGTA 为滴定剂进行滴定，Mg^{2+} 的干扰就很小。因为 Mg^{2+} 与 EGTA 配合物的稳定性差，而 Ca^{2+} 与 EGTA 配合物的稳定性却很高。因此，选用 EGTA 作滴定剂的选择性高于 EDTA。

4．化学分离法

当通过控制酸度或掩蔽等方法仍然难以避免干扰时，则可以采用化学分离法将被测离子从其他组分中分离出来，从而达到准确测定的目的。

【技能训练 11】　水中硬度的测定

一、训练目的

1. 学会水中硬度的测定方法及表示方法。

2. 学会正确判断以钙指示剂作指示剂时的滴定终点。

二、训练所需试剂和仪器

1. 试剂

(1) EDTA 标准滴定溶液：$c(EDTA)=0.02mol/L$。

(2) 水试样（自来水）。

(3) 铬黑 T。

(4) 刚果红试纸。

(5) NH_3-NH_4Cl 缓冲溶液（pH＝10）。

(6) 钙指示剂。

(7) NaOH 溶液（4mol/L）。

(8) HCl 溶液（1＋1）。

(9) 三乙醇胺溶液（200g/L）。

(10) Na_2S 溶液（20g/L）。

2. 仪器

移液管、锥形瓶、滴定管等。

三、训练内容

1. 训练步骤

(1) 总硬度的测定　用 50mL 移液管移取水试样 50.00mL，置于 250mL 锥形瓶中，加 1～2 滴 HCl 酸化（用刚果红试纸检验变蓝紫色），煮沸数分钟赶除 CO_2。冷却后，加入 3mL 三乙醇胺溶液、5mL NH_3-NH_4Cl 缓冲溶液、1mL Na_2S 溶液、3 滴铬黑 T 指示剂，立即用 $c(EDTA)=0.02mol/L$ 的 EDTA 标准滴定溶液滴定至溶液由红色变为纯蓝色即为终点，记录所消耗 EDTA 标准滴定溶液的体积 V_1。

(2) 钙硬度的测定　用 50mL 移液管移取水试样 50.00mL，置于 250mL 锥形瓶中，加入刚果红试纸（pH＝3～5，颜色由蓝变红）一小块。加入盐酸酸化，至试纸变蓝紫色为止。煮沸 2～3min，冷却至 40～50℃，加入 NaOH 溶液（4mol/L）4mL，再加入少量钙指示剂，以 $c(EDTA)=0.02mol/L$ 的 EDTA 标准滴定溶液滴定至溶液由红色变为纯蓝色即为终点，记录所消耗 EDTA 标准滴定溶液的体积 V_2。

2. 数据记录

3. 结果计算

(1) 总硬度

$$\rho_{总}(CaCO_3, mg/L)=\frac{c(EDTA)V_1 M(CaCO_3)}{V}\times 1000$$

(2) 钙硬度

$$\rho_{钙}(CaCO_3, mg/L)=\frac{c(EDTA)V_2 M(CaCO_3)}{V}\times 1000$$

(3) 镁硬度＝总硬度－钙硬度

式中 c(EDTA)——EDTA 标准滴定溶液的浓度，mol/L；

　　　　V_1——测定总硬度时消耗 EDTA 标准滴定溶液的体积，mL；

　　　　V_2——测定钙硬度时消耗 EDTA 标准滴定溶液的体积，mL；

　　　　V——水试样的体积，mL；

　　M(CaCO$_3$)——CaCO$_3$ 的摩尔质量，g/mol。

4．注意事项

（1）滴定速度不能过快，接近终点时要慢，以免滴定过量。

（2）加入 Na$_2$S 后，若生成的沉淀较多，可将沉淀过滤。

四、思考题

1．测定钙硬度时为什么要加盐酸？加盐酸应注意什么？

2．根据本实验分析结果，评价该水试样的水质。

3．若某试液中仅有 Ca^{2+}，能否用铬黑 T 作指示剂？如果可以，说明测定方法。

本 章 小 结

1．EDTA 的性质

乙二胺四乙酸为无色结晶性粉末，在水中的溶解度很小，故常用它的二钠盐 Na$_2$H$_2$Y·2H$_2$O，一般也简称 EDTA。当酸度很高时，EDTA 转变为六元酸，以 H$_6$Y^{2+}、H$_5$Y$^+$、H$_4$Y、H$_3$Y$^-$、H$_2$Y^{2-}、HY^{3-} 和 Y^{4-} 七种型体存在，但只有 Y^{4-} 能与金属离子直接配位。所以，溶液的酸度越低，Y^{4-} 的分布分数越大，EDTA 的配位能力越强。

2．EDTA 与金属离子的配位特点

（1）EDTA 与不同价态的金属离子形成配合物时，一般情况下配位比是 1∶1，化学计量关系简单。

（2）EDTA 配合物的稳定性高，能与金属离子形成具有多个五元环结构的螯合物，具有较高的稳定性。

（3）EDTA 配合物易溶于水，且大多数金属离子与 EDTA 形成配合物的反应速率很快（瞬间生成），符合滴定要求。

（4）EDTA 与无色金属离子所形成的配合物都是无色的，与有色金属离子则形成颜色更深的配合物。

3．金属指示剂

在配位滴定中，通常把配位滴定所用的指示剂称为金属指示剂。

（1）金属指示剂应具备的条件

① 金属指示剂与金属离子形成的配合物的颜色，应与金属指示剂本身的颜色有明显的差异。

② 金属指示剂与金属离子形成的配合物 MIn 要有适当的稳定性，但又应比 MY 的稳定性差。

③ 金属指示剂与金属离子之间的反应要迅速、变色可逆，这样才便于滴定。

④ 金属指示剂应易溶于水，不易变质，便于使用和保存。

（2）使用金属指示剂时可能出现的问题

① 指示剂的封闭现象。

② 指示剂的僵化现象。

③ 指示剂的氧化变质现象。

4. 配合物的稳定常数

对于 EDTA 与金属离子形成的 1：1 型配合物，其反应式及稳定常数可表示为：

$$M + Y \rightleftharpoons MY$$

$$K_{MY} = \frac{[MY]}{[M][Y]}$$

5. 影响配位平衡的主要因素

(1) EDTA 的酸效应及酸效应系数　当滴定体系中有 H^+ 存在时，H^+ 与 EDTA 之间发生反应，使参与主反应的 EDTA 浓度减小，主反应的化学平衡向左移动，配位反应完全的程度降低，这种现象称为 EDTA 的酸效应。酸效应的大小可用酸效应系数来衡量，用符号 $\alpha_{Y(H)}$ 表示。随溶液酸度的增大，$\lg\alpha_{Y(H)}$ 值增大，酸效应显著。当 pH > 12 时，$\alpha_{Y(H)}$ 等于 1，EDTA 几乎完全离解为 Y，此时 EDTA 的配位能力最强。

(2) 金属离子的配位效应及配位效应系数　由于其他配位剂 (L) 的存在，使金属离子参加主反应能力降低的现象称为配位效应。其影响可用配位效应系数 $\alpha_{M(L)}$ 表示。当 $\alpha_{M(L)} = 1$ 时，$[M'] = [M]$，表示金属离子没有发生副反应；$\alpha_{M(L)}$ 值越大，副反应就越严重。

6. EDTA 配合物的条件稳定常数

K'_{MY} 是考虑副反应影响而得出的实际稳定常数。配位滴定法中，一般情况下，对主反应影响最大的是 EDTA 的酸效应。如不考虑其他副反应，仅考虑 EDTA 的酸效应，则：

$$K'_{MY} = \frac{[MY]}{[M][Y']} = \frac{K_{MY}}{\alpha_{Y(H)}}$$

7. 单一金属离子滴定可行性的判断

配位滴定一般要求滴定的相对误差不超过 ±0.1%，滴定中判断能否准确滴定单一金属离子的依据为：

$$\lg[c(M)K'_{MY}] \geqslant 6$$

当金属离子浓度为 $10^{-2}\,mol/L$ 时，则要求：

$$\lg K'_{MY} \geqslant 8$$

8. 提高配位滴定选择性的方法

① 控制溶液的酸度。

② 掩蔽和解蔽的方法。常用的掩蔽方法包括：配位掩蔽法、沉淀掩蔽法、氧化还原掩蔽法等。

③ 选用其他配位剂滴定。

④ 化学分离法。

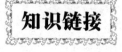

知识链接

化学分析中的掩蔽剂

在化学分析中，干扰离子会影响分析结果的准确性，如何消除其他离子的干扰，提高分析结果的准确度，除了发展高选择性的试剂外，掩蔽剂的使用也是一个很重要的途径，它对改进旧有方法和发展新方法都具有很大的实际意义。

分析化学中的所谓"掩蔽"，是指离子或分子无须进行分离而仅经过一定的化学反应（通常是形成配合物）即可不再干扰分析反应的过程。对于有干扰的离子或分子，如不用分离的方法，则必须借助于掩蔽手段。常用的掩蔽剂有无机掩蔽剂和有机掩蔽剂两大类。有机掩蔽剂品种更多，效果更好，得到了更多的研究和应用，因此这里主要介绍有机掩蔽剂。用有机物作掩蔽剂的例子很多：在配位滴定中用硫脲掩蔽铜；用三乙醇胺掩蔽铜、铝、锰等；用乳酸掩蔽锡、钛；用邻菲啰啉掩蔽铜、镍、钴等；用某些巯基化合物掩蔽重金属等。

1. 选择掩蔽剂的一般原则

掩蔽剂与干扰离子所形成的配合物的稳定常数必须足够地高。与其相反，被测离子形成的配合物的稳定常数应尽可能低。

掩蔽反应的速率应当足够地快。

掩蔽产物最好是无色的或浅色的，而且在水中有足够大的溶解度。

所选用的掩蔽剂最好是低毒或无毒的。

此外，对于不同方法考虑的因素也各有侧重。例如在配位滴定中，掩蔽剂的加入须不影响配位反应的进行和滴定终点的判断；在分光光度法中，掩蔽反应的产物与被测离子的有色配合物须不具有相似的或部分重叠的吸收峰，在测定波长下被掩蔽离子的配合物对于入射光线最好无明显吸收；在重量分析中，掩蔽剂的加入除了不增大被测沉淀的溶解度外，主要是不允许掩蔽产物与被测离子产生共沉淀现象；在离子交换分离中，被掩蔽离子与被测离子对于离子交换树脂的分离特征必须不同等。

2. 掩蔽剂与被掩蔽离子反应的主要类型

(1) 沉淀掩蔽　由于掩蔽剂的加入，使某些干扰离子形成不影响分析反应的沉淀，这一掩蔽方法称为沉淀掩蔽。例如，加入氟化钾使铁（Ⅲ）呈 K_3FeF_6 沉淀析出，便可在微酸性溶液中测定铜合金中的某些元素，而不发生干扰。

(2) 氧化还原掩蔽　如果干扰离子为变价元素，当其以某一价态存在时干扰测定，而在另一价态时不发生干扰，则可借氧化还原反应使之成为没有干扰的价态，这种消除干扰的方法称作氧化还原掩蔽。例如，当用钛试剂、变色酸、茜素 S 等试剂光度法测定钛时，Fe（Ⅲ）均有干扰，但用抗坏血酸将它还原为 Fe（Ⅱ）后，即使大量存在也不影响钛的测定，这些方法可用于测定钢铁中的钛含量。

(3) 动力学掩蔽　在一定条件下，降低干扰离子与分析试剂之间的反应速率使该反应实际上不能进行，这种掩蔽方法称为动力学掩蔽。

(4) 配位掩蔽　加入掩蔽剂使它与某些干扰离子形成稳定的配合物，从而不再干扰分析反应的进行，这种掩蔽方法称为配位掩蔽。这是迄今为止，研究最多、使用最广的掩蔽方法。

3. 常用的有机掩蔽剂

除了无机掩蔽剂外，已有品种繁多的有机掩蔽剂用于实际分析中，现将其中常用的有机掩蔽剂分类叙述如下。

(1) EDTA 及其他氨羧配位剂　EDTA 及其他氨羧配位剂能与许多金属离子形成稳定的 1∶1 配合物，而且多数配合物能在瞬间形成，是容量分析中常用的一类重要滴定剂。以 EDTA 为滴定剂的配位滴定法由于具有快速简便的特点，在 20 世纪 50～60 年代得到了很大的发展。氨羧配位剂，大多数具有与 EDTA 相类似的性质，即能与许多金属离子形成配合物，只是不同试剂与金属离子的配位能力不同，这便为我们提供了选择使用这类试剂作为某些金属离子掩蔽剂的可能性。

(2) 多元醇、羟基羧酸及羧酸类化合物　多元醇、羟基羧酸及某些羧酸是以氧原子为给予体的一类配位剂，常常与一些与氧键合能力较大的金属离子，如铝、铍、镁、钙、锶、钡、镓、铟、铊、锆、钍、锗、锡、铌、钽、钼、铀（Ⅵ）、铁（Ⅲ）、钴等结合，故可作为这些离子的掩蔽剂。

　　常用的这类掩蔽剂有甘油、乳酸、柠檬酸、酒石酸、苹果酸、抗坏血酸、醋酸、草酸等。

　　（3）胺及羟胺化合物　胺类化合物可作为铜、镉、锌、钴、镍等金属离子的掩蔽剂；羟胺类化合物不仅能与铜、镉、锌、钴、镍等结合，而且也能与 Al、Fe(Ⅲ)、Sn(Ⅳ)、Sb(Ⅲ)、Bi 等作用而被掩蔽。

　　常用的这类掩蔽剂有：乙二胺、邻菲啰啉、三乙醇胺等。

　　（4）巯基化合物　巯基化合物掩蔽的重金属离子主要是银、汞、铋、镉、铜、铅、铊等，此外亦能掩蔽锑、锡、铁(Ⅲ)、钴、镍等离子。由于氰化物的毒性剧烈，研究使用巯基化合物代替氰化物有着重大的意义。巯基化合物作为掩蔽剂的主要优点是：有效、毒性低；可在酸性溶液中使用；在碱性溶液中通常与铅、铋、锡等形成无色可溶性配合物等。但它们也具有某些缺点：具有特殊的臭味；易氧化、难以保存；与某些离子反应形成有色沉淀；价格比较昂贵等。

　　常用的这类掩蔽剂有巯基乙酸、β-巯基丙酸、二巯基丁二酸、半胱氨酸、z-氨基乙硫醇、硫脲等。

　　总之，化学分析过程是一项严谨、细致、周密的工作，其结果的准确度受各种因素的制约。除主观方面人为因素外，更主要的是来自客观方面的因素，包括溶液的浓度、温度、酸度、干扰离子等。尤其对于干扰离子，必须设法掩蔽，而一种离子的掩蔽方法又是不尽相同的。因此，必须对具体问题具体分析，切忌生搬硬套，只有采取合理的掩蔽手段、可行的分析方法，制定最佳的分析方案，才能取得满意的结果。

复习思考题

1. EDTA 与金属离子形成的配合物有何特点？
2. 配合物的稳定常数 K_{MY} 与条件稳定常数 K'_{MY} 有何区别与联系？
3. 什么叫酸效应？什么叫酸效应系数？
4. 为什么在配位滴定中必须控制好溶液的酸度？
5. 什么叫金属指示剂？金属指示剂的作用原理是什么？
6. 金属指示剂为什么会发生封闭现象？如何避免？
7. 金属指示剂为什么会发生僵化现象？如何避免？
8. EDTA 的酸效应曲线在配位滴定中有什么用途？
9. 能用 EDTA 标准滴定溶液准确滴定单一金属离子的条件是什么？
10. 如何提高配位滴定的选择性？
11. 在 pH＝5 时，能否用 EDTA 滴定 Mg^{2+}？在 pH＝10 时，情况又如何？
12. 在测定含 Bi^{3+}、Pb^{2+}、Al^{3+} 和 Mg^{2+} 混合溶液中的 Pb^{2+} 含量时，其他 3 种离子是否有干扰？为什么？

自　测　题

一、判断题

1. 只要金属离子能与 EDTA 形成配合物，都能用 EDTA 直接滴定。　　　　　　　　（　　）
2. 能直接进行配位滴定的条件是 $cK_{MY} \geqslant 10^6$。　　　　　　　　　　　　　　　（　　）
3. 若是两种金属离子与 EDTA 作用的 $\lg K_{MY}$ 相差不大，也可以利用控制溶液酸度的办法达到分步滴定的目的。　　　　　　　　　　　　　　　　　　　　　　　　　　　　　　（　　）
4. EDTA 滴定法目前之所以能够被广泛应用的主要原因是由于其能与大多数的金属离子形成 1∶1 的配合物。　　　　　　　　　　　　　　　　　　　　　　　　　　　　　（　　）

5. EDTA 能和许多金属离子形成环状结构的配合物，且稳定性较高。（　　）

6. 一般来说，EDTA 与金属离子生成配合物的 K_{MY} 越大，则滴定允许的最高酸度越大。（　　）

7. 对于一定的金属离子来说，除酸效应外，没有其他副反应，则溶液的酸度越高，EDTA 与金属离子形成的配合物的条件稳定常数 K'_{MY} 越大。（　　）

8. 金属离子与 EDTA 形成的配合物的条件稳定常数 K'_{MY} 的对数值在任何条件下，都等于其绝对稳定常数的对数值减去酸效应系数的对数值。（　　）

9. 酸效应是影响配位平衡的主要因素。（　　）

10. 在配位滴定中，常用的掩蔽干扰离子的方法有配位掩蔽法、沉淀掩蔽法和氧化还原掩蔽法。（　　）

11. 游离金属指示剂本身的颜色一定要和与金属离子形成的配合物颜色有差别。（　　）

12. 水中硬度就是指水中含有多少 Ca^{2+}、Mg^{2+}。（　　）

13. 配位滴定法除 EDTA 外没有其他合适的配位剂作标准滴定溶液。（　　）

14. EDTA 滴定中，当溶液中存在某些金属离子与指示剂生成极稳定的配合物，则产生指示剂的封闭现象。（　　）

15. 在配位滴定中，选用的指示剂与金属形成的配合物的稳定性应比金属与 EDTA 生成的配合物的稳定性要高。（　　）

二、选择题

1. 下列关于酸效应系数的说法正确的是（　　）。
   A. $\alpha_{Y(H)}$ 值随着 pH 增大而增大
   B. 在 pH 低时 $\alpha_{Y(H)}$ 值约等于零
   C. $\lg\alpha_{Y(H)}$ 值随着 pH 减小而增大
   D. 在 pH 高时 $\lg\alpha_{Y(H)}$ 值约等于 1

2. 在 Ca^{2+}、Mg^{2+} 的混合溶液中，用 EDTA 法测定 Ca^{2+}，要消除 Mg^{2+} 的干扰，宜用（　　）。
   A. 沉淀掩蔽法　　B. 配位掩蔽法　　C. 氧化还原掩蔽法　　D. 离子交换法

3. 为了测定水中的 Ca^{2+}、Mg^{2+} 含量，以下消除少量 Fe^{3+}、Al^{3+} 干扰的方法中，哪一种是正确的？
   （　　）。
   A. 于 pH＝10 的氨性缓冲溶液中直接加入三乙醇胺
   B. 于酸性溶液中加入 KCN，然后调至 pH＝10
   C. 于酸性溶液中加入三乙醇胺，然后调至 pH＝10 氨性溶液
   D. 加入三乙醇胺时不考虑溶液的酸碱性

4. 在 EDTA 配位滴定中，下列有关 EDTA 酸效应的叙述，哪一种说法是正确的？（　　）。
   A. 酸效应系数越大，配合物的稳定性越高
   B. 酸效应系数越小，配合物的稳定性越高
   C. 溶液中的 pH 越大，EDTA 酸效应系数越大
   D. EDTA 的酸效应系数越大，滴定曲线的 pM 突跃越宽

5. 在 EDTA 配位滴定中的金属（M）、指示剂（In）的应用条件是（　　）。
   A. In 与 MY 应有相同的颜色
   B. In 与 MIn 应有显著不同的颜色
   C. In 与 MIn 应当都能溶于水
   D. MIn 应有足够的稳定性，且 $K'_{MIn}>K'_{MY}$

6. EDTA 滴定金属离子 M 时，下列有关金属指示剂的叙述中，哪些是错误的？（　　）。
   A. 指示剂的僵化是由于 $K'_{MIn}\approx K'_{MY}$
   B. 指示剂的封闭是由于 $K'_{MIn}\ll K'_{MY}$
   C. K'_{MIn} 太小时，使滴定终点的颜色变化僵化，不敏锐
   D. 若 $K'_{MIn}>K'_{MY}$，则引起指示剂的全封闭

7. 某试液中主要含有钙离子、镁离子，但也有少量的铁离子、铝离子。在 pH＝10.0 时，加入三乙醇胺后用 EDTA 滴定至铬黑 T 终点，则该滴定中测得的是（　　）。
   A. 镁的总量　　　　B. 钙的总量　　　　C. 钙、镁总含量　　　　D. 铁、铝总含量

8. EDTA 配位滴定至化学计量点时，反应的完全程度与下列哪些因素有关？（　　）。
   A. 滴定反应的实际条件平衡常数 K'_{MY}
   B. 被滴定溶液的浓度 c
   C. 滴定终点时溶液的总体积 V
   D. 指示剂的选择是否恰当

9. 下列哪些效应不影响 EDTA 滴定 Zn^{2+} 的反应完全程度？（　　）。

　　A. 弱电解质 $ZnSO_4$ 的电离度　　　　　　B. EDTA 的酸效应

　　C. Zn^{2+} 的水解效应　　　　　　　　　　D. Zn^{2+} 的氨配位效应

10. 下列有关金属指示剂与终点误差关系的叙述，哪些是正确的？（　　　）。

　　A. 指示剂的变色点愈远离化学计量点，终点误差愈大

　　B. 间接 EDTA 配位滴定中，指示剂用量愈大误差愈大

　　C. 指示剂的变色范围愈大，终点误差愈大

　　D. 指示剂的酸或碱式的电离愈大，终点误差愈大

11. 在 EDTA 配位滴定中，pM 突跃范围的大小取决于（　　　）。

　　A. 滴定反应的条件平衡常数 K'_{MY}　　　　B. 被滴定物质 M 的浓度

　　C. 要求的误差范围　　　　　　　　　　　D. 滴定的顺序

12. 0.01235mol/L EDTA 溶液对 Al_2O_3（摩尔质量 $M=101.96g/mol$）的滴定度（单位是 mg/mL）为（　　　）。

　　A. 1.259　　　　　B. 0.6296　　　　　C. 2.518　　　　　　　D. 2.423

13. 在 EDTA 配位滴定中，下列有关掩蔽剂的叙述哪些是错误的？（　　　）。

　　A. 配位掩蔽剂必须可溶且无色

　　B. 沉淀掩蔽剂的溶解度要很小

　　C. 氧化还原掩蔽剂必须改变干扰离子的价态

　　D. 掩蔽剂的用量越多越好

14. 在 EDTA 滴定中，下列有关掩蔽剂的应用叙述，哪些是错误的？（　　　）。

　　A. 当铝离子、锌离子共存时，可用 NH_4F 掩蔽 Zn^{2+} 而测定 Al^{3+}

　　B. 测定钙离子、镁离子时，可用三乙醇胺掩蔽少量 Fe^{3+}、Al^{3+}

　　C. 使用掩蔽剂时，要控制一定的酸度条件

　　D. Ca^{2+}、Mg^{2+} 共存时，可用 NaOH 掩蔽 Ca^{2+}

15. 将 0.56g 含钙试样溶解成 250mL 试液，用 0.02mol/L EDTA 溶液滴定，消耗 30mL，则试样中 CaO（摩尔质量 $M=56g/mol$）的含量为（　　　）。

　　A. 3%　　　　　　B. 6%　　　　　　　C. 12%　　　　　　　D. 30%

16. 用 0.02mol/L EDTA 溶液测定某试样中 MgO[$M(MgO)=40.31g/mol$]含量。设试样中 MgO 含量约 50%，试样溶解后定容成 250mL，吸取 25mL 进行滴定，则试样称取量应为（　　　）。

　　A. 0.1～0.2g　　　B. 0.16～0.32g　　　C. 0.3～0.6g　　　　　D. 0.6～0.8g

17. 用于测定水硬度的方法是（　　　）。

　　A. 碘量法　　　　　B. $K_2Cr_2O_7$ 法　　　C. EDTA 法　　　　　D. 酸碱滴定法

18. Fe^{3+}、Al^{3+}、Ca^{2+}、Mg^{2+} 的混合溶液中，用 EDTA 法测定 Fe^{3+}、Al^{3+}，要消除 Ca^{2+}、Mg^{2+} 的干扰，最简便的方法是（　　　）。

　　A. 沉淀掩蔽法　　B. 控制酸度法　　　C. 配位掩蔽法　　　　D. 离子掩蔽法

三、计算题

1. 根据 EDTA 的各级离解常数，试计算在 pH=5.0 和 pH=10.0 时 $lg\alpha_{Y(H)}$ 值。

2. 计算用 0.02mol/L EDTA 滴定 0.02mol/L Cu^{2+} 的最高允许酸度。

3. 计算 pH=5.0 时，Co^{2+} 和 EDTA 配合物的条件稳定常数（不考虑水解等副反应）。当 Co^{2+} 浓度为 0.02mol/L 时，能否用 EDTA 准确滴定？

4. 在 Bi^{3+} 和 Ni^{2+} 均为 0.02mol/L 的混合溶液中，试求以 EDTA 溶液滴定时所允许的最小 pH。能否采用控制溶液酸度的方法实现两者的分别滴定？

5. 用纯 $CaCO_3$ 标定 EDTA 溶液。称取 0.1005g 纯 $CaCO_3$，溶解后定容至 100.00mL。吸取 25.00mL，在 pH=12.00 时，用钙指示剂指示终点，用待标定的 EDTA 溶液滴定，用去 24.50mL。试计算 EDTA 溶液的物质的量浓度。

6. 称取铝盐试样 1.2500g，溶解后加 0.050mol/L EDTA 溶液 25.00mL，在适当条件下反应后，调节溶液 pH 为 5～6，以二甲酚橙为指示剂，用 0.020mol/L Zn^{2+} 标准滴定溶液回滴过量的 EDTA，耗用 Zn^{2+} 标

准滴定溶液 21.50mL，计算铝盐中铝的质量分数。

7. 在 pH＝10 的氨缓冲溶液中，滴定 100.00mL 含 Ca^{2+}、Mg^{2+} 的水样，消耗 0.01016mol/L EDTA 标准滴定溶液 15.28mL；另取 100.00mL 水样，用 NaOH 处理，使 Mg^{2+} 生成 $Mg(OH)_2$ 沉淀，滴定时消耗 EDTA 标准滴定溶液 10.43mL，计算水样中 $CaCO_3$ 和 $MgCO_3$ 的含量（以 mg/L 表示）。

8. 测定水的总硬度时，吸取水样 100.00mL，以 EBT 为指示剂，在 pH＝10 的氨缓冲溶液中，用去 0.01000mol/L EDTA 标准滴定溶液 2.14mL，计算水的硬度（以 CaO 计，用 mg/L 表示）。

第四章　沉淀滴定法

【理论学习要点】

　　溶度积的概念、溶度积与溶解度之间的关系、溶度积规则、分步沉淀的原理、用于沉淀滴定的沉淀反应所应具备的条件、莫尔法的基本原理、佛尔哈德法的基本原理。

【能力培训要点】

　　硝酸银标准滴定溶液的制备、莫尔法滴定条件的控制、莫尔法滴定终点的判断、硫氰酸铵标准滴定溶液的制备、佛尔哈德法滴定条件的控制、佛尔哈德法滴定终点的判断、沉淀滴定法有关计算。

【应达到的能力目标】

　　1. 能够制备硝酸银标准滴定溶液。

　　2. 能够制备硫氰酸铵标准滴定溶液。

　　3. 能够利用莫尔法及佛尔哈德法测定样品中的氯含量。

　　4. 能够对沉淀滴定法的滴定结果进行计算。

案例一　食品中 NaCl 含量的测定

　　对于肉类制品、水产制品、蔬菜制品、腌制食品、调味品、淀粉制品等食品中氯化钠的测定可依据 GB/T 12457—2008。其具体方法为：样品经处理后，在中性或弱碱性介质中，以铬酸钾为指示剂（莫尔法），用硝酸银标准滴定溶液滴定试液中的氯化钠。根据硝酸银标准滴定溶液的消耗量，计算食品中氯化钠的含量。

 案例分析

　　1. 在上述案例中，采用的是硝酸银标准滴定溶液。

　　2. 滴定过程中所发生的化学反应为：

$$Ag^+ + Cl^- \longrightarrow AgCl \downarrow$$

反应中生成了 AgCl 白色沉淀，该反应类型为沉淀反应。

　　3. 该测定过程需要在中性或弱碱性介质中完成。

　　4. 滴定终点的判断是以铬酸钾为指示剂（莫尔法）的，而铬酸钾亦可以与硝酸银标准滴定溶液生成砖红色的 Ag_2CrO_4 沉淀。

$$2Ag^+ + CrO_4^{2-} \longrightarrow Ag_2CrO_4 \downarrow （砖红色） \qquad K_{sp} = 2.0 \times 10^{-12}$$

为完成食品中氯化钠含量的测定任务，需掌握如下理论知识和操作技能。

 理论基础

一、溶度积原理

1. 溶度积常数

各种物质的溶解度不同，习惯上，把 25℃时，溶解度小于 0.01g/100g 水的物质叫做难溶化合物。例如，氯化银就是一种难溶化合物，25℃时，1L 水中只能溶解 1.3×10^{-5} mol 氯化银。若将固体氯化银放入水中，固体表面上的部分 Ag^+ 和 Cl^- 在水分子的作用下，将会进入溶液，即氯化银的溶解；在氯化银溶解的同时，溶液中 Ag^+ 和 Cl^- 又会重新结合回到固体表面，这个过程称为氯化银的沉淀（或结晶）。当溶解速率和沉淀速率相等（或溶液达到饱和）时，体系达到动态平衡，即难溶电解质的沉淀-溶解平衡。氯化银的饱和溶液中，存在如下沉淀-溶解平衡：

$$AgCl(s) \Longleftrightarrow Ag^+ + Cl^-$$

根据化学平衡定律：

$$K_{sp} = [Ag^+][Cl^-]$$

式中，K_{sp} 称为难溶电解质的溶度积常数，简称溶度积。它与其他平衡常数一样，只与难溶电解质的本性和温度有关，而与溶液中离子的浓度无关。

对于任一难溶电解质 $A_m B_n$，在一定温度下达到平衡时：

$$A_m B_n(s) \Longleftrightarrow mA^{n+} + nB^{m-}$$

则

$$K_{sp} = [A^{n+}]^m [B^{m-}]^n \tag{4-1}$$

应用以上关系式时，应注意以下几点。

① 只有当难溶化合物的沉淀-溶解过程达到平衡时，溶液中相应离子浓度系数次方的乘积才等于 K_{sp}。

② 溶度积随温度的变化而改变。

③ 在溶度积关系式中，离子浓度为物质的量浓度，其单位为 mol/L。

2. 溶度积与溶解度的关系

难溶电解质的溶度积及溶解度，均反映了该难溶电解质的溶解能力，两者之间可进行相互换算。

假设难溶电解质为 $A_m B_n$，在一定温度下其溶解度为 S，根据沉淀-溶解平衡：

$$A_m B_n(s) \Longleftrightarrow mA^{n+} + nB^{m-}$$

$$[A^{n+}] = mS, \quad [B^{m-}] = nS$$

则

$$K_{sp} = [A^{n+}]^m [B^{m-}]^n = (mS)^m (nS)^n = m^m n^n S^{m+n} \tag{4-2}$$

注意：溶解度习惯上常用 100g 溶剂中所能溶解溶质的质量［单位：g/（100g）］表示。在利用上述公式进行计算时，需将溶解度的单位转化为物质的量浓度单位（即 mol/L）。

【例题 4-1】 已知 25℃时，氯化银的溶度积为 1.8×10^{-10}，铬酸银的溶度积为 2.0×10^{-12}，试通过计算比较两者溶解度的大小。

解 （1）设氯化银的溶解度为 S_1

根据沉淀-溶解平衡反应式：

$$AgCl(s) \Longleftrightarrow Ag^+ + Cl^-$$

平衡浓度/(mol/L) 　　　　　　　　　S_1　　S_1

$$K_{sp} = [Ag^+][Cl^-] = S_1^2$$

$$S_1 = \sqrt{1.8 \times 10^{-10}} = 1.3 \times 10^{-5} \ (mol/L)$$

（2）设铬酸银的溶解度为 S_2

$$Ag_2CrO_4(s) \Longleftrightarrow 2Ag^+ + CrO_4^{2-}$$

平衡浓度/(mol/L) 　　　　　　　　$2S_2$　　　　S_2

$$K_{sp} = [Ag^+]^2[CrO_4^{2-}] = (2S_2)^2 S_2 = 4S_2^3$$

$$S_2 = \sqrt[3]{\frac{2.0 \times 10^{-12}}{4}} = 7.9 \times 10^{-5}(mol/L) > S_1$$

答：铬酸银的溶解度大于氯化银的溶解度。

在上例中，铬酸银的溶度积比氯化银的小，但溶解度却比氯化银的大。可见对于不同类型（例如氯化银为 AB 型，铬酸银为 AB_2 型）的难溶电解质，溶度积小的，溶解度却不一定小。

3. 溶度积规则

溶度积规则是判断某溶液中有无沉淀生成或沉淀能否溶解的标准。为此需要引入离子积的概念。

(1) 离子积　所谓离子积，是指在一定温度下，难溶电解质任意状态时，溶液中离子浓度幂的乘积，用符号 Q 表示，例如：

$$BaSO_4(s) \Longleftrightarrow Ba^{2+} + SO_4^{2-}$$

其离子积 $Q = c(Ba^{2+})c(SO_4^{2-})$，其中 $c(Ba^{2+})$ 和 $c(SO_4^{2-})$ 分别表示 Ba^{2+} 和 SO_4^{2-} 在任意状态时的浓度；而 $K_{sp} = [Ba^{2+}][SO_4^{2-}]$，其中 $[Ba^{2+}]$ 和 $[SO_4^{2-}]$ 分别表示 Ba^{2+} 和 SO_4^{2-} 在沉淀-溶解平衡状态时的浓度。显然，离子积 Q 与溶度积 K_{sp} 具有不同的意义，K_{sp} 仅仅是 Q 的一个特例。

(2) 溶度积规则　对于某一给定溶液，Q 与 K_{sp} 相比较，可得到以下结论。

① 若 $Q = K_{sp}$，则表示溶液为饱和溶液，沉淀和溶解处于动态平衡，无沉淀析出。

② 若 $Q > K_{sp}$，则表示溶液为过饱和溶液，有沉淀从溶液中析出，直至形成该温度下的饱和溶液而达到新的平衡。

③ 若 $Q < K_{sp}$，则表示溶液为不饱和溶液，无沉淀析出。如溶液中还存在有该难溶电解质，将继续溶解直至形成饱和溶液为止。

以上规则称为溶度积规则。由溶度积规则可知，要使沉淀自溶液中析出，必须设法增大溶液中相关离子的浓度，使难溶电解质的离子积大于溶度积（即 $Q > K_{sp}$）。

二、分步沉淀

通常，在样品的测定过程中，样品溶液中往往含有多种离子，随着沉淀剂的加入，各种沉淀会相继产生。例如，硝酸银溶液与含有 Cl^- 或 CrO_4^{2-} 的溶液相混合后均能产生沉淀。若某一溶液中同时含有相同浓度的 Cl^- 和 CrO_4^{2-}，当向其中逐滴加入硝酸银溶液时，刚开始只生成白色的氯化银沉淀，待硝酸银溶液加到一定量以后才能出现砖红色的铬酸银沉淀。

为什么沉淀的次序会有先后呢？可以用溶度积规则加以解释。

【例题 4-2】　在 Cl^- 与 CrO_4^{2-} 的混合溶液中，若两者的浓度均为 0.01mol/L，逐滴加入硝酸银溶液后，问先出现何种沉淀？第二种沉淀何时出现？

解　(1) 已知 $K_{sp,AgCl} = 1.8 \times 10^{-10}$，$K_{sp,Ag_2CrO_4} = 2.0 \times 10^{-12}$

则，欲生成 AgCl 和 Ag_2CrO_4 沉淀所需的 Ag^+ 浓度分别为：

$$[Ag^+]_{AgCl} = \frac{K_{sp,AgCl}}{[Cl^-]} = \frac{1.8 \times 10^{-10}}{0.01} = 1.8 \times 10^{-8}(mol/L)$$

$$[Ag^+]_{Ag_2CrO_4} = \sqrt{\frac{K_{sp,Ag_2CrO_4}}{[CrO_4^{2-}]}} = \sqrt{\frac{2.0 \times 10^{-12}}{0.01}} = 1.4 \times 10^{-5}(mol/L)$$

计算结果表明，沉淀 Cl^- 所需 Ag^+ 浓度（$1.8 \times 10^{-8}mol/L$）比沉淀 CrO_4^{2-} 所需 Ag^+ 浓度（$1.4 \times 10^{-5}mol/L$）小得多，因此先出现 AgCl 沉淀。

（2）由上述计算可知，当溶液中开始形成 Ag_2CrO_4 沉淀时所需 Ag^+ 浓度必须大于 $1.4\times10^{-5}mol/L$，此时 Cl^- 浓度为：

$$[Cl^-]=\frac{K_{sp,AgCl}}{[Ag^+]}=\frac{1.8\times10^{-10}}{1.4\times10^{-5}}=1.3\times10^{-5}(mol/L)$$

答：先出现 AgCl 沉淀，当 Cl^- 浓度小于 $1.3\times10^{-5}mol/L$ 后出现 Ag_2CrO_4 沉淀。

计算结果表明，当溶液中开始形成 Ag_2CrO_4 沉淀时，Cl^- 已经接近沉淀完全了（在定量分析中，溶液中离子浓度小于 $10^{-5}\sim10^{-6}mol/L$ 即认为已沉淀完全）。像这种加入一种沉淀剂使溶液中几种离子先后沉淀的现象，叫做分步沉淀。

分步沉淀是实现各种离子间分离的有效方法。

三、莫尔法

在案例一中所用测定方法为莫尔法。莫尔法是沉淀滴定法中的一种类型。

1. 沉淀滴定法简介

以沉淀反应为基础的滴定分析方法，称为沉淀滴定法。

能用于沉淀滴定的沉淀反应既要满足滴定分析反应的必要条件，还必须符合以下条件。

（1）反应迅速而且应定量进行。

（2）所生成的沉淀溶解度要小且组成恒定。对于 1+1 型沉淀，要求 $K_{sp}\leqslant10^{-10}$。

（3）有适当的指示剂或其他方法指示滴定终点。

（4）沉淀的吸附现象不影响终点的确定。

能同时满足以上条件的反应不多，目前生产上应用较广的是生成难溶银盐的反应，如：

$$Ag^++Cl^-\longrightarrow AgCl\downarrow（白色）$$
$$Ag^++SCN^-\longrightarrow AgSCN\downarrow（白色）$$

这种利用生成难溶银盐反应进行沉淀滴定的方法称为银量法，用此法可以测定 Cl^-、Br^-、I^-、SCN^-、Ag^+ 等离子以及一些含卤素的有机化合物。

银量法根据滴定方式、滴定条件以及所选用指示剂的不同，可分为莫尔法和佛尔哈德法等。

2. 莫尔法基本原理

莫尔法是在中性或弱碱性介质中，以铬酸钾作为指示剂的一种银量法。现以案例一为例，说明莫尔法的基本原理。

在滴定过程中，随着硝酸银标准滴定溶液的加入，溶液中发生如下反应：

化学计量点前

$$Ag^++Cl^-\longrightarrow AgCl\downarrow（白色）\qquad K_{sp}=1.8\times10^{-10}$$

化学计量点及化学计量点后

$$2Ag^++CrO_4^{2-}\longrightarrow Ag_2CrO_4\downarrow（砖红色）\qquad K_{sp}=2.0\times10^{-12}$$

莫尔法的理论依据为分步沉淀原理。由例题 4-1 可知，氯化银沉淀的溶解度（$1.3\times10^{-5}mol/L$）比铬酸银沉淀的溶解度（$7.9\times10^{-5}mol/L$）小，即氯化银比铬酸银开始沉淀时所需 Ag^+ 浓度要小，所以当用硝酸银标准滴定溶液滴定 Cl^- 时，首先生成氯化银沉淀。随着硝酸银标准滴定溶液的继续加入，氯化银沉淀不断生成，溶液中 Cl^- 浓度越来越小，而 Ag^+ 浓度越来越大，直至 $[Ag^+]^2[CrO_4^{2-}]>K_{sp,Ag_2CrO_4}$ 时，便出现砖红色的铬酸银沉淀（量少时为橙色），指示滴定终点的到达。

3. 莫尔法的应用范围

莫尔法可直接测定 Cl^- 或 Br^-，当两者共存时，测定的是 Cl^- 和 Br^- 的总量。莫尔法不

适用于测定 I^- 和 SCN^-，因为碘化银和硫氰酸银沉淀时强烈地吸附 I^- 和 SCN^-，使终点提前出现，且终点变化不明显。

莫尔法也不适用于以氯化钠标准滴定溶液直接滴定 Ag^+，如果要用该法测定试样中的 Ag^+，则通常采用返滴定法，即先在试液中加入一定体积过量的氯化钠标准滴定溶液，然后再用硝酸银标准滴定溶液滴定过量的 Cl^-。

 技能基础

莫尔法是用硝酸银标准滴定溶液进行滴定的银量法，因此，要完成案例一所述测定任务，必须要能够准确制备一定浓度的硝酸银标准滴定溶液。

一、硝酸银标准滴定溶液的制备

1. 配制

硝酸银标准滴定溶液可以用符合基准试剂要求的固体硝酸银直接配制。但市售的硝酸银往往含有一定量的杂质，如银、氧化银、游离硝酸和亚硝酸等，因此需用间接法配制。

注意：配制 $AgNO_3$ 标准滴定溶液时，对蒸馏水的要求较高（尤其是直接法配制），蒸馏水中不能含有 Cl^-，所以在配制 $AgNO_3$ 标准滴定溶液时对所用的蒸馏水要进行 Cl^- 检验，符合标准的蒸馏水才能使用。

2. 标定

硝酸银标准滴定溶液可用莫尔法标定，基准试剂为氯化钠，以铬酸钾为指示剂，滴定到溶液呈现砖红色即为终点。反应方程式为：

$$Ag^+ + Cl^- \longrightarrow AgCl \downarrow （白色）$$
$$2Ag^+ + CrO_4^{2-} \longrightarrow Ag_2CrO_4 \downarrow （砖红色）$$

3. 标定结果的计算

硝酸银标准滴定溶液的浓度可按式(4-3)计算：

$$c(AgNO_3) = \frac{m}{V \times 0.05844} \tag{4-3}$$

式中　$c(AgNO_3)$——硝酸银标准滴定溶液的物质的量浓度，mol/L；

　　　　m——氯化钠的质量，g；

　　　　V——消耗硝酸银标准滴定溶液的体积，mL；

　　0.05844——与 1.00mL 硝酸银标准滴定溶液 $[c(AgNO_3)=0.1mol/L]$ 相当的以 g 表示的氯化钠的质量。

二、莫尔法滴定条件的控制

应用莫尔法时，必须注意下列滴定条件。

1. 铬酸钾指示剂的用量

莫尔法中，滴定终点出现的迟早与溶液中 CrO_4^{2-} 浓度的大小，即铬酸钾指示剂的用量有关。若铬酸钾指示剂用量过大，终点将提前出现，使分析结果偏低；若铬酸钾指示剂用量过小，终点将推迟出现，使分析结果偏高。欲使滴定终点与化学计量点完全一致，关键问题是控制好铬酸钾指示剂的用量。

适宜的铬酸钾指示剂的用量，可依据溶度积原理从理论上加以计算。实验证明，在一般浓度（0.1mol/L）的滴定中，CrO_4^{2-} 最适宜的浓度约为 $5 \times 10^{-3} mol/L$（相当于每 50～100mL 溶液中加入 5%铬酸钾溶液 0.5～1mL）。

2. 溶液酸度

莫尔法滴定应在中性或弱碱性介质中进行。若在酸性溶液中，CrO_4^{2-} 与 H^+ 结合生成 $HCrO_4^-$ 并转化为 $Cr_2O_7^{2-}$，使 CrO_4^{2-} 浓度降低，影响铬酸银沉淀的形成，降低指示剂的灵敏度；若碱性过高，又将出现氧化银沉淀；若在氨性溶液中进行滴定，当 pH 较高时则易生成 $[Ag(NH_3)_2]^+$，使 AgCl 沉淀溶解：

$$2H^+ + 2CrO_4^{2-} \rightleftharpoons 2HCrO_4^- \rightleftharpoons Cr_2O_7^{2-} + H_2O$$

$$2Ag^+ + 2OH^- \rightleftharpoons 2AgOH \downarrow \rightleftharpoons Ag_2O \downarrow + H_2O$$

$$AgCl + 2NH_3 \rightleftharpoons [Ag(NH_3)_2]^+ + Cl^-$$

因此，莫尔法测定最适宜的 pH 范围是 6.5～10.5，当溶液中有 NH_3 存在时，则应控制溶液的 pH 范围为 6.5～7.2。若溶液酸性过强，可用碳酸氢钠、硼砂或碳酸钙中和；若溶液碱性过强，可用稀硝酸中和后再进行滴定；如果溶液中有 NH_3 存在，则需用稀硝酸将溶液中和至 pH 为 6.5～7.2，再进行滴定。

3. 干扰离子

在滴定条件下，凡能与 Ag^+ 生成沉淀的阴离子（如 PO_4^{3-}、SO_3^{2-}、CO_3^{2-}、S^{2-}、$C_2O_4^{2-}$ 等）以及能与 CrO_4^{2-} 生成沉淀的阳离子（如 Ba^{2+}、Pb^{2+} 等）均不应存在。此外，易水解的离子（如 Fe^{3+}、Al^{3+}、Sn^{4+} 等）、有色金属离子（如 Cu^{2+}、Co^{2+}、Ni^{2+} 等）的存在，也会给滴定结果带来较大的误差。因此，若有上述离子存在，应采用分离或掩蔽等方法将其除去后，再进行滴定。

4. 充分振荡

由于滴定生成的氯化银沉淀容易吸附溶液中的 Cl^-，使溶液中 Cl^- 浓度降低，铬酸银沉淀提前出现。因此，在滴定时必须充分振荡，使被吸附的 Cl^- 释放出来，以提高分析结果的准确度。

三、计算示例

【例题 4-3】 欲标定某 $AgNO_3$ 标准滴定溶液的浓度，准确称取纯 NaCl 0.1268g，加水溶解后，以 K_2CrO_4 为指示剂，用该 $AgNO_3$ 标准滴定溶液滴定时共用去 21.58mL，求该 $AgNO_3$ 溶液的浓度。

解 根据等物质的量反应原理，则

$$n(AgNO_3) = n(NaCl)$$

$$c(AgNO_3)V(AgNO_3) = \frac{m(NaCl)}{M(NaCl)}$$

即，

$$c(AgNO_3) = \frac{m(NaCl)}{M(NaCl)V(AgNO_3)}$$

$$c(AgNO_3) = \frac{0.1268 \times 1000}{58.44 \times 21.58} = 0.1005 \text{ (mol/L)}$$

答：该 $AgNO_3$ 溶液的浓度为 0.1005mol/L。

【例题 4-4】 用移液管吸取 NaCl 溶液 25.00mL，加入 K_2CrO_4 指示剂溶液，用 $c(AgNO_3) = 0.07488$mol/L 的 $AgNO_3$ 标准滴定溶液滴定，用去 37.42mL，计算该 NaCl 溶液的质量浓度？

解 根据等物质的量反应原理，则

$$n(AgNO_3) = n(NaCl)$$

$$c(AgNO_3)V(AgNO_3) = c(NaCl)V(NaCl)$$

$$c(\text{NaCl}) = \frac{0.07488 \times 37.42}{25.00} = 0.1121 \ (\text{mol/L})$$

$$\rho(\text{NaCl}) = c(\text{NaCl})M(\text{NaCl})$$

$$\rho(\text{NaCl}) = 0.1121 \times 58.44 = 6.551 \ (\text{g/L})$$

答：该 NaCl 溶液的质量浓度为 6.551g/L。

【技能训练 12】 硝酸银标准滴定溶液 $[c(\text{AgNO}_3) = 0.1\text{mol/L}]$ 的制备

一、训练目的

1. 学会制备 $AgNO_3$ 标准滴定溶液。

2. 学会配制铬酸钾指示液。

3. 学会判断以铬酸钾为指示剂的滴定终点。

二、训练所需试剂和仪器

1. 试剂

(1) 固体 $AgNO_3$。

(2) 固体 K_2CrO_4。

(3) 基准物质 NaCl。

2. 仪器

烧杯、棕色试剂瓶、锥形瓶、滴定管、架盘天平、分析天平等。

三、训练内容

1. 训练步骤

(1) 铬酸钾指示液（50g/L）的配制　称取 50g K_2CrO_4 溶于 1L 蒸馏水中，摇匀，转移至试剂瓶中，贴上标签备用。

(2) 硝酸银标准滴定溶液 $[c(\text{AgNO}_3) = 0.1\text{mol/L}]$ 的配制　称取 17g 固体硝酸银，溶于 1000mL 不含氯离子的蒸馏水中，搅拌均匀，转移至 1000mL 棕色试剂瓶中，置于暗处保存，待标定后使用。

(3) 硝酸银标准滴定溶液 $[c(\text{AgNO}_3) = 0.1\text{mol/L}]$ 的标定　准确称取在 $500 \sim 600℃$ 灼烧至恒重的基准氯化钠 $0.12 \sim 0.15\text{g}$，放入锥形瓶中，加入 50mL 不含氯离子的蒸馏水溶解，加入 2mL K_2CrO_4 指示液，用 $AgNO_3$ 标准滴定溶液滴定至溶液出现砖红色为终点，记录所消耗 $AgNO_3$ 标准滴定溶液的体积 V。同时做空白试验。

2. 数据记录

3. $AgNO_3$ 标准滴定溶液浓度的计算

$$c(\text{AgNO}_3) = \frac{m(\text{NaCl}) \times 10^3}{(V - V_0)M(\text{NaCl})}$$

式中　$m(\text{NaCl})$——称取基准氯化钠的质量，g；

$M(\text{NaCl})$——氯化钠的摩尔质量，g/mol；

V——滴定时所消耗 $AgNO_3$ 标准滴定溶液的体积，mL；

V_0——空白试验消耗 $AgNO_3$ 标准滴定溶液的体积，mL。

4. 注意事项

(1) 硝酸银是贵重试剂，要注意节约。

（2）硝酸银对蛋白质有凝固作用，要防止和皮肤接触，不小心接触皮肤时，会在皮肤上留下黑斑。

（3）在近终点时要多振荡。

（4）硝酸银溶液要保存在棕色试剂瓶中，避免光照，滴定时应使用棕色酸式滴定管。

四、思考题

1. 在滴定过程中为什么要充分摇动溶液？如果摇动不充分，对测定结果有何影响？

2. 指示剂 K_2CrO_4 的用量对测定结果有无影响？为什么？

【技能训练 13】　水中氯含量的测定

一、训练目的

1. 学会莫尔法测定水中氯含量的方法。

2. 学会正确判断滴定终点。

二、训练所需试剂和仪器

1. 试剂

（1）$AgNO_3$ 标准滴定溶液：$c(AgNO_3)=0.05mol/L$。

（2）K_2CrO_4 指示液：50g/L。

（3）水试样（自来水或河水、井水等天然水）。

2. 仪器

移液管、锥形瓶、滴定管等。

三、训练内容

1. 训练步骤

准确吸取 100.00mL 水样放入锥形瓶中，加入 2mL K_2CrO_4 指示液，在充分摇动下，用 $c(AgNO_3)=0.05\ mol/L\ AgNO_3$ 标准滴定溶液滴定至溶液中出现砖红色沉淀即为终点，记录所消耗 $AgNO_3$ 标准滴定溶液的体积 V。

2. 数据记录

3. 结果计算

$$\rho(Cl^-)=\frac{c(AgNO_3)V(AgNO_3)M(Cl)}{V_{样}}\times1000$$

式中　$\rho(Cl^-)$——水样中 Cl^- 的质量浓度，mg/L；

$c(AgNO_3)$——$AgNO_3$ 标准滴定溶液的浓度，mol/L；

$V(AgNO_3)$——滴定消耗 $AgNO_3$ 标准滴定溶液的体积，mL；

$M(Cl)$——Cl 的摩尔质量，g/mol；

$V_{样}$——水样的体积，mL。

4. 注意事项

（1）测定水中氯离子含量时，水样体积可以用量筒量取。

（2）控制终点颜色不能太深。

（3）此法不适合有色水试样中氯离子含量的测定，如果要用此法测定有色水样，应在滴定前用活性炭吸附脱色。

四、思考题

1. 测定水中氯离子时，何种离子会干扰测定？如何消除？

2. 莫尔法在测定中，应控制怎样的测定条件？能否在较强的酸性条件下进行？

案例二　复混肥料（复合肥料）中氯离子含量的测定

对于复混肥料（包括各种专用肥料以及冠以各种名称的以氮、磷、钾为基础养分的三元或二元固体肥料）中 Cl^- 含量的测定可依据 GB 15063—2009。其具体方法为：试料在微酸性溶液中，加入过量的硝酸银溶液，使氯离子转化成为氯化银沉淀，用邻苯二甲酸二丁酯包裹沉淀，以硫酸铁铵为指示剂，用硫氰酸铵标准滴定溶液滴定剩余的硝酸银，至出现浅橙红色或浅砖红色为止，同时进行空白试验。根据所消耗的硫氰酸铵标准滴定溶液的体积，依据公式计算出复混肥料（复合肥料）中的 Cl^- 含量。

案例分析

1. 与案例一不同，在案例二中，所用标准滴定溶液为硫氰酸铵。
2. 在样品中 Cl^- 含量的测定中，先加入了过量的硝酸银溶液，使氯离子转化成为氯化银沉淀后，再用硫氰酸铵标准滴定溶液滴定剩余的硝酸银。
3. 该测定过程需在微酸性溶液中完成。
4. 该滴定过程是以硫酸铁铵为指示剂来判断滴定终点的。

为完成复混肥料中 Cl^- 含量的测定任务，需掌握如下理论知识和操作技能。

理论基础

佛尔哈德法

佛尔哈德法是在酸性介质中，以铁铵矾 $[NH_4Fe(SO_4)_2 \cdot 12H_2O]$ 为指示剂来确定滴定终点的一种方法。根据滴定方式的不同，佛尔哈德法分为直接滴定法和返滴定法两种。

1. 直接滴定法测定 Ag^+

在含有 Ag^+ 的酸性溶液中，以铁铵矾作指示剂，用 NH_4SCN（或 $KSCN$、$NaSCN$）标准滴定溶液滴定，溶液中首先析出 AgSCN 白色沉淀。当 Ag^+ 定量沉淀后，稍过量的 SCN^- 与 Fe^{3+} 生成红色配离子 $[Fe(SCN)]^{2+}$，指示滴定终点的到达，反应如下：

化学计量点前　　　　$Ag^+ + SCN^- \longrightarrow AgSCN \downarrow$（白色）

化学计量点及化学计量点后　　　　$Fe^{3+} + SCN^- \longrightarrow [Fe(SCN)]^{2+}$（红色）

在滴定过程中，不断有硫氰酸银沉淀生成，由于它具有强烈的吸附作用，使部分 Ag^+ 被吸附于其表面上，会造成终点提前出现而导致测定结果偏低。为此滴定时必须充分摇动溶液，使被吸附的 Ag^+ 及时释放出来。

2. 返滴定法测定卤素离子

在含有卤素离子（X^-）的硝酸溶液中，加入一定量过量的硝酸银标准滴定溶液，以铁铵矾作指示剂，用硫氰酸铵标准滴定溶液返滴定剩余的硝酸银标准滴定溶液，反应如下：

$$Ag^+ + X^- \longrightarrow AgX \downarrow$$

（过量）

$$Ag^+ + SCN^- \longrightarrow AgSCN \downarrow$$

（剩余）

化学计量点后稍过量的 SCN^- 与铁铵矾指示剂反应，生成红色的 $[Fe(SCN)]^{2+}$ 配离子，指示终点的到达，反应如下：

$$Fe^{3+} + SCN^- \longrightarrow [Fe(SCN)]^{2+}（红色）$$

当以佛尔哈德法滴定 Cl^- 时，由于硫氰酸银的溶解度小于氯化银的溶解度，加入过量的 SCN^- 后，会将氯化银沉淀转化为硫氰酸银沉淀，得不到准确终点，使分析结果产生较大的误差。

$$AgCl + SCN^- \longrightarrow AgSCN \downarrow + Cl^-$$

为了避免上述现象的发生，可采取下列措施。

① 加热煮沸，使氯化银凝聚。当试液中加入一定量过量的 $AgNO_3$ 标准滴定溶液后，立即将溶液加热煮沸，使氯化银凝聚，以减少氯化银沉淀对 Ag^+ 的吸附。过滤后，将氯化银沉淀滤去，用稀硝酸洗涤沉淀，然后用硫氰酸铵标准滴定溶液滴定滤液中过量的 Ag^+。

但这种方法操作烦琐，易丢失 Ag^+，使测定结果偏高。

② 加入有机溶剂。在氯化银沉淀完全之后，硫氰酸铵标准滴定溶液加入之前，加入适量的硝基苯或邻苯二甲酸二丁酯等有机溶剂，使氯化银沉淀进入 1,2-二氯乙烷有机液层中而不与 SCN^- 接触，从而阻止了 SCN^- 与氯化银发生沉淀转化反应。

用本法测定 Br^- 和 I^- 时，由于 $K_{sp,AgI} = 9.3 \times 10^{-17}$ 和 $K_{sp,AgBr} = 5.0 \times 10^{-13}$ 都小于 $K_{sp,AgSCN}$，因此不会发生沉淀转化反应，故可不必采用上述措施。

注意：在测定碘化物时，指示剂必须在加入一定量过量 $AgNO_3$ 标准滴定溶液后才能加入，否则会发生如下反应，影响分析结果的准确度。

$$2Fe^{3+} + 2I^- \longrightarrow 2Fe^{2+} + I_2$$

佛尔哈德法除可测定可溶性无机物外，还可以测定一些有机化合物中的卤素含量。

技能基础

一、硫氰酸铵标准滴定溶液的制备

1. 配制

市售的硫氰酸铵常含有硫酸盐、硫化物等杂质，而且容易潮解。因此，只能用间接法制备。

2. 标定

硫氰酸铵标准滴定溶液可用佛尔哈德法标定，基准试剂为硝酸银，以铁铵矾为指示剂，滴定至溶液呈浅红色保持 30s 不褪即为终点。反应方程式为：

$$Ag^+ + SCN^- \longrightarrow AgSCN \downarrow （白色）$$
$$Fe^{3+} + SCN^- \longrightarrow [Fe(SCN)]^{2+} （红色）$$

3. 标定结果计算

硫氰酸铵标准滴定溶液浓度可按式(4-4) 计算：

$$c(NH_4SCN) = \frac{m}{V \times 0.1699} \tag{4-4}$$

式中　$c(NH_4SCN)$——硫氰酸铵标准滴定溶液的物质的量浓度，mol/L；

　　　　m——硝酸银的质量，g；

　　　　V——消耗硫氰酸铵标准滴定溶液的体积，mL；

　　0.1699——与 1.00mL 硫氰酸铵标准滴定溶液 $[c(NH_4SCN) = 0.1\ mol/L]$ 相当的以 g 表示的硝酸银的质量。

二、佛尔哈德法测定条件的控制

1. 溶液酸度

佛尔哈德法适用于在酸性（稀硝酸）溶液中进行，通常在 $0.1\sim1mol/L$ HNO_3 溶液中进行。若酸度过低，指示剂中的 Fe^{3+} 将水解形成 $[Fe(OH)]^{2+}$、$[Fe(OH)_2]^+$ 等深色配合物，影响终点观察；若碱度过大，还会析出 $Fe(OH)_3$ 沉淀，使测定无法正常进行。因而，在佛尔哈德法滴定过程中，应保持适当的酸度。

2. 干扰组分

强氧化剂、氮的氧化物、铜盐以及汞盐等都能够与 SCN^- 起反应，应预先除去，否则将干扰测定。

三、计算示例

【例题 4-5】 称取某可溶性氯化物试样 $0.2266g$，加入 $30.00mL$ $0.1121mol/L$ 的 $AgNO_3$ 标准滴定溶液。过量的 $AgNO_3$ 用 $0.1185mol/L$ 的 NH_4SCN 标准滴定溶液滴定，共用去 $6.50mL$。计算试样中氯的质量分数。

解 由题意得

$$n(Cl) = n(AgNO_3) - n(NH_4SCN)$$

$$w(Cl) = \frac{m(Cl)}{0.2266}$$

$$w(Cl) = \frac{[c(AgNO_3)V(AgNO_3) - c(NH_4SCN)V(NH_4SCN)]M(Cl)}{0.2266}$$

$$= \frac{(0.1121 \times 30.00 - 0.1185 \times 6.50) \times 10^{-3} \times 35.45}{0.2266}$$

$$= 40.56\%$$

答：试样中氯的质量分数为 40.56%。

【例题 4-6】 将 $40.00mL$ $0.1020mol/L$ $AgNO_3$ 溶液加到 $25.00mL$ $BaCl_2$ 溶液中，剩余的 $AgNO_3$ 溶液需用 $15.00mL$ $0.09800mol/L$ NH_4SCN 溶液返滴定，问 $25.00mL$ $BaCl_2$ 溶液中含 $BaCl_2$ 的质量为多少克？

解 $AgNO_3$、$BaCl_2$、NH_4SCN 三者的物质的量的关系为：

$$AgNO_3 \sim \frac{1}{2}BaCl_2 \sim NH_4SCN$$

由题意得

$$\frac{m(BaCl_2)}{M\left(\frac{1}{2}BaCl_2\right)} = c(AgNO_3)V(AgNO_3) - c(NH_4SCN)V(NH_4SCN)$$

$$m(BaCl_2) = (0.1020 \times 40.00 - 0.09800 \times 15.00) \times 10^{-3} \times \frac{1}{2} \times 208.24$$

$$= 0.2718 \text{ (g)}$$

答：$25.00mL$ $BaCl_2$ 溶液中含 $BaCl_2$ 质量为 0.2718 g。

【技能训练 14】 硫氰酸铵标准滴定溶液的制备

一、训练目的

1. 学会 NH_4SCN 标准滴定溶液的制备方法。

2. 学会配制铁铵矾指示液。

3. 能够正确判断滴定终点。

二、训练所需试剂和仪器

1. 试剂

（1）铁铵矾 $(NH_4)Fe(SO_4)_2$ 指示液。

（2）固体 NH_4SCN。

（3）$AgNO_3$ 标准滴定溶液，$c(AgNO_3)=0.1 mol/L$。

（4）HNO_3 溶液，4mol/L。

2. 仪器

烧杯、试剂瓶、移液管、锥形瓶、滴定管、架盘天平、分析天平等。

三、训练内容

1. 训练步骤

（1）铁铵矾指示液（400g/L）的配制　称取 40g 铁铵矾 $[(NH_4)Fe(SO_4)_2 \cdot 12H_2O]$ 溶于适量蒸馏水中，加适量浓硝酸至溶液澄清透明，加水至 100mL，保存于试剂瓶或滴瓶中备用。

（2）$c(NH_4SCN)=0.1mol/L$ 硫氰酸铵标准滴定溶液的配制　称取约 8g 固体 NH_4SCN 溶于 1000mL 蒸馏水中，转移至试剂瓶中，摇匀，贴上标签待标定。

（3）$c(NH_4SCN)=0.1mol/L$ 硫氰酸铵标准滴定溶液的标定　准确称取 0.5g 于浓硫酸干燥器中干燥至恒重的基准硝酸银，溶于 100mL 不含氯离子的蒸馏水中 [或准确移取 25.00mL $c(AgNO_3)=0.1mol/L$ $AgNO_3$ 标准滴定溶液，加入约 75mL 不含氯离子的蒸馏水]，加入 10mL HNO_3，2mL 铁铵矾指示液，在摇动下用 NH_4SCN 标准滴定溶液滴定至溶液呈浅红色并保持 30s 不褪为终点，记录消耗 NH_4SCN 标准滴定溶液的体积 V。

2. 数据记录

3. NH_4SCN 标准滴定溶液浓度的计算

$$c(NH_4SCN)=\frac{m(AgNO_3)\times 10^3}{V(NH_4SCN)M(AgNO_3)}$$

式中　$m(AgNO_3)$——基准 $AgNO_3$ 的质量，g；

　　　$M(AgNO_3)$——$AgNO_3$ 的摩尔质量，g/mol；

　　$V(NH_4SCN)$——滴定中消耗 NH_4SCN 标准滴定溶液的体积，mL。

若用已知浓度的 $AgNO_3$ 标准滴定溶液进行标定时，NH_4SCN 标准滴定溶液的浓度按下式计算：

$$c(NH_4SCN)=\frac{c(AgNO_3)V(AgNO_3)}{V(NH_4SCN)}$$

式中　$c(AgNO_3)$——$AgNO_3$ 标准滴定溶液的浓度，mol/L；

　　　$V(AgNO_3)$——$AgNO_3$ 标准滴定溶液的体积，mL；

　　$V(NH_4SCN)$——滴定中消耗 NH_4SCN 标准滴定溶液的体积，mL。

4. 注意事项

（1）滴定时要充分摇动，防止 $AgSCN$ 吸附 Ag^+，导致终点提前而产生误差。

（2）滴定应在酸性条件下进行，但酸度不宜过高。

（3）调整酸度应使用 HNO_3，不能使用 HCl 和 H_2SO_4。

四、思考题

1. 如何提高 NH_4SCN 标准滴定溶液标定结果的准确度？

2. 标定 NH_4SCN 标准滴定溶液应在什么条件下进行？能不能在强酸性条件下进行标

定？为什么？

【技能训练 15】 复混肥料中氯离子含量的测定

一、训练目的
1. 学会利用佛尔哈德法测定氯离子含量的方法。
2. 能够正确判断佛尔哈德法的滴定终点。

二、训练所需试剂和仪器

1. 试剂

（1）硝酸溶液：1+1。

（2）硝酸银溶液 [$c(AgNO_3)=0.05$ mol/L]：称取 8.7g 硝酸银溶解于蒸馏水中，稀释至 1000mL，储存于棕色瓶中。

（3）邻苯二甲酸二丁酯。

（4）硫酸铁铵指示液（80 g/L）：溶解 8.0g 硫酸铁铵于 75mL 水中，过滤，加几滴硫酸使棕色消失，稀释至 100mL。

（5）硫氰酸铵标准滴定溶液 $c(NH_4SCN)=0.05$ mol/L。

2. 仪器

烧杯、容量瓶、移液管、锥形瓶、滴定管、分析天平、电炉等。

三、训练内容

1. 训练步骤

称取复混肥料试样约 1～10g（精确至 0.001g，称样量范围见表 4-1）于 250mL 烧杯中，加 100mL 蒸馏水，缓慢加热至沸，继续微沸 10min，冷却至室温，溶液转移至 250mL 容量瓶中，稀释至刻度，混匀。干过滤，弃去最初的部分滤液。

表 4-1 样品称样量范围

$w(Cl^-)/\%$	<5	5～25	>25
称样量/g	5～10	1～5	1

准确吸取一定量的滤液（含氯离子约 25mg）于 250mL 锥形瓶中，加入 5mL 硝酸溶液，加入 25.00mL 硝酸银溶液，摇动至沉淀分层，加入 5mL 邻苯二甲酸二丁酯，摇动片刻。

加入水使溶液总体积约为 100mL，加入 2mL 硫酸铁铵指示液，用硫氰酸铵标准滴定溶液滴定剩余的硝酸银，至出现浅橙红色或浅砖红色为止。同时进行空白试验。

2. 数据记录

3. 结果计算

$$w(Cl)=\frac{(V_0-V_1)c(NH_4SCN)\times 0.03545}{mD}$$

式中　　$c(NH_4SCN)$——硫氰酸铵标准滴定溶液的浓度，mol/L；

　　　　　V_0——空白试验(25.00mL 硝酸银溶液)所消耗硫氰酸铵标准滴定溶液的体积，mL；

　　　　　V_1——滴定试液时所消耗硫氰酸铵标准滴定溶液的体积，mL；

　　　　　m——试料的质量，g；

D——测定时吸取试液体积与试液的总体积之比；

0.03545——与 1.00 mL 硝酸银溶液$[c(AgNO_3)=1.000mol/L]$ 相当的以 g 表示的氯离子的质量。

4. 注意事项

（1）移取滤液后应加入 HNO_3，不能使用 HCl 或 H_2SO_4，且 HNO_3 不能过量太多。

（2）$AgNO_3$ 标准滴定溶液要边摇动边加入。

（3）加入邻苯二甲酸二丁酯后要充分摇动，但在近终点时不能用力摇动。

四、思考题

1. 用佛尔哈特法测定 Cl^- 的条件是什么？是否可在碱性溶液中进行？为什么？

2. 测定中加邻苯二甲酸二丁酯的目的是什么？若测定 Br^- 或 I^-，是否也需要加邻苯二甲酸二丁酯？

本 章 小 结

1. 溶度积原理

对于任一难溶电解质 A_mB_n，在一定温度下达到平衡时：

$$A_mB_n(s) \Longrightarrow mA^{n+} + nB^{m-}$$

$$K_{sp} = [A^{n+}]^m[B^{m-}]^n$$

应用以上关系式时，应注意以下几点。

① 只有当难溶化合物的沉淀-溶解过程达到平衡时，溶液中相应离子浓度系数次方的乘积才等于 K_{sp}。

② 溶度积随温度变化而改变。

③ 在溶度积关系式中，离子浓度为物质的量浓度，其单位为 mol/L。

2. 溶度积规则

对于某一给定溶液，Q 与 K_{sp} 相比较，可得到以下结论。

① 若 $Q = K_{sp}$，则表示溶液为饱和溶液，沉淀和溶解处于动态平衡，无沉淀析出。

② 若 $Q > K_{sp}$，则表示溶液为过饱和溶液，有沉淀从溶液中析出，直至形成该温度下的饱和溶液而达到新的平衡。

③ 若 $Q < K_{sp}$，则表示溶液为不饱和溶液，无沉淀析出。如溶液中还存在有该难溶电解质，将继续溶解直至形成饱和溶液为止。

3. 沉淀滴定法对反应的要求

（1）反应迅速而且应定量进行。

（2）所生成的沉淀溶解度要小且组成恒定。对于 1+1 型沉淀，要求 $K_{sp} \leqslant 10^{-10}$。

（3）有适当的指示剂或其他方法指示滴定终点。

（4）沉淀的吸附现象不影响终点的确定。

4. 莫尔法

莫尔法是在中性或弱碱性介质中，以铬酸钾作为指示剂，测定卤素离子的一种银量法。

应用莫尔法时，必须注意下列滴定条件。

（1）在一般浓度（0.1mol/L）的滴定中，CrO_4^{2-} 最适宜的浓度约为 5×10^{-3} mol/L（相当于每 50～100mL 溶液中加入 5%铬酸钾溶液 0.5～1mL）。

（2）莫尔法滴定应在中性或弱碱性介质中进行。莫尔法测定最适宜的 pH 范围是 6.5～10.5，当溶液中有 NH_3 存在时，则应控制溶液的 pH 范围为 6.5～7.2。

（3）在滴定条件下，凡能与 Ag^+ 生成沉淀的阴离子（如 PO_4^{3-}、SO_3^{2-}、CO_3^{2-}、S^{2-}、$C_2O_4^{2-}$ 等）以及能与 CrO_4^{2-} 生成沉淀的阳离子（如 Ba^{2+}、Pb^{2+} 等）均不应存在。此外，如有易水解的离子（如 Fe^{3+}、Al^{3+}、Sn^{4+} 等）、有色金属离子（如 Cu^{2+}、Co^{2+}、Ni^{2+} 等）存在，也应设法将其除去后，再进行滴定。

（4）在滴定时必须充分振荡，以提高分析结果的准确度。

5. 佛尔哈德法

（1）直接滴定法测定 Ag^+　在含有 Ag^+ 的酸性溶液中，以铁铵矾作指示剂，用 NH_4SCN（或 KSCN、NaSCN）标准滴定溶液滴定，溶液中首先析出 AgSCN 白色沉淀。当 Ag^+ 定量沉淀后，稍过量的 SCN^- 与 Fe^{3+} 生成红色配离子 $[Fe(SCN)]^{2+}$，指示滴定终点的到达。

（2）返滴定法测定卤素离子　在含有卤素离子（X^-）的硝酸溶液中，加入一定量过量的硝酸银标准滴定溶液，以铁铵矾作指示剂，用硫氰酸铵标准滴定溶液返滴定剩余的硝酸银标准滴定溶液。化学计量点后稍过量的 SCN^- 与铁铵矾指示剂反应，生成红色的 $[Fe(SCN)]^{2+}$ 配离子，指示终点的到达。

应用佛尔哈德法时，需控制下列测定条件。

（1）佛尔哈德法适用于在酸性（稀硝酸）溶液中进行，通常在 0.1～1mol/L HNO_3 溶液中进行。

（2）强氧化剂、氮的氧化物、铜盐以及汞盐等都能够与 SCN^- 起反应，应预先除去，否则将干扰测定。

6. 沉淀滴定法标准滴定溶液的制备

（1）硝酸银标准滴定溶液　硝酸银标准滴定溶液可以用符合基准试剂要求的固体硝酸银直接配制。但市售的硝酸银往往含有一定量的杂质，因此需用间接法配制，用基准物质 NaCl 标定其浓度。

（2）硫氰酸铵标准滴定溶液　市售的硫氰酸铵常含有硫酸盐、硫化物等杂质，而且容易潮解。因此，只能用间接法制备。通常用基准物质硝酸银标定其浓度。

知识链接

佛尔哈德与他的沉淀滴定法

以银与硫氰酸盐间的定量反应为基础制定的容量分析银量法称为佛尔哈德法。研制此方法的佛尔哈德教授是 19～20 世纪之交知名的德国化学家，他一生勤奋工作，在有机化学、分析化学及教书育人等领域成绩卓著。他逝世迄今已 104 年，科学和社会历经巨大进展已面貌全新。做为后来人，我们不应忘怀前人的跋涉艰辛和奠基。

1. 青年化学家的成长

雅克布·佛尔哈德（Jacob Volhard）1834 年 6 月 4 日生于达姆斯塔特（Darmstadt）。是宫廷律师卡尔·裴迪南·佛尔哈德夫妇（Karl Ferdinand Volhard, Cornlie Volhard）4 个子女中的次子。家庭条件不错，与著名化学家李比希（J. Liebig, 1803～1873 年）、霍夫曼（A. W. Hofmann, 1818～1892 年）等素有通家之好。佛尔哈德自幼就受到良好的教育，1851 年秋以全班第一名的成绩中学毕业。父亲希望他以后也像李比希那样成为一位化学家。佛尔哈德于 1852 年夏入吉森大学（Giessen）学习化学。受教于威尔（H. Will, 1812～1890

年）教授和柯普（H. F. M. Kopp，1817～1892 年）教授。他学习勤奋，21 岁即已通过考试获博士学位，于同年冬季学期赴海得伯格（heidelberg）大学本生（R. W. Bunsen，1811～1899 年）教授处继续学习。因佛尔哈德对文史学科也有很深的爱好，在海得伯格他还兼学了历史。

1857 年佛尔哈德应李比希之邀赴慕尼黑大学，先任助教。1860 年秋遵父命随霍夫曼到伦敦。霍夫曼要他从实习生做起，从事亚乙基脲的制备研究，并给予具体的帮助和严格要求，一年之后，佛尔哈德回国时，已成为安心向道的青年科学工作者。

1862 年初，佛尔哈德应聘赴马尔堡（Marburg）大学。佛尔哈德在这里开始的研究是以科尔贝方法合成氯乙酸。1863 年，佛尔哈德再应李比希之邀重到慕尼黑大学任自费讲师，经历了他工作最繁重的时期：他每天要给学生讲授有机化学（夏季学期）或理论化学（冬季学期），要在自建的实验室里指导学生实验，兼任皇家科学院植物生理研究所助理研究员和巴伐利亚农业实验站站长。1869 年晋职为编外教授，接替李比希部分授课和编刊任务，从1871 年起与艾伦迈耶（R. A. C. E. Erlenmeyer，1825～1909 年）共同接手编辑《化学纪事》（目前仍继续出版），从 1878 年起由佛尔哈德独立承担编务主持出版事宜直至他逝世。

2. 佛尔哈德法的产生

在慕尼黑时期值得称道的研究工作有：对几种硫脲衍生物的研究；研究了硫氰酸铵在160～170℃部分转化为硫脲的反应平衡；研究硫脲与氧化汞间的反应；研究硫脲与硫氰酸铵混在一起加热的情况，找到了制备氨基氰和制备胍的简便方法（1874 年）；对甲醛与甲酸甲酯的研究（1875 年）；以及对几种含硫水样分析及测定碳酸盐中的二氧化碳等（1875 年）。最使佛尔哈德教授名传后世的佛尔哈德银量法也诞生于这个时候，至今为不少国家奉为标准方法。

以硫氰酸盐滴定法测银最早是夏本替尔（P. Charpentier）于 1870 年提出的，经佛尔哈德研究应用，于 1874 年以《一种新的容量分析测定银的方法》推荐给化学界，受到广泛关注。他报告了以此方法测定银的具体操作和数据比较，并指出此法还有用于间接测定能被银定量沉出的氯、溴、碘化物的可能性。此法在酸性介质中进行，使用可溶性指示剂，优于颇受局限的莫尔法。与素称精确的盖-吕萨克（Gay-Lussac）氯化物比浊测银法相比，结果同样精确而简便快速则远过之。佛尔哈德此时还探讨了铜的干扰与排除，以及对铜多银少或贫银样品的处理办法，确认"这是一个值得推荐的方法"，4 年之后，佛尔哈德已能从《硫氰酸铵在容量分析中的应用》的广泛角度提出问题，报告他对硫氰酸铵滴定法测定银、汞，间接测定氯、溴、碘化物、氰化物、铜、与硫氰酸盐共存的卤化物，以及经卡里乌斯法（G. L. Carius）或碱熔氧化法处理后测定有机化合物中的卤族元素等的研究结果，后来还有用硫氰酸钾为标定高锰酸钾溶液的基准或铁盐还原的指示剂（1901 年）的建议。针对所遇硫氰酸铵溶液能与定量沉出的氯化银、氰化银继续反应影响测定，沉出的碘化银吸附碘化物致结果参差，多种其他元素的影响以及间接法测定铜等技术问题，提出了可行的解决办法，使佛尔哈德方法得以成功。

今天的佛尔哈德法的应用范围已扩大到间接测定能被银沉淀的碳酸盐、草酸盐、磷酸盐、砷酸盐、碘酸盐、氰酸盐、硫化物和某些高级脂肪酸。据此而衍生的测定能形成微溶硫化物（其溶度积大于硫化银的溶度积）的铅、铋、锌、钴等金属组分含量的方法，以及测定砷化氢、硫醇、醛、一氧化碳、三磺甲烷等含量的方法，也纷纷出现在后世文献中。

3. 为事业鞠躬尽瘁

做为教师，佛尔哈德教授忠于职守。他讲授的内容十分丰富且极具吸引力，这是用心准备刻意求工的结果，不到论述完善到犹如一件艺术品的程度决不停止修改。讲授时无比细心且充分考虑听讲者的需求。从他行文的严谨，论述的清晰，可知他考虑问题的全面周详极有条理；从他对学生层层深入的提问，从他耐心地给学生写的实验指导里，可见他看重启迪学生积极思维的教学方法。

佛尔哈德教授擅长设计改造实验室用具以辅助教学，如佛尔哈德吸收瓶、氯化钙吸湿管、利用吉普发生器制氯、氧等气体，自制有环状煤气灯的燃烧炉，等等。

他和当代学者有广泛交往，受到人们的普遍尊重，曾当选德国化学家联合会的荣誉会员，1900 年为德国化学会会长。在他 70 寿辰之际，他的同事、朋友、学生以及德国化学会等学术团体的代表纷纷前来祝寿。他在即席致答中曾谦虚地这样说："多谢您们对我如此的盛情和敬重，但我远非值得赞颂的为科学提供了新的思想并使之腾飞的探索者，也不是姓名值得永传后世的先行科学家，我提交的几项经我细心完成的科研成果，并未超越一个教授的平均水平。只是做为教师我确信是得到我的学生的承认的。总的来说，我对这方面的成绩比较满意，做了我能够做的也应该做的事。"

佛尔哈德教授于 1908 年退休，1910 年 1 月 14 日与世长辞。历史是客观公正的，多年来因成功的佛尔哈德银量滴定法的普及，我们还时常不断地提到他。

复习思考题

1. 什么叫溶度积？写出下列各难溶化合物的溶度积表达式：
   (1) $CaCO_3$　　　(2) $Al(OH)_3$　　　(3) Cu_2S　　　(4) PbC_2O_4
2. 难溶电解质的溶度积越大，其溶解度是否也越大？为什么？
3. 溶度积与离子积有何不同？根据溶度积规则，沉淀溶解的必要条件是什么？
4. 什么叫分步沉淀？试用分步沉淀的现象说明莫尔法的依据。
5. 什么叫沉淀滴定法？用于沉淀滴定的反应必须符合哪些条件？
6. 莫尔法对溶液的酸度有何要求？为什么？
7. 如何利用莫尔法测定试液中的 Ag^+？
8. 佛尔哈德法的反应条件有哪些？
9. 莫尔法中用硝酸银标准滴定溶液滴定氯化钠含量时，滴定过程中为什么要充分摇动溶液？如果不摇动溶液，对测定结果有何影响？
10. 在下列条件下，银量法测定结果是偏高还是偏低？为什么？
    (1) pH＝2 时，用莫尔法测定 Cl^-。
    (2) 用佛尔哈德法测定 Cl^-，未加 1,2-二氯乙烷有机溶剂。
11. 如何制备硝酸银标准滴定溶液？
12. 标定硫氰酸铵标准滴定溶液应在什么条件下进行？能否在强酸性条件下进行标定？为什么？

自　测　题

一、选择题

1. 25℃时 AgBr 在纯水中的溶解度为 7.1×10^{-7} mol/L，则该温度下的 K_{sp} 值为（　　）。
   A. 8.8×10^{-18}　　　B. 5.6×10^{-18}　　　C. 3.5×10^{-7}　　　D. 5.04×10^{-13}
2. AgCl 的 $K_{sp}=1.8 \times 10^{-10}$，则同温下 AgCl 的溶解度为（　　）。
   A. 1.8×10^{-10} mol/L　　　　　　B. 1.34×10^{-5} mol/L

C. 0.9×10^{-5} mol/L　　　　　　　　　　　　D. 1.9×10^{-3} mol/L

3. 若将 0.002mol/L 硝酸银溶液与 0.005mol/L 氯化钠溶液等体积混合，则下列说法正确的是（　　）。（$K_{sp,AgCl} = 1.8 \times 10^{-10}$）

　　A. 无沉淀析出　　　　B. 有沉淀析出　　　　C. 难以判断　　　　D. 是否沉淀不确定

4. AgCl 和 Ag_2CrO_4 的溶度积分别为 1.8×10^{-10} 和 2.0×10^{-12}，则下面叙述中正确的是（　　）。

　　A. AgCl 与 Ag_2CrO_4 的溶解度相等　　　　B. AgCl 的溶解度大于 Ag_2CrO_4 的溶解度

　　C. 两者类型不同，不能由溶度积大小直接判断溶解度大小

　　D. 都是难溶盐，溶解度无意义

5. 在 Cl^-、Br^-、CrO_4^{2-} 溶液中，3 种离子的浓度均为 0.10 mol/L，加入 $AgNO_3$ 溶液，沉淀的顺序为（　　）。已知 $K_{sp,AgCl} = 1.8 \times 10^{-10}$，$K_{sp,AgBr} = 5.0 \times 10^{-13}$，$K_{sp,Ag_2CrO_4} = 2.0 \times 10^{-12}$

　　A. Cl^-、Br^-、CrO_4^{2-}　　　　　　　　B. Br^-、Cl^-、CrO_4^{2-}

　　C. CrO_4^{2-}、Cl^-、Br^-　　　　　　　　D. 三者同时沉淀

6. 佛尔哈德法的指示剂是（　　）。

　　A. 硫氰酸钾　　　　B. 甲基橙　　　　C. 铁铵矾　　　　D. 铬酸钾

7. 利用莫尔法测定 Cl^- 含量时，要求介质的 pH 在 6.5～10.5 之间，若酸度过高，则（　　）。

　　A. AgCl 沉淀不完全　　　　　　　　B. AgCl 沉淀吸附 Cl^- 能力增强

　　C. Ag_2CrO_4 沉淀不易形成　　　　D. 形成 Ag_2O 沉淀

8. 莫尔法中使用的指示剂为（　　）。

　　A. NaCl　　　　B. K_2CrO_4　　　　C. $NH_4Fe(SO_4)_2$　　　　D. 荧光黄

9. 以铁铵矾为指示剂，用硫氰酸铵标准滴定溶液滴定银离子时，应在下列何种条件下进行（　　）。

　　A. 酸性　　　　B. 弱酸性　　　　C. 碱性　　　　D. 弱碱性

10. 用佛尔哈德法测定 Cl^- 时，如果不加硝基苯（或邻苯二甲酸二丁酯），会使分析结果（　　）。

　　A. 偏高　　　　B. 偏低　　　　C. 无影响　　　　D. 可能偏高也可能偏低

11. 用氯化钠基准试剂标定 $AgNO_3$ 溶液浓度时，溶液酸度过大，会使标定结果（　　）。

　　A. 偏高　　　　B. 偏低　　　　C. 无影响　　　　D. 难以确定其影响

12. 用莫尔法测定氯离子时，终点颜色为（　　）。

　　A. 白色　　　　B. 灰色　　　　C. 砖红色　　　　D. 蓝色

13. 莫尔法所用 K_2CrO_4 指示剂的浓度（或用量）应比理论计算值（　　）。

　　A. 低一些　　　　B. 高一些　　　　C. 与理论值一致　　　　D. 是理论值的 2 倍

14. 莫尔法不能测定的离子是（　　）。

　　A. Ag^+　　　　B. Cl^-　　　　C. Br^-　　　　D. I^-

15. 下列有关莫尔法操作中的叙述，哪些是错误的?（　　）。

　　A. 指示剂 K_2CrO_4 的用量应当大些

　　B. 被测卤离子的浓度不应太小

　　C. 沉淀的吸附现象，通过振摇应当可以减免

　　D. 滴定反应应在中性或弱碱性条件下进行

二、计算题

1. 已知 CaC_2O_4 的溶解度为 4.75×10^{-5} mol/L，求 CaC_2O_4 的溶度积是多少?

2. 某溶液含有 Ag^+、Pb^{2+}、Ba^{2+} 等离子，其浓度均为 0.1mol/L，问滴加 K_2CrO_4 溶液时，通过计算说明上述离子开始沉淀的顺序?

3. 将 KI 溶液加到含有 0.20mol/L Pb^{2+} 和 0.01 mol/L Ag^+ 的溶液中，哪种离子先沉淀?第二种离子沉淀时第一种离子的浓度是多少?

4. 准确称取 0.1169g NaCl，加水溶解后，以 K_2CrO_4 为指示剂，用 $AgNO_3$ 标准滴定溶液滴定时共用去 20.00mL，求该 $AgNO_3$ 标准滴定溶液的浓度。

5. 将 40.00mL 0.1020 mol/L $AgNO_3$ 溶液加到 25.00mL $BaCl_2$ 溶液中，剩余的溶液 $AgNO_3$ 溶液，需用

15.00mL 0.09800mol/L NH$_4$SCN 溶液返滴定，问 25.00mL　BaCl$_2$ 溶液中 BaCl$_2$ 的质量为多少？

6. 称取烧碱样品 5.0380g 溶于水中，用硝酸调节 pH 后，定容于 250mL 容量瓶中，摇匀后，吸取 25.00mL 置于锥形瓶中，加入 25.00mL c(AgNO$_3$)＝0.1043 mol/L AgNO$_3$ 溶液，沉淀完全后加入 5mL 邻苯二甲酸二丁酯，用 c(NH$_4$SCN)＝0.1015mol/L 标准滴定溶液回滴，用去 21.45mL，计算烧碱中 NaCl 的质量分数？

7. 在 2.0×10^{-5}mol/L 的氯化钡溶液中加入等体积的 1.2×10^{-5}mol/L 的硫酸钾溶液，是否有沉淀生成？

8. 称取银合金试样 0.3000g，溶解后制成溶液，加入铁铵矾指示液，用 c(NH$_4$SCN)＝0.1000mol/L 的硫氰酸铵标准滴定溶液滴定，用去 23.80mL，计算试样中银的质量分数？

9. 某碱厂用莫尔法测定原盐中氯的含量，以 c(AgNO$_3$)＝0.1000mol/L 的硝酸银标准滴定溶液滴定，欲使滴定时用去的硝酸银标准滴定溶液的毫升数恰好等于氯的质量分数（以百分数表示），问应称取试样多少克？

10. 今有一种 KCl 与 KBr 的混合物。现称取 0.3028g 试样，溶于水后用 AgNO$_3$ 标准滴定溶液滴定，用去 0.1014mol/L AgNO$_3$ 标准滴定溶液 30.20 mL。试计算混合物中 KCl 和 KBr 的质量分数。

第五章　氧化还原滴定法

【理论学习要点】

电极电位、标准电极电位和条件电极电位的概念、影响电极电位的因素、氧化还原滴定反应指示剂、高锰酸钾法的基本原理、重铬酸钾法的基本原理、碘量法的基本原理。

【能力训练要点】

高锰酸钾标准滴定溶液的制备、高锰酸钾法滴定条件的控制、高锰酸钾法滴定终点的判断、重铬酸钾标准滴定溶液的制备、重铬酸钾法滴定条件的控制、重铬酸钾法滴定终点的判断、碘标准滴定溶液及硫代硫酸钠标准滴定溶液的制备、碘量法滴定条件的控制、碘量法滴定终点的判断、氧化还原滴定法有关计算。

【应达到的能力目标】

1. 能够制备高锰酸钾标准滴定溶液。
2. 能够制备重铬酸钾标准滴定溶液。
3. 能够制备碘标准滴定溶液。
4. 能够制备硫代硫酸钠标准滴定溶液。
5. 能够利用高锰酸钾法测定样品中 H_2O_2 的含量。
6. 能够利用重铬酸钾法测定铁矿石中的全铁量。
7. 能够利用碘量法测定胆矾中 $CuSO_4 \cdot 5H_2O$ 的含量。
8. 能够对氧化还原滴定法的滴定结果进行计算。

案例一　工业过氧化氢中 H_2O_2 含量的测定

工业过氧化氢（俗名双氧水）可用作氧化剂、漂白剂和清洗剂等。它广泛用于纺织、化工、造纸、电子、环保、采矿、医药、航天及军工等行业。对于工业过氧化氢中 H_2O_2 含量的测定可依据 GB 1616—2003。其具体方法为：样品经处理后，在酸性介质中，H_2O_2 与高锰酸钾发生氧化还原反应。根据高锰酸钾标准滴定溶液的消耗量，计算过氧化氢的含量。

案例分析

1. 在上述案例中，采用的是高锰酸钾标准滴定溶液。
2. 滴定过程中所发生的化学反应为：
$$2MnO_4^- + 5H_2O_2 + 6H^+ \longrightarrow 2Mn^{2+} + 5O_2 + 8H_2O$$
反应中发生了电子的转移，该反应类型为氧化还原反应。
3. 该测定过程需要在酸性介质中完成。
4. 滴定终点的判断是以 $KMnO_4$ 为指示剂的。

为完成 H_2O_2 含量的测定任务，需掌握如下理论知识和操作技能。

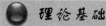 **理论基础**

一、能斯特方程和电极电位

1. 能斯特方程与标准电极电位

物质的氧化型（高价态）和还原型（低价态）所组成的体系称为氧化还原电对，简称电对。常用氧化型/还原型来表示，如 Fe^{3+}/Fe^{2+}、I_2/I^- 等。氧化还原反应的实质是电子在两个电对之间的转移，转移的方向由电对电极电位的高低来决定。一般情况下，电对电位高的氧化型作氧化剂，而电对电位低的还原型作还原剂。

对于任一可逆的氧化还原电对：

$$Ox(氧化态)+ne \rightleftharpoons Red(还原态)$$

当达到平衡时，其电极电位与氧化态、还原态之间的关系遵循能斯特方程：

$$\varphi_{Ox/Red}=\varphi^{\ominus}_{Ox/Red}+\frac{RT}{nF}\ln\frac{a(Ox)}{a(Red)} \tag{5-1}$$

式中　$\varphi_{Ox/Red}$——氧化还原电对的电极电位，V；

$\varphi^{\ominus}_{Ox/Red}$——该电对的标准电极电位，V；

$a(Ox)$——氧化态的活度，mol/L；

$a(Red)$——还原态的活度，mol/L；

R——摩尔气体常数，8.314 J/(mol·K)；

T——热力学温度，K；

F——法拉第常数，96485 C/mol；

n——电极反应中电子的转移数。

在 25℃ 时，能斯特方程可简化为：

$$\varphi_{Ox/Red}=\varphi^{\ominus}_{Ox/Red}+\frac{0.059}{n}\lg\frac{a(Ox)}{a(Red)} \tag{5-2}$$

当 $a(Ox)=a(Red)=1mol/L$ 时，则

$$\varphi_{Ox/Red}=\varphi^{\ominus}_{Ox/Red}$$

可见，标准电极电位是指参与电极反应的物质都处于标准状态（活度＝1）时的电极电位，即在一定温度下（通常为 25℃），当 $a(Ox)=a(Red)=1mol/L$ 时（若反应中有气体参加，则其分压等于 1atm）的电极电位。标准电极电位仅随温度变化，通常可用于比较各氧化还原电对的氧化能力或还原能力。

一般来说，电对的电位值越高，其氧化态的氧化能力越强；电对的电位值越低，其还原态的还原能力越强。因此，作为氧化剂，它可以氧化电位比它低的还原剂；作为还原剂，它可以还原电位比它高的氧化剂。因此，根据电对的标准电位，可以基本判断氧化还原反应进行的方向。

2. 条件电极电位

通常，知道的是溶液中离子的分析浓度，而不是活度，因此为了简化起见，忽略溶液中离子强度的影响，在能斯特方程中直接以溶液的浓度代替活度进行计算。

$$\varphi_{Ox/Red}=\varphi^{\ominus}_{Ox/Red}+\frac{0.059}{n}\lg\frac{c(Ox)}{c(Red)} \tag{5-3}$$

但在实际工作中，若溶液的浓度较大，且离子价态较高时，不能不考虑离子强度及氧化态、还原态的存在形式，否则电极电位的计算结果将与实际情况有较大差异，从而产生较大的误差。因此，为了准确地求得氧化还原电对的电极电位，引出了条件电极电位的概念。此

时能斯特方程式（25℃时）可表示为：

$$\varphi_{Ox/Red} = \varphi_{Ox/Red}^{\ominus\prime} + \frac{0.059}{n} \lg \frac{c(Ox)}{c(Red)} \qquad (5-4)$$

$\varphi_{Ox/Red}^{\ominus\prime}$ 称为条件电极电位，它是在一定条件（介质、浓度）下氧化态和还原态的分析浓度均为 1mol/L 或它们的浓度比率为 1 时，校正了各种外界因素（如配位反应、沉淀反应、酸效应等各种副反应）影响后的实际电极电位。

条件电极电位反映了离子强度以及各种副反应影响的总结果，是氧化还原电对在客观条件下的实际氧化还原能力，它在一定条件下为一常数。在处理有关氧化还原反应的电极电位计算时，应采用与给定介质条件相同的条件电极电位。若缺乏相同条件的 $\varphi_{Ox/Red}^{\ominus\prime}$ 数值，可采用介质条件相近的条件电极电位数据。对于没有相应条件电极电位的氧化还原电对，也可采用标准电极电位。

3. 影响电极电位的因素

影响电极电位的主要因素是离子强度和各种副反应（包括在溶液中可能发生的配位、沉淀、酸效应等各种副反应）。

（1）离子强度的影响　在氧化还原反应中，由于各种副反应对电位的影响远比离子强度的影响大，同时离子强度的影响又难以校正，因此一般忽略离子强度的影响。

（2）生成沉淀的影响　在氧化还原反应中，当加入一种可与氧化态或还原态生成沉淀的沉淀剂时，就会改变电对的电位。氧化态生成沉淀可使电对的电位降低，还原态生成沉淀则使电对的电位增高。

【例题 5-1】　计算 Cu^{2+} 和 KI 浓度均为 1mol/L 时，Cu^{2+}/Cu^+ 电对的电极电位？（忽略离子强度影响）。

解　已知 $\varphi_{Cu^{2+}/Cu^+}^{\ominus} = +0.17V$，$K_{sp,CuI} = 1.1 \times 10^{-12}$

则

$$\varphi_{Cu^{2+}/Cu^+} = \varphi_{Cu^{2+}/Cu^+}^{\ominus} + \frac{0.059}{1} \lg \frac{[Cu^{2+}]}{[Cu^+]}$$

$$= \varphi_{Cu^{2+}/Cu^+}^{\ominus} + 0.059 \lg \frac{[Cu^{2+}]}{K_{sp,CuI}/[I^-]}$$

当 $[Cu^{2+}] = [I^-] = 1mol/L$ 时，则

$$\varphi_{Cu^{2+}/Cu^+} = 0.17 - 0.059 \lg(1.1 \times 10^{-12}) = 0.88 \ (V)$$

由上例可知，由于还原态 Cu^+ 生成了溶解度很小的 CuI 沉淀，使溶液中 Cu^+ 浓度大为降低，Cu^{2+}/Cu^+ 电对的电极电位由 +0.17V 增高至 +0.88V，Cu^{2+}/Cu^+ 电对的电极电位大于 I_2/I^- 电对的电极电位（$\varphi_{I_2/I^-}^{\ominus} = +0.5345V$），所以 Cu^{2+} 可氧化 I^-。

（3）形成配合物的影响　溶液中常有多种阴离子存在，它们常能与氧化态或还原态形成不同稳定性的配合物，从而引起电极电位的改变。通常，氧化态形成的配合物越稳定（或氧化态和还原态均形成稳定的配合物，但氧化态的配合物较还原态的配合物更稳定），电位降得越低；相反，还原态形成的配合物越稳定（或氧化态和还原态均形成稳定的配合物，但还原态的配合物较氧化态的配合物更稳定），电位值则升得越高。

（4）溶液酸度的影响　许多有 H^+ 或 OH^- 直接参加的氧化还原反应，溶液的酸度变化将直接影响电对的电极电位。

二、氧化还原滴定中的指示剂

在氧化还原滴定法中，可以根据标准滴定溶液的不同以及某些特定的物质在化学计量点附近颜色的改变来确定滴定终点。在氧化还原滴定化学计量点附近，使溶液颜色发生改变，指示滴定终点到达的一类物质就叫做氧化还原滴定指示剂。常用的氧化还原滴定指示剂有以

下 3 种类型。

1. 自身指示剂

利用标准滴定溶液或被滴定物质本身颜色的变化来指示滴定终点的指示剂，叫做自身指示剂。在氧化还原滴定中，有些标准滴定溶液或被滴定物质本身有颜色，若反应后可变成浅色甚至无色物质，则在滴定过程中，就不必另加指示剂，可根据其自身颜色的变化判定滴定终点。

例如，以 $KMnO_4$ 标准滴定溶液滴定 Fe^{2+} 溶液时，由于 MnO_4^- 本身显紫红色，其还原产物 Mn^{2+} 在稀溶液中近乎无色。所以当滴定达到化学计量点时，只要 MnO_4^- 稍微过量就可使溶液显示粉红色，从而指示滴定终点的到达。实验证明，$KMnO_4$ 的浓度约为 2×10^{-6} mol/L 时，就可以看到溶液呈粉红色。

2. 氧化还原指示剂

人们把本身具有氧化还原性而且其氧化态和还原态具有不同颜色的一些复杂有机化合物叫做氧化还原指示剂。

这类指示剂，其氧化态和还原态具有不同的颜色。在滴定过程中，指示剂由氧化态变成还原态，或由还原态变为氧化态，可根据其颜色的突变来指示滴定终点。例如，以 $K_2Cr_2O_7$ 溶液滴定 Fe^{2+} 时，常用二苯胺磺酸钠作为指示剂。二苯胺磺酸钠的还原态为无色，氧化态为紫红色。故滴定达到化学计量点时，稍过量的 $K_2Cr_2O_7$ 溶液就能使二苯胺磺酸钠由还原态转化为氧化态，溶液显示紫红色，指示滴定终点的到达。

选择此类指示剂时，应使指示剂的标准电极电位尽量与化学计量点时的电位一致，以减小终点误差。例如，在 $K_2Cr_2O_7$ 滴定 Fe^{2+} 时，由于二苯胺磺酸钠指示剂的标准电极电位 0.85V 低于化学计量点的电位 1.28V，故在化学计量点前即变色。为减小误差，可在溶液中加入 H_3PO_4，使其与滴定反应产物 Fe^{3+} 配位，从而减小 Fe^{3+} 的浓度，降低 Fe^{3+}/Fe^{2+} 电对的电位，使电位突跃开始部分下移，可得到很好的结果。常见的氧化还原指示剂见表 5-1 所列。

表 5-1　常见氧化还原指示剂的颜色变化及条件电极电位

指　示　剂	颜色变化		$\varphi_{In}^{\ominus \prime}([H^+]=1mol/L)/V$
	氧化态	还原态	
二苯胺	紫色	无色	0.76
二苯联苯胺	紫色	无色	0.76
二苯胺磺酸钠	紫红色	无色	0.85
苯基邻氨基苯甲酸	紫红色	无色	0.89
对硝基苯胺	紫色	无色	0.06
邻二氮菲亚铁盐	浅蓝色	红色	1.06
硝基邻二氮菲亚铁盐	浅蓝色	紫红色	1.25

必须说明的是，氧化还原指示剂本身的氧化还原作用也要消耗一定量的标准滴定溶液。虽然这种消耗量很少，一般可以忽略不计，但在较精确的滴定中则需要做空白校正，尤其是以 0.01mol/L 以下的极稀的标准滴定溶液进行滴定时，更应考虑校正问题。

3. 专属指示剂

指示剂本身不具有氧化还原性，但能与氧化剂或还原剂反应，产生特殊颜色来确定滴定终点的指示剂，称为专属指示剂。例如，在碘量法中，可溶性淀粉遇碘生成蓝色吸附化合物（I_2

的浓度可以小至 2×10^{-5} mol/L），借助于此蓝色的出现和消失即可判断滴定终点的到达。此反应非常灵敏，反应速率也较快，颜色亦非常鲜明，因此，可溶性淀粉就是碘量法的专属指示剂。另外，硫氰酸根离子与 Fe^{3+} 可显示血红色，亦可作为专属指示剂来确定滴定终点的到达。

三、高锰酸钾法

1. 高锰酸钾法基本原理

高锰酸钾法是以 $KMnO_4$ 作为标准滴定溶液进行滴定的氧化还原滴定法。高锰酸钾是一种强氧化剂，其氧化能力和还原产物与溶液的酸度有关。

在强酸性溶液中，$KMnO_4$ 与还原剂作用，被还原为 Mn^{2+}。

$$MnO_4^- +8H^+ +5e \Longrightarrow Mn^{2+} +4H_2O \qquad \varphi^\ominus =1.51V$$

由于 $KMnO_4$ 在强酸性溶液中具有更强的氧化性，同时生成几乎无色的 Mn^{2+}，便于终点的观察，因而高锰酸钾滴定法多在 $0.5\sim1$ mol/L H_2SO_4 强酸性介质中使用，而不使用盐酸或硝酸介质。这是由于盐酸具有还原性，能诱发一些副反应，干扰滴定；而硝酸由于含有氮氧化物，容易产生副反应，也很少采用。

在弱酸性、中性或碱性溶液中，$KMnO_4$ 被还原为 MnO_2。

$$MnO_4^- +2H_2O +3e \Longrightarrow MnO_2\downarrow +4OH^- \qquad \varphi^\ominus =0.588V$$

由于反应产物为棕色的 MnO_2 沉淀，妨碍终点观察，所以很少使用。

$KMnO_4$ 在碱性条件下氧化有机物的反应速率比在酸性条件下更快，所以常利用 $KMnO_4$ 法在强碱性溶液中测定有机物。

$$MnO_4^- +e \Longrightarrow MnO_4^{2-} \qquad \varphi^\ominus =0.564V$$

2. 高锰酸钾法的特点

（1）$KMnO_4$ 氧化能力强，应用广泛，可直接或间接地测定多种无机物和有机物。

例如可直接滴定许多还原性物质，如 Fe^{2+}、As(Ⅲ)、Sb(Ⅲ)、W(Ⅴ)、U(Ⅳ)、H_2O_2、$C_2O_4^{2-}$、NO_2^- 等；返滴定时可测 MnO_2、PbO_2 等物质；也可以通过 MnO_4^- 与 $C_2O_4^{2-}$ 反应间接测定一些非氧化还原物质，如 Ca^{2+}、Th^{4+} 等。

（2）$KMnO_4$ 溶液呈紫红色，当试液为无色或颜色很浅时，滴定不需要外加指示剂。

（3）由于 $KMnO_4$ 氧化能力强，因此方法的选择性欠佳，而且与还原性物质的反应历程比较复杂，易发生副反应。

（4）$KMnO_4$ 标准滴定溶液不能直接配制，且标准滴定溶液不够稳定，不能久置，需经常标定。

3. $KMnO_4$ 法的应用

（1）直接滴定法测定 H_2O_2（在本案例中会详细介绍）

（2）间接滴定法测定 Ca^{2+}、Th^{4+}　　Ca^{2+} 等在溶液中没有可变价态，通过生成草酸盐沉淀，可用高锰酸钾法间接滴定。

（3）返滴定法测定软锰矿中的 MnO_2　　软锰矿中 MnO_2 的测定是利用 MnO_2 与 $C_2O_4^{2-}$ 在酸性溶液中的反应，其反应式如下：

$$MnO_2 +C_2O_4^{2-} +4H^+ \longrightarrow Mn^{2+} +2CO_2\uparrow +2H_2O$$

加入一定量过量的 $Na_2C_2O_4$ 于磨细的矿样中，加入 H_2SO_4 并加热，当样品中无棕黑色颗粒存在时，表示试样分解完全。用 $KMnO_4$ 标准滴定溶液趁热返滴定剩余的草酸，由 $Na_2C_2O_4$ 的加入量与 $KMnO_4$ 溶液的消耗量之差即可求出 MnO_2 的含量。

（4）一些有机物的测定　　氧化有机物的反应在碱性溶液中比在酸性溶液中更快，采用加

入过量 $KMnO_4$ 并加热的方法可进一步加速反应。

 技能基础

高锰酸钾法是以高锰酸钾标准滴定溶液进行滴定的氧化还原滴定法。因此，要完成案例一所述测定任务，必须要能够准确制备一定浓度的高锰酸钾标准滴定溶液。

一、高锰酸钾标准滴定溶液的制备

1. 配制

市售高锰酸钾试剂中常含有少量的 MnO_2 及其他杂质，使用的蒸馏水中也含有少量如尘埃、有机物等还原性物质，这些物质都能使 $KMnO_4$ 还原，因此 $KMnO_4$ 标准滴定溶液不能直接配制，必须先配成近似浓度的溶液，放置 1 周后滤去沉淀，然后再用基准物质标定。

2. 标定

标定 $KMnO_4$ 标准滴定溶液的基准物质很多，如 $Na_2C_2O_4$、$H_2C_2O_4 \cdot 2H_2O$、$(NH_4)_2Fe(SO_4)_2 \cdot 6H_2O$ 以及纯铁丝等。其中常用的是 $Na_2C_2O_4$，因为它易提纯，且性质稳定、不含结晶水，在 $105\sim110℃$ 烘至恒重，即可使用。

MnO_4^- 与 $C_2O_4^{2-}$ 的标定反应在 H_2SO_4 介质中进行，其反应如下：

$$2MnO_4^- + 5C_2O_4^{2-} + 16H^+ \Longrightarrow 2Mn^{2+} + 10CO_2 \uparrow + 8H_2O$$

为使标定反应定量而迅速地进行，应控制好标定条件。

3. 标定条件的控制

（1）温度　将 $Na_2C_2O_4$ 溶液加热至 $70\sim85℃$ 再进行滴定。温度不能超过 $90℃$，否则 $H_2C_2O_4$ 将分解，导致标定结果偏高。若温度低于 $60℃$ 时，反应速率则太慢。

（2）酸度　溶液应保持足够大的酸度，一般控制酸度为 $0.5\sim1mol/L$。如果酸度不足，易生成 MnO_2 沉淀；若酸度过高，则又会使 $H_2C_2O_4$ 分解。

（3）滴定速度　MnO_4^- 与 $C_2O_4^{2-}$ 的反应开始时速率很慢，当有 Mn^{2+} 生成后，反应速率逐渐加快。因此，开始滴定时，应该等第一滴 $KMnO_4$ 溶液褪色后，再加第二滴。此后，因反应生成的 Mn^{2+} 有自动催化作用而加快了反应速率，随之可加快滴定速度，但不能过快，否则加入的 $KMnO_4$ 溶液会因来不及与 $C_2O_4^{2-}$ 反应，就在热的酸性溶液中分解，导致标定结果偏低。

$$4MnO_4^- + 12H^+ \longrightarrow 4Mn^{2+} + 6H_2O + 5O_2 \uparrow$$

（4）滴定终点　用 $KMnO_4$ 溶液滴定至溶液呈淡粉红色 $30s$ 不褪色即为终点。

4. 标定结果的计算

高锰酸钾标准滴定溶液的浓度可按式(5-5)计算：

$$c\left(\frac{1}{5}KMnO_4\right) = \frac{m}{VM\left(\frac{1}{2}Na_2C_2O_4\right) \times 10^{-3}} \tag{5-5}$$

式中　$c\left(\dfrac{1}{5}KMnO_4\right)$——高锰酸钾标准滴定溶液的浓度，mol/L；

　　　　m——草酸钠的质量，g；

　　　　V——消耗高锰酸钾标准滴定溶液的体积，mL；

　$M\left(\dfrac{1}{2}Na_2C_2O_4\right)$——$\dfrac{1}{2}Na_2C_2O_4$ 的摩尔质量，g/mol。

二、高锰酸钾法有关计算

【例题 5-2】　准确称取 $H_2C_2O_4 \cdot 2H_2O$ 0.1576g 溶于 25mL 水中，用于标定 $KMnO_4$ 溶液，已知标定时用去 $KMnO_4$ 溶液 23.15mL，求 $c\left(\frac{1}{5}KMnO_4\right)$ 的浓度。已知 $M(H_2C_2O_4 \cdot 2H_2O) = 126.07g/mol$。

解　根据等物质的量反应原理：

$$n\left(\frac{1}{5}KMnO_4\right) = n\left(\frac{1}{2}H_2C_2O_4 \cdot 2H_2O\right)$$

$$c\left(\frac{1}{5}KMnO_4\right)V = \frac{m(H_2C_2O_4 \cdot 2H_2O)}{M\left(\frac{1}{2}H_2C_2O_4 \cdot 2H_2O\right)}$$

即

$$c\left(\frac{1}{5}KMnO_4\right) = \frac{m(H_2C_2O_4 \cdot 2H_2O)}{M\left(\frac{1}{2}H_2C_2O_4 \cdot 2H_2O\right)V}$$

$$= \frac{0.1576}{\frac{1}{2} \times 126.07 \times 0.02315}$$

$$= 0.1080 \text{ (mol/L)}$$

答：该 $KMnO_4$ 溶液的浓度 $c\left(\frac{1}{5}KMnO_4\right) = 0.1080mol/L$。

【例题 5-3】　用 $KMnO_4$ 法测定硅酸盐样品中 Ca^{2+} 的含量，称取试样 0.5863g，在一定条件下，将钙沉淀为 CaC_2O_4，过滤、洗涤沉淀，将洗净的 CaC_2O_4 溶于稀 H_2SO_4 中，用 $c(KMnO_4) = 0.05052mol/L$ 的 $KMnO_4$ 标准滴定溶液滴定，消耗 25.60mL，计算硅酸盐中 Ca 的质量分数。$M(Ca) = 40.08g/mol$。

解　根据等物质的量反应原理：

$$n\left(\frac{1}{5}KMnO_4\right) = n\left(\frac{1}{2}CaC_2O_4\right) = n\left(\frac{1}{2}Ca\right)$$

$$c\left(\frac{1}{5}KMnO_4\right)V(KMnO_4) = \frac{m(Ca)}{M\left(\frac{1}{2}Ca\right)}$$

$$m(Ca) = 5 \times 0.05052 \times 0.02560 \times \frac{1}{2} \times 40.08 = 0.1296 \text{ (g)}$$

$$w(Ca) = \frac{m(Ca)}{m_{样}} \times 100\% = \frac{0.1296}{0.5863} \times 100\% = 22.10\%$$

答：硅酸盐中 Ca 的含量为 22.10%。

【技能训练 16】　$KMnO_4$ 标准滴定溶液的制备

一、训练目的

1. 学会制备 $KMnO_4$ 标准滴定溶液。

2. 学会判断以 $KMnO_4$ 自身为指示剂的滴定终点。

二、训练所需试剂和仪器

1. 试剂

（1）固体 $KMnO_4$。

（2）浓 H_2SO_4。

（3）基准物质 $Na_2C_2O_4$。

2. 仪器

烧杯、棕色试剂瓶、锥形瓶、滴定管、架盘天平、分析天平等。

三、训练内容

1. 训练步骤

（1）H_2SO_4 溶液（8＋92）的配制　搅拌下将 40mL 浓 H_2SO_4 加入 460mL 水中，混匀，转移至试剂瓶中，贴上标签备用。

（2）高锰酸钾标准滴定溶液 $\left[c\left(\dfrac{1}{5}KMnO_4\right)=0.1mol/L\right]$ 的配制　称取 1.6g 固体高锰酸钾于 500mL 烧杯中，加入 500mL 蒸馏水使之溶解。盖上表面皿，在电炉上缓缓煮沸 15min，冷却后置于暗处静置两周，用 G4 玻璃砂芯漏斗（该漏斗预先以同样浓度的 $KMnO_4$ 溶液缓缓煮沸 5min）或玻璃纤维过滤，除去 MnO_2 等杂质，滤液储存于干燥具玻璃塞的棕色试剂瓶（试剂瓶用 $KMnO_4$ 溶液洗涤 2～3 次），待标定。或溶解 $KMnO_4$ 后，保持微沸状态 1h，冷却后过滤，滤液储存于干燥棕色试剂瓶，待标定。

（3）高锰酸钾标准滴定溶液 $\left[c\left(\dfrac{1}{5}KMnO_4\right)=0.1mol/L\right]$ 的标定　准确称取 0.25g 于 105～110℃ 电烘箱中干燥至恒重的基准物质 $Na_2C_2O_4$（准确至 0.0001g），置于 250mL 锥形瓶中，溶入 100mL（8＋92）的 H_2SO_4 溶液中，加热至 75～85℃（开始冒蒸汽），趁热用待标定的 $KMnO_4$ 溶液滴定。滴定时应注意滴定速度，开始时因反应较慢，应在加入的一滴 $KMnO_4$ 溶液褪色后，再加下一滴。滴定至溶液呈粉红色且 30s 不褪即为终点。记录消耗 $KMnO_4$ 标准滴定溶液的体积，同时做空白实验。

2. 数据记录

3. $KMnO_4$ 标准滴定溶液浓度的计算

$$c\left(\frac{1}{5}KMnO_4\right)=\frac{m(Na_2C_2O_4)}{(V-V_0)M\left(\frac{1}{2}Na_2C_2O_4\right)\times10^{-3}}$$

式中　$m(Na_2C_2O_4)$——草酸钠的质量，g；

　　　　V——滴定时消耗高锰酸钾标准滴定溶液的体积，mL；

　　　　V_0——空白试验消耗高锰酸钾标准滴定溶液的体积，mL；

$M\left(\dfrac{1}{2}Na_2C_2O_4\right)$——$\dfrac{1}{2}Na_2C_2O_4$ 的摩尔质量，g/mol。

4. 注意事项

（1）为使配制的高锰酸钾溶液浓度达到欲配制浓度，通常称取稍多于理论用量的固体 $KMnO_4$。

（2）标定好的 $KMnO_4$ 溶液在放置一段时间后，若发现有沉淀析出，应重新过滤并标定。

（3）滴定至溶液颜色呈粉红色并保持 30s 不褪色即为终点。放置时间较长时，空气中还原性物质及尘埃可能落入溶液中使 $KMnO_4$ 缓慢分解，溶液颜色将逐渐褪去。

四、思考题

1. 配制 $KMnO_4$ 溶液时，为什么要将 $KMnO_4$ 溶液煮沸一定时间或放置数天？为什么要冷却放置后过滤，能否用普通滤纸过滤？

2. $KMnO_4$ 溶液应装于何种滴定管中，为什么？说明读取滴定管中 $KMnO_4$ 溶液体积的正确方法？

3. 用 $Na_2C_2O_4$ 基准物质标定 $KMnO_4$ 溶液的浓度，其标定条件有哪些？为什么要用 H_2SO_4 调节酸度？可否用 HCl 或 HNO_3？

4. $KMnO_4$ 滴定法中通常采用何种物质作指示剂，如何指示滴定终点？

【技能训练 17】　H_2O_2 含量的测定

一、训练目的

1. 学会利用高锰酸钾法测定 H_2O_2 含量的方法。

2. 学会正确判断滴定终点。

二、训练所需试剂和仪器

1. 试剂

(1) $KMnO_4$ 标准滴定溶液：$c\left(\dfrac{1}{5}KMnO_4\right)=0.1mol/L$。

(2) H_2SO_4 溶液：$c(H_2SO_4)=3mol/L$。

(3) 30% 双氧水试样。

2. 仪器

移液管、锥形瓶、滴定管、分析天平等。

三、训练内容

1. 训练步骤

以减量法称取双氧水试样 0.15～0.20g（精确至 0.0001g），置于已加有 100mL 硫酸溶液的 250mL 锥形瓶中，用 $c\left(\dfrac{1}{5}KMnO_4\right)=0.1mol/L$ 的 $KMnO_4$ 标准滴定溶液滴定至溶液呈粉红色并在 30s 内不褪色即为终点，记录所消耗 $KMnO_4$ 标准滴定溶液的体积 V。

2. 数据记录

3. 结果计算

$$w(H_2O_2)=\dfrac{c\left(\dfrac{1}{5}KMnO_4\right)V(KMnO_4)M\left(\dfrac{1}{2}H_2O_2\right)}{m_{样}}\times100\%$$

式中　$w(H_2O_2)$——过氧化氢的质量分数，%；

$c\left(\dfrac{1}{5}KMnO_4\right)$——高锰酸钾标准滴定溶液的浓度，mol/L；

$V(KMnO_4)$——滴定时消耗 $KMnO_4$ 标准滴定溶液的体积，L；

$M\left(\dfrac{1}{2}H_2O_2\right)$——$\dfrac{1}{2}H_2O_2$ 的摩尔质量，g/mol；

$m_{样}$——过氧化氢试样的质量，g。

4. 注意事项

（1）滴定反应前可加入少量 $MnSO_4$ 催化 H_2O_2 与 $KMnO_4$ 的反应。

（2）若工业产品 H_2O_2 中含有稳定剂如乙酰苯胺等，也将消耗 $KMnO_4$，使 H_2O_2 测定结果偏高。如遇此情况，应采用碘量法或铈量法进行测定。

四、思考题

1. H_2O_2 与 $KMnO_4$ 反应较慢，能否通过加热溶液的方法加快反应速率？为什么？

2. 用 $KMnO_4$ 法测定 H_2O_2 时，能否用 HNO_3、HCl 或 HAc 等调节溶液的酸度？为什么？

案例二　铁矿石中全铁含量的测定

对于天然铁矿石、铁精矿和造块，包括烧结产品中的全铁含量的测定可依据 GB/T 6730.5—2007。其具体方法为：试样用盐酸加热溶解，在热溶液中，用 $SnCl_2$ 还原大部分 Fe^{3+}，剩余的铁由三氯化钛还原，用稀重铬酸钾溶液氧化过剩的还原剂。以二苯胺磺酸钠作指示剂，用重铬酸钾标准滴定溶液滴定还原的铁。根据重铬酸钾标准滴定溶液的消耗量，计算铁矿石中的全铁量。

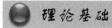 **案例分析**

1. 与案例一不同，在案例二中，所用的标准滴定溶液是重铬酸钾。

2. 在样品中铁含量的测定中，先滴加了氯化亚锡溶液还原 Fe^{3+}，再用 $TiCl_3$ 还原剩余的 Fe^{3+}。

3. 该滴定过程需在酸性溶液中完成。

4. 该滴定过程是以二苯胺磺酸钠为指示剂来判断滴定终点的。

为完成铁矿石中全铁含量的测定任务，需掌握如下理论知识和操作技能。

理论基础

重铬酸钾法

重铬酸钾法以 $K_2Cr_2O_7$ 为滴定剂，它是一种常用的氧化剂，它具有较强的氧化性。在酸性介质中 $Cr_2O_7^{2-}$ 被还原为 Cr^{3+}，其反应为：

$$Cr_2O_7^{2-} + 14H^+ + 6e \longrightarrow 2Cr^{3+} + 7H_2O \qquad \varphi_{Cr_2O_7^{2-}/Cr^{3+}}^{\ominus} = 1.33V$$

1. 重铬酸钾法的特点

（1）$K_2Cr_2O_7$ 易提纯，可以制成基准物质，在 140～150℃干燥 2h 后，可直接称量，配制标准滴定溶液。$K_2Cr_2O_7$ 标准滴定溶液相当稳定，保存在密闭容器中，浓度可长期保持不变。

（2）室温下，当 HCl 溶液浓度低于 3mol/L 时，$Cr_2O_7^{2-}$ 不会诱导氧化 Cl^-，因此 $K_2Cr_2O_7$ 法可在盐酸介质中进行滴定。$Cr_2O_7^{2-}$ 的滴定产物是 Cr^{3+}，呈绿色，滴定时须用指示剂指示滴定终点，常用的指示剂是二苯胺磺酸钠。

2. 重铬酸钾法的应用

（1）铁矿石中全铁含量的测定　重铬酸钾法是测定铁矿石中全铁含量的标准方法。根据预氧化还原方法的不同分为 $SnCl_2$-$HgCl_2$ 法和 $SnCl_2$-$TiCl_3$（无汞测定法）。在本案例中介绍的是无汞测定法。

（2）化学需氧量（COD）的测定 化学需氧量是指在一定条件下，经重铬酸钾氧化处理，水样中的溶解性物质和悬浮物所消耗的重铬酸钾相对应的氧的质量浓度，1mol 重铬酸钾（$\frac{1}{6}K_2Cr_2O_7$）相当于 1mol 氧（$\frac{1}{2}O_2$）。化学需氧量反映了水体受还原性物质污染的程度。水中的还原性物质包括有机物、亚硝酸盐、亚铁盐、硫化物等。水被有机物污染是很普遍的，因此化学需氧量可作为有机物质相对含量的一项综合性指标。

在强酸性溶液中，向水样中加入一定量的重铬酸钾标准滴定溶液，以 Ag_2SO_4 为催化剂，加热回流 2h，将水中的还原性物质（主要是有机物）氧化，过量的重铬酸钾以试亚铁灵作指示剂，用硫酸亚铁铵标准滴定溶液返滴定，其滴定反应为：

$$Cr_2O_7^{2-} + 14H^+ + 6Fe^{2+} \longrightarrow 6Fe^{3+} + 2Cr^{3+} + 7H_2O$$

根据所消耗的硫酸亚铁铵标准滴定溶液的量以及加入水样中的重铬酸钾标准滴定溶液的量即可计算出水样中的化学需氧量。

（3）测定非氧化还原性物质 测定 Pb^{2+} 等物质时，一般先将其沉淀为 $PbCrO_4$，然后过滤沉淀，沉淀经洗涤后溶解于酸中，再以 Fe^{2+} 标准滴定溶液滴定 $Cr_2O_7^{2-}$，从而间接求出 Pb^{2+} 的含量。

技能基础

一、重铬酸钾标准滴定溶液的制备

1. 配制

基准物质 $K_2Cr_2O_7$ 可用直接法配制，在 140～150℃ 干燥 2h 后，可直接称量，配制标准滴定溶液。$K_2Cr_2O_7$ 标准滴定溶液相当稳定，保存在密闭容器中，浓度可长期保持不变。

2. 浓度计算

重铬酸钾标准滴定溶液浓度可按式(5-6) 计算：

$$c\left(\frac{1}{6}K_2Cr_2O_7\right) = \frac{m(K_2Cr_2O_7)}{M\left(\frac{1}{6}K_2Cr_2O_7\right)V(K_2Cr_2O_7)\times 10^{-3}} \tag{5-6}$$

式中 $c\left(\frac{1}{6}K_2Cr_2O_7\right)$——重铬酸钾标准滴定溶液的物质的量浓度，mol/L；

$m(K_2Cr_2O_7)$——重铬酸钾的质量，g；

$V(K_2Cr_2O_7)$——重铬酸钾标准滴定溶液的体积，mL；

$M\left(\frac{1}{6}K_2Cr_2O_7\right)$——$\frac{1}{6}K_2Cr_2O_7$ 的摩尔质量，g/mol。

二、重铬酸钾法有关计算

【例题 5-4】 称取铁矿石试样 0.4653g，用酸溶解后，将其中的 Fe^{3+} 还原为 Fe^{2+} 后，用 $c(K_2Cr_2O_7)=0.02005mol/L$ 的 $K_2Cr_2O_7$ 标准滴定溶液滴定，用去 30.18mL，求铁矿石试样中的总铁量，用 $w(Fe_2O_3)$ 表示。$M(Fe_2O_3)=159.7g/mol$。

解 根据等物质的量反应原理，则

$$n\left(\frac{1}{6}K_2Cr_2O_7\right) = n\left(\frac{1}{2}Fe_2O_3\right)$$

$$c\left(\frac{1}{6}K_2Cr_2O_7\right)V = \frac{m(Fe_2O_3)}{M\left(\frac{1}{2}Fe_2O_3\right)}$$

$$m(Fe_2O_3) = 0.02005 \times 6 \times \frac{1}{2} \times 159.7 \times 30.18 \times 10^{-3}$$

$$m(Fe_2O_3) = 0.2899 \ (g)$$

$$w(Fe_2O_3) = \frac{m(Fe_2O_3)}{m_样} \times 100\% = 62.31\%$$

答：铁矿石试样中的总铁量为62.31%。

【例题5-5】 今取废水样100mL，用H_2SO_4酸化后，加25.00mL $c(K_2Cr_2O_7) = 0.01667$mol/L的$K_2Cr_2O_7$标准滴定溶液，以Ag_2SO_4为催化剂煮沸，待水样中还原性物质完全被氧化后，以试亚铁灵为指示剂，用$c(FeSO_4) = 0.1000$mol/L的$FeSO_4$标准滴定溶液滴定剩余的$Cr_2O_7^{2-}$，用去15.00mL。计算水样的化学需氧量，以$\rho(O_2)$（mg/L）表示。$M(O) = 16$g/mol。

解 根据等物质的量反应原理，则

$$n\left(\frac{1}{4}O_2\right) = n\left(\frac{1}{6}K_2Cr_2O_7\right) - n(FeSO_4)$$

$$\frac{m(O_2)}{M\left(\frac{1}{4}O_2\right)} = c\left(\frac{1}{6}K_2Cr_2O_7\right)V(K_2Cr_2O_7) - c(FeSO_4)V(FeSO_4)$$

$$m(O_2) = (6 \times 0.01667 \times 0.02500 - 0.1000 \times 0.01500) \times 8.000 = 8.004 \times 10^{-3} \ (g)$$

$$\rho(O_2) = \frac{m(O_2)}{V_样} = \frac{8.004 \times 10^{-3}}{0.1000} \times 1000 = 80.04 \ (mg/L)$$

答：水样中化学需氧量为$\rho(O_2) = 80.04$mg/L。

【技能训练18】 重铬酸钾标准滴定溶液的制备

一、训练目的
1. 学会重铬酸钾标准滴定溶液的制备方法。
2. 学会计算重铬酸钾标准滴定溶液的浓度。
二、训练所需试剂和仪器
1. 试剂
基准物质$K_2Cr_2O_7$，于120℃烘干至恒重。
2. 仪器
烧杯、试剂瓶、锥形瓶、分析天平、容量瓶等。
三、训练内容
1. 训练步骤

直接法配制$c\left(\frac{1}{6}K_2Cr_2O_7\right) = 0.1$mol/L的$K_2Cr_2O_7$标准滴定溶液。

准确称取基准物质$K_2Cr_2O_7$ 1.2～1.4g，放入小烧杯中，加入少量水，溶解后定量转入250mL容量瓶中，用水稀释至刻度，摇匀，计算其准确浓度。

2. 数据记录
3. $K_2Cr_2O_7$标准滴定溶液浓度的计算

$$c\left(\frac{1}{6}K_2Cr_2O_7\right)=\frac{m(K_2Cr_2O_7)}{M\left(\frac{1}{6}K_2Cr_2O_7\right)V(K_2Cr_2O_7)\times 10^{-3}}$$

式中 $c\left(\frac{1}{6}K_2Cr_2O_7\right)$ ——重铬酸钾标准滴定溶液的物质的量浓度，mol/L；

$m(K_2Cr_2O_7)$ ——重铬酸钾的质量，g；

$V(K_2Cr_2O_7)$ ——重铬酸钾标准滴定溶液的体积，mL；

$M\left(\frac{1}{6}K_2Cr_2O_7\right)$ —— $\frac{1}{6}K_2Cr_2O_7$ 的摩尔质量，g/mol。

四、思考题

何种规格的试剂可以用直接法配制 $K_2Cr_2O_7$ 标准滴定溶液？如何配制 200mL $c\left(\frac{1}{6}K_2Cr_2O_7\right)=0.1000\text{mol/L}$ 的 $K_2Cr_2O_7$ 标准滴定溶液？

【技能训练 19】 铁矿石中全铁量的测定

一、训练目的

1. 学会利用重铬酸钾法测定铁矿石中全铁量的方法。

2. 能够正确判断重铬酸钾法的滴定终点。

二、训练所需试剂和仪器

1. 试剂

(1) 铁矿石试样。

(2) 浓 HCl 溶液 (1.19g/mL)。

(3) HCl 溶液 (1+1、1+4、1+10 和 1+50)。

(4) $SnCl_2$ 溶液 (100g/L)：将 100g 氯化亚锡结晶体 ($SnCl_2 \cdot 2H_2O$) 溶于 200mL 的盐酸 (1+1) 中，通过水浴加热溶解，冷却溶液，并用水稀释至 1L，储存于装有少量锡粒的棕色玻璃瓶中。

(5) 三氯化钛溶液 (15g/L)：用 9 体积的盐酸 (1+4) 稀释 1 体积的三氯化钛溶液 (约 15% 的三氯化钛溶液)。

(6) 重铬酸钾标准溶液 $\left[c\left(\frac{1}{6}K_2Cr_2O_7\right)=0.1\text{mol/L}\right]$：称取 4.904g 预先在 140~150℃ 干燥 2h，在干燥器中冷却至室温的重铬酸钾 (基准) 溶于水中，冷却至 20℃ 后移至 1000mL 容量瓶中，稀释至刻度。

(7) 硫磷混酸：边搅拌边将 200mL 磷酸注入约 500mL 水中，再加 300mL 硫酸混匀，流水冷却。

(8) 钨酸钠溶液 (100g/L)：称取 25g 钨酸钠溶于适量的水中 (若浑浊需过滤)，加 5mL 磷酸，用水稀释至 100mL。

(9) 二苯胺磺酸钠指示剂溶液 (2g/L)：将 0.2g 二苯胺磺酸钠溶于少量水中，然后稀释至 100mL，将该溶液储存于棕色玻璃瓶中。

(10) 硫酸溶液 (1+1)。

(11) 氢氟酸 (1.15g/mL)。

(12) 高锰酸钾溶液 (25g/L)。

（13）重铬酸钾溶液（0.25g/L）。

（14）过氧化氢溶液（30%，体积分数）。

（15）铁标准溶液（0.05mol/L）：称取2.97g纯铁至500mL锥形瓶中，在颈口放一漏斗。慢慢加入35mL盐酸（1+1），加热至溶解。冷却逐次少量加入5mL过氧化氢溶液（30%）。加热至沸，分解过剩的过氧化氢，除氯气。移至1000mL容量瓶中，稀释至刻度。

2. 仪器

烧杯、容量瓶、移液管、锥形瓶、滴定管、分析天平、电炉、铂坩埚（容量25～30mL）、高温炉（温度适于控制在500～1000℃）。

三、训练内容

1. 训练步骤

（1）溶样　将铁矿石试样在105℃±2℃的温度下进行干燥。准确称取0.4g（精确至0.0002g）试样放入250mL烧杯中，加30mL浓HCl，盖上表面皿，不沸腾地缓慢加热溶液，分解试样。用温水冲洗表面皿，并用温水稀释至50mL。用中速滤纸过滤不溶残渣，用盐酸（1+50）洗烧杯3次。用盐酸（1+50）洗残渣，直至看不见黄色的氯化铁为止。然后再用温水洗6～8次，将滤液和洗液收集在400mL烧杯中。

将滤纸和残渣放入铂坩埚中，干燥，灰化滤纸，最后在750～800℃灼烧。冷却坩埚，加4滴硫酸湿润残渣，加约5mL氢氟酸，并缓慢加热以除去二氧化硅和硫酸（至冒尽三氧化硫白烟）。将2g焦硫酸钾加入冷却的坩埚中，先缓慢加热，然后高温加热，至熔融物清亮（650℃熔融约5min）冷却，将坩埚放入原250mL烧杯中，加约25mL的水和约5mL的浓盐酸，温热溶解熔融物。洗出坩埚，将该溶液和主液合并，不沸腾状态下蒸发约150mL，转移至锥形瓶中。

（2）还原　在溶液中加3～5滴高锰酸钾（25g/L）溶液，在沸点以下加热溶液，在该温度下保持5min，立刻滴加氯化亚锡溶液还原Fe^{3+}，并不时搅动溶液，直到溶液保持淡黄色（氯化铁），用少量热水清洗锥形瓶内壁，加15滴钨酸钠溶液作指示剂，然后滴加氯化钛溶液，并不断搅动溶液，直到溶液变蓝色，再滴加稀重铬酸钾溶液（0.25g/L）至无色。

（3）滴定　在溶液中立即加30mL硫磷混酸，用5滴二苯胺磺酸钠溶液作指示剂，用$c\left(\dfrac{1}{6}K_2Cr_2O_7\right)=0.1mol/L$的重铬酸钾标准滴定溶液滴定，当溶液由绿色变为紫色时即为终点，记录所消耗$K_2Cr_2O_7$标准滴定溶液的体积。同时做空白实验。

（4）空白实验　使用相同数量的所有试剂和按照有试样相同的操作步骤测定空白实验值。在用氯化亚锡还原前，立刻用单刻度移液管加1.00mL铁标准溶液（0.05mol/L），并按滴定步骤滴定溶液。将该滴定体积记作V_1，则该滴定的空白实验值V_0计算如下：

$$V_0 = V_1 - 1.00$$

2. 数据记录

3. 结果计算

$$w(\text{Fe}) = \frac{(V-V_0)c\left(\dfrac{1}{6}K_2Cr_2O_7\right)M(\text{Fe})\times10^{-3}}{m_{样}}\times100\%$$

式中　$c\left(\dfrac{1}{6}K_2Cr_2O_7\right)$——重铬酸钾标准滴定溶液的物质的量浓度，mol/L；

V_0——空白试验所消耗重铬酸钾标准滴定溶液的体积，mL；

V——滴定试液时所消耗重铬酸钾标准滴定溶液的体积，mL；

$m_{样}$——试样的质量，g；

$M(Fe)$——Fe 的摩尔质量，g/mol。

4. 注意事项

Fe^{2+} 在磷酸介质中极易被氧化，必须在"钨蓝"褪色后 1min 内立即滴定，否则将导致测定结果偏低。

四、思考题

1. 用 $SnCl_2$ 还原溶液中 Fe^{3+} 时，$SnCl_2$ 过量溶液呈什么颜色，对分析结果有何影响？

2. 为什么不能直接使用 $TiCl_3$ 还原，而先用 $SnCl_2$ 还原溶液中大部分，然后再用 $TiCl_3$ 还原？能否只用 $SnCl_2$ 还原而不用 $TiCl_3$？

3. 用 $K_2Cr_2O_7$ 标准滴定溶液滴定 Fe^{2+} 之前，为什么要加硫磷混酸？

案例三　胆矾中 $CuSO_4 \cdot 5H_2O$ 含量的测定

对于胆矾中 $CuSO_4 \cdot 5H_2O$ 的测定可依据 GB/T 665—2007。其具体方法为：试样溶解后，在弱酸性条件下，Cu^{2+} 与过量 KI 作用，定量释出 I_2，释出的 I_2 再用 $Na_2S_2O_3$ 标准滴定溶液滴定。根据硫代硫酸钠标准滴定溶液的消耗量，计算胆矾中 $CuSO_4 \cdot 5H_2O$ 的含量。

案例分析

1. 在案例三中，所用标准滴定溶液为硫代硫酸钠。

2. 该滴定过程需在弱酸性溶液中完成。

3. 该滴定过程是以淀粉为指示剂来判断滴定终点的。

为完成胆矾中 $CuSO_4 \cdot 5H_2O$ 的含量测定任务，需掌握如下理论知识和操作技能。

理论基础

碘量法

1. 碘量法基本原理

碘量法是利用 I_2 的氧化性和 I^- 的还原性进行滴定的方法，其基本反应是：

$$I_2 + 2e \Longleftrightarrow 2I^- \qquad \varphi^{\ominus}_{I_2/I^-} = 0.5345V$$

由于固体 I_2 在水中的溶解度很小（25℃时为 1.18×10^{-3} mol/L），且易于挥发，通常使用中将 I_2 溶解于 KI 溶液中，此时它以 I_3^- 配离子形式存在，其反应式为：

$$I_3^- + 2e \Longleftrightarrow 3I^- \qquad \varphi^{\ominus}_{I_3^-/I^-} = 0.545V$$

从 $\varphi^{\ominus}$ 值可以看出，I_2 是较弱的氧化剂，它只能与一些较强的还原剂作用；I^- 是中等强度的还原剂，能与许多氧化剂作用。因此碘量法可分为直接碘量法和间接碘量法两种方法。

2. 直接碘量法

直接碘量法是以 I_2 为标准滴定溶液，在微酸性或近中性溶液中直接滴定电极电势比 $\varphi^{\ominus}_{I_3^-/I^-}$ 低的还原性物质［如 S^{2-}、SO_3^{2-}、Sn^{2+}、$S_2O_3^{2-}$、As(Ⅲ)、维生素 C 等］的分析方法，又称碘滴定法。直接碘量法不能在碱性溶液中进行滴定，因为碘与碱可发生歧化反应：

$$I_2 + 2OH^- \rightleftharpoons IO^- + I^- + H_2O$$

$$3IO^- \rightleftharpoons IO_3^- + 2I^-$$

3. 间接碘量法

间接碘量法是利用 I^- 的还原性，先将电极电势比 $\varphi_{I_3^-/I^-}^{\ominus}$ 高的待测氧化性物质还原，定量地析出 I_2，然后再用 $Na_2S_2O_3$ 标准滴定溶液滴定析出的 I_2，从而测定氧化性物质含量的方法，又称滴定碘法。间接碘量法的基本反应为：

$$2I^- - 2e \rightleftharpoons I_2$$

$$I_2 + 2S_2O_3^{2-} \rightleftharpoons S_4O_6^{2-} + 2I^-$$

利用该法可以测定很多氧化性物质，如 Cu^{2+}、$Cr_2O_7^{2-}$、IO_3^-、BrO_3^-、AsO_4^{3-}、ClO^-、NO_2^-、H_2O_2、MnO_4^- 和 Fe^{3+} 等。

间接碘量法多在中性或弱酸性溶液中进行，因为在碱性溶液中 I_2 与 $S_2O_3^{2-}$ 将发生如下反应：

$$S_2O_3^{2-} + 4I_2 + 10OH^- \longrightarrow 2SO_4^{2-} + 8I^- + 5H_2O$$

同时，I_2 在碱性溶液中还会发生歧化反应：

$$3I_2 + 6OH^- \rightleftharpoons IO_3^- + 5I^- + 3H_2O$$

在强酸性溶液中，$Na_2S_2O_3$ 会发生分解反应：

$$S_2O_3^{2-} + 2H^+ \longrightarrow SO_2 + S\downarrow + H_2O$$

同时，I^- 在酸性溶液中易被空气中的 O_2 氧化：

$$4I^- + 4H^+ + O_2 \longrightarrow 2I_2 + 2H_2O$$

 技能基础

一、碘标准滴定溶液的制备

1. 配制

用升华法制得的纯碘可直接配制成标准滴定溶液。但因碘具有较强的腐蚀性和挥发性，不宜用分析天平称量，所以通常是先用市售的碘配成近似浓度的碘溶液，然后再标定出准确浓度。由于 I_2 难溶于水，易溶于 KI 溶液，故配制时应将 I_2、KI 与少量水一起研磨后再用水稀释，并保存在具有玻璃塞的棕色试剂瓶中待标定。

2. 标定

I_2 溶液可用 As_2O_3 基准物质标定。As_2O_3 难溶于水，多用 NaOH 溶液溶解，使之生成亚砷酸钠，再用 I_2 溶液滴定 AsO_3^{3-}。

$$As_2O_3 + 6NaOH \longrightarrow 2Na_3AsO_3 + 3H_2O$$

$$AsO_3^{3-} + I_2 + H_2O \rightleftharpoons AsO_4^{3-} + 2I^- + 2H^+$$

此反应为可逆反应，为使反应快速定量地向右进行，可加 $NaHCO_3$，以保持溶液 $pH \approx 8$。

由于 As_2O_3 为剧毒物，一般常用已知浓度的 $Na_2S_2O_3$ 标准滴定溶液标定 I_2 溶液。

$$2S_2O_3^{2-} + I_2 \longrightarrow 2I^- + S_4O_6^{2-}$$

3. 浓度计算

根据称取的 As_2O_3 质量和滴定时消耗 I_2 溶液的体积可计算出碘标准滴定溶液的浓度，计算式如下：

$$c\left(\frac{1}{2}I_2\right)=\frac{m(As_2O_3)}{M\left(\frac{1}{4}As_2O_3\right)V(I_2)\times 10^{-3}} \tag{5-7}$$

式中　$c\left(\dfrac{1}{2}I_2\right)$——碘标准滴定溶液的物质的量浓度，mol/L；

$m(As_2O_3)$——As_2O_3 的质量，g；

$V(I_2)$——碘标准滴定溶液的体积，mL；

$M\left(\dfrac{1}{4}As_2O_3\right)$——$\dfrac{1}{4}As_2O_3$ 的摩尔质量，g/mol。

二、硫代硫酸钠标准滴定溶液的制备

1. 配制

市售硫代硫酸钠（$Na_2S_2O_3 \cdot 5H_2O$）一般含有少量杂质，因此配制 $Na_2S_2O_3$ 标准滴定溶液不能用直接法，只能用间接法。

配制好的 $Na_2S_2O_3$ 溶液在空气中不稳定，容易分解。这是由于水中的微生物、CO_2、空气中 O_2 以及光线等将促进其分解。因此配制 $Na_2S_2O_3$ 溶液时应当用新煮沸并冷却的蒸馏水，并加入少量 Na_2CO_3，使溶液呈弱碱性，以抑制细菌生长。配制好的 $Na_2S_2O_3$ 溶液应储于棕色瓶中，于暗处放置 2 周后，过滤沉淀，然后再标定。标定好的 $Na_2S_2O_3$ 溶液在储存过程中如发现溶液变浑浊，应重新标定，或弃去重配。

2. 标定

标定 $Na_2S_2O_3$ 溶液的基准物质有 $K_2Cr_2O_7$、KIO_3、$KBrO_3$ 及升华 I_2 等。除 I_2 外，其他物质都需在酸性溶液中与 KI 作用析出 I_2 后，再用配制的 $Na_2S_2O_3$ 溶液滴定。以 $K_2Cr_2O_7$ 作基准物质为例，$K_2Cr_2O_7$ 在酸性溶液中与 I^- 发生如下反应：

$$Cr_2O_7^{2-}+6I^-+14H^+ \longrightarrow 2Cr^{3+}+3I_2+7H_2O$$

反应析出的 I_2 以淀粉为指示剂，用待标定的 $Na_2S_2O_3$ 溶液滴定。

$$I_2+2S_2O_3^{2-} \longrightarrow S_4O_6^{2-}+2I^-$$

用 $K_2Cr_2O_7$ 标定 $Na_2S_2O_3$ 溶液时应注意：$Cr_2O_7^{2-}$ 与 I^- 反应较慢，为加速反应，需加入过量的 KI 并提高酸度，但酸度过高会加速空气氧化 I^-。因此，一般应控制酸度为 0.2~0.4mol/L。并在暗处放置 10min，以保证反应顺利完成。

3. 浓度计算

根据称取 $K_2Cr_2O_7$ 的质量和滴定时所消耗 $Na_2S_2O_3$ 标准滴定溶液的体积，可计算出 $Na_2S_2O_3$ 标准滴定溶液的浓度，计算公式如下：

$$c(Na_2S_2O_3)=\frac{m(K_2Cr_2O_7)}{M\left(\frac{1}{6}K_2Cr_2O_7\right)V(Na_2S_2O_3)\times 10^{-3}} \tag{5-8}$$

式中　$c(Na_2S_2O_3)$——硫代硫酸钠标准滴定溶液的物质的量浓度，mol/L；

$m(K_2Cr_2O_7)$——重铬酸钾的质量，g；

$V(Na_2S_2O_3)$——硫代硫酸钠标准滴定溶液的体积，mL；

$M\left(\dfrac{1}{6}K_2Cr_2O_7\right)$——$\dfrac{1}{6}K_2Cr_2O_7$ 的摩尔质量，g/mol。

三、淀粉指示剂的使用注意事项

碘量法的终点指示以淀粉为指示剂。I_2 与淀粉呈现蓝色，其显色灵敏度除与 I_2 的浓度

有关以外，还与淀粉的性质、加入的时间、温度及反应介质等条件有关。因此在使用淀粉指示剂时应注意以下几点。

① 所用的淀粉必须是可溶性淀粉。

② I_3^- 与淀粉的蓝色在热溶液中会消失，因此，不能在热溶液中进行滴定。

③ 要注意反应介质的条件。淀粉在弱酸性溶液中灵敏度很高，显蓝色；当 pH＜2 时，淀粉会水解成糊精，与 I_2 作用显红色；当 pH＞9 时，I_2 转变为 IO^-，与淀粉不显色。

④ 直接碘量法用淀粉指示剂指示终点时，应在滴定开始时加入，终点时溶液由无色突变为蓝色。间接碘量法用淀粉指示剂指示终点时，应等滴至 I_2 的黄色很浅时再加入淀粉指示液（若过早加入淀粉，它与 I_2 形成的蓝色配合物会吸留部分 I_2，往往易使终点提前且不明显），终点时溶液由蓝色变为无色。

⑤ 淀粉指示液的用量一般为 2～5mL（5g/L 淀粉指示液）。

四、碘量法的误差控制

碘量法的误差来源于两个方面：一是 I_2 易挥发；二是在酸性溶液中 I^- 易被空气中的氧氧化。为了防止 I_2 挥发和空气中的氧氧化 I^-，测定时要加入过量的 KI，使 I_2 生成 I_3^-，并使用碘量瓶，滴定时不要剧烈摇动，以减少 I_2 的挥发。由于 I^- 被空气氧化的反应随光照及酸度增高而加快，因此在反应时应将碘量瓶置于暗处，滴定前调节好酸度，析出 I_2 后立即进行滴定。此外，Cu^{2+}、NO_2^- 等离子可催化空气对 I^- 的氧化，应设法消除干扰。

五、计算示例

【例题 5-6】 称取胆矾试样 0.8695g，溶解后加入过量的 KI，生成的 I_2，用 $c(Na_2S_2O_3)=0.1200mol/L$ 的 $Na_2S_2O_3$ 标准滴定溶液滴定，用去 35.74mL，求胆矾试样中 $CuSO_4$ 的质量分数。$M(CuSO_4)=159.6g/mol$。

解 根据等物质的量反应原理，则

$$n(CuSO_4)=n(Na_2S_2O_3)$$

$$\frac{m(CuSO_4)}{M(CuSO_4)}=c(Na_2S_2O_3)V(Na_2S_2O_3)$$

$$m(CuSO_4)=0.1200\times0.03574\times159.6=0.6845 \text{（g）}$$

$$w(CuSO_4)=\frac{m(CuSO_4)}{m_{样}}\times100\%=\frac{0.6845}{0.8695}\times100\%=78.72\%$$

答：胆矾试样中 $CuSO_4$ 的质量分数为 78.72％。

【例题 5-7】 称取 $Na_2SO_3 \cdot 5H_2O$ 试样 0.3878g，将其溶解，加入 50.00mL $c\left(\frac{1}{2}I_2\right)=0.09770mol/L$ 的 I_2 溶液处理，剩余的 I_2 需要用 $c(Na_2S_2O_3)=0.1008mol/L$ 的 $Na_2S_2O_3$ 标准滴定溶液 25.40mL 滴定至终点。计算试样中 Na_2SO_3 的质量分数 $[M(Na_2SO_3)=126.04g/mol]$。

解 根据等物质的量反应原理，则

$$n\left(\frac{1}{2}Na_2SO_3\right)=n\left(\frac{1}{2}I_2\right)-n(Na_2S_2O_3)$$

$$\frac{m(Na_2SO_3)}{M\left(\frac{1}{2}Na_2SO_3\right)}=c\left(\frac{1}{2}I_2\right)V(I_2)-c(Na_2S_2O_3)V(Na_2S_2O_3)$$

$$m(Na_2SO_3)=(0.09770\times0.05000-0.1008\times0.02540)\times126.04\times\frac{1}{2}=0.1465 \text{（g）}$$

$$w(\mathrm{Na_2SO_3}) = \frac{m(\mathrm{Na_2SO_3})}{m_{样}} = \frac{0.1465}{0.3878} \times 100\% = 37.78\%$$

答：试样中 $\mathrm{Na_2SO_3}$ 的质量分数为 37.78%。

【技能训练 20】 硫代硫酸钠标准滴定溶液的制备

一、训练目的

1. 学会硫代硫酸钠标准滴定溶液的制备方法。

2. 学会计算硫代硫酸钠标准滴定溶液的浓度。

二、训练所需试剂和仪器

1. 试剂

（1）固体硫代硫酸钠。

（2）基准物质 $\mathrm{K_2Cr_2O_7}$，使用前在 $100 \sim 110\,^{\circ}\mathrm{C}$ 干燥 $3 \sim 4\mathrm{h}$。

（3）固体 KI。

（4）$\mathrm{H_2SO_4}$ 溶液（20%）。

（5）淀粉指示剂（10g/L）：称取 1g 可溶性淀粉放入小烧杯中，加水 10mL，使成糊状，在搅拌下倒入 90mL 沸水中，微沸 2min，冷却后转移至 100mL 试剂瓶中，贴好标签。

（6）无水碳酸钠。

2. 仪器

烧杯、碘量瓶、滴定管、分析天平、电炉等。

三、训练内容

1. 训练步骤

（1）硫代硫酸钠标准滴定溶液 $[c(\mathrm{Na_2S_2O_3}) = 0.1\mathrm{mol/L}]$ 的配制　称取 $\mathrm{Na_2S_2O_3} \cdot 5\mathrm{H_2O}$ 13g（或 8g 无水 $\mathrm{Na_2S_2O_3}$），加 0.1g 无水碳酸钠溶于 500mL 水中，缓缓煮沸 10min，冷却。放置两周后过滤、标定。

（2）硫代硫酸钠标准滴定溶液 $[c(\mathrm{Na_2S_2O_3}) = 0.1\mathrm{mol/L}]$ 的标定　准确称取约 0.18g 基准物质 $\mathrm{K_2Cr_2O_7}$（称准至 0.0001g）于 250mL 碘量瓶中，加入 25mL 煮沸并冷却后的蒸馏水溶解，加入 2g 固体 KI 及 20mL 20% $\mathrm{H_2SO_4}$ 溶液，立即盖上碘量瓶塞，摇匀，瓶口加少许蒸馏水密封，以防止 $\mathrm{I_2}$ 的挥发。在暗处放置 10min，打开瓶塞，用蒸馏水冲洗磨口塞和瓶颈内壁，加 150mL 煮沸并冷却后的蒸馏水稀释，用待标定的 $\mathrm{Na_2S_2O_3}$ 标准滴定溶液滴定至溶液出现淡黄绿色时，加 2mL 10g/L 的淀粉指示剂，继续滴定至溶液由蓝色变为亮绿色即为终点，记录所消耗 $\mathrm{Na_2S_2O_3}$ 标准滴定溶液的体积。同时做空白实验。

2. 数据记录

3. 结果计算

$$c(\mathrm{Na_2S_2O_3}) = \frac{m(\mathrm{K_2Cr_2O_7})}{M\left(\frac{1}{6}\mathrm{K_2Cr_2O_7}\right)(V - V_0) \times 10^{-3}}$$

式中　$c(\mathrm{Na_2S_2O_3})$——硫代硫酸钠标准滴定溶液的物质的量浓度，mol/L；

　　　$m(\mathrm{K_2Cr_2O_7})$——重铬酸钾的质量，g；

　　　V——滴定消耗硫代硫酸钠标准滴定溶液的体积，mL；

　　　V_0——空白实验消耗硫代硫酸钠标准滴定溶液的体积，mL；

$$M\left(\frac{1}{6}K_2Cr_2O_7\right)——\frac{1}{6}K_2Cr_2O_7\ \text{的摩尔质量，g/mol}。$$

4. 注意事项

（1）配制 $Na_2S_2O_3$ 溶液时，需用新煮沸（除去 CO_2 并杀死细菌）并冷却了的蒸馏水，或将 $Na_2S_2O_3$ 试剂溶于蒸馏水中，煮沸 10min 后冷却，加入少量 Na_2CO_3 使溶液呈碱性，以抑制细菌生长。

（2）配好的溶液储存于棕色试剂瓶中，放置两周后进行标定。硫代硫酸钠标准滴定溶液不宜长期储存，使用一段时间后要重新标定，如果发现溶液变浑浊或析出硫，应过滤后重新标定，或弃去重新配制溶液。

（3）用 $Na_2S_2O_3$ 滴定生成的 I_2 时应保持溶液呈中性或弱酸性。所以常在滴定前用蒸馏水稀释，降低酸度。通过稀释，还可以减少 Cr^{3+} 绿色对终点的影响。

（4）滴定至终点后，经过 5～10min，溶液又会出现蓝色，这是由于空气氧化 I^- 所引起的，属正常现象。若滴定到终点后，很快又转变为 I_2-淀粉的蓝色，则可能是由于酸度不足或放置时间不够使 $K_2Cr_2O_7$ 与 KI 的反应未完全造成，此时应弃去重做。

四、思考题

1. 配制 $Na_2S_2O_3$ 时，为什么需用新煮沸的蒸馏水？为什么需将溶液煮沸 10min？为什么常加入少量 Na_2CO_3？为什么要放置两周后再标定？

2. 采用碘量法滴定时为什么使用碘量瓶而不使用普通锥形瓶？

3. 标定 $Na_2S_2O_3$ 溶液时，为什么淀粉指示剂要在近终点时加入？指示剂加入过早对标定结果有何影响？

【技能训练 21】 碘标准滴定溶液的制备

一、训练目的

1. 学会碘标准滴定溶液的制备方法。

2. 学会计算碘标准滴定溶液的浓度。

二、训练所需试剂和仪器

1. 试剂

（1）固体试剂 I_2。

（2）固体试剂 KI。

（3）淀粉指示液（5g/L）。

（4）硫代硫酸钠标准滴定溶液：$c(Na_2S_2O_3)=0.1mol/L$。

2. 仪器

移液管、烧杯、试剂瓶、碘量瓶等。

三、训练内容

1. 训练步骤

（1）碘标准滴定溶液 $\left[c\left(\frac{1}{2}I_2\right)=0.1mol/L\right]$ 的配制　称取 6.5g I_2 放入小烧杯中，再称取 17g KI，准备蒸馏水 500mL，将 KI 分 4～5 次放入装有 I_2 的小烧杯中，每次加水 5～10mL，用玻璃棒轻轻研磨，使碘逐渐溶解，溶解部分转入棕色试剂瓶中，如此反复直至碘片全部溶解为止。用水多次清洗烧杯并转入试剂瓶中，剩余的水全部加入试剂瓶中稀释，盖好瓶盖，摇匀，待标定。

（2）碘标准滴定溶液 $\left[c\left(\dfrac{1}{2}I_2\right)=0.1\text{mol/L}\right]$ 的标定（用 $Na_2S_2O_3$ 标准滴定溶液"比较"）　用移液管移取已知准确浓度的 $Na_2S_2O_3$ 标准滴定溶液 30～35mL 于碘量瓶中，加水 150mL，加 3mL 5g/L 淀粉指示液，用待标定的碘标准滴定溶液滴定至溶液呈蓝色即为终点。记录所消耗 I_2 标准滴定溶液的体积。

2. 数据记录

3. I_2 标准滴定溶液浓度的计算

$$c\left(\frac{1}{2}I_2\right)=\frac{c(Na_2S_2O_3)V(Na_2S_2O_3)}{V(I_2)}$$

式中　$c\left(\dfrac{1}{2}I_2\right)$——碘标准滴定溶液的物质的量浓度，mol/L；

$c(Na_2S_2O_3)$——硫代硫酸钠标准滴定溶液的物质的量浓度，mol/L；

$V(Na_2S_2O_3)$——硫代硫酸钠标准滴定溶液的体积，mL；

$V(I_2)$——碘标准滴定溶液的体积，mL。

四、思考题

1. 滴定时，I_2 标准滴定溶液应装在何种滴定管中？为什么？

2. 配制 I_2 溶液时为什么要加 KI？

3. 配制 I_2 溶液时，为什么要在溶液非常浓的情况下将 I_2 与 KI 一起研磨，当 I_2 和 KI 溶解后才能用水稀释？如果过早地稀释会发生什么情况？

【技能训练 22】　胆矾中 $CuSO_4 \cdot 5H_2O$ 含量的测定

一、训练目的

1. 学会利用碘量法测定 $CuSO_4 \cdot 5H_2O$ 含量的方法。

2. 能够正确判断碘量法的滴定终点。

二、训练所需试剂和仪器

1. 试剂

（1）胆矾试样。

（2）H_2SO_4 溶液（20%）。

（3）固体 KI（分析纯）。

（4）淀粉指示液（10g/L）。

（5）硫代硫酸钠标准滴定溶液：$c(Na_2S_2O_3)=0.1\text{mol/L}$。

2. 仪器

烧杯、碘量瓶、滴定管、分析天平等。

三、训练内容

1. 训练步骤

准确称取 0.8g 样品（称准至 0.0001g），置于碘量瓶中，溶于 60mL 水中，加 5mL 硫酸溶液（20%）及 3g 碘化钾，摇匀，于暗处放置 10min 后，用硫代硫酸钠标准滴定溶液 $[c(Na_2S_2O_3)=0.1\text{mol/L}]$ 滴定，近终点时，加入 3mL 淀粉指示液（10g/L），继续滴定至溶液蓝色消失即为终点。记录所消耗硫代硫酸钠标准滴定溶液的体积，同时做空白实验。

2. 数据记录

3. 结果计算

$$w(CuSO_4 \cdot 5H_2O) = \frac{(V-V_0)c(Na_2S_2O_3)M(CuSO_4 \cdot 5H_2O) \times 10^{-3}}{m_{样}} \times 100\%$$

式中　$c(Na_2S_2O_3)$——硫代硫酸钠标准滴定溶液的物质的量浓度，mol/L；

　　　　V_0——空白试验所消耗硫代硫酸钠标准滴定溶液的体积，mL；

　　　　V——滴定样品时所消耗硫代硫酸钠标准滴定溶液的体积，mL；

　　　$m_{样}$——样品的质量，g；

$M(CuSO_4 \cdot 5H_2O)$——$CuSO_4 \cdot 5H_2O$ 的摩尔质量，g/mol。

4. 注意事项

必须加入过量的 KI，使生成 CuI 沉淀的反应更为完全，并使 I_2 形成 I_3^- 以增大 I_2 的溶解性，提高滴定的准确度。

四、思考题

1. 测定铜含量时，为何要加入过量的 KI？

2. 间接碘量法一般选择中性或弱酸性条件。而本实验测定铜含量时，要加入 H_2SO_4，为什么？能否加入 HCl？为什么？酸度过高对分析结果有何影响？

本 章 小 结

1. 能斯特方程和电极电位

对于任一可逆的氧化还原电对：

$$Ox(氧化态) + ne \Longleftrightarrow Red(还原态)$$

当达到平衡时，其电极电位与氧化态、还原态之间的关系遵循能斯特方程：

$$\varphi_{Ox/Red} = \varphi_{Ox/Red}^{\ominus} + \frac{RT}{nF}\ln\frac{a(Ox)}{a(Red)}$$

在一定温度下（通常为 25℃），当 $a(Ox) = a(Red) = 1mol/L$ 时（若反应物有气体参加，则其分压等于 1atm）的电极电位，称为标准电位。

而在一定条件（介质、浓度）下氧化态和还原态的分析浓度均为 1mol/L 或它们的浓度比率为 1 时，校正了各种外界因素（如配位反应、沉淀反应、酸效应等各种副反应）影响后的实际电极电位，称为条件电极电位。

2. 影响电极电位的因素

(1) 离子强度的影响。

(2) 生成沉淀的影响。

(3) 形成配合物的影响。

(4) 溶液的酸度对电极电位的影响。

3. 氧化还原滴定中的指示剂

氧化还原滴定中的指示剂分为以下 3 种类型。

(1) 自身指示剂　利用标准滴定溶液或被滴定物质本身颜色的变化来指示滴定终点的指示剂叫做自身指示剂。

(2) 氧化还原指示剂　本身具有氧化还原性而且其氧化态和还原态具有不同颜色的一些复杂有机化合物叫做氧化还原指示剂。

（3）专属指示剂　指示剂本身不具有氧化还原性，但能与氧化剂或还原剂反应，产生特殊颜色来确定滴定终点的指示剂叫专属指示剂。

4. 高锰酸钾法

高锰酸钾法是以 $KMnO_4$ 作为标准滴定溶液进行滴定的氧化还原滴定法。高锰酸钾滴定法多在 $0.5\sim1mol/L$ H_2SO_4 强酸性介质中使用。$KMnO_4$ 氧化能力强，应用广泛，可直接或间接地测定多种无机物和有机物。

$KMnO_4$ 标准滴定溶液需用间接法配制，即先配成近似浓度的溶液，放置 1 周后滤去沉淀，然后再用基准物质标定。常用于标定的基准物质有 $Na_2C_2O_4$ 等。

在标定高锰酸钾标准滴定溶液时需要控制好温度、酸度、滴定速度和滴定终点等几个条件。

5. 重铬酸钾法

重铬酸钾法是以 $K_2Cr_2O_7$ 为滴定剂的一种氧化还原滴定法。$K_2Cr_2O_7$ 易提纯，可以制成基准物质，在 $140\sim150℃$ 干燥 2h 后，可直接称量，配制标准滴定溶液。

6. 碘量法

碘量法是利用 I_2 的氧化性和 I^- 的还原性进行滴定的方法。它可分为直接碘量法和间接碘量法两种方法。

（1）直接碘量法　用 I_2 配成的标准滴定溶液可以在微酸性或近中性溶液中直接滴定电位值比 $\varphi_{I_3^-/I^-}^\ominus$ 小的还原性物质，这种碘量法称为直接碘量法，又叫碘滴定法。

碘标准滴定溶液常用基准物质 As_2O_3 或已知浓度的 $Na_2S_2O_3$ 标准滴定溶液标定。

（2）间接碘量法　利用 I^- 的还原性，先将电极电势比 $\varphi_{I_3^-/I^-}^\ominus$ 高的待测氧化性物质还原，定量地析出 I_2，然后再用 $Na_2S_2O_3$ 标准滴定溶液滴定析出的 I_2，从而测定氧化性物质含量的方法，称为间接碘量法，又称滴定碘法。间接碘量法多在中性或弱酸性溶液中进行。

$Na_2S_2O_3$ 标准滴定溶液需用间接法制备，常用 $K_2Cr_2O_7$、KIO_3、$KBrO_3$ 及升华 I_2 等基准物质标定。

知识链接

溴 酸 钾 法

溴酸钾法是利用溴酸钾作氧化剂进行滴定的氧化还原滴定法。$KBrO_3$ 是强氧化剂，在酸性溶液中与还原性物质作用，BrO_3^- 被还原为 Br^-，其半反应为：

$$BrO_3^- + 6H^+ + 6e \longrightarrow Br^- + 3H_2O \qquad \varphi^\ominus = 1.44V$$

$KBrO_3$ 易提纯，故其标准溶液可用直接法配制。$Sn(II)$、$Sb(III)$、$As(III)$、$Tl(I)$、Fe^{2+} 等许多还原性物质，均可用 $KBrO_3$ 标准滴定溶液直接测定。

溴酸钾法通常是在 $KBrO_3$ 标准溶液中加入过量的 KBr，配成 $KBrO_3$-KBr 标准溶液（又称"溴试剂"）。然后与碘量法配合使用，主要用于测定有机物。此 $KBrO_3$-KBr 标准溶液一经酸化，BrO_3^- 与 Br^- 立即反应生成 Br_2：

$$BrO_3^- + 5Br^- + 6H^+ \longrightarrow 3Br_2 + 3H_2O$$

析出的 Br_2 可与某些有机物发生加成反应或取代反应。为提高反应速率，应加入过量的溴试剂，待 Br_2 与待测物反应完全后，剩余的 Br_2 与 KI 作用，析出的 I_2 用 $Na_2S_2O_3$ 标准溶液滴定。

$$Br_2 + 2I^- \longrightarrow 2Br^- + I_2$$

$$I_2 + 2S_2O_3^{2-} \longrightarrow 2I^- + S_4O_6^{2-}$$

Br_2 水不稳定，不适合直接作滴定剂；而 $KBrO_3$-KBr 溶液很稳定，只在酸化时才产生 Br_2。利用 Br_2 的取代反应可测定甲酚、间苯二酚等酚类及芳香胺类有机物；利用 Br_2 的加成反应可测定甲基丙烯醛、甲基丙烯酸及丙烯酸酯类等有机物的不饱和度。根据 $KBrO_3$ 和 $Na_2S_2O_3$ 标准滴定溶液的浓度及消耗的体积，可求得被测有机物的含量。

例如苯酚含量的测定。苯酚又名石炭酸，是医药和有机化工的重要原料。测定时，先在苯酚试样中加入过量的 $KBrO_3$-KBr 标准溶液，用酸酸化后，苯酚羟基邻位和对位上的氢原子被溴取代：

反应完全后，加入 KI 还原剩余的 Br_2，然后，以淀粉溶液为指示剂，再用 $Na_2S_2O_3$ 标准滴定溶液滴定析出的 I_2，溶液由蓝色刚变成无色即为终点。

另外，8-羟基喹啉能定量沉淀许多金属离子，可用 $KBrO_3$ 法测定沉淀中 8-羟基喹啉的含量，从而间接测定金属的含量。

复习思考题

1. 什么是条件电极电位？条件电极电位与标准电极电位有什么不同？
2. 影响条件电极电位的因素有哪些？
3. 影响氧化还原反应速率的主要因素有哪些？
4. 简述氧化还原指示剂的变色原理。
5. 何谓专属指示剂？何谓自身指示剂？各举一例说明。
6. 高锰酸钾法应在什么介质中进行？
7. 用 $K_2Cr_2O_7$ 标准滴定溶液滴定 Fe^{2+} 时，为什么要加入 H_3PO_4？
8. 为什么碘量法不适宜在高酸度或高碱度介质中进行？
9. 碘量法的主要误差来源是什么？有哪些防止措施？
10. 在直接碘量法和间接碘量法中，淀粉指示液的加入时间和终点颜色变化有何不同？

自测题

一、选择题

1. 在 H_2SO_4 介质中，用 $KMnO_4$ 溶液滴定 H_2O_2 时，加入 $MnSO_4$ 的目的是（   ）。
   A. 防止诱导效应发生　　　　　　B. 加快反应速率
   C. 阻止生成 MnO_2　　　　　　　D. 防止 $KMnO_4$ 分解
2. 碘量法测定 $CuSO_4$ 含量，试样溶液中加入过量的 KI，下列叙述其作用错误的是（   ）。
   A. 还原 Cu^{2+} 为 Cu^+　　　　　B. 防止 I_2 挥发
   C. 与 Cu^+ 形成 CuI 沉淀　　　　D. 把 $CuSO_4$ 还原成单质 Cu
3. 间接碘量法测定水中 Cu^{2+} 含量，介质的 pH 应控制在（   ）。
   A. 强酸性　　　　B. 弱酸性　　　　C. 弱碱性　　　　D. 强碱性
4. 以下关于氧化还原滴定中的指示剂叙述不正确的是（   ）。
   A. 本身是氧化剂或还原剂，其氧化型和还原型具有不同颜色的试剂称氧化还原指示剂
   B. 专属指示剂本身不具有氧化性或还原性，但能与氧化剂或还原剂产生特殊的颜色

C. 在高锰酸钾法中一般无须外加指示剂

D. 重铬酸钾法中可以根据 $Cr_2O_7^{2-}$ 的橙色来确定终点

5. $KMnO_4$ 溶液不稳定的原因是（　　　）。

 A. 诱导作用   B. 还原性杂质的作用

 C. CO_2 的作用   D. 空气的氧化作用

6. 电极电位对判断氧化还原反应的性质很有用，但它不能判别（　　　）。

 A. 氧化还原反应速率   B. 氧化还原反应方向

 C. 氧化还原能力大小   D. 氧化还原的完全程度

7. 在高锰酸钾法测铁中，一般使用硫酸而不是盐酸来调节酸度，其主要原因是（　　　）。

 A. 盐酸强度不足   B. 硫酸可起催化作用

 C. Cl^- 可能与 $KMnO_4$ 作用   D. 以上均不对

8. 在间接碘量法测定中，下列操作正确的是（　　　）。

 A. 边滴定边快速摇动

 B. 加入过量 KI，在室温和避免阳光直射的条件下滴定

 C. 在 70～80℃ 恒温条件下滴定   D. 滴定一开始就加入淀粉指示剂

9. 以 $K_2Cr_2O_7$ 法测定铁矿石中铁含量时，用 $c(K_2Cr_2O_7) = 0.02mol/L$ $K_2Cr_2O_7$ 溶液滴定。设试样含铁以 Fe_2O_3（其摩尔质量为 159.7g/mol）计约为 50%，则试样称取量应为（　　　）。

 A. 0.1g 左右   B. 0.2g 左右   C. 1g 左右   D. 0.35g 左右

10. 碘量法中使用碘量瓶的目的是（　　　）。

 A. 提高测定的灵敏度   B. 防止溶液与空气的接触

 C. 防止碘的挥发   D. 防止溶液溅出

11. 对高锰酸钾滴定法，下列说法错误的是（　　　）。

 A. 可在盐酸介质中进行滴定   B. 直接法可测定还原性物质

 C. 标准滴定溶液用标定法制备   D. 在硫酸介质中进行滴定

12. 下列测定中，需要加热的有（　　　）。

 A. $KMnO_4$ 溶液滴定 H_2O_2 B. $KMnO_4$ 溶液滴定 $H_2C_2O_4$

 C. EDTA 法测定水的总硬度   D. 碘量法测定 $CuSO_4$

13. 在碘量法中，淀粉是专属指示剂，当溶液呈蓝色时，这是（　　　）。

 A. 碘的颜色   B. I^- 的颜色

 C. 游离碘与淀粉生成物的颜色   D. I^- 与淀粉生成物的颜色

14. 重铬酸钾法测铁中，过去常用 $HgCl_2$ 除去过量的 $SnCl_2$，主要缺点是（　　　）。

 A. 终点不明显   B. 不易测准

 C. $HgCl_2$ 有毒   D. 反应条件不好掌握

15. 在酸性介质中，用 $KMnO_4$ 标准滴定溶液滴定草酸盐溶液，滴定应该是（　　　）。

 A. 将草酸盐溶液煮沸后，冷却至 85℃ 再进行

 B. 在室温下进行

 C. 将草酸盐溶液煮沸后立即进行

 D. 将草酸盐溶液加热至 75～85℃ 时进行

16. 在间接碘量法中加入淀粉指示剂的适宜时间是（　　　）。

 A. 滴定开始时   B. 滴定近终点时

 C. 滴入标准滴定溶液近 50% 时   D. 滴入标准滴定溶液至 50% 后

17. 可用于直接配制标准滴定溶液的是（　　　）。

 A. $KMnO_4$ B. $K_2Cr_2O_7$ C. $Na_2S_2O_3 \cdot 5H_2O$ D. NaOH

18. $KMnO_4$ 法测石灰中 Ca 含量，先沉淀为 CaC_2O_4，再经过滤、洗涤后溶于 H_2SO_4 中，最后用 $KMnO_4$

滴定 $H_2C_2O_4$，Ca 的基本单元为（　　）。

A. Ca　　　　　　　B. $\frac{1}{2}$ Ca　　　　　　　C. Ca　　　　　　　D. $\frac{1}{3}$ Ca

二、判断题

1. 由于 $K_2Cr_2O_7$ 容易提纯，干燥后可作为基准物直接配制标准滴定溶液，不必标定。（　　）

2. 提高反应溶液的温度能提高氧化还原反应的速率，因此在酸性溶液中用 $KMnO_4$ 滴定 $C_2O_4^{2-}$ 时，必须加热至沸腾才能保证正常滴定。（　　）

3. 使用直接碘量法滴定时，淀粉指示剂应在近终点时加入；使用间接碘量法滴定时，淀粉指示剂应在滴定开始时加入。（　　）

4. 用高锰酸钾法测定 H_2O_2 时，需通过加热来加速反应。（　　）

5. 由于 $KMnO_4$ 性质稳定，可作基准物直接配制成标准滴定溶液。（　　）

6. 标定 $KMnO_4$ 溶液时，第一滴 $KMnO_4$ 加入后溶液的红色褪去很慢，而以后红色褪去越来越快。（　　）

7. 在滴定时，$KMnO_4$ 溶液要放在碱式滴定管中。（　　）

8. 氧化还原指示剂必须是氧化剂或还原剂。（　　）

9. 间接碘量法要求在暗处静置，是为防止 I^- 被氧化。（　　）

10. $K_2Cr_2O_7$ 是比 $KMnO_4$ 更强的一种氧化剂，它可以在 HCl 介质中进行滴定。（　　）

三、填空题

1. 在常用的三酸中，高锰酸钾法所采用的强酸通常是_____，而_____、_____两种酸一般则不宜使用。

2. 用 $K_2Cr_2O_7$ 标定 $Na_2S_2O_3$ 溶液时，溶液颜色会经过下列变化：红棕色→黄绿色→蓝色→亮绿色，它们分别是_____、_____、_____、_____的颜色。

3. 在常用的氧化还原滴定指示剂中，$KMnO_4$ 属于_____指示剂；可溶性淀粉属于_____指示剂；二苯胺磺酸钠属于_____指示剂。

4. $KMnO_4$ 溶液不稳定的原因是_____、_____和_____。

5. $Na_2S_2O_3$ 溶液浓度不稳定的原因有_____、_____、_____和_____。

6. 碘量法中防止 I^- 被空气氧化的措施是_____、_____、_____和_____。

7. 碘量法中防止 I_2 挥发的措施有_____、_____和_____。

8. 碘量法测定铜时，若有 Fe^{3+} 存在会干扰测定。因其能将_____氧化成_____，为此可通过加入_____消除干扰。

四、计算题

1. 在 250mL 容量瓶中将 1.0028g H_2O_2 溶液配制成 250mL 试液。准确移取此试液 25.00mL，用 $c\left(\frac{1}{5}KMnO_4\right)=0.1000mol/L$ 的 $KMnO_4$ 标准滴定溶液滴定，消耗 17.38mL，问 H_2O_2 试样中 H_2O_2 的质量分数？

2. 称取含有苯酚的试样 0.5005g，溶解后定容于 250mL 容量瓶中。移取 25.00mL 上述溶液，加入 $KBrO_3$-KBr 标准滴定溶液 25.00mL，并加 HCl 酸化，放置。待反应完全后，加入 KI。滴定析出的 I_2 消耗了 $c(Na_2S_2O_3)=0.1046mol/L$ 的 $Na_2S_2O_3$ 标准滴定溶液 13.62mL。另取 25.00mL $KBrO_3$-KBr 标准滴定溶液做空白试验，消耗上述 $Na_2S_2O_3$ 标准滴定溶液 41.20mL。计算试样中苯酚的含量。M（苯酚）= 94.11g/mol。

3. MnO_4^- 在酸性溶液中的半反应为：$MnO_4^- + 8H^+ + 5e \longrightarrow Mn^{2+} + 4H_2O$，其 $\varphi^\ominus = 1.5V$，已知 $[H^+] = 3mol/L$，反应达化学计量点时的电位是 1.53V，求此时 MnO_4^- 与 Mn^{2+} 的浓度比。

4. 测定铁矿中铁的含量时，称取试样 0.3029g，使之溶解后并将 Fe^{3+} 还原成 Fe^{2+} 后，用 0.01643mol/L $K_2Cr_2O_7$ 溶液滴定耗去 35.14mL。计算试样中铁的质量分数。如果用 Fe_2O_3 表示，该 $K_2Cr_2O_7$ 对 Fe_2O_3 的滴定度是多少？

第六章　分光光度法

【理论学习要点】

　　光的基本性质、分光光度法及其特点、物质对光的选择性吸收与吸收光谱、朗伯-比耳定律、显色反应及其影响因素、显色条件的选择、测量条件的选择、分光光度计的构造与工作原理、分光光度法的应用。

【能力培训要点】

　　朗伯-比耳定律的相关计算、吸收光谱的绘制与使用、标准曲线的绘制与使用、比色皿的使用、分光光度计的基本操作、分光光度计的维护与保养。

【应达到的能力目标】

　　1. 能够根据要求对样品进行适当的处理。

　　2. 能够配制标准系列溶液及待测试液。

　　3. 能够熟练地使用分光光度计并进行必要的维护。

　　4. 能够正确选择和使用比色皿。

　　5. 能够正确地选择测定条件。

　　6. 能够绘制吸收光谱并查找最大吸收波长。

　　7. 能够绘制标准曲线并用标准曲线法对水中挥发酚的含量进行测定。

　　8. 能够绘制标准曲线并用标准曲线法对化工产品中铁的含量进行测定。

案例一　水中挥发酚含量的测定

　　水中酚类属高毒物质，人体摄入一定量会出现急性中毒症状；长期饮用被酚污染的水，可引起头痛、出疹、瘙痒、贫血及各种神经系统症状。酚的主要污染源有煤气洗涤、炼焦、合成氨、造纸、木材防腐和化工废水。根据酚的沸点、挥发性和能否与水蒸气一起蒸出，分为挥发酚和不挥发酚。通常认为沸点在 230℃ 以下的为挥发酚，沸点在 230℃ 以上的为不挥发酚。中华人民共和国环境保护标准 HJ 503—2009 规定工业废水和生活污水中挥发酚含量的测定采用 4-氨基安替比林直接分光光度法。其具体方法为：用蒸馏法将挥发性酚类化合物蒸馏出来，于 pH＝10.0±0.2 介质中，在铁氰化钾存在下，酚类化合物与 4-氨基安替比林反应，生成橙红色的安替比林染料，其水溶液在 510nm 波长处有最大吸收。显色后，在 30min 内，用光程长为 20mm 比色皿测定吸光度，根据标准曲线求出水样中挥发酚的含量（以苯酚计，mg/L）。

案例分析

　　1. 在上述案例中，采用的是可见分光光度法测定水中挥发酚，由于酚本身对可见光无吸收，所以测定前要利用显色反应使之转变成对可见光有吸收的有色物质。

2. 在铁氰化钾存在下，pH＝10.0±0.2 介质中，酚类化合物与 4-氨基安替比林反应，生成橙红色的安替比林染料，该有色染料最易吸收 510nm 波长的光。

3. 本方法是通过测定物质对光的吸收程度而进行定量测定的，其理论依据是朗伯-比耳定律，定量测定方法是标准曲线法。

为完成水中挥发酚含量的测定任务，需要掌握如下理论知识与操作技能。

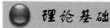

一、光的性质与吸收光谱

许多物质都具有一定的颜色，例如 $KMnO_4$ 溶液呈紫红色、邻二氮菲亚铁溶液呈红色等。物质的颜色与物质和光的相互作用（如光的透过、吸收、反射等）具有密切关系。

1. 光的基本性质

光是一种电磁波，它具有波粒二象性：波动性和粒子性。

波动性是指光具有波的性质。

例如：光的折射、衍射、偏振和干涉等现象，就明显地表现其波动性。描述光的波动性可用波长 λ、频率 ν 与速度 c 等参数，其相互关系为：

$$\lambda\nu=c \tag{6-1}$$

式中　λ——波长，cm；

　　　ν——频率，Hz；

　　　c——光速，在真空中等于 2.9979×10^{10} cm/s。

光同时又具有粒子性。即光是由"光微粒子"（光量子或光子）所组成的。光子的能量与光的波长、频率的关系为：

$$E=h\nu=hc/\lambda \tag{6-2}$$

式中　E——光子的能量，eV；

　　　h——普朗克常数，6.626×10^{-34} J·s。

如果电磁波按照波长顺序排列，可得到表 6-1 所列的电磁波谱。

表 6-1　电磁波谱

光 谱 名 称	波 长 范 围	光 谱 名 称	波 长 范 围
γ 射线	$5\times10^{-4}\sim0.01$nm	近红外线	$0.78\sim2.5\mu$m
X 射线	$0.01\sim10$nm	中红外线	$2.5\sim50\mu$m
远紫外线	$10\sim200$nm	远红外线	$50\sim1000\mu$m
近紫外线	$200\sim380$nm	微波	$0.1\sim100$cm
可见光	$380\sim780$nm	无线电波	$1\sim1000$m

2. 单色光和互补光

通常，光有单色光和复色光之分，单一波长的光，称为单色光；含有多种波长的光，称为复色光。例如日光、白炽灯光等白光都是复色光。

人的眼睛对不同波长的光感觉是不一样的。凡是能被肉眼感觉到的光都称为可见光，其波长范围为 380～780nm。凡波长小于 380nm 的紫外线或波长大于 780nm 的红外线均不能被人的眼睛感觉出，所以这些波长范围的光是看不到的。在可见光的范围内，不同波长的光刺激人眼后会产生不同颜色的感觉，从而在人眼中形成不同颜色的色光。表 6-2 列出了各种色光的近似波长范围。

日常见到的日光、白炽灯光等白光就是由这些波长不同的有色光混合而成的。利用色散

表 6-2　各种色光的近似波长范围

颜　色	波长范围/nm	颜　色	波长范围/nm
紫外线	<380	黄绿	560～580
紫	380～450	黄	580～600
蓝	450～480	橙	600～650
青	480～490	红	650～780
蓝绿	490～500	红外线	>780
绿	500～560		

图 6-1　互补色光示意

元件（如棱镜）可以将白光色散成红、橙、黄、绿、青、蓝、紫等一系列不同颜色（即不同频率）的近似单色光。反之，若将上述不同颜色的光按照一定强度比混合后也将能得到白光。实验进一步证明，如果把适当颜色的两种光按一定的强度比例混合，也可得到白光，这两种颜色的光称为互补色光。如绿色光与紫色光互补，黄色光与蓝色光互补，它们按照一定的强度比混合后均可以得到白光。图 6-1 为互补色光示意，图中处于同一直线上的两种颜色的光即为互补色光。

3. 物质颜色的产生与吸收光谱

当一束白光照射到某一透明溶液上时，如果任何波长的可见光均不被该溶液所吸收，即白光全部透过溶液，溶液将呈无色透明；若白光全部被溶液所吸收，则溶液将呈黑色；如果溶液选择性地吸收了某一颜色的可见光，则溶液将呈现出被吸收光的互补色光的颜色。例如：$CuSO_4$ 水溶液呈蓝色，就是由于 $CuSO_4$ 水溶液选择性地吸收了白光中的黄色光，而使与黄色光互补的蓝色光透过溶液的缘故。

上述物质对光作用的不同，实际上反映了物质的一个重要属性，即物质对不同波长的光具有选择性吸收的性质。该性质可通过吸收光谱进行描述。

吸收光谱是通过实验获得的，其方法为：将不同波长的光依次通过某一固定浓度和厚度的有色溶液，分别测定该物质溶液对各种波长光的吸收程度（用吸光度 A 表示），以波长 λ 为横坐标、吸光度 A 为纵坐标作图，得到一条曲线，这条 A-λ 曲线形象地反映了物质对不同波长的光具有选择性吸收的性质，即称之为该物质的吸收光谱，也叫做该物质的吸收曲线。曲线中物质对光呈最大吸收处的波长称为最大吸收波长，以 λ_{max} 表示。

图 6-2 是 3 种不同浓度时 $KMnO_4$ 溶液的吸收曲线。λ_{max} 为 525nm，说明溶液对 525nm 的绿色光有最大吸收。

经研究不同物质的吸收光谱可以发现，吸收光谱具有如下特性。

（1）不同浓度的同一物质，其吸收光谱的形状类似，最大吸收波长的位置一致。随溶液浓度的增大或减小，同一物质的吸收光谱向上或向下平移。

（2）对于不同物质，它们的 λ_{max} 的位置和吸收光谱的形状互不相同，据此可进

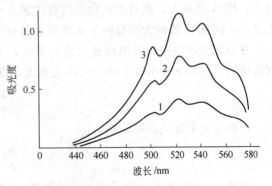

图 6-2　3 种不同浓度的 $KMnO_4$ 溶液吸收曲线
1—$c(KMnO_4)=1.56\times10^{-4}$ mol/L；2—$c(KMnO_4)=$
3.12$\times10^{-4}$ mol/L；3—$c(KMnO_4)=4.68\times10^{-4}$ mol/L

行物质的定性分析。

（3）不同物质的吸收光谱上总有一最大吸收峰，相应的波长即 λ_{max}。在进行光度测定时，通常以 λ_{max} 作为测定波长，此时测定的灵敏度最高。

二、分光光度法及其特点

应用分光光度计，根据物质对不同波长的光的吸收程度不同而对物质进行定性和定量分析的方法，称为分光光度法，又称为吸光光度法。根据所用光的波谱区域不同，它又可分为可见分光光度法（380～780nm）、紫外分光光度法（200～380nm）以及红外分光光度法（0.78～30μm）。通常把紫外分光光度法和可见分光光度法统称为紫外-可见分光光度法。本书主要讨论可见分光光度法，它具有如下特点。

（1）灵敏度高　分光光度法的浓度测量下限可达 $10^{-5}\sim10^{-6}\,mol/L$，如果对被测组分进行先期的分离富集，灵敏度还可以提高 2～3 个数量级。因而它具有较高的灵敏度，适用于微量组分的测定。

（2）准确度高　一般分光光度法测定的相对误差为 2%～5%，虽然其准确度不及一般的化学分析法（相对误差在 0.2% 以内），但由于其测量对象多为微量组分，故由此引出的绝对误差并不大，完全能够满足微量组分的测定要求。若采用精密分光光度计测量，相对误差可低至 1%～2%。

（3）操作简便快速　分光光度法所用的仪器结构相对简单，操作方便。试样处理后，一般只需经历显色和吸光度测量两个步骤，即可得出分析结果。

（4）应用广泛　分光光度法广泛应用于微量组分的测定，几乎所有的无机离子和许多有机化合物都可直接或间接地利用分光光度法进行测定。因此，分光光度法是生产和科研部门广泛应用的一种分析方法。

三、光吸收定律——朗伯-比耳定律

1. 吸光度与透射比

当一束平行单色光垂直通过某一均匀的溶液时，设入射光通量为 Φ_0，透射光通量为 Φ_{tr}，则溶液中物质对光吸收的程度，常采用吸光度 A 表示。通常把入射光通量 Φ_0 与透射光通量 Φ_{tr} 之比的对数称为吸光度，即

$$A=\lg\frac{\Phi_0}{\Phi_{tr}} \tag{6-3}$$

式中，入射光通量 Φ_0 通常固定不变，显然，当 $\Phi_{tr}<\Phi_0$ 时，表明物质对光有吸收，Φ_{tr} 越小，则 A 值越大，表明光被吸收的程度越大；Φ_{tr} 越大，则 A 值越小，表明光被吸收的程度越小，因此 A 值的大小反映了光被吸收的程度。

在分光光度法中还常用到透射比的概念，通常把透射光通量 Φ_{tr} 与入射光通量 Φ_0 之比称为透射比，以 τ 表示（有些书上称透光度，以 T 表示），即

$$\tau=\frac{\Phi_{tr}}{\Phi_0} \tag{6-4}$$

以百分透射比表示时，则

$$\tau\%=\frac{\Phi_{tr}}{\Phi_0}\times100 \tag{6-5}$$

显然，τ 值的大小反映了光透过的程度。τ 值越大，说明透过的光越多。吸光度 A 与透射比 τ 之间的关系式为：

$$A=-\lg\tau \tag{6-6}$$

或
$$A = 2 - \lg\tau\%$$
（6-7）

【例题 6-1】 已知某波长的单色光经过液层厚度为 1.00cm 的比色皿后，吸光度为 0.190，求该溶液的透射比。

解 根据吸光度与透射比的关系，则

$$A = -\lg\tau$$
$$0.190 = -\lg\tau$$
$$\tau = 0.646$$

答：该溶液的透射比为 0.646。

2. 朗伯-比耳定律

朗伯-比耳定律，也叫光吸收定律，是分光光度法进行定量分析的理论依据。它是由朗伯定律和比耳定律合并而成的。

朗伯（Lambert）定律：当一束平行单色光垂直通过某一均匀的溶液时，当入射光通量与溶液浓度一定时，溶液的吸光度 A 与液层厚度 b 成正比，即

$$A = k_1 b$$
（6-8）

式中，k_1 为一个比例系数。朗伯定律适用于一切均匀的吸收介质。

比耳（Beer）定律：当一束平行单色光垂直通过某一均匀的溶液时，当入射光通量与液层厚度一定时，溶液的吸光度 A 与其浓度 c 成正比，即

$$A = k_2 c$$
（6-9）

式中，k_2 为另一个比例系数。比耳定律只适用于稀溶液。因为在较浓的溶液中，吸光物质的分子间可能发生缔合或离解，使吸光度与浓度不成正比关系而产生较大误差。

朗伯-比耳（Lambert-Beer）定律：当一束平行单色光垂直通过某均匀溶液时，溶液的吸光度 A 与吸光物质的浓度 c 及液层厚度 b 的乘积成正比，即

$$A = Kbc$$
（6-10）

式中，K 为吸光系数，它与吸光物质性质、入射光波长、溶液温度和溶剂性质等因素有关。

朗伯-比耳定律是分光光度法进行定量分析的理论依据。它在应用时需满足一定的条件：一是入射光必须使用单色光；二是吸收发生在均匀的介质中；三是吸收过程中，吸收物质间不发生相互作用。

3. 吸光系数

式(6-10) 中比例系数 K 称为吸光系数，但 K 值的大小随溶液浓度及液层厚度所用单位的不同而异。常用的有摩尔吸光系数和质量吸光系数。

(1) 摩尔吸光系数 ε 当溶液的浓度以物质的量浓度即 mol/L 表示，液层厚度以 cm 表示时，相应的吸光系数称为摩尔吸光系数，以 ε 表示，单位为 L/(mol·cm)。其物理意义是：将物质的量浓度为 1mol/L 的溶液放在 1cm 比色皿中，在一定波长下测得的吸光度。摩尔吸光系数是吸光物质的重要参数之一，它反映了物质对一定波长光吸收能力的大小。ε 越大，表明物质对某波长光的吸收能力越强，用分光光度法测定该物质的灵敏度也越高。一般认为，$\varepsilon < 1 \times 10^4$，灵敏度较低；$\varepsilon$ 在 $1 \times 10^4 \sim 6 \times 10^4$ 之间属中等灵敏度；ε 在 $6 \times 10^4 \sim 1 \times 10^5$ 之间属高灵敏度；$\varepsilon > 10^5$ 属超高灵敏度。

(2) 质量吸光系数 α 当溶液的浓度以质量浓度即 g/L 表示，液层厚度以 cm 表示时，相应的吸光系数称为质量吸光系数，以 α 表示，单位为 L/(g·cm)。其物理意义是：将质量浓度为 1g/L 的溶液放在 1cm 比色皿中，在一定波长下测得的吸光度。质量吸光系数适用于

摩尔质量未知的化合物。

同一物质在同一波长下的 ε 和 α 之间的关系为：

$$\alpha = \frac{\varepsilon}{M} \tag{6-11}$$

式中，M 为吸光物质的摩尔质量。

4. 吸光度加和性原理

上述朗伯-比耳定律是从单组分的情况推导而来的，实际上朗伯-比耳定律也适用于混合多组分。若在同一均匀溶液中，同时含有几种不同的吸光组分，只要各组分之间相互不发生化学反应，当一束平行单色光垂直通过该溶液时，该混合溶液的总吸光度等于溶液中各组分在同一波长下的分吸光度之和。这就是吸光度加和性原理，其数学表达式为：

$$A_{总} = A_1 + A_2 + A_3 + \cdots + A_i = \Sigma A_i \tag{6-12}$$

【例题 6-2】 用 4-氨基安替比林分光光度法测定水中微量酚。50mL 容量瓶中有苯酚 150.0μg，用 2cm 比色皿在 500nm 波长下测得吸光度 $A = 0.393$，求 ε [M(苯酚)＝94.11g/mol]。

解
$$c = \frac{m}{MV} = \frac{150.0 \times 10^{-6}}{94.11 \times 50 \times 10^{-3}} = 3.188 \times 10^{-5} (\text{mol/L})$$

根据朗伯-比耳定律，则

$$\varepsilon = \frac{A}{bc} = \frac{0.393}{2 \times 3.188 \times 10^{-5}}$$

$$\varepsilon = 6.16 \times 10^3 [\text{L/(mol} \cdot \text{cm)}]$$

答：摩尔吸光系数 ε 为 6.16×10^3 L/(mol·cm)。

四、显色反应及显色剂

1. 显色反应

可见分光光度法是利用有色溶液对光的选择性吸收性质进行测定的。有些物质本身具有明显的颜色，可用于直接测定，但大多数物质本身颜色很浅甚至是无色，这时就需要加入某种试剂，使原来颜色很浅或无色的被测物质转化为有色物质再进行测定。这种将被测组分转变成有色化合物的反应称为显色反应，所加入的试剂称作显色剂。在分光光度分析中所用到的显色反应主要有配位反应和氧化还原反应等。

用于分光光度分析的显色反应应满足下列要求。

(1) 选择性好 干扰少，所用显色剂最好只与被测组分发生显色反应，如果其他干扰组分也显色，则要求被测组分反应所生成的有色化合物与干扰组分所生成有色化合物的最大吸收峰相距较远，彼此互不干扰。

(2) 灵敏度高 分光光度法主要用于测定微量组分，因此，为提高测定灵敏度，要求显色反应后所生成的有色化合物的摩尔吸光系数大。但要注意，灵敏度高的反应，选择性不一定好，所以，两者应该兼顾。

(3) 有色化合物的组成恒定 显色反应应按确定的反应式进行，对于可形成多种配位比的配位反应，应控制显色条件，使其组成恒定，这样被测物质与有色化合物之间才有定量关系。

(4) 有色化合物的性质稳定 反应所生成的有色化合物应对空气中的氧气、二氧化碳、灰尘等不敏感，不容易受溶液中其他化学因素的影响，以保证吸光度测定的准确度和良好的重现性。

（5）显色剂与所生成有色化合物的颜色差别要大　有色化合物与显色剂之间的颜色差别要大，显色剂在测定波长处无吸收。通常把两种吸光物质最大吸收波长之差的绝对值称为对比度，用 $\Delta\lambda$ 表示，要求有色化合物与显色剂的 $\Delta\lambda > 60\text{nm}$。

2. 显色剂

显色反应中常用的显色剂有两类，一类是无机显色剂，另一类是有机显色剂。

（1）无机显色剂　许多无机试剂能与金属离子发生显色反应，如 Cu^{2+} 与氨水可生成蓝色的 $[Cu(NH_3)_4]^{2+}$；硫氰酸盐与 Fe^{3+} 可生成红色的配离子 $[Fe(SCN)]^{2+}$ 或 $[Fe(SCN)_5]^{2-}$ 等。但无机显色剂与被测离子形成的配合物大多不够稳定，灵敏度比较低，有时选择性也不够理想，而且无机显色剂的品种有限，因此无机显色剂在分光光度分析中的应用不多。表 6-3 列出了几种常用的无机显色剂。

表 6-3　几种常用的无机显色剂

显色剂	测定元素	反应介质	有色化合物组成	颜色	测定波长/nm
硫氰酸盐	Fe(Ⅲ)	$0.1\sim0.8\text{mol/L HNO}_3$	$[Fe(SCN)_5]^{2-}$	红	480
	Mo(Ⅴ)	$1.5\sim2\text{mol/L H}_2\text{SO}_4$	$[MoO(SCN)_5]^{2-}$	橙	460
	W(Ⅴ)	$1.5\sim2\text{mol/L H}_2\text{SO}_4$	$[WO(SCN)_5]^{2-}$	黄	405
	Nb(Ⅴ)	$3\sim4\text{mol/L HCl}$	$[NbO(SCN)_4]^-$	黄	420
钼酸铵	Si	$0.15\sim0.3\text{mol/L H}_2\text{SO}_4$	$H_4SiO_4\cdot10MoO_3\cdot Mo_2O_3$	蓝	$670\sim820$
	P	$0.15\text{mol/L H}_2\text{SO}_4$	$H_3PO_4\cdot10MoO_3\cdot Mo_2O_3$	蓝	$670\sim830$
	V(Ⅴ)	1mol/L HNO_3	$P_2O_5\cdot V_2O_5\cdot22MoO_3\cdot nH_2O$	黄	420
	W	$4\sim6\text{mol/L HCl}$	$H_3PO_4\cdot10WO_3\cdot W_2O_5$	蓝	660
氨水	Cu(Ⅱ)	浓氨水	$[Cu(NH_3)_4]^{2+}$	蓝	620
	Co(Ⅲ)	浓氨水	$[Co(NH_3)_5]^{3+}$	红	500
	Ni	浓氨水	$[Ni(NH_3)_6]^{2+}$	紫	580
过氧化氢	Ti(Ⅳ)	$1\sim2\text{mol/L H}_2\text{SO}_4$	$[TiO(H_2O_2)]^{2+}$	黄	420
	V(Ⅴ)	$0.5\sim3\text{mol/L H}_2\text{SO}_4$	$[VO(H_2O_2)]^{3+}$	红橙	$400\sim450$
	Nb	$18\text{mol/L H}_2\text{SO}_4$	$Nb_2O_3(SO_4)_2\cdot(H_2O_2)_2$	黄	365

（2）有机显色剂　许多有机试剂在一定条件下能与金属离子生成有色的金属螯合物，具有明显的优点。

① 灵敏度高。大部分金属螯合物呈现鲜明的颜色，摩尔吸光系数都大于 10^4。而且螯合物中金属所占比率很低，提高了测定灵敏度。

② 稳定性好。金属螯合物均很稳定，一般离解常数很小，而且能抗辐射。

③ 选择性好。绝大多数有机螯合剂在一定条件下只与少数或某一种金属离子配位。而且同一种有机螯合物与不同的金属离子配位时，可生成不同特征颜色的螯合物。

④ 扩大了分光光度法的应用范围。虽然大部分金属螯合物难溶于水，但可被萃取到有机溶剂中，大大发展了萃取光度法。

随着有机试剂合成的发展，有机显色剂的应用日益增多。表 6-4 列出了几种常用的有机显色剂。

五、单组分定量测定方法

可见分光光度法常用于定量测定，根据朗伯-比耳定律，在一定波长条件下，溶液的吸光度与浓度成正比，因此在分光光度计上测出溶液的吸光度，通过下列方法即可求出被测物质的含量。

表 6-4　几种常用的有机显色剂

显色剂	测定元素	反应介质	λ_{max}/nm	$\varepsilon/[L/(mol \cdot cm)]$
磺基水杨酸	Fe^{2+}	pH 2~3	520	1.6×10^3
邻菲罗啉	Fe^{2+}	pH 3~9	510	1.1×10^4
	Cu^+		435	7×10^3
丁二酮肟	$Ni(Ⅳ)$	氧化剂存在、碱性	470	1.3×10^4
1-亚硝基-2-苯酚	Co^{2+}		415	2.9×10^4
钴试剂	Co^{2+}		570	1.13×10^5
双硫腙	$Cu^{2+},Pb^{2+},Zn^{2+},$ Cd^{2+},Hg^{2+}	不同酸度	490~550 (Pb520)	$4.5 \times 10^4 \sim 3 \times 10^4$ (Pb:6.8×10^4)
偶氮胂(Ⅲ)	$Th(Ⅳ),Zr(Ⅳ),La^{3+},$ Ce^{4+},Ca^{2+},Pb^{2+} 等	强酸至弱酸	665~675 (Th665)	$10^4 \sim 1.3 \times 10^5$ (Th:1.3×10^5)
二甲酚橙	$Hf(Ⅳ),Zr(Ⅳ),Nb(Ⅴ),$ $UO_2^{2+},Bi^{3+},Pb^{2+}$ 等	不同酸度	530~580 (Hf 530)	$1.6 \times 10^4 \sim 5.5 \times 10^4$ (Hf:4.7×10^4)
铬天青 S	Al^{3+}	pH 5~5.8	530	5.9×10^4
结晶紫	Ca	7mol/L HCl、$CHCl_3$-丙酮萃取		5.4×10^4
罗丹明 B	Ca,Tl	6mol/L HCl、苯萃取,1mol/L HBr 异丙醚萃取		6×10^4 1×10^5
孔雀绿	Ca	6mol/L HCl、C_6H_5Cl-CCl_4 萃取		9.9×10^4
亮绿	Tl	0.01~0.1mol/L HBr、乙酸		7×10^4
	B	乙酯萃取,pH 3.5 苯萃取		5.2×10^4

1. 标准曲线法

标准曲线法是最常用的定量分析方法。标准曲线法的测定方法为：配制 4 个以上浓度不同的待测组分标准溶液，在相同条件下显色后稀释至同一体积，在选定的测定波长下，以空白溶液为参比，分别测定各标准溶液的吸光度。以标准溶液浓度为横坐标，吸光度为纵坐标，在坐标纸上绘制曲线，该曲线即称为标准曲线（也叫工作曲线），如图 6-3 所示。然后按相同的方法制备被测试液，在与标准溶液相同的测定条件下，测定试液的吸光度，从标准曲线上查出被测试液的浓度，进一步计算出其含量。

标准曲线法适于大批同种样品的测定。

根据朗伯-比耳定律，吸光度与吸光物质的浓度成正比，所绘制的标准曲线应是一条通过坐标原点的直线。但是在实际工作中，尤其当吸光物质的浓度比较大时，直线常发生弯曲，此现象称为偏离朗伯-比耳定律，如图 6-4 所示。造成该现象的原因主要有以下几个方面。

① 单色光不纯引起的偏离。严格来说，朗伯-比耳定律只适用于单色光，但是，即使是现代高精度光度分析仪器所提供的入射光也不是纯的单色光，而是波长范围较窄的谱带。由于吸光物质对不同波长光的吸收能力不同，因而导致标准曲线发生弯曲，偏离朗伯-比耳定律。

② 试液浓度过高引起的偏离。朗伯-比耳定律只适用于稀溶液，当溶液浓度过高时，吸光质点之间可能发生缔合、离解等作用，使吸光质点相对减少，吸光度下降而产生偏离。

③ 介质不均匀引起的偏离。朗伯-比耳定律要求被测试液是均匀的，当被测试液为胶体、乳浊液或是悬浊液时，入射光一部分被试液所吸收，另一部分因反射、散射而损失，使透射比减小而吸光度增加，导致偏离。

如果在标准曲线弯曲部分进行定量测定，将会引起较大的误差。

2. 比较法

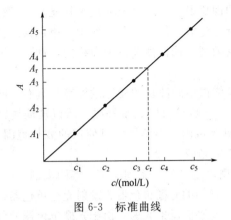

图 6-3 标准曲线

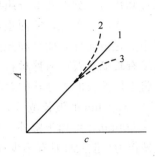

图 6-4 偏离朗伯-比耳定律
1—无偏离；2—正偏离；3—负偏离

取一份已知准确浓度的被测组分标准溶液，将其与被测试液在完全相同的条件下显色后，分别测定吸光度。若以 A_s 和 A_x 分别表示标准溶液和试液的吸光度，以 c_s 和 c_x 分别表示标准溶液和被测试液的浓度，则被测试液的浓度可按式(6-13) 计算：

$$c_x = \frac{A_x}{A_s} \cdot c_s \qquad (6\text{-}13)$$

采用比较法时应注意，所选择的标准溶液浓度应与被测试液浓度尽量接近，以避免产生较大的测定误差。测定的样品数较少时，采用比较法较为方便。

🔵 **技能基础**

用分光光度法测定水中微量酚含量时，利用的是分光光度计，因此，要完成案例一所述测定任务，必须了解分光光度计的构造和工作原理，掌握分光光度计的使用方法，了解其日常的维护和保养方法。

一、分光光度计的构造和工作原理

分光光度计主要由光源、单色器、比色皿、检测器和显示记录系统五大部件组成，如图6-5 所示。

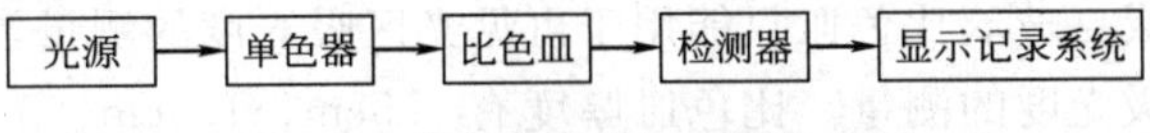

$$\boxed{光源} \rightarrow \boxed{单色器} \rightarrow \boxed{比色皿} \rightarrow \boxed{检测器} \rightarrow \boxed{显示记录系统}$$

图 6-5 分光光度计组成部件框图

1. 光源

光源的作用是提供符合要求的入射光。紫外-可见分光光度计上备有两种光源，一种用于可见光区，一种用于紫外区，可见分光光度计上只有可见光源。

可见光区的光源一般采用钨灯，它能够提供 $320\sim2500nm$ 波长范围的光。此外，还有卤钨灯，如碘钨灯、溴钨灯等。紫外区的光源一般采用氢灯或氘灯，它能够提供 $180\sim360nm$ 波长范围的光。此外，为了获得准确的测定结果，要求光源发射强度大，稳定性好，使用寿命长，通常要配置稳压电源；为了得到平行光，仪器中均装有聚光镜和反射镜等光学元件。

2. 单色器

单色器的作用是从光源发射的连续光谱中分离出所需要的波段足够狭窄的单色光。

单色器一般由入射狭缝、准光器（透镜或凹面反射镜，使入射光成平行光）、色散元件、聚焦元件和出射狭缝等几部分组成。其核心部分是色散元件，起分光作用。单色器的性能直接影响入射光的单色性，从而也影响到测定的灵敏度、选择性及校准曲线的线性关系等。

常用的色散元件有棱镜和光栅。

棱镜有玻璃和石英两种材料。其色散原理是依据不同波长的光通过棱镜时具有不同的折射率而将不同波长的光分开的，如图 6-6 所示。由于玻璃可吸收紫外线，所以玻璃棱镜只能用于 350～3200nm 的波长范围，即只能用于可见光域内。石英棱镜可使用的波长范围较宽，为 185～4000nm，可用于紫外、可见和近红外 3 个光域。

光栅作为色散元件具有不少独特的优点。光栅可定义为一系列等宽、等距离的平行狭缝，它是根据光的衍射和干涉原理来达到色散目的的。常用的光栅单色器为反射光栅单色器，它又分为平面反射光栅和凹面反射光栅，其中最常用的是平面反射光栅。由于光栅单色器的分辨率比棱镜单色器的分辨率高（可达±0.2nm），而且它可用的波长范围比棱镜宽，因此目前生产的紫外-可见分光光度计大多采用光栅作为色散元件。图 6-7 为光栅单色器示意。

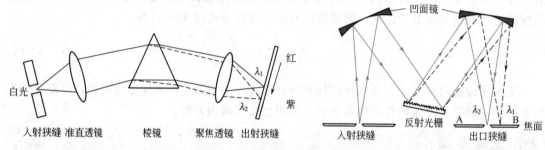

图 6-6　棱镜单色器示意　　　　　　　　　图 6-7　光栅单色器示意

应该指出的是，无论何种单色器，出射光光束常混有少量与仪器所指示波长差异较大的光波，即"杂散光"。杂散光会影响吸光度的正确测量，其产生的主要原因是光学部件和单色器壁的反射以及大气或光学部件表面上尘埃的散射等。为了减少杂散光，单色器用涂有黑色的罩壳封起来，通常不允许任意打开罩壳。

3. 比色皿

分光光度计中用来盛放溶液的容器称为比色皿，一般由无色透明、耐腐蚀的光学玻璃制成，或由石英玻璃制成。玻璃比色皿只能用于可见光区吸光度的测量，而石英比色皿可用于可见光区或紫外光区吸光度的测量。比色皿厚度有 0.5cm、1.0cm、2.0cm、3.0cm、5.0cm 等数种规格，一套同一规格的比色皿间透射比之差应小于 0.5%。使用过程中要注意保持比色皿的光洁，特别要保护其透光面不受磨损。

4. 检测器

检测器的作用是用于接收光辐射信号，并将光信号转换为电信号输出，以便于测量。常用检测器有光电管和光电倍增管等。

光电管是由一个阳极和一个光敏阴极构成的真空二极管，阴极表面镀有碱金属或碱土金属氧化物等光敏材料，当被光照射时，阴极表面发射电子，在外加电压作用下，电子以高速流向阳极而产生电流，电流大小与光通量成正比。光电管的特点是灵敏度高，不易疲劳。

光电倍增管是在普通光电管中引入具有二次电子发射特性的倍增电极组合而成，比普通光电管灵敏度高 200 多倍，是目前中高档分光光度计中常用的一种检测器。

5. 显示记录系统

显示记录系统的作用是把电信号以吸光度或透射比的方式显示或记录下来。常用的显示记录装置包括检流计、数字显示器、打印机以及计算机等。

分光光度计的简单工作原理为：由光源提供连续辐射的入射光，经狭缝导出光路系统聚集成一束平行光，经单色器色散分光成一定波长的单色光，再经光路系统聚光，由出光狭缝导出一定波长的单色光，照射于比色皿上，经待测吸光物质选择性吸收后、照射到光电检测器上，将光信号转变为电流信号，经信号放大，由显示记录系统指示出被测溶液的吸光度。图 6-8 为单光束分光光度计光路示意。

6. 分光光度计简介

分光光度计种类很多，目前国内外常用的分光光度计主要有三种类型，即单光束型、双光束型和双波长型。不同类型分光光度计的工作原理如图 6-9 所示。

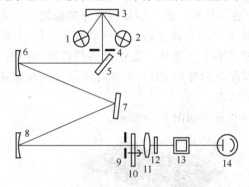

图 6-8 单光束分光光度计光路示意

1—钨灯；2—氘灯；3—凹面镜；4—入射狭缝；5—平面镜；6，8—准直镜；7—光栅；9—出射狭缝；10—调制器；11—聚光镜；12—滤光片；13—样品室；14—光电倍增管

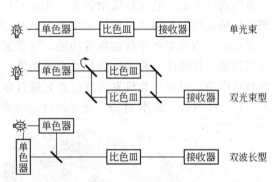

图 6-9 不同类型分光光度计工作原理示意

所谓单光束是指从光源发出的光经过单色器等一系列光学元件及吸收池最后照在检测器上，始终为一束光。单光束分光光度计的特点是结构简单，操作简便，价格便宜，其缺点是测定结果受光源强度的波动影响较大，往往给定量分析结果带来较大误差。常用的单光束分光光度计包括 722 型、723 型、724 型、752 型、754 型、756MC 型等。

双光束分光光度计是将单色器色散后的单色光分成两束，一束通过参比池，一束通过样品池，一次测量即可得到样品溶液的吸光度。双光束分光光度计是近年来发展最快的一类分光光度计，其特点是便于进行自动记录，可在较短的时间内获得全波段扫描吸收光谱，从而简化了操作手续。由于样品和参比信号进行反复比较，消除了光源不稳定以及检测系统波动的影响，测量准确度高。其缺点是由于仪器的光路设计要求严格，价格较高。国产 730 型、WFD-10 型、760CRT 型等分光光度计都属于此类仪器。

双波长分光光度计是将光源发出的光分成两束，分别通过两个单色器后得到两种不同波长的单色光，两束光交替地照射样品溶液，测得样品溶液在两波长处的吸光度之差 ΔA，当两波长差 $\Delta \lambda$ 固定时，ΔA 与样品溶液的浓度成正比，由此可进行定量分析。该类仪器的特点是不需要参比溶液，只用一个样品溶液，因此完全消除了背景吸收的干扰，提高了测量的准确度。它特别适合混合样品以及浑浊样品的定量分析，其不足之处在于仪器价格昂贵。

二、分光光度计的使用方法

不同类型的分光光度计具体操作方法是不一样的，但一般都包括以下的操作程序。

（1）选定合适的波长作为入射光，接通电源预热仪器 20min 左右；

（2）调节透射比为零，完成仪器调零；

（3）将参比溶液置于光路，接通光路（盖上吸收池暗箱盖），调 τ（或 T）＝100.0％（A＝0），（2）、（3）步应反复调整；

（4）将样品溶液推入光路，读取吸光度 A；

（5）测定完成后，应整理好仪器，尤其是吸收池应及时清洗干净；

（6）清洗各玻璃仪器，收拾桌面，将实验室恢复原样，处理数据。

三、UV-7504 型紫外-可见分光光度计简介

1. 仪器结构与功能

UV-7504 型紫外-可见分光光度计具有卤钨灯和氘灯两种光源，适用于 200～1000nm 波长范围内的测量。它采用低杂散光、光栅 CT 式单色器结构，使仪器具有良好的稳定性、重现性和精确的测量精度；该机采用最新微机处理技术，具有自动设置 T＝0 和 T＝100％的控制功能，以及多种浓度运算等功能；仪器配有相应的工作软件，使仪器还具有波长扫描、时间扫描、标准曲线和多种数据处理等功能；仪器配有标准的 RS-232 双向通信接口和标准并行打印口，可向计算机发送数据并直接打印测试结果。

UV-7504C 型紫外-可见分光光度计的外形和键盘分别如图 6-10 所示。

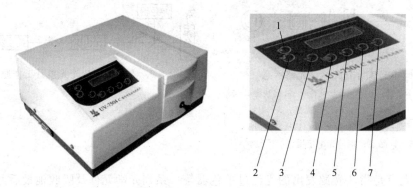

图 6-10　UV-7504C 型紫外-可见分光光度计的外形和键盘

仪器键盘共由 7 个键组成，其基本功能介绍如下。

1——"▲"键，此键有 4 个功能：①在浓度状态（c）下按此键，浓度参数自动增加；②在斜率状态（F）下按此键，斜率参数自动增加；③在 WL＝×××.×nm（波长改变）按此键，波长参数自动增加；④在仪器完成自检后，波长停在 546nm 时，按此键可以快速进入预设波长。

2——"▼"键，此键有 4 个功能：①在浓度状态（c）下按此键，浓度参数自动减少；②在斜率状态（F）下按此键，斜率参数自动减少；③在 WL＝×××.×nm（波长改变）按此键，波长参数自动减少；④在仪器完成自检后，波长停在 546nm 时，按此键可以快速进入预设波长。

3——"方式"键，按此键仪器的测试模式在吸光度、浓度、透射比间转换。

4——"$\dfrac{0ABS}{100\%T}$"键，在吸光度状态下，按此键仪器自动将参比调为"0.000A"；在透射比状态下，按此键仪器将自动将参比调为"100％T"。

5——"返回"键，当仪器设置等方面出现错误时，按此键可以返回到原始状态。

6——"设定"键，按此键第一次显示自动设置的参数，第二次后参数方式将自动切换。

7——"确认"键，按此键为确认一切参数设置有效，若不按此键，则设置无效。

2. 仪器使用方法

① 开机：接通电源，开机预热 20min，至仪器自动校正后，显示器显示"546.0nm 0.000A"，仪器自检完毕，即可进行测试。

② 用"方式"键设置测试方式，根据需要选择吸光度（A）、浓度（c）、透光度（T）。

③ 选择分析波长，按设定键屏幕显示"WL=×××.×nm"字样，按"▲"、"▼"调节至所需波长，按确认键确认。稍等，待仪器显示出所需波长，并已经把参比调成 $A=0.000$ 时，即可测试。

④ 将参比样品溶液和被测样品溶液放入样品槽中，盖上样品室盖，将参比溶液推入光路，按"$0ABS/100\%T$"键调节 $A=0$ 及 $T=100\%$。

⑤ 当仪器显示"$0.000A$"或"$100\%T$"后，将待测样品溶液推入光路，依次测试待测样品的数据，并记录。

⑥ 测试完毕，取出吸收池，清洗并晾干后入盒保存。关闭电源，拔下电源插头，盖上仪器防尘罩，填写仪器使用记录。

⑦ 清洗各玻璃仪器，收拾桌面，将实验台恢复原样。

四、分光光度计的维护与保养

1. 分光光度计的检验

为保证测试结果的准确可靠，新制造、使用中和修理后的分光光度计都应定期进行检定。国家技术监督局批准颁发了各类紫外、可见分光光度计的检定规程（检定标准号：JJG 178—2007）。检定规程规定检定周期为半年，两次检定合格的仪器检定周期可延长至一年。在验收仪器时应按仪器说明书及验收合同进行验收。下面简单介绍分光光度计的检验方法。

（1）波长准确度的检验　分光光度计经较长时间的使用后，由于机械振动、灯座松动、更换灯泡等原因，在实际使用过程中可能会出现仪器上的波长显示值与实际波长值不一致的现象，从而导致测定灵敏度下降。此时，需要对仪器波长准确度进行检验。

在可见光区检验波长准确度最简便的方法是绘制镨钕滤光片的吸收光谱曲线。镨钕滤光片的吸收峰为 528.7nm 和 807.7nm。如果仪器所测镨钕滤光片的吸收峰与 528.7nm 或 807.7nm 相差 ±3nm 以上，则需对仪器进行波长调节（不同型号的仪器波长调节方法有所不同，应按仪器说明书或请生产厂家进行波长调节）。

在紫外光区检验波长准确度比较实用和简便的方法是：用苯蒸气的吸收光谱曲线进行检查。具体方法是：在吸收池中滴入一滴液体苯，盖上吸收池盖，待苯挥发充满整个吸收池时，即可测绘苯蒸气的吸收光谱。若实测结果与苯的标准光谱曲线（图 6-11）不一致，则表明仪器波长有误差，必须加以调整。

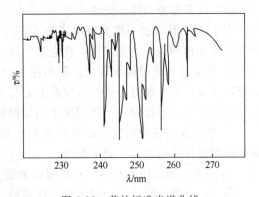

图 6-11　苯的标准光谱曲线

（2）透射比准确度的检验　很显然，透射比或吸光度的误差越大，测试结果的可信性就越差，从而影响到测试数据的准确度。

透射比的准确度通常用硫酸铜、硫酸钴铵、重铬酸钾等标准溶液进行检查，其中应用最普遍的是重铬酸钾溶液（$K_2Cr_2O_7$）。

透射比准确度的检验方法为：首先配制质量分数 $w(K_2Cr_2O_7) = 0.0060000\%$ （即 1000g 溶液中含 $K_2Cr_2O_7$ 0.060000g） $K_2Cr_2O_7$ 的 0.001mol/L $HClO_4$ 标准溶液，然后以 0.001mol/L $HClO_4$ 为参比，以 1cm 的石英比色皿分别在 235nm、257nm、313nm、350nm 波长处测定上述 $K_2Cr_2O_7$ 标准溶液的透射比，与表 6-5 所列数据进行比较，根据仪器级别，其差值应在 0.8%～2.5% 之间。

表 6-5　$w(K_2Cr_2O_7) = 0.0060000\%$ $K_2Cr_2O_7$ 溶液的透射比

波长/nm	235	257	313	350
透射比	18.2	13.7	51.3	22.9

（3）吸收池配套性检验　在定量测定中，需要对所使用的吸收池作配套性检验，以消除吸收池的误差，提高测量的准确度。

具体方法为：分别向被使用的比色皿中注入相同的溶液，将仪器置于某一波长处。要求：石英比色皿 220nm 处装蒸馏水，350nm 处装 $w(K_2Cr_2O_7) = 0.0060000\%$ $K_2Cr_2O_7$ 的 0.001mol/L $HClO_4$；玻璃比色皿 600nm 处装蒸馏水、400nm 处装 $K_2Cr_2O_7$（浓度同上）。以某一吸收池为参比，调节透射比为 100%，测量其他各吸收池的透射比值，记录其示值之差及通光方向，如透射比之差在 ±0.5% 的范围内则可以配套使用，否则应更换比色皿或扣除比色皿间的误差。

在多次实验中发现，比色皿换向后误差可达 4%～7%。所以在精确测量时，一定要看准比色皿箭头标志。如无标志，可作配套检定后按方向在毛玻璃上端做上箭头一致的标记，以避免操作时搞反。

2. 分光光度计的维护与保养

分光光度计是精密光学仪器，正确安装、使用和保养对保持仪器良好的性能和保证测试的准确度具有重要作用。

（1）对仪器工作环境的要求　分光光度计应安装在稳固的工作台上，周围不应有强磁场，以防电磁干扰。控制室温在 5～35℃，相对湿度在 45%～65%。室内应无腐蚀性气体（如 SO_2、NO_2、NH_3 及酸雾等），应与化学分析实验室隔开，且避免阳光直射。

（2）仪器保养与维护方法

① 仪器工作电源一般允许电压为 220V±22V，频率为 50Hz±1Hz 的单相交流电。为保证光源灯和检测系统的稳定性，在电源电压波动较大的实验室，应配备稳压电源。

② 为了延长光源使用寿命，在不使用时应关闭光源灯，如果光源灯亮度明显减弱或不稳定，应及时更换新灯。更换后要调节好灯丝位置，不要用手直接接触窗口或灯泡，避免油污黏附，若不小心接触过，要用无水乙醇擦拭。

③ 单色器是仪器的核心部分，装在密封盒内，不能拆开，为防止色散元件受潮生霉，必须定期更换单色器盒中的干燥剂。

④ 必须正确使用吸收池，保护吸收池透光面。

第一，拿取吸收池时，只能用手指接触两侧的毛玻璃，不可接触透光面。

第二，不能将光学面与硬物或脏物接触，只能用擦镜纸或丝绸擦拭透光面。

第三，凡含有腐蚀玻璃的物质（如 F^-、$SnCl_2$、H_3PO_4 等）的溶液，不得长时间盛放在吸收池中。

第四，吸收池内溶液的装入量要适当，一般溶液在比色皿中的高度为 2/3～4/5。

第五，吸收池使用后应立即清洗干净，晾干，不得在电炉或火焰上烘烤。

⑤ 光电转换元件不能长时间曝光，应避免强光照射或受潮积尘。

⑥ 仪器液晶显示器和键盘日常使用和保存时应注意防水、防尘、防划伤、防腐蚀，并在仪器使用完毕后盖上防尘罩。仪器长期不使用时，要注意环境的温度和湿度。

⑦ 在使用过程中，应防止吸收池中溶液溢出；使用结束后必须检查样品室是否存有溢出溶液，应经常擦拭样品室，以防废液对部件或光路系统的腐蚀。

⑧ 定期对仪器性能进行检测，发现问题应及时处理。

⑨ 仪器长时间不用，必须定期通电进行维护。

五、朗伯-比耳定律有关计算

【例题 6-3】 测定某有机样品中挥发酚时，先用酒石酸酸化，通过水蒸气蒸馏将酚蒸出，收集酚的蒸馏液，用 4-氨基安替比林分光光度法测定。已知在测定波长下，酚与 4-氨基安替比林所形成配合物的摩尔吸光系数为 6.17×10^3 L/(mol·cm)，使用 1.00cm 的比色皿测量吸光度，若测定的工作曲线透射比范围在 $0.15 \sim 0.65$ 之间，那么酚的浓度范围是多少？

解 根据吸光度与透射比的关系 $A = -\lg \tau$

当 $\tau = 0.15$ 时，$A = 0.82$；当 $\tau = 0.65$ 时，$A = 0.19$；

根据朗伯-比耳定律，$A = \varepsilon b c$，$c = \dfrac{A}{\varepsilon b}$

当 $A = 0.19$ 时，$c = \dfrac{0.19}{6.17 \times 10^3 \times 1} = 3.1 \times 10^{-5}$（mol/L）

当 $A = 0.82$ 时，$c = \dfrac{0.82}{6.17 \times 10^3 \times 1} = 1.3 \times 10^{-4}$（mol/L）

答：酚的浓度范围是 $3.1 \times 10^{-5} \sim 1.3 \times 10^{-4}$ mol/L。

【例题 6-4】 吸取含铁 45.0mg/L 的标准溶液 5.00mL 和某含铁试样 10.00mL，分别加还原剂还原后，加邻菲啰啉显色，用水稀释至 100mL 后，在一定波长处用 1cm 吸收池测得吸光度分别为 0.467 和 0.545，计算此配合物的摩尔吸光系数，并计算该试样中铁的质量浓度 [已知 $M(Fe) = 55.85$ g/mol]。

解 根据朗伯-比耳定律，$A = \varepsilon b c$，先进行溶液浓度转换：

(1)
$$c = \frac{45.0 \times 10^{-3} \times 5.00}{55.85 \times 100} = 4.03 \times 10^{-5} \text{(mol/L)}$$

$$\varepsilon = \frac{A}{bc} = \frac{0.467}{1 \times 4.03 \times 10^{-5}} = 1.16 \times 10^4 [\text{L/(mol·cm)}]$$

(2) 因定容体积相同，所以浓度之比等于质量之比。根据直接比较法，则

$$c_x = \frac{A_x}{A_s} \times c_s$$

$$c(Fe) = \frac{0.545}{0.467} \times \frac{45.0 \times 5.00}{10.0} = 26.3 \text{(mg/L)}$$

答：此配合物的摩尔吸光系数为 1.16×10^4 L/(mol·cm)，试样中铁的质量浓度为 26.3mg/L。

【例题 6-5】 有两种不同浓度的某种有色溶液，当液层厚度相同时，对于某一波长的光透射比分别为 (1) 68.0%，(2) 31.8%，求它们的吸光度。如果溶液 (1) 的浓度是 5.51×10^{-4} mol/L，求溶液 (2) 的浓度。

解 根据吸光度与透射比的关系，$A = -\lg \tau$

所以　　　　　　　　$A_1 = -\lg\tau_1 = -\lg 68.0\% = 0.167$

　　　　　　　　　　$A_2 = -\lg\tau_2 = -\lg 31.8\% = 0.498$

因为溶液（1）和溶液（2）是同种物质的溶液，所以 $\varepsilon_1 = \varepsilon_2$

且　　　　　　　　　　　　　　$b_1 = b_2$

根据朗伯-比耳定律，则有：

$$\frac{A_1}{A_2} = \frac{c_1}{c_2}$$

$$c_2 = \frac{A_2 c_1}{A_1} = \frac{0.498 \times 5.51 \times 10^{-4}}{0.167} = 1.64 \times 10^{-3}\,(\text{mol/L})$$

答：透射比为 68.0% 时，吸光度为 0.167；透射比为 31.8% 时，吸光度为 0.498；如果溶液（1）的浓度为 $5.51 \times 10^{-4}\,\text{mol/L}$，则溶液（2）的浓度为 $1.64 \times 10^{-3}\,\text{mol/L}$。

【技能训练 23】　水中微量酚含量的测定

一、训练目的

1. 学会使用分光光度计。

2. 学会标准系列溶液的配制。

3. 掌握 4-氨基安替比林分光光度法测定微量酚的原理和操作。

4. 学会制作与使用标准曲线。

二、训练所需试剂和仪器

1. 试剂

（1）活性炭粉末。

（2）高锰酸钾溶液 $[c(\text{KMnO}_4) = 0.1\text{mol/L}]$。

（3）硫酸铜溶液（10%）：称取 50g 硫酸铜（$\text{CuSO}_4 \cdot 5\text{H}_2\text{O}$）溶于蒸馏水中，稀释至 500mL。

（4）磷酸溶液（1+9）：量取 50mL 磷酸（$\rho = 1.69\text{g/mL}$），用水稀释至 500mL。

（5）甲基橙指示液（0.5g/L）：称取 0.05g 甲基橙溶于 100mL 水中。

（6）苯酚标准溶液 $[c(\text{苯酚}) = 0.010\text{mg/mL}]$。

（7）缓冲溶液（pH 约为 10）：称取 20g 氯化铵（NH_4Cl）溶于 100mL 氨水中，加塞。置冰箱中保存。

（8）4-氨基安替比林溶液（2%）：称取 4-氨基安替比林 2g 溶于水，稀释至 100mL，置于冰箱中保存。可使用 1 周。

（9）铁氰化钾溶液（8%）：称取 8g 铁氰化钾 $\text{K}_3[\text{Fe(CN)}_6]$ 溶于水，稀释至 100mL，置于冰箱中保存。可使用 1 周。

2. 仪器

（1）7504 型分光光度计或其他型号仪器（配有光程为 2cm 的比色皿）。

（2）500mL 全玻璃蒸馏器。

（3）实验室常用玻璃仪器。

三、训练内容

1. 训练步骤

（1）无酚水的制备　于 1L 水中加入 0.2g 经 200℃ 活化 0.5h 的活性炭粉末，充分振摇后，放置过夜。用双层中速滤纸过滤，或加氢氧化钠使水呈强碱性，并滴加高锰酸钾至溶液呈紫红色，移入蒸馏瓶中加热蒸馏，收集馏出液备用。

无酚水应储于玻璃瓶中，取用时应避免与橡胶制品（橡皮塞或乳胶管）接触。

（2）水样预处理　量取 250mL 水样置于蒸馏瓶中，加数粒小玻璃珠以防暴沸，再加二滴甲基橙指示液，用磷酸溶液调节至 pH＝4（溶液呈橙红色），加 5.0mL 硫酸铜溶液（如采样时已加过硫酸铜，则补加适量）。

如加入硫酸铜溶液后产生较多量的黑色硫化铜沉淀，则应摇匀后放置片刻，待沉淀后，再滴加硫酸铜溶液，至不产生沉淀为止。

（3）水样蒸馏　连接冷凝器，加热蒸馏，至蒸馏出约 225mL 时，停止加热，放冷。向蒸馏瓶中加入 25mL 无酚水，继续蒸馏至馏出液为 250mL 为止。

蒸馏过程中，如发现甲基橙的红色褪去，应在蒸馏结束后，再加 1 滴甲基橙指示液。如发现蒸馏后残液不呈酸性，则应重新取样，增加磷酸加入量，进行蒸馏。

（4）比色皿成套性检查　波长置于 600nm 处，在一组比色皿中加入适量蒸馏水，以其中任一比色皿为参比，调整透光度（透射比）为 100.0%，测定并记下其他各比色皿的透光度（透射比）值。比色皿间的透光度（透射比）偏差小于 0.5% 的即可视配套良好。

若多只比色皿同时使用，则必须保证任意两只比色皿透光度（透射比）偏差小于 0.5%。

（5）标准曲线的绘制　于一组 8 支 50mL 比色管中，分别加入 0、0.50mL、1.00mL、3.00mL、5.00mL、7.00mL、10.00mL、12.50mL 酚标准溶液，加无酚水至 50mL 标线。加 0.5mL 缓冲溶液，混匀，此时 pH 为 10.0±0.2，加 4-氨基安替比林 1.0mL，混匀。再加 1.0mL 铁氰化钾，充分混匀后，放置 10min，以无酚水为参比，用光程为 2cm 比色皿，于 510nm 波长处测量吸光度。经空白校正后，以苯酚含量（mg）为横坐标、吸光度为纵坐标，绘制标准曲线。

（6）水样的测定　取适量的馏出液放入 50mL 比色管中，稀释至 50mL 标线；加 0.5mL 缓冲溶液，混匀；加 4-氨基安替比林 1.0mL，混匀；再加 1.0mL 铁氰化钾，充分混匀后，用与绘制标准曲线相同的步骤测定吸光度，扣除空白实验所得吸光度即为校正吸光度。

（7）空白实验　以水代替水样，经蒸馏后，按水样测定步骤进行测定，以其结果作为水样测定的空白校正值。

2. 数据记录

3. 结果计算

水中挥发酚含量的计算

$$\rho = \frac{m}{V}$$

式中　ρ——以苯酚表示的挥发酚的质量浓度，mg/L；

　　　m——由水样的校正吸光度，从标准曲线上查得的苯酚含量，mg；

　　　V——移取馏出液体积，mL。

4. 注意事项

（1）加热蒸馏是实验的关键。

（2）如水样含挥发酚较高，移取适量水样并加无酚水至 250mL 进行蒸馏，则在计算时应乘以稀释倍数。

（3）当水样中存在氧化剂、油类、硫化物、有机或无机还原性物质和芳香胺类时会对测定产生干扰，应消除干扰后再测定。

四、思考题

1. 水样中加硫酸铜的目的是什么？

2. 定量分析中，为什么要求使用同一套比色皿？定性分析是否也有相同的要求？为什么？

案例二 化工产品中铁含量的测定

国标 GB/T 3049—2006 规定工业用化工产品中铁含量测定的通用方法为邻菲啰啉分光光度法。其具体方法为：用抗坏血酸将试液中的三价铁还原成二价铁，在 pH＝2～9 时，二价铁离子可与邻菲啰啉生成橙红色配合物。实验中控制 pH＝4～6，选用适当光程长度的比色皿，以蒸馏水为参比，用分光光度计于最大吸收波长 510nm 处测量其吸光度。根据标准曲线计算出化工产品中的铁含量。

案例分析

1. 在上述案例中，采用的是分光光度法测定化工产品中的铁含量，由于含量很低时铁离子溶液几乎无色，本身对可见光无吸收或吸收很弱，所以采用可见分光光度法测定前要采用显色反应使之转变成对光吸收较强的有色物质。

2. 二价铁离子与邻菲啰啉生成的配合物组成与实验条件有关，实验中应控制显色条件，使之生成组成恒定的配位化合物。

3. 该测定过程需要在 pH＝2～9 的介质中完成，实际常控制 pH＝4～6。

4. 二价铁离子与邻菲啰啉反应，所生成橙红色配合物的最大吸收波长在 510nm，本案例利用标准曲线法进行定量。

为完成化工产品中铁含量的测定任务，需要掌握如下理论知识与操作技能。

理论基础

一、显色条件的选择与干扰消除方法

1. 显色条件的选择

在可见分光光度法测定中，通常是将被测物质与显色剂反应，使之生成有色物质，然后测量其吸光度，进而求得被测物质的含量。因此，显色反应的完全程度会影响测定结果的准确性。

显色反应的完全程度取决于介质的酸度、显色剂的用量、反应的温度以及测定时间等因素。在建立分析方法时，需要通过实验确定最佳的反应条件。

(1) 显色剂用量 显色反应在一定程度上是可逆的，为了使反应进行完全，应加入过量的显色剂，但显色剂加入量过多，可能引起副反应，对测定不利。显色剂的适宜用量可通过实验确定，其方法是：固定待测试液的浓度及其他条件，加入不同量的显色剂，在相同条件下测定吸光度，然后以吸光度为纵坐标、显色剂用量（或浓度）为横坐标，绘制吸光度-显色剂用量关系曲线，如图 6-12 所示。

图 6-12(a) 中曲线表示随着显色剂用量的增加，溶液吸光度逐渐增大，当显色剂用量在 a、b 两点之间时，所测得的吸光度达最大值且恒定（曲线中出现一段较平坦部分），表明显色剂用量已足够，即可确定显色剂的用量在 ab 范围内为最佳。

图 6-12(b) 中曲线出现的平坦部分（$a'b'$）较窄，当显色剂用量继续增加（即超过 b'）

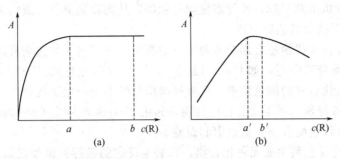

图 6-12　吸光度-显色剂用量关系曲线

时，吸光度反而下降，此时就应严格控制显色剂用量在 $a'b'$ 范围内。

（2）溶液的酸度　酸度对显色反应的影响主要有以下几个方面。

① 影响显色反应的完全程度及配合物的组成。许多显色剂为有机弱酸型，随着溶液酸度的增加，显色剂的有效浓度将随之减小，配位不完全，且所生成有色化合物的稳定性降低。对于能够形成多级配合物的显色反应，不同酸度条件下可形成不同配位比的配合物。如 Fe^{3+} 与磺基水杨酸反应，在 pH＝2～3 的溶液中，Fe^{3+} 与磺基水杨酸生成 1∶1 的紫红色配合物；pH＝4～7 时，可生成 1∶2 的橙色配合物；pH＝8～10 时，则生成 1∶3 的黄色配合物。

② 影响显色剂的颜色。许多显色剂本身具有酸碱指示剂的性质，在不同的酸度条件下，显色剂具有不同的颜色。例如二甲酚橙，当溶液的 pH 小于 6.3 时，它主要以黄色的 H_3In^{3-} 形式存在，pH 大于 6.3 时，它主要以红色的 H_2In^{4-} 形式存在。大多数金属离子与二甲酚橙所生成的配合物呈紫红色，因而以二甲酚橙作为显色剂时应控制溶液 pH 小于 6.3 时进行测定。

③ 影响被测离子的存在状态。许多高价金属离子会因酸度的降低而发生水解，形成各种型体的多羟基配合物，甚至因析出沉淀而无法进行光度测定。

显色反应的适宜酸度可通过实验确定，其方法为：固定待测组分及显色剂浓度，改变溶液的 pH，在相同条件下分别测定其吸光度，绘制 A-pH 关系曲线（如图 6-13），选择吸光度较大且曲线平坦部分对应的 pH 范围为适宜的酸度范围。

（3）显色温度　显色反应一般在室温下进行，但有些显色反应受温度影响较大，室温下进行缓慢，必须加热至一定温度才能迅速完成。但有些有色化合物当温度较高时易发生分解。因此，针对不同的反应，应通过实验找出各自适宜的显色温度。

（4）显色时间　由于显色反应的速率不尽相同，溶液颜色达到稳定状态所需时间亦不同。有些显色反应在瞬间

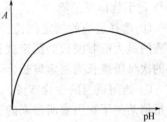

图 6-13　A-pH 关系曲线

即可完成，而且颜色在较长时间内保持稳定，但多数显色反应需一定时间才能完成。有些显色反应产物，由于受空气氧化等因素的影响容易分解褪色，所以要根据具体情况，掌握适当的显色时间，在颜色稳定的时间内进行测定。

适宜的显色时间和有色溶液的稳定程度，也是通过实验确定的。其方法是：配制一份待测组分的有色溶液，从加入显色剂开始计时，每隔一定时间测定一次吸光度，绘制 A-t（时间）关系曲线，曲线平坦部分对应的时间即为最佳测量时间。

（5）溶剂　许多有色化合物在水中离解度较大，而在有机相中离解度较小，故加入适量

的有机溶剂或用有机溶剂萃取，可使溶液颜色加深，从而提高显色反应的灵敏度。

　　2. 测定中的干扰及其消除方法

　　(1) 试样中存在干扰物质会影响被测组分的测定，干扰离子的影响有以下几种情况。

　　① 干扰离子本身有颜色，如 Co^{2+}（红色）、Ni^{2+}（翠绿色）、Cu^{2+}（蓝色）等，若其颜色与所生成有色化合物的颜色接近，将对被测组分的测定产生干扰。

　　② 干扰离子可与显色剂生成有色化合物，如用 NH_4SCN 测定 Co^{2+} 时，干扰离子 Fe^{3+} 与 SCN^- 可生成血红色配合物，从而引起误差。

　　③ 干扰离子与显色剂生成无色化合物，影响主反应的进行。例如磺基水杨酸测定 Fe^{3+} 时，干扰离子 Al^{3+} 与磺基水杨酸可生成无色配合物，消耗了大量显色剂，使被测离子配位不完全，导致负误差。

　　④ 干扰离子与待测组分生成配合物或沉淀，使测定结果偏低。如用磺基水杨酸测定 Fe^{3+} 时，若溶液中存在 F^- 和 HPO_4^{2-}，则 F^- 与 Fe^{3+} 生成稳定的无色配合物，HPO_4^{2-} 与 Fe^{3+} 生成磷酸盐沉淀，使被测离子浓度降低，不能充分显色而引起负误差，甚至导致测定无法进行。

　　(2) 消除共存离子干扰的方法

　　① 加入掩蔽剂。使其与干扰离子形成更稳定的无色配合物（或虽有颜色，但与被测有色化合物的颜色有较大差别，不影响测定），而不与被测离子形成配合物或只形成极不稳定的配合物，从而消除干扰离子的影响。例如在 NH_4SCN 测定 Co^{2+} 时，加入 NaF 可消除 Fe^{3+} 的干扰。

　　② 控制酸度。这是一种常用的、简便而有效的消除干扰的方法。许多显色剂是有机弱酸或弱碱，并且与不同金属离子生成的配合物稳定性不同，因此控制显色溶液的酸度，就可以控制显色剂各种型体的浓度，从而使某种金属离子显色，而另外一些金属离子不能生成稳定的有色化合物。例如，控制 $pH = 2 \sim 3$ 时，用磺基水杨酸测定 Fe^{3+}，可消除 Cu^{2+}、Al^{3+} 的干扰，此法甚至可用于铜合金中微量铁的测定。

　　③ 利用氧化还原反应，改变干扰离子价态。许多显色剂对变价元素的不同价态离子的显色能力不同。例如，在 Fe^{3+} 干扰铬天青 S 测定 Al^{3+} 时，可加入抗坏血酸使 Fe^{3+} 还原为 Fe^{2+}，干扰即可消除。

　　④ 选择适当的测定波长。为了使分析测定具有较高的灵敏度和准确度，通常选择待测物质的最大吸收波长为测定波长，但如在此波长处存在干扰，可适当降低灵敏度，选择干扰小的次灵敏波长为测定波长。

　　⑤ 选用适当的参比溶液。在光度分析中，采用参比溶液调节仪器的吸光度等于零，可以抵消某些干扰因素所带来的误差，因此选择适当的参比溶液，在一定程度上可达到消除干扰的目的。

　　⑥ 预分离法。若上述方法均不能满足要求时，就需要用预分离法将干扰组分从试液中分离出去。常用的预分离法有沉淀法、离子交换法、电解法及溶剂萃取法等。

　　二、仪器测量条件的选择

　　要使分光光度分析具有较高的灵敏度和准确度，在控制合适的显色反应条件的基础上，还必须注意选择适当的测量条件。

　　1. 选择合适的测定波长

　　在实际工作中，通常选择最大吸收波长作为入射光波长，因此时吸光物质的 λ_{max} 最大，测定的灵敏度最高。但如在 λ_{max} 处或其附近有干扰存在，在保证测定具有较高灵敏度的情况下，可选择其他波长进行测定，以消除干扰。

2. 控制适当的读数范围

任何一台分光光度计总有一个透射比读数误差 $\Delta\tau$，其数值大小反映了仪器的精度，通常在 $\pm(0.1\%\sim0.5\%)$ 之间。由于透射比与溶液浓度 c 之间为负对数关系，故同样的透射比读数误差 $\Delta\tau$ 在不同透射比处所造成的浓度相对误差 $\frac{\Delta c}{c}$ 是不同的。通过计算可知，一般被测溶液的吸光度在 $0.2\sim0.8$ 或透射比在 $15\%\sim65\%$ 范围内，测量的相对误差较小，能够满足准确度的要求；当 $A=0.434$（$\tau=36.8\%$）时，测量的相对误差最小。因此，在实际工作中应尽量控制吸光度读数在 $0.2\sim0.8$ 范围内，为此可采取以下措施。

① 控制试液的浓度。含量大时，少取样或稀释试液；含量少时，可多取样或萃取富集。

② 选择不同厚度的比色皿。读数太大时，可改用厚度小的比色皿；读数太小时，改用厚度大的比色皿。

③ 改变测定波长和改变参比溶液使吸光度值在此范围内。

3. 选择适当的参比溶液

参比溶液的作用是用来调节仪器的零点，即吸光度为 0、透射比为 100%。作为测量的相对标准，选择合适的参比溶液还可消除由于比色皿、溶剂、试剂、干扰离子等对入射光的吸收、反射、散射等所产生的误差。在可见光度分析中，一般可参照如下方法选择合适的参比溶液。

① 如果样品溶液、试剂、显色剂均在测定波长处对光无吸收，可选择纯溶剂作参比，称为"溶剂参比"。

② 如果样品溶液中共存的其他组分在测定波长处对光有吸收，但不与显色剂反应，且显色剂在测定波长处对光无吸收时，可选择不加显色剂的样品溶液作参比，称为"样品参比"。

③ 如果试剂、显色剂在测定波长处对光有吸收，可选择不加样品的试剂、显色剂溶液作参比，称为"试剂参比"。

④ 如果显色剂及样品基体在测定波长处对光有吸收，可在显色剂与待测组分显色后的试液中，加入某种退色剂，使溶液颜色退去，以此退色溶液为参比，称为"退色参比"。

总之，要求参比溶液能尽量使被测试液的吸光度真实地反映待测物质的浓度。

 技能基础

一、分光光度法的应用

1. 多组分样品定量分析

实际工作中所遇到的样品，往往是复杂的多组分混合物，多组分混合物定量分析的依据是吸光度加和性原理。现以混合双组分溶液为例加以说明。

设某溶液中同时含有 x 和 y 两种组分，其浓度分别为 $c(x)$ 和 $c(y)$，它们的吸收光谱可能会出现如图 6-14 所示的几种情况。

① 如果两种组分的吸收曲线相互不重叠，如图 6-14(a) 所示，即在 λ_1 处 y 组分无吸收，在 λ_2 处 x 组分无吸收。此种情况下，可在 λ_1 和 λ_2 处按单组分的测定方法分别进行测定，求出 x 和 y 两种组分的浓度。

② 如果两种组分的吸收曲线单向重叠，如图 6-14(b) 所示，即在 λ_1 处 y 组分无吸收，

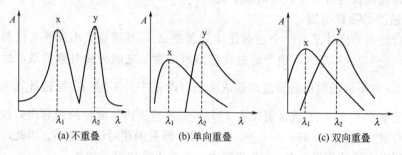

图 6-14　混合物吸收光谱

在 λ_2 处 x 组分有吸收。此时可分别在 λ_1 和 λ_2 处测混合组分的吸光度 A_{λ_1} 和 A_{λ_2}，根据吸光度加和性原理，可列出如下方程组：

$$\begin{cases} A_{\lambda_1} = \varepsilon_{\lambda_1}^{x} bc(x) \\ A_{\lambda_2} = \varepsilon_{\lambda_2}^{x} bc(x) + \varepsilon_{\lambda_2}^{y} bc(y) \end{cases}$$

式中，$\varepsilon_{\lambda_1}^{x}$ 为 x 组分在波长 λ_1 处的摩尔吸光系数；$\varepsilon_{\lambda_2}^{x}$、$\varepsilon_{\lambda_2}^{y}$ 分别为 x、y 组分在波长 λ_2 处的摩尔吸光系数。$\varepsilon_{\lambda_1}^{x}$、$\varepsilon_{\lambda_2}^{x}$ 可通过分别在 λ_1 和 λ_2 处测定 x 组分标准溶液的吸光度后计算求得；$\varepsilon_{\lambda_2}^{y}$ 可在 λ_2 处测定 y 组分标准溶液的吸光度后计算求得。然后将所求得的摩尔吸光系数带入上述方程组中，通过计算即可求得 x 和 y 两组分的浓度。

③ 如果两种组分的吸收曲线双向重叠，如图 6-14(c) 所示，即在 λ_1 和 λ_2 两波长处，x、y 两组分均有吸收。此时，可参照②中方法，建立如下方程组：

$$\begin{cases} A_{\lambda_1} = \varepsilon_{\lambda_1}^{x} bc(x) + \varepsilon_{\lambda_1}^{y} bc(y) \\ A_{\lambda_2} = \varepsilon_{\lambda_2}^{x} bc(x) + \varepsilon_{\lambda_2}^{y} bc(y) \end{cases}$$

通过测定，分别求出 $\varepsilon_{\lambda_1}^{x}$、$\varepsilon_{\lambda_2}^{x}$、$\varepsilon_{\lambda_1}^{y}$、$\varepsilon_{\lambda_2}^{y}$ 4 个摩尔吸光系数后，带入上述方程组中，通过计算即可求得 x 和 y 两组分的浓度。

2. 配合物组成的测定

用分光光度法测定配合物组成的方法很多，这里介绍较简单的摩尔比法和连续变化法。

(1) 摩尔比法　摩尔比法是利用金属离子同配位剂发生配位反应时摩尔比的变化来测定配合物组成的。设金属离子 M 和配位剂 R 的配位反应为：

$$M + nR \rightleftharpoons MR_n$$

若在某波长下只有配合物 MR_n 有吸收，M 和 R 及其他中间配合物均无吸收。可配制一系列金属离子 M 浓度相等、而配位剂 R 浓度各不相同的溶液，使溶液中 $\dfrac{c(R)}{c(M)}$ 分别等于

0.5、1、1.5、2、…，在相同条件下分别测定各溶液的吸光度 A，绘制 $A - \dfrac{c(R)}{c(M)}$ 曲线，如图 6-15 所示。

由图 6-15 可知，当 $c(R)$ 较小时，金属离子没有完全配位，随着 $c(R)$ 的增大，吸光度不断增高；当 $c(R)$ 增加到一定程度后，金属离子配位趋于完全，此时继续增大 $c(R)$，吸光度趋于稳定，曲线上出现一段直线。将曲线中两直线部分延长，则延长线的交点处对应的 $\dfrac{c(R)}{c(M)}$ 值即为配合物的配位数 n。

(2) 连续变化法　连续变化法是在实验中保持金属离子和配位剂的总物质的量浓度

$[c(M)+c(R)]$ 不变，而连续地改变 $\dfrac{c(R)}{c(M)}$，根据所测的

吸光度与这种相对比值的关系曲线确定配合物的组成。

其方法是：预先配制好物质的量浓度相同的金属离子 M 和配位剂 R 的标准溶液，将两溶液依次按照体积比 $\dfrac{V_R}{V_R+V_M}$ 为 0、0.1、0.2、0.3、…、1.0 的比例混合，而溶液的总体积 (V_R+V_M) 始终保持相同，在同一实验条件下依次测定各溶液的吸光度 A，然后以吸光度 A 为纵坐标，$\dfrac{V_R}{V_R+V_M}$ 为横坐标作图，得到一条峰形曲线，如

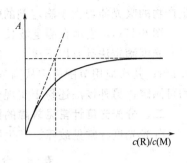

图 6-15　摩尔比法确定
配合物的配位数

图 6-16所示。将曲线两侧直线部分延长，由交点处对应的 $\dfrac{V_R}{V_R+V_M}$ 即可计算出配位数 n，

$$n=\frac{V_R}{V_M}。$$

3. 光度滴定法

利用滴定过程中溶液吸光度的变化来指示滴定终点到达的方法称为光度滴定法。

在光度滴定中，将盛有待测液的滴定池置于分光光度计光路中，从滴定管中滴加滴定剂，在 λ_{max} 处每加一次滴定剂，测量一次吸光度，然后以吸光度 A 为纵坐标，以所加滴定剂的体积 V 为横坐标作图，即可得到 A-V 光度滴定曲线，如图 6-17 所示，则曲线转折点对应的即为滴定终点。

图 6-17(a) 表示在测定波长处被滴定物和滴定产物无吸收而滴定剂有吸收的情况。例如，在 550nm，用 $KMnO_4$ 滴定 Fe^{2+}。

图 6-17(b) 表示在测定波长处被滴定物和滴定剂无吸收而滴定产物有吸收的情况。例如在 260nm，用 EDTA 滴定 Cu^{2+}。

图 6-17(c) 表示在测定波长处滴定产物和滴定剂无吸收而被滴定物有吸收的情况。例如在 350nm，用 Fe^{2+} 滴定重铬酸盐。

图 6-17(d) 表示在测定波长处被滴定物无吸收而滴定产物和滴定剂有吸收的情况，且滴定剂的吸光能力大于滴定产物的吸光能力。

图 6-17(e) 表示在测定波长处被滴定物无吸收而滴定产物和滴定剂有吸收的情况，且滴

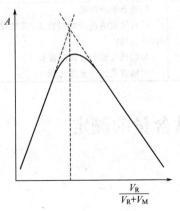

图 6-16　连续变化法确定
配合物的配位数

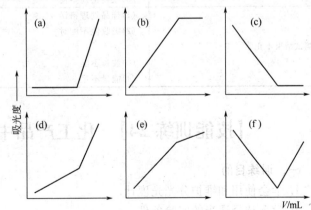

图 6-17　光度滴定法的滴定曲线

定产物的吸光能力大于滴定剂的吸光能力。

图 6-17(f) 表示在测定波长处滴定产物无吸收而被滴定物和滴定剂有吸收的情况。

光度滴定法具有以下优点：首先此法精密度、准确度优于化学滴定法，相对误差可小于 0.1%；其次应用范围广，从高浓度到浓度小于 $10^{-5}\,mol/L$ 的稀溶液或浑浊溶液、有色溶液均可测定；另外该法还易于实现分析自动化。

二、分光光度计常见故障的排除

分光光度计常见故障、产生原因及排除方法见表 6-6 所列。

表 6-6　分光光度计常见故障、产生原因及排除方法

故障现象	可能原因	排除方法
开启电源开关,仪器无反应	(1)电源未接通 (2)电源保险丝断 (3)仪器电源开关接触不良	(1)检查供电电源和连接线 (2)更换保险丝 (3)更换电源开关
光源灯不工作	(1)光源灯坏 (2)光源供电器坏	(1)更换新灯 (2)检查电路,看是否有电压输出,请求维修人员维修或更换电路板
仪器不能调零	(1)光门不能完全关闭 (2)透射比"100%"旋到底了 (3)仪器严重受潮 (4)电路故障	(1)修复光门部件,使其完全关闭 (2)重新调整"100%"旋钮 (3)打开光电管暗盒,用电吹风吹上一会儿使其干燥,并更换干燥剂 (4)送修理部门,检修电路
仪器不能调"100%"	(1)光能量不够 (2)样品室有挡光现象 (3)光路不准 (4)电路故障	(1)增加灵敏度倍率挡位,或更换光源灯(尽管灯还亮) (2)检查样品室 (3)调整光路 (4)调修电路
显示不稳	(1)预热时间不够 (2)电噪声太大(暗盒受潮或电器故障) (3)环境振动过大、光源附近空气流速大、外界强光照射等 (4)电源电压不稳 (5)仪器接地不良	(1)延长预热时间至 20min 左右(部分仪器由于老化等原因,长时间处于工作状态时,也会工作不稳) (2)检查干燥剂是否受潮,若受潮更换干燥剂,若还不能解决,检查线路 (3)改善工作环境 (4)检查电源电压 (5)改善接地状态
测试结果不正常	(1)样品处理错误 (2)吸收池不配对 (3)波长不准 (4)能量不足	(1)重新处理样品 (2)对吸收池进行配对校正,求出校正值,进行校正 (3)用错钕滤光片调校波长 (4)检查光路或更换光源

【技能训练 24】　化工产品中铁含量的测定

一、训练目的

1. 学会使用和维护分光光度计。

2. 学会选择适当的实验条件。

3. 学会绘制吸收曲线。

4. 学会利用邻菲啰啉分光光度法测定化工产品中的铁含量。

二、训练所需试剂和仪器

1. 试剂

(1) 铁盐标准储备液 $[c(Fe^{3+})=0.200mg/mL]$：称取 1.727g 十二水合硫酸铁铵，称准至 0.001g，置于 200mL 烧杯中，用约 200mL 蒸馏水溶解，定量转移到 1000mL 容量瓶中，加 20mL 硫酸（1+1）溶液，用蒸馏水稀释至刻度，摇匀。

(2) 铁盐标准工作液 $[c(Fe^{3+})=0.020mg/mL]$：移取 50.0mL 铁盐标准储备液，置于 500mL 容量瓶中，用蒸馏水稀释至刻度，摇匀。该溶液现用现配。

(3) 0.1％邻菲啰啉（又称邻二氮菲）溶液：称取 1g 邻菲啰啉，先用 5～10mL 95％乙醇溶解，再用蒸馏水稀释到 1000mL。

(4) 1％抗坏血酸溶液：称取 1g 抗坏血酸，用蒸馏水稀释到 100mL，现用现配。

(5) HAc-NaAc 缓冲溶液（pH=4.5）：称取 164g 无水乙酸钠，用 500mL 水溶解，加 240mL 冰乙酸，用水稀释到 1000mL。

(6) 10％氨水溶液。

(7) 盐酸溶液：$c(HCl)=3mol/L$。

2. 仪器

(1) 7504 型分光光度计或其他型号仪器（配一套比色皿）。

(2) 酸度计。

(3) 容量瓶（100mL）、吸量管（5mL，10mL）等玻璃仪器。

三、训练内容

1. 训练步骤

(1) 比色皿成套性检查　波长置于 600nm 处，在一组比色皿中加入适量蒸馏水，以其中任一比色皿为参比，调整透射比为 100.0％，测定并记下其余各比色皿的透射比值。比色皿间的透射比偏差应小于 0.5％，即可视为同一套。

若多只比色皿同时使用，则必须保证任意两只透射比偏差均小于 0.5％。

(2) 邻菲啰啉亚铁吸收曲线的绘制　吸取 7.00mL 铁盐标准工作液于 100mL 容量瓶中，加水至约 60mL，用盐酸溶液调整 pH 约为 2（用精密 pH 试纸检查），加入 1mL 抗坏血酸溶液，稍摇动，加入 20mL HAc-NaAc 缓冲溶液以及 10mL 邻菲啰啉溶液，用蒸馏水稀释至刻度，摇匀。放置不少于 15min，以蒸馏水作参比，采用 2cm 比色皿，在分光光度计上，从 450～550nm 每间隔 10nm 测定一次溶液的吸光度 A（λ_{max} 附近可适当缩小间隔）。然后以波长为横坐标，吸光度为纵坐标，绘制吸收曲线，从曲线中找出最大吸收波长 λ_{max}。

(3) 标准曲线的绘制　分别准确移取铁盐标准工作液：0.00、3.00mL、5.00mL、7.00mL、9.00mL、11.00mL、13.00mL，依次放入 7 只 100mL 容量瓶中，加水至约 60mL，用盐酸溶液调整 pH 约为 2（用精密 pH 试纸检查），分别加入 1mL 抗坏血酸溶液，稍摇动，加入 20mL HAc-NaAc 缓冲溶液以及 10mL 邻菲啰啉溶液，稀释至刻度，充分摇匀。放置不少于 15min。

以上述未加铁标液的溶液为参比液，在选定的最大吸收波长处，依次测定标准系列中各溶液的吸光度。以铁标准溶液的质量浓度为横坐标，吸光度为纵坐标，绘制标准曲线。

(4) 铁含量的测定　取一定量制备好的铁试液，另取相同体积的试剂空白溶液，分别置于 100mL 烧杯中，加水至 60mL，用盐酸溶液或氨水调整 pH 约为 2，用精密 pH 试纸检查。将溶液全部转移到 100mL 容量瓶中，加入 1mL 抗坏血酸溶液，稍摇动，加入 20mL HAc-NaAc 缓冲溶液，10mL 邻菲啰啉溶液，用蒸馏水稀释至刻度，摇匀。放置不少于 20min。用 2cm 比色皿，以蒸馏水作参比溶液，在最大吸收波长处测定试液和试剂空白的吸光度。

2. 数据记录

3. 结果计算

通过标准曲线查找计算出试样中的铁含量 m，根据下式计算试样中铁含量。

$$\rho(\text{Fe}) = \frac{m}{V}$$

式中　$\rho(\text{Fe})$——试样的原始浓度，$\mu\text{g/mL}$；

　　　　m——由标准曲线查得试样中的铁含量，μg；

　　　　V——移取试样的体积，mL。

4. 注意事项

（1）试样和标准曲线测定的实验条件应尽可能保持一致。

（2）抗坏血酸易氧化，不宜久置。

（3）每次改变波长或更换溶液后，都应重新调整零点和 100%。

四、思考题

1. 什么叫吸收曲线？什么叫标准曲线？各有何实际意义？

2. 参比溶液的作用是什么？

3. 本实验中哪些溶液的量取需要非常准确？哪些不必很准确？为什么？

本 章 小 结

1. 分光光度法及其特点

应用分光光度计，根据物质对不同波长的光的吸收程度不同而对物质进行定性和定量分析的方法，称为分光光度法，又称为吸光光度法。其特点为：

（1）灵敏度高；

（2）准确度好；

（3）操作简便快速；

（4）应用广泛。

2. 朗伯-比耳定律

当一束平行单色光垂直通过某均匀溶液时，溶液的吸光度 A 与吸光物质的浓度 c 及液层厚度 b 的乘积成正比，即：

$$A = Kbc$$

3. 物质对光的选择性吸收与吸收光谱曲线

自然界中许多物质都是有颜色的，物质的颜色与物质和光的相互作用有关。不同的物质呈现不同的颜色，反映了物质的一个重要属性，即物质对不同波长的光具有选择性吸收的性质。该性质可通过吸收光谱（吸收曲线）进行描述。

用于形象地描述物质对不同波长的光具有选择性吸收的性质的曲线，称为吸收光谱（吸收曲线），即 A-λ 曲线。根据吸收曲线可进行定性分析。

4. 显色反应及显色剂

将被测组分转变成有色化合物的反应称为显色反应，所加入的试剂称作显色剂。

用于分光光度分析的显色反应应满足下列要求。

（1）选择性好。

（2）灵敏度高。

（3）有色化合物的组成恒定。

（4）有色化合物的性质稳定。

（5）显色剂与所生成有色化合物的颜色差别要大。

5．分光光度法的应用

（1）定量测定

① 标准曲线法。配制一系列浓度已知的待测组分标准溶液，在同一条件下显色后分别测定其吸光度，以溶液浓度为横坐标，吸光度为纵坐标作图，所得的一条曲线称为标准曲线。然后取被测试液在相同条件下显色、测定，根据测得的吸光度从标准曲线上查出其相应浓度，从而计算出含量。

② 比较法。配制一份已知准确浓度的被测组分标准溶液，将其与待测试液在完全相同的条件下显色，测定吸光度，根据下列公式计算待测试液的含量：

$$c_x = \frac{A_x}{A_s} \cdot c_s$$

③ 多组分分析。根据吸光度加和性原理，混合溶液的总吸光度等于溶液中各组分在同一波长下的分吸光度之和。当溶液中含有不止一种吸光物质时，如果几种组分的吸收曲线相互不重叠，可按单组分测定方法分别测定各组分的吸光度，求得各组分含量；如果几种组分的吸收曲线相互重叠，则可依据吸光度加和性原理，通过联立方程组求得各组分含量。

（2）配合物组成的测定

① 摩尔比法。

② 连续变化法。

（3）光度滴定法 利用滴定过程中溶液吸光度的变化来指示滴定终点到达的方法称为光度滴定法。

6．显色条件的选择

显色反应的完全程度取决于介质的酸度、显色剂的用量、反应的温度和时间等因素。在建立分析方法时，需要通过实验确定最佳反应条件。

7．仪器测量条件的选择

（1）选择合适的入射光波长。

（2）控制适当的读数范围。

（3）选择适当的参比溶液。

8．分光光度计的构造和工作原理

分光光度计主要由光源、单色器、比色皿、检测器和显示记录系统五大部件组成。

分光光度计的简单工作原理为：由光源提供连续辐射的入射光，经狭缝导出光路系统聚集成一束平行光，经单色器色散分光成一定波长的单色光，再经光路系统聚光，由出光狭缝导出一定波长的单色光，照射于比色皿上，经待测吸光物质选择性吸收后、照射到光电检测器上，将光信号转变为电流信号，经信号放大，由显示记录系统指示出被测溶液的吸光度。

9．分光光度计的使用方法

不同类型的分光光度计具体操作方法是不一样的，但一般都包括以下的操作程序。

（1）选定合适的波长作为入射光，接通电源预热仪器20min左右。

（2）调节仪器透射比为零，完成仪器调零。

（3）将参比溶液（溶液装入比色皿中高度为2/3～4/5）置于光路，接通光路（盖上比色皿暗箱盖），调 $\tau = 100.0\%$（$A = 0$）。（2）、（3）步应反复调整。

（4）将样品溶液推入光路，读取吸光度 A。

（5）测定完成后，整理好仪器。

光度分析装置和仪器的新技术

近年来，为适应科学发展的需要，广大分析科研人员正在为克服光度分析的某些局限，从探索新的显色反应体系，改进分析分离技术，开发数据处理方法，研制新的仪器设备和方法联用等方面进行着不懈的努力，并取得了一定的成效。

激光器是分光光度计光源研究的重点。利用激光器的高发射强度产生了光声和热透镜光度分析方法，用其单色性提高光度分析的光谱分辨率和灵敏度，用其易聚焦的特性辐射于毛细管中作为检测光源。在一般光源中，用光发射二极管、钨卤灯或氙灯代替钨灯，不仅光强度增大，使用寿命增长，且响应波长范围也得到了扩宽。

目前已研究出各种不同规格的吸收池，如体积小至数十微升，长达百米，可由 $5 \mu m$ 至 10cm 的可变池；不同性能的吸收池，如可搅拌、可温控、高温、高压、低温及低压池等；不同用途的吸收池，如流动分析用、动力学用、过程分析用和生物分析用的流动池及光纤池等。

常用的光电倍增器在长波段灵敏度较差，正在研究和应用各种可在全波长同时记录的检测器，如硅光二极管阵列、光敏硅片、电荷耦合器件以及在不同波长处 2 种或 3 种以上检测器中的联用。已报道的还有可以测量薄膜厚度、抗原层吸附抗体的直接观察的装置等。

复习思考题

1. 何为分光光度法，有何特点？

2. 朗伯-比耳定律及其数学表达是什么？其应用条件如何？

3. 什么是透射比，它与吸光度是什么关系？

4. 光度分析对显色反应的要求是什么？影响显色反应的因素有哪些？

5. 分光光度计由哪些部件组成？各部件的作用如何？

6. 吸收池按材质可分为哪几种，各在何种情况下使用？吸收池在使用时需注意哪些问题？

7. 如何进行吸收池的配套性检验？

8. 如何维护保养好分光光度计？

9. 何为吸收光谱？何为标准曲线？各有何作用？

10. 可见分光光度法测定物质含量时，当显色反应确定以后，应从哪几方面选择实验条件？

11. 分光光度法的应用有哪些？

12. 吸光度值在什么范围内，仪器测量误差较小？可通过哪些方法控制溶液的吸光度在此范围内？

自测题

一、填空题

1. 白光是一种＿＿＿＿＿＿＿光，它是由＿＿＿＿＿＿＿＿＿＿＿＿等各种色光按一定比例混合而成的。

2. 一般 $KMnO_4$ 溶液的颜色为＿＿＿＿＿色，该有色化合物最易吸收＿＿＿＿＿色光。

3. 在分光光度分析中，一般选择波长为＿＿＿＿＿＿＿＿＿的单色光作为入射光进行测定，该波长是通过实验绘制_____来得到的。

4. 朗伯-比耳定律中，当溶液的浓度单位用_____，液层厚度单位用_____时，其比例常数叫"摩尔吸光系数"，常用符号_____表示，因此朗伯-比耳定律的表达式可写为_____

_____。

5. 分光光度分析时，待测溶液一般注到比色皿高度的_____。

6. 摩尔吸光系数越大，表示该物质对某波长光的吸收能力_____，比色测定的灵敏度就_____。

7. 朗伯定律是说明在_____，光的吸收与_____成正比；比耳定律是说明在一定条件下，光的吸收与_____成正比，两者合为一体称为朗伯-比耳定律，其数学表达式为_____。

8. 分光光度计一般由_____、_____、_____、_____及_____五部分组成。

9. 入射光波长选择的原则是_____。

二、选择题

1. 波长 300nm 的光属于 (   )。
   A. 红外线   B. 可见光   C. X 射线   D. 紫外线

2. 分光光度法进行定量分析的理论基础是 (   )。
   A. 欧姆定律   B. 等物质的量反应规则
   C. 库仑定律   D. 朗伯-比耳定律

3. 符合吸收定律的溶液稀释时，其最大吸收峰波长位置 (   )。
   A. 向短波移动   B. 向长波移动
   C. 不移动，吸收峰值降低   D. 不移动，吸收峰值增大

4. 物质的颜色是由于选择吸收了白光中的某些波长的光所致。$CuSO_4$ 溶液呈现蓝色是由于它吸收白光中的 (   )。
   A. 蓝色光波   B. 绿色光波   C. 黄色光波   D. 青色光波

5. 吸光物质的摩尔吸光系数与下面因素中有关的是 (   )。
   A. 比色皿材料   B. 比色皿厚度   C. 吸收物质浓度   D. 入射光波长

6. 在分光光度测定中，如试样溶液有色，显色剂本身无色，溶液中除被测离子外，其他共存离子与显色剂不生色，此时应选 (   ) 为参比。
   A. 溶剂参比   B. 试液参比   C. 试剂参比   D. 退色参比

7. 一台分光光度计的校正不包括 (   )。
   A. 波长的校正   B. 吸光度的校正
   C. 透射比准确度的校正   D. 吸收池的校正

8. 分光光度计中的成套比色皿其透射比之差应不超过 (   )。
   A. 0.5%   B. 0.1%   C. 0.2%   D. 5.0%

9. 下列为试液中两种组分对光的吸收曲线图，分光光度法测定不存在互相干扰的是 (   )。

10. 当吸光度 $A=0$ 时，τ 为 (   )。
    A. 0   B. 10%   C. 100%   D. ∞

11. 一束 (   ) 通过有色溶液时，溶液的吸光度与溶液浓度和液层厚度的乘积成正比。
    A. 平行可见光   B. 平行单色光   C. 白光   D. 紫外线

12. 在分光光度法中，宜选用的吸光度读数范围是（　　）。
    A. 0～0.2　　　　B. 0.1～∞　　　　C. 1～2　　　　D. 0.2～0.8

13. 有色溶液的摩尔吸收系数越大，则测定时（　　）越高。
    A. 灵敏度　　　　B. 准确度　　　　C. 精密度　　　　D. 吸光度

14. 下列说法正确的是（　　）。
    A. 透射比与浓度成直线关系　　　　　　B. 摩尔吸光系数随波长而改变
    C. 摩尔吸光系数随被测溶液的浓度而改变　D. 光学玻璃吸收池适用于紫外区

15. 下述操作中正确的是（　　）。
    A. 比色皿外壁有水珠就测定　　　　　　B. 手捏比色皿的透光面
    C. 手捏比色皿的毛面　　　　　　　　　D. 用报纸去擦比色皿外壁的水

16. 用邻菲啰啉法测定锅炉水中的铁，pH需控制在4～6之间，通常选择（　　）缓冲溶液较合适。
    A. 邻苯二甲酸氢钾　　　　　　　　　　B. NH_3-NH_4Cl
    C. $NaHCO_3$-Na_2CO_3　　　　　　　　D. HAc-NaAc

三、判断题

1. 物质的颜色是由于选择性地吸收了白光中的某些波长所致，维生素 B_{12} 溶液呈现红色是由于它吸收了白光中的红色光波。（　　）

2. 因为透射光和吸收光按一定比例混合而成白光，故称这两种光为互补色光。（　　）

3. 有色物质溶液只能对可见光范围内的某个波长的光有吸收。（　　）

4. 符合朗伯-比耳定律的某有色溶液的浓度越低，其透射比越小。（　　）

5. 符合比耳定律的有色溶液稀释时，其最大吸收峰的波长位置不移动，但吸收峰降低。（　　）

6. 朗伯-比耳定律的物理意义是：当一束平行单色光垂直通过均匀的有色溶液时，溶液的吸光度与吸光物质的浓度和液层厚度的乘积成正比。（　　）

7. 在分光光度法中，摩尔吸光系数的值随入射光的波长增加而减小。（　　）

8. 吸光系数与入射光波长及溶液浓度有关。（　　）

9. 有色溶液的透射比随着溶液浓度的增大而减小，所以透射比与溶液的浓度成反比关系。（　　）

10. 在分光光度测定时，根据在测定条件下吸光度与浓度成正比的比耳定律的结论，被测溶液浓度越大，吸光度也越大，测定结果也就越准确。（　　）

11. 进行分光光度法测定时，必须选择最大吸收波长的光作入射光。（　　）

12. 光度法中所用的参比溶液总是采用不含被测物质和显色剂的空白溶液。（　　）

13. 在实际测定中，应根据光吸收定律，通过改变比色皿厚度或待测溶液浓度，使吸光度的读数处于0.2～0.8之间，以减小测定的相对误差。（　　）

14. 在分光光度法测定时，被测物质浓度相对误差的大小只有透光度为15%～65%的范围内才是最小的。（　　）

15. 朗伯-比耳定律只适用于单色光，入射光的波长范围越狭窄，分光光度测定的准确度越高。（　　）

四、计算题

1. 透射比为10%，其吸光度为多少？吸光度 A 为0.70，其透射比 τ 为多少？

2. 用邻二氮菲光度法测定铁。已知 Fe^{2+} 浓度为 $1000\mu g/L$，液层厚度为 2.0cm，在波长510nm处测得吸光度为0.380，计算摩尔吸光系数。[$M(Fe)=55.85g/mol$]

3. 用氯磺酚S测定钢中的铌。50mL容量瓶中有 Nb 30.0μg，用2cm比色皿在650nm测定吸光度 $A=0.430$，求 ε（Nb摩尔质量为92.91g/mol）。

4. 相对分子质量为180的某物质，其摩尔吸光系数为 6.00×10^3 L/(mol·cm)，若将试液稀释10倍，于1cm吸收池中测得吸光度为0.300，问原试液中该物质的质量浓度（mg/L）为多少？

5. 某金属离子M与配位剂反应生成1:1配合物，其摩尔吸光系数 $\varepsilon=1.0\times10^4$ L/(mol·cm)。测量时若使仪器测量误差最小，将吸光度 A 的读数范围控制在0.2～0.8，所用比色皿光径长度 $b=1cm$，试计算需配制金属离子溶液的浓度 c 的范围是多少？

6. 准确取含磷 $30.0\mu g$ 的标液，于 25mL 容量瓶中显色定容，在 690nm 处测得吸光度为 0.410；称取 10.0g 含磷试样，在同样条件下显色定容，在同一波长处测得吸光度为 0.320。计算试样中磷的含量。

7. 用分光光度法测定含有两种配合物 x 与 y 的溶液的吸光度（$b=1cm$），获得下列数据。

溶　液	$c/(mol/L)$	$A_1(285nm)$	$A_2(365nm)$
x	5.0×10^{-4}	0.053	0.430
y	1.0×10^{-3}	0.950	0.050
x＋y	未知	0.640	0.370

计算未知溶液中 x 和 y 的浓度。

第七章　原子吸收光谱法

【理论学习要点】

　　原子吸收光谱法及其与紫外-可见分光光度法的异同、原子吸收光谱法的特点、共振线和吸收线的概念、玻耳兹曼分布定律、中心频率和半宽度的概念、积分吸收、峰值吸收、石墨炉原子化器的特点、灵敏度及检出限的概念。

【能力培训要点】

　　原子吸收分光光度计的构造、火焰原子化器的构造、石墨炉原子化器的构造、各类干扰来源及其消除方法、原子吸收光谱法相关测量条件的选择方法、原子吸收分光光度计的正确使用、标准曲线的绘制与使用、标准加入曲线的绘制与使用、原子吸收分光光度计各部件的维护与保养、测定过程中紧急情况的处理。

【应达到的能力目标】

　　1. 能够熟练使用原子吸收分光光度计。

　　2. 能够做好原子吸收分光光度计的日常维护与保养。

　　3. 能够正确地选择仪器测量条件。

　　4. 能够使用原子吸收标准曲线法测定生活饮用水中微量锌的含量。

　　5. 能够使用原子吸收标准加入法测定自来水中镁的含量。

　　6. 能够使用石墨炉原子化法测定土壤中铅和镉的含量。

　　7. 能够对原子吸收分析过程中仪器出现的异常情况进行处理。

案例一　生活饮用水中微量锌含量的测定

　　锌是人体必需的微量元素之一，是人体内数十种酶的主要成分，它可以促进人体的生长发育。人体缺锌，能使骨骼生长迟缓，肝脾肿大，性腺功能减退；过量的锌则可对胃肠道产生强烈刺激，甚至造成锌中毒。国家标准中要求，生活饮用水中锌的含量应小于 $1.0mg/L$。生活饮用水中锌含量的测定可依据 GB/T 5750.6—2006。其具体方法为：水样中锌离子被原子化后，吸收来自锌空心阴极灯发出的共振线（213.9nm），吸收共振线的量与样品中锌元素的含量成正比。在一定条件下，利用原子吸收分光光度计测定锌标准系列溶液及待测水样的吸光度，利用标准曲线法即可求出水样中锌的含量。

案例分析

　　1. 在上述案例中，采用的是原子吸收分光光度法，测量仪器为原子吸收分光光度计。

　　2. 测定需在一定的条件下完成。

　　3. 定量分析方法采用的是标准曲线法。

为完成生活饮用水中微量锌含量的测定任务，需掌握如下理论知识和操作技能。

理论基础

一、原子吸收光谱法概述

原子吸收光谱法亦称为原子吸收分光光度法，它是基于从光源辐射出具有待测元素特征谱线的光，通过试样蒸气时被蒸气中待测元素的基态原子所吸收，由辐射特征谱线光被减弱的程度来测定试样中待测元素含量的分析方法。

原子吸收光谱法同紫外-可见分光光度法一样，都遵循光吸收定律朗伯-比耳定律。但二者又有明显的区别，紫外-可见分光光度法是基于物质的分子对一定波长范围内光的选择性吸收来进行分析测定的方法，它属于带宽为几个纳米到几十个纳米的宽带分子吸收光谱，测定时所用光源为连续光源（如钨灯、氘灯等）；而原子吸收光谱法是基于基态原子对特征波长光的吸收来测定样品中待测元素含量的方法，它属于带宽仅有 10^{-3} nm 量级的窄带原子吸收光谱，其所用光源必须是锐线光源（如空心阴极灯、无极放电灯等），且测量时必须将试样原子化，转化为基态原子。由于这种区别，所以它们在测定对象、方法特点、测定仪器等方面存在着诸多不同。

虽然原子吸收现象早在 1802 年就已被发现，但是真正作为一种分析方法，却是在 1955 年澳大利亚物理学家 A. Walsh 发表了"原子吸收光谱在化学分析中的应用"的论文以后才开始的。20 世纪 60 年代中期以后，原子吸收光谱法得到了迅速发展。

原子吸收光谱法具有以下特点。

(1) 选择性好，干扰少　　多数情况下共存元素对被测元素不产生干扰，若实验条件合适，一般可以在不分离共存元素的情况下直接测定。

(2) 灵敏度高　　火焰原子吸收光谱法的检测限可达 10^{-9} g/mL 量级；石墨炉原子吸收光谱法的检测限可达 10^{-13} g/mL 量级。

(3) 准确度高　　火焰原子吸收光谱法的相对误差一般小于 1%；石墨炉原子吸收光谱法的相对误差通常为 3%～5%。

(4) 测定的范围广　　原子吸收光谱法被广泛应用于各领域中，它可以直接测定 70 多种金属元素或类金属元素，也可以用间接方法测定一些非金属和有机化合物。

(5) 用样量少　　火焰原子吸收光谱法的进样量为 3～6mL/min，采用微量进样时，进样量可以小至 $10～50\mu$L；石墨炉原子吸收光谱法，液体样品的进样量可低至 $10～20\mu$L，固体样品进样量可达毫克级。

(6) 操作简便，分析速度快，应用广泛　　原子吸收光谱法在准备工作做好后，一般几分钟即可完成一种元素的测定。该法目前已在冶金、地质、采矿、石油、轻工、农药、医药、食品及环境监测等方面得到广泛应用。

原子吸收光谱法的不足之处是：由于分析不同元素，必须使用不同元素灯，因此多元素同时测定尚有困难；有些元素的灵敏度还比较低（如钍、铪、银、钽等）；对于复杂样品仍需要进行复杂的化学预处理，否则干扰将比较严重。

二、原子吸收光谱法基本原理

1. 共振线和吸收线

任何元素的原子都是由原子核和核外电子组成的。这些电子按其能量的高低分层排布，具有不同的能级。在正常状态下，原子处于最低能态（最稳定），称为基态。处于基态的原子称为基态原子。当基态原子受到外界能量（如热能、光能等）激发时，其外层电子吸收了一定的能量后将跃迁到不同的能态（即激发态）。当电子吸收一定的能量，由基态跃迁到能量最低的激发态（第一激发态）时所产生的吸收谱线，称为共振吸收线，简称共振线。当电子从第一激发态返回基态时，则发射出同样频率的光辐射，其对应的谱线称为共振发射线，也简称共振线。

由于不同元素的原子结构不同，因此其共振线也各有其特征。由于原子从基态到第一激发态的跃迁最容易发生，因此对于大多数元素来说，共振线是元素所有谱线中最灵敏的线。原子吸收光谱法就是利用处于基态的待测原子蒸气对从光源发射的共振发射线的吸收来进行分析的，因此元素的共振线又称分析线。

2. 基态原子与激发态原子的分配

原子吸收光谱法是以测定待测元素的基态原子对同种原子特征辐射的吸收为依据的。在测定时，首先需将样品中的待测元素由化合物状态转变为基态原子，该过程称为原子化过程，通常通过燃烧或加热来实现。但在原子化过程中，待测元素由分子离解成原子时，除产生大量的基态原子外，还将产生一定量的激发态原子。在一定温度下，两种状态的原子数之比遵循玻耳兹曼分布定律，即

$$\frac{N_j}{N_0} = \frac{P_j}{P_0} e^{-\frac{\Delta E}{KT}} \tag{7-1}$$

式中　　N_j , N_0——单位体积内激发态和基态的原子数；

　　　　P_j , P_0——激发态和基态的统计权重；

　　　　ΔE——激发态和基态两能级间的能量差；

　　　　K——玻耳兹曼常数；

　　　　T——热力学温度。

对大多数元素来说，在原子化过程中 N_j / N_0 比值都小于 1%，即原子化过程中的激发态原子数远小于基态原子数，原子化过程中基态原子占绝对多数。因此，可以用基态原子数代表待测元素的原子总数。

3. 原子吸收光谱的轮廓

理论上说，原子吸收光谱应是线状光谱。但实际上，任何原子发射或吸收的谱线都不是绝对的几何线，而是占据着有限的相当窄的频率或波长范围，即有一定的宽度。描绘吸收率随频率或波长变化的曲线，称为谱线轮廓，它通常以透过光强度 I_ν 或吸收系数 K_ν 为纵坐标，以频率 ν 为横坐标，如图 7-1 所示。

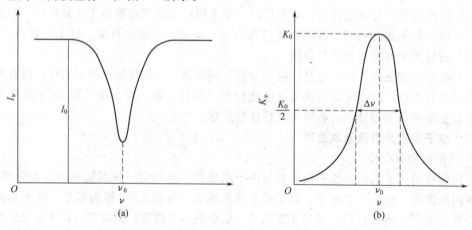

图 7-1　吸收线轮廓

原子吸收光谱的轮廓常以谱线的中心频率和半宽度来表征。图 7-1 中，曲线极大值对应的频率 ν_0 称为中心频率；中心频率所对应的吸收系数 K_0 称为峰值吸收系数；在峰值吸收系数一半（$K_0/2$）处，吸收线轮廓上两点之间的频率差 $\Delta\nu$ 称为吸收线的半宽度。

4. 原子吸收法的定量基础

（1）积分吸收 原子蒸气中基态原子吸收共振线的全部能量称为积分吸收，常用 $\int K_\nu \mathrm{d}\nu$ 表示，它相当于图 7-1 所示吸收线轮廓下所包围的整个面积。积分吸收与基态原子数之间的定量关系可用下式表示

$$\int K_\nu \mathrm{d}\nu = \frac{\pi e^2}{mc} N_0 f \tag{7-2}$$

式中 e——电子电荷；

　　m——电子质量；

　　c——光速；

　　N_0——单位体积原子蒸气中的基态原子数，即基态原子密度；

　　f——振子强度，表示能被光源激发的每个原子的平均电子数。

对于给定元素，在一定实验条件下，基态原子密度 N_0 与试液浓度 c 成正比，且 $\frac{\pi e^2}{mc} f$ 为一常数，因此

$$\int K_\nu \mathrm{d}\nu = kc \tag{7-3}$$

上式表明，在一定实验条件下，基态原子蒸气的积分吸收与试液中待测元素的浓度成正比，即只要准确测量出积分吸收就可以求出试液浓度。然而，原子吸收的谱线宽度只有 $10^{-3} \sim 10^{-2}$ nm，目前仪器还难以准确测出宽度如此小的吸收线的积分吸收值。因此，原子吸收法无法通过测量积分吸收求出被测元素的浓度。

（2）峰值吸收 峰值吸收是指基态原子蒸气对入射光中心频率线的吸收。峰值吸收的大小以峰值吸收系数 K_0 表示。为了测量峰值吸收，必须满足两个条件：一是光源发射线的半宽度（$\Delta\nu_e$）必须小于吸收线的半宽度（$\Delta\nu_a$）；二是光源发射线的中心频率应与吸收线的中心频率相一致，如图 7-2 所示。锐线光源可以满足上述要求，所谓锐线光源是指能发射出谱线半宽度很窄（$\Delta\nu$ 为 0.0005～0.002nm）的共振线的光源。

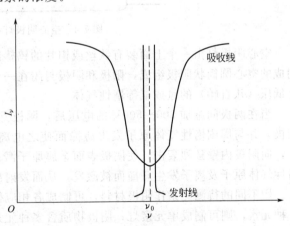

图 7-2 峰值吸收测量示意

对于给定元素，当温度等实验条件一定时，有：

$$K_0 = k'c \tag{7-4}$$

上式表明，在一定实验条件下，基态原子蒸气的峰值吸收与试液中待测元素的浓度成正比。因此，可以通过峰值吸收的测量进行定量分析。

技能基础

一、原子吸收分光光度计的构造与原理

原子吸收光谱分析所用的仪器称为原子吸收分光光度计或原子吸收光谱仪，它一般由光源、原子化系统、分光系统和检测系统四个主要部分组成，如图7-3所示。

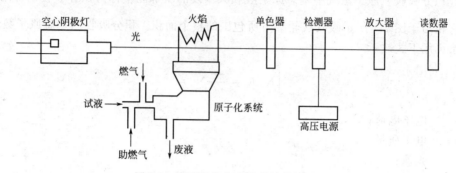

图7-3 原子吸收分光光度计结构示意

1. 光源

光源的作用是发射待测元素的特征谱线（共振线），以供试样吸收之用。为了保证测量能够获得较高的灵敏度和准确度，要求光源必须是锐线光源（发射线的半宽度要比吸收线的半宽度更窄），且背景低、发光强度要足够大，稳定性要好，使用寿命要长。常见的光源主要有空心阴极灯、无极放电灯和蒸气放电灯等，这里主要介绍空心阴极灯，如图7-4所示。

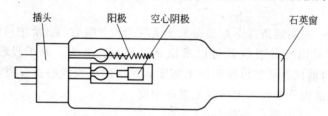

图7-4 空心阴极灯结构示意

空心阴极灯由一个上面装有钛丝或钽片的钨棒阳极和一个由待测元素的高纯金属或合金制成的空心圆筒状阴极组成，阳极和阴极封闭在一个带有光学窗口的硬质玻璃管内，管内充有低压（几百帕）的氖或氩等惰性气体。

当在两极间施加300～500V的电压后，阴极开始辉光放电，电子从空心阴极内壁流向阳极，并与周围惰性气体原子发生碰撞而使之电离，带正电荷的惰性气体离子在电场作用下，向阴极内壁猛烈轰击，使阴极表面金属原子溅射出来。溅射出来的金属原子再与电子、惰性气体原子及离子发生碰撞而被激发，从而发射出阴极物质的共振线。

用不同的待测元素作阴极材料，可制成各相应待测元素的空心阴极灯；若阴极物质只含一种元素，则可制成单元素灯；阴极物质含多种元素，则可制成多元素灯。为了避免发生光谱干扰，在制灯时，必须采用高纯度的阴极材料并选择适当的内充惰性气体，以使阴极元素的共振线附近没有杂质元素或内充气体的强谱线。

空心阴极灯发射的光谱强度与灯的工作电流有关。增大灯电流，可以增加光强度。空心阴极灯的优点是只有一个操作参数（即电流），发射的光强度高而稳定，谱线宽度窄，而且灯也容易更换；其缺点是使用不太方便，每测定一个元素均需更换相应的待测元素的空心阴极灯。

2. 原子化系统

将试样中的待测元素转化为气态的基态原子的过程，称为试样的原子化。完成试样的原子化所用的设备称为原子化器或原子化系统。实现原子化的方法主要有两大类：火焰原子化法和无火焰原子化法。前者具有简单、快速、对大多数元素具有较高的灵敏度和检测极限等优点，所以至今仍广泛使用。但是近年来非火焰原子化技术有了很大改进，它比火焰原子化技术具有较高的原子化效率、灵敏度和检测极限，因而发展也很快。

（1）火焰原子化器　火焰原子化器主要由雾化器、预混合室和燃烧器三部分组成，如图7-5所示。

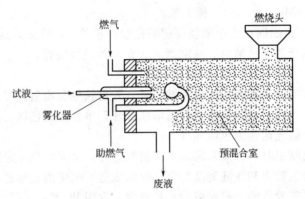

图 7-5　火焰原子化器示意

① 雾化器。其作用是将试液雾化，并除去较大的雾滴，使试液的雾滴细小、均匀。对雾化器的要求是：喷雾稳定且雾化效率要高。目前使用较多的是气动同心型雾化器，如图7-6所示。

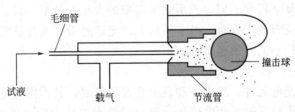

图 7-6　同心型雾化器示意

② 预混合室。其作用是进一步细化雾滴，除去较大雾滴，并使之与燃气和助燃气充分混合，以便在燃烧时得到稳定的火焰。部分未细化的雾滴在预混合室凝结下来成为残液，并由预混合室排出口排出。在操作中，为了避免回火爆炸的危险，预混合室的残液排出管必须采用导管弯曲或将导管插入水中等水封方式。

③ 燃烧器。其作用是使燃气在助燃气的作用下形成高温火焰，使进入火焰的试样微粒原子化。通常要求燃烧器的原子化程度高、火焰稳定、吸收光程长、噪声小。燃烧器多为不锈钢制造，有单缝和三缝两种。燃烧器的缝长和缝宽，应根据所用燃料确定。目前，单缝燃烧器应用最广。

（2）原子吸收测定中常用的火焰及其类型　火焰的作用是提供一定的能量，促使试液雾滴蒸发、干燥并经过热解离或还原作用，产生大量基态原子。在原子吸收分析中最常用的火焰有乙炔-空气火焰和乙炔-氧化亚氮火焰两种。前者最高使用温度约 2600K，是用途最广的一种火焰，能用于测定 35 种以上的元素；后者温度高达 3300K 左右，这种火焰不仅温度高，而且可形成强还原性气氛，可用于测定乙炔-空气火焰所不能分解的难解离元素，如铝、硅、硼、钨等，并且可消除在其他火焰中可能存在的化学干扰现象。

对于同一种火焰，随着燃气和助燃气的流量不同，火焰的燃烧状态也不相同。按照火焰中燃气和助燃气的流量比（燃助比）不同，可将火焰分为三种类型。

① 化学计量火焰。指燃助比等于燃烧反应的化学计量关系的火焰，又称中性火焰。这类火焰燃烧完全，温度高、稳定、干扰少、背景低，适合于许多元素的测定。

② 富燃性火焰。指燃助比大于燃烧反应的化学计量关系的火焰，这类火焰燃烧不完全，温度低于化学计量火焰，具有还原性质，所以也称还原火焰。适合于易形成难解离氧化物的元素的测定，如 Cr、Mo、W、Al、稀土等。

③ 贫燃性火焰。指燃助比小于燃烧反应的化学计量关系的火焰，这类火焰温度比较低，有较强的氧化性，适于测定易解离、易电离的元素，如碱金属等。

3. 分光系统

原子吸收光谱仪的分光系统主要由色散元件、入射狭缝和出射狭缝等组成，也称为单色器。它的作用是将待测元素的吸收线与邻近谱线分开。单色器的色散元件可用棱镜或衍射光栅，现代仪器多用衍射光栅作为色散元件。

在进行原子吸收测定时，分光系统既要将谱线分开，又要保证一定的出射光强度，这就需要选用适当的光栅色散率和狭缝宽度配合，以构成适合测定的光谱通带来满足要求。光谱通带是指单色器出射狭缝所能通过光束的波长宽度，常用 W 表示。

$$W = DS \tag{7-5}$$

式中　W——光谱通带，nm；

　　　D——线色散率的倒数，nm/mm；

　　　S——狭缝宽度，mm。

不同元素谱线的复杂程度不同，选用光谱通带的大小亦各不一样。碱金属、碱土金属元素的谱线简单，谱线及背景干扰小，可选用较大的光谱通带，而过渡元素、稀土元素的谱线复杂，测定时应采用较小的光谱通带。

4. 检测系统

检测系统主要由光电元件、放大器和显示装置等组成，其作用是将经过原子蒸气吸收和单色器分光后的微弱光信号转换为电信号，再经过放大器放大后，通过显示装置显示出来。光电元件包括光电倍增管、二极管阵列等。

现代原子吸收光谱仪几乎都配备了微处理机系统，具有自动调零、曲线校直、标尺扩展、浓度直读等功能，并附有打印机、自动取样及自动数据处理等装置，大大提高了仪器的自动化程度。

二、干扰来源及其消除方法

尽管原子吸收分光光度法由于使用锐线光源，光谱干扰较小，但在某些情况下干扰的影响还是不容忽视的。原子吸收测定中，常见的干扰主要有化学干扰、物理干扰、电离干扰、光谱干扰和背景干扰等。了解了干扰的来源，即可采取适当措施，抑制或消除各类干扰。

1. 化学干扰

化学干扰是由于被测元素与共存组分发生化学反应生成稳定的化合物，影响了被测元素的原子化，使得基态原子数目减少而产生的干扰。化学干扰是原子吸收光谱分析中的主要干扰，常用的消除方法包括如下几种。

(1) 使用高温火焰　使用高温火焰可提高原子化温度，使难解离的化合物分解，减小化学干扰。例如，在乙炔-空气火焰中 PO_4^{3-} 对 Ca^{2+} 的测定产生干扰，但若使用乙炔-氧化亚氮火焰，PO_4^{3-} 对 Ca^{2+} 的干扰即可得到消除。

（2）加入释放剂　释放剂可与干扰元素生成更稳定更难离解的化合物，而将待测元素从它与干扰元素生成的化合物中释放出来，从而消除了干扰。例如：PO_4^{3-} 因与 Ca^{2+} 反应生成难离解的 $Ca_2P_2O_7$，而干扰 Ca^{2+} 的测定。加入释放剂 $LaCl_3$ 或 $SrCl_2$ 后，因可生成更稳定的 $LaPO_4$、$Sr_2P_2O_7$，而将钙释放出来，干扰即被消除了。

（3）加入保护剂　保护剂能与被测元素或干扰元素反应生成稳定的化合物，防止被测元素与干扰组分生成难解离的化合物，避免了干扰。保护剂一般为有机配位剂，用得最多的是 EDTA 和 8-羟基喹啉。例如，PO_4^{3-} 干扰 Ca^{2+} 的测定，当加入 EDTA 后，EDTA 与 Ca^{2+} 生成的 EDTA-Ca 更稳定而又易破坏，从而消除了 PO_4^{3-} 的干扰。

（4）加入基体改进剂　石墨炉原子化法中，在试样中加入基体改进剂，使其在干燥或灰化阶段与试样发生反应，以增加基体的挥发性或改变被测元素的挥发性，从而消除干扰。例如，测定海水中的镉，可加入 EDTA 来降低原子化温度，从而使镉在背景信号出现前原子化，消除干扰。

当以上方法都不能有效消除化学干扰时，可考虑采用化学分离的方法或应用标准加入法等。

2. 物理干扰

物理干扰指试液与标准溶液的物理性质（如黏度、表面张力、温度、气体流速或溶液密度等）有差别而产生的干扰。在火焰法中，溶液黏度会影响进样速度；表面张力会影响喷雾效果；进样管直径与长度及其浸入试液的深浅影响进样量等。在石墨炉法中，进样量的多少、保护气的流速等会影响基态原子的浓度及其在光路中的停留时间，它们均会导致测定结果吸光度的改变。

常用的消除方法：配制与被测试样组成相近的标准溶液或采用标准加入法；控制进样条件；若试样浓度较高，可采用稀释法。

3. 电离干扰

高温下原子会电离成离子，使基态原子数目减少，吸光度下降，产生的干扰称为电离干扰。元素的电离电位越低，温度越高，则电离程度越大，干扰越严重。对碱金属元素，尤其显著。

常用的消除方法：加入过量的消电离剂。消电离剂是比被测元素电离能更低的元素，在相同的条件下，消电离剂先电离，产生大量电子，可抑制被测元素电离。例如，测钙时可加入 KCl 来消除钙的电离干扰；测钾时，可加入铯盐。另外，降低原子化温度也有利于减少电离干扰。

4. 光谱干扰

光谱干扰，也称谱线干扰，是指由于分析元素吸收线与其他吸收线或辐射不能完全分开而产生的干扰。常见的光谱干扰及其消除方法如下。

（1）吸收线重叠　共存元素的吸收线与被测元素分析线波长很接近时，两谱线重叠或部分重叠，导致测定结果偏高，使分析结果偏高。

消除方法：另选其他无干扰的分析线。例如：用 213.856nm 分析线测锌时，铁的 213.859nm 谱线会有干扰，如选择锌的 307.6nm 谱线作为分析线，即可消除干扰。

（2）非吸收线干扰　非吸收线可能是被测元素的共振线或非共振线，也可能是试液中共存干扰元素的吸收线。

消除方法：减小狭缝宽度及灯电流，或另选分析线。

（3）灯发射干扰　灯内阴极材料中的微量杂质和灯内惰性气体等发射的谱线，如果不能被分光系统分离掉，会导致吸光度下降。例如，充氩气的铬灯中氩的 357.7nm 谱线，会干扰铬 357.9nm 谱线的测定。

消除方法：减小灯电流，以降低灯内干扰元素的发光强度，或另选合适的谱线。

5. 背景干扰

背景干扰，指在原子化过程中，由于分子吸收和光散射作用而产生的干扰。背景干扰使吸光度增大，测定结果偏高。常用的消除方法包括如下几种。

（1）邻近非吸收线扣除法　先用分析线测量待测元素吸收和背景吸收的总吸光度；再在待测元素分析线附近，另选一条不被待测基态原子吸收的谱线（即邻近非吸收线）测量试液的吸光度，此吸收即为背景吸收。从总吸光度中减去背景吸收的吸光度，即可达到扣除背景的目的。

（2）连续光源法　原子吸收分光光度计上一般都配有连续光源自动扣除背景装置。连续光源在紫外区用氘灯扣除背景（氘灯法），适于 190～350nm 波段的背景校正；在可见区用碘钨灯、氙灯扣除背景。

（3）塞曼效应校正背景　塞曼（Zeeman）效应是指在磁场的作用下，简并的谱线发生分裂的现象。塞曼效应校正法是磁场将吸收线分裂为具有不同偏振方向的组分，利用这些分裂的偏振组分来区别被测元素和背景吸收。该法校正背景波长范围很宽，可在 190～900nm 范围内进行，背景校正准确度较高，可校正吸光度高达 1.5～2.0 的背景，但仪器价格较贵。

三、原子吸收光谱法测量条件的选择

在原子吸收光谱测定中，为了得到满意的分析结果，必须选择合适的测量条件。

1. 分析线

通常选择元素的最灵敏谱线（共振线）作为分析线。有干扰时，或待测元素浓度较高时，可选次灵敏谱线（非共振线）。例如，测定含铁试样中的锌含量时，铁的 213.859nm 谱线会干扰锌的 213.856nm 最灵敏线，应选锌的次灵敏 307.6nm 作为分析线。

2. 狭缝宽度

减小狭缝宽度可提高分辨能力，减少光谱干扰；但狭缝过小，透过光的强度减弱，灵敏度下降。一般地，对于谱线较少的元素（碱金属、碱土金属），狭缝宜大些；而过渡金属、稀土等谱线较多的元素，宜选择较小的狭缝。合适的狭缝宽度可以通过实验选择。

固定其他实验条件，依次改变狭缝宽度，测量在不同的狭缝宽度时，待测元素标准溶液或试液的吸光度，绘制 A-S 曲线。曲线中吸光度最大时所对应的狭缝宽度，即为合适的狭缝宽度。

3. 灯电流

灯电流过小，发光不稳定，谱线强度下降；灯电流过大，引起谱线变宽，导致灵敏度下降，灯寿命也会缩短。灯电流的选择原则是在保证发光稳定和谱线强度合适的条件下，尽量选择较低的工作电流。通常选最大电流的 1/2～2/3。注意：空心阴极灯在使用前一般需要预热 10～30min；暂时不用的灯每隔三个月左右应点亮一次。

4. 原子化条件（火焰原子化法）

火焰的种类、燃烧器高度的选择是影响原子化效率的主要因素。

（1）火焰的种类及燃助比　在火焰原子吸收法中，火焰的种类及其特性包括火焰温度、氧化还原性、稳定性、燃烧速度等，是影响原子化效率的重要因素。不同种类的火焰具有不同的特性，因此应根据待测元素的性质及实验室条件选择合适种类的火焰。对于中低温元素，可使用乙炔-空气火焰；对于在火焰中易生成难离解的化合物及难熔氧化物的元素，宜用乙炔-氧化亚氮高温火焰；对于分析线在 220nm 以下的元素，可选用氢气-空气火焰。

火焰的特性除了与火焰的种类有关外，还与燃助比有关，燃助比直接影响测定的灵敏度、准确度及干扰程度。因此在确定火焰种类以后，还要选择合适的燃助比。选择最佳燃助比的方法为：固定助燃气流量在一适当值，逐步改变燃气流量，测定在不同燃助比火焰中待测元素溶液的吸光度，绘制吸光度-燃助比关系曲线，吸光度最大时的燃助比即为最佳燃助比。

（2）燃烧器高度　火焰中不同区域内的温度及其火焰特性是不同的，故在原子化过程中，不同区域火焰内基态原子密度、稳定性及干扰程度等也是不同的。测定时应使光源发出的待测元素特征谱线通过基态原子密度最大的区域，通常称为原子化区，以提高测定灵敏度。此外原子化区内火焰燃烧稳定，干扰也小。实验中使光束通过原子化区是通过调节燃烧器高度来实现的，常通过实验进行选择。具体方法为：固定其他实验条件，由低到高依次改变燃烧器高度，测定在不同高度下，待测元素标准溶液的吸光度，绘制吸光度-燃烧器高度曲线，吸光度最大时的高度为最佳燃烧高度。

5. 进样量

进样量太小时，火焰中待测基态原子数相对较少，吸光度值较小，灵敏度低；若进样量过大，火焰的热量除了用于分解盐类外，还要用于蒸发大量水分，降低了火焰的温度，使原子化效率下降，灵敏度降低。最佳的进样量应使测定灵敏度最高，一般试样的进样量控制在 3～6mL/min 为宜。

四、原子吸收分光光度计的使用

原子吸收分光光度计种类繁多，性能各异，但仪器的操作过程大同小异，通常操作程序如下。

1. 开机

（1）开稳压电源，待电压稳定在 220V 后开主机电源开关；

（2）打开操作软件，初始化；

（3）开启空压机；

（4）开燃气钢瓶总阀，乙炔钢瓶总阀最多开启一圈；

（5）开排风扇和冷却水。

2. 测试

（1）装上待测元素空心阴极灯，调节灯电流与波长至所需值，设置其他实验条件；

（2）点火；

（3）将毛细管插入去离子水中，待仪器稳定后调零，将进样毛细管插入溶液中，待吸光度显示稳定后，记录测试结果；将毛细管插入去离子水中，回到零点，依次测定。

3. 关机

（1）测试完毕后，在点火状态下吸喷干净的去离子水清洗原子化器几分钟；

（2）关闭燃气钢瓶总阀，待管路中余气燃净后关闭仪器的燃气阀门；

（3）松开仪器面板上燃气和助燃气旋钮，将灯电流旋至零；

（4）退出工作软件，关闭仪器电源，关闭稳压电源；

（5）关排风扇和冷却水；

（6）将燃气钢瓶减压阀旋松；

（7）关闭空压机，并放掉余气及水分，并用滤纸将燃烧头缝擦干净。

注意事项：

（1）必须经严格的培训，经许可后方可使用仪器，未经允许不得使用；

（2）点火前应打开排风扇，仪器排液管的水封中应注满水；

（3）点火前先通助燃气，再通燃气，熄火时先关燃气，后关助燃气，使用 N_2O 作助燃气时，需切换到空气状态方可点火和熄火，同时应更换燃烧头；

（4）空心阴极灯电流一般不得大于 10mA；

（5）操作者离开仪器时，必须熄灭火焰；实验完毕离开实验室前应检查水、电、气。

五、定量分析方法

1. 标准曲线法

配制一组浓度合适的标准溶液，在最佳测定条件下，由低浓度到高浓度，依次测定其吸光度 A。以测得的吸光度 A 为纵坐标，待测元素的含量或浓度 c 为横坐标，绘制 A-c 标准曲线，如图 7-7 所示。在相同的实验条件下，测定样品的吸光度 A_x，由标准曲线求得样品中待测元素浓度 c_x。

标准曲线法简便、快速，适用于组成简单、干扰较少的试样。在应用本法时，应注意以下几点。

① 所配标准溶液的浓度，应在 A 与 c 呈线性关系的范围内。

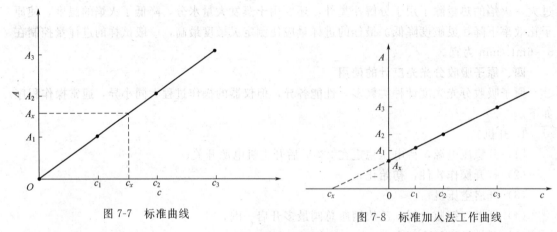

　　　　图 7-7　标准曲线　　　　　　　　　　图 7-8　标准加入法工作曲线

② 标准溶液与试样溶液的基体（指试液中除待测组分以外的其他成分的总体）应相同，以消除基体效应（指同一组分由于基体不同，而使得吸光度测量产生误差的一种干扰现象）。

③ 在测量过程中，要经常地吸喷去离子水或空白溶液来校正零点漂移。

④ 在整个分析过程中，应严格控制实验条件恒定。

⑤ 由于喷雾效率和火焰状态经常变动，标准曲线的斜率也随之变动，因此，每次测定前，应用标准溶液对标准曲线进行检查和校正。

2. 标准加入法

当试样中共存物不明或试样的基体组成复杂而又无法配制与试样组成相匹配的标准溶液时，可用标准加入法测定。

具体操作方法为：取四份体积相同的试液，从第二份开始分别按比例加入不同量的待测元素的标准溶液，然后用溶剂稀释至同一体积。以空白为参比，在相同测量条件下，分别测定各份试液的吸光度，绘制工作曲线，并将它外推至浓度轴，则在浓度轴上的截距 c_x，即为所测试样中待测元素的浓度，如图 7-8 所示。

使用标准加入法时应注意以下事项。

① 待测元素的浓度与其对应的吸光度应呈线性关系，相应的标准曲线应是一条通过坐标原点的直线。

② 第二份试液中所加入的标准溶液的浓度与试液的浓度应接近，以免曲线的斜率太小或太大，给测定结果带来较大的误差。

③ 为了得到较为精确的外推结果，最少采用四个点来做外推曲线。

④ 本法可以消除基体效应带来的影响，也可在一定程度上消除化学干扰和电离干扰，但不能消除背景干扰。

【技能训练 25】　饮用水中微量锌含量的测定（标准曲线法）

一、训练目的

1. 掌握原子吸收分光光度计的操作与维护方法。

2. 掌握标准曲线法测定水样中微量锌的实验方法。

二、训练所需试剂和仪器

1. 试剂

（1）$100\mu g/mL$ Zn^{2+} 标准溶液　称取金属锌粉（99.9％）0.1000g，置于 400mL 烧杯中，加盐酸（1＋1）20mL，加热溶解，小火蒸至小体积，冷却，加盐酸（1＋1）5mL，加水煮沸至盐类溶解，冷却后转移至 1000mL 容量瓶中，用去离子水稀至刻度。

（2）含 Zn^{2+} 饮用水样。

2. 仪器

AA-7000 型原子吸收分光光度计。

乙炔钢瓶、空气压缩机、锌元素空心阴极灯。

50mL 容量瓶、10mL 移液管、洗瓶等。

三、训练内容

1. 训练步骤

（1）按照仪器操作规程开启仪器及原子吸收工作站，调节仪器至测定锌元素的最佳操作状态。

（2）Zn^{2+} 标准系列溶液及试液的配制　准确移取 Zn^{2+} 标准溶液 0.00mL、1.00mL、2.00mL、3.00mL、4.00mL、5.00mL，分别置于 6 个 50mL 容量瓶中，在另一个 50mL 容量瓶中准确移入 Zn^{2+} 试液 3.00mL，用去离子水稀释至刻度。

（3）标准系列溶液及试液吸光度的测定　在最佳操作条件下依次测定标准系列溶液及试液的吸光度。

2. 数据记录

3. 绘制标准曲线

以吸光度为纵坐标，以标准系列溶液的浓度为横坐标，绘制标准曲线（或通过原子吸收工作站绘制、打印）。

4. 结果计算

依据所测得的试液的吸光度，从标准曲线上查出试液浓度 ρ，并进一步计算出原始水样中 Zn^{2+} 的浓度 ρ_x（$\mu g/mL$）。

$$\rho_x = \rho \times \frac{50.00}{3.00}$$

四、思考题

1. 实验中为什么要形成水封？
2. 实验中如果突然停电，应如何处理？

【技能训练 26】 自来水中镁含量的测定（标准加入法）

一、训练目的

1. 熟练掌握原子吸收分光光度计的使用方法。
2. 掌握原子吸收分光光度法测定 Mg^{2+} 实验条件的选择方法。
3. 掌握标准加入法测定自来水中 Mg^{2+} 的实验技术。

二、训练所需试剂和仪器

1. 试剂

（1）1mg/mL Mg^{2+} 标准储备液　准确称取在 800℃灼烧至恒重的氧化镁（分析纯）1.6583g，滴加 1mol/L HCl 溶液至完全溶解，移入 1000mL 容量瓶中，用去离子水稀释至刻度，摇匀。

（2）10μg/mL Mg^{2+} 标准溶液　准确称取 10mL Mg^{2+} 标准储备液于 1000mL 容量瓶中，用去离子水稀释至刻度，摇匀。

（3）2μg/mL Mg^{2+} 标准溶液　准确称取 20mL Mg^{2+} 标准溶液（$\rho = 10μg/mL$）于100mL 容量瓶中，用去离子水稀释至刻度，摇匀。

2. 仪器

AA-7000 原子吸收分光光度计（或其他型号原子吸收分光光度计）。

乙炔钢瓶。

空气压缩机。

镁空心阴极灯。

容量瓶、吸量管、烧杯等。

三、训练内容

1. 训练步骤

（1）分析线波长的选择　正确地连接好仪器的气路、电源线，以及仪器与工作站之间的信号线。装上镁元素灯，打开主机开关，调节灯电流、狭缝宽度、燃烧器高度等条件至适当值。

用快速或慢速扫描挡找准 Mg 元素的特征波长（$\lambda_{Mg} = 285.2nm$），调节高压至 200～300V，然后在 Mg 元素特征波长附近转动"波长微调"，寻找光谱峰值，同时观察"工作站"屏幕上的"能量条"（或能量电平数值），直至达能量最大值为止。

（2）灯电流的选择　固定其他条件，从 1mA 开始，间隔 1mA 依次改变灯电流至10mA，测定 2μg/mL 的 Mg^{2+} 标准溶液在不同灯电流条件下的吸光度，绘制吸光度-灯电流关系曲线，则具有最大吸光度值时的较小灯电流即为最佳灯电流。

（3）狭缝宽度的选择　固定其他条件，依次改变狭缝宽度，以 2μg/mL 的 Mg^{2+} 标准溶液为样品，测定上述溶液在不同狭缝宽度处的吸光度。绘制吸光度-狭缝宽度关系曲线，以吸光度最大处的狭缝宽度为最佳。

（4）燃助比的选择　固定助燃气流量为 6L/min，依次改变燃气流量，测定 2μg/mL 的Mg^{2+} 标准溶液在不同燃助比条件下的吸光度。绘制吸光度-燃助比关系曲线，选择吸光度最大时所对应的燃助比为最佳燃助比。

（5）自来水中 Mg^{2+} 含量的测定　分别吸取 5.00mL 自来水样品于 4 个 50mL 容量瓶中，然后向其中分别加入 0.00mL、5.00mL、10.00mL、15.00mL 2μg/mL 的 Mg^{2+} 标准溶液（浓度可视自来水中 Mg^{2+} 的含量进行调整），用蒸馏水稀释至刻度，摇匀。在上述各步骤所选定的最佳实验条件下，利用原子吸收分光光度计测定各溶液的吸光度，绘制吸光度-标准加入量关系曲线，并从曲线上查出 Mg^{2+} 的浓度。

2. 数据记录

3. 结果计算

根据吸光度-标准加入量曲线上所查出 Mg^{2+} 的浓度，进一步计算出自来水中 Mg^{2+} 的含量。

4. 注意事项

（1）开机前需检查仪器各部件及气路连接的正确性和气密性。

（2）接通电源后，需先开启仪器预热 20min，并进行光源对光和燃烧器对光，然后再使用。

（3）每次测完一个溶液，都要用去离子水喷雾调零，再测下一个溶液。

（4）实验中应经常检查管道气密性，防止气体泄漏，严格遵守有关操作规定操作仪器。

（5）实验结束后，应继续吸喷去离子水 3～5min，再按照关机操作程序进行关机。

四、思考题

1. 使用标准加入法定量应注意哪些问题？

2. 标准加入法适用于何种情况下的分析？

案例二　石墨炉原子吸收光谱法测定土壤产品中铅、镉的含量

多年来，工业"三废"的排放、城市生活垃圾、污泥及含重金属农药、化肥的不合理使用，使土壤受到了污染。其中，重金属污染已经成为严峻的环境问题之一，它们可以影响农作物的产量和质量，并可通过食物链危害人类的健康。重金属多指汞、镉、铅、铬以及类金属砷等生物毒性显著的化学元素。土壤产品中铅、镉含量的测定可依据 GB/T 17141—1997。其具体方法为：采用盐酸-硝酸-氢氟酸-高氯酸全消解的方法，使土壤试样中的待测元素全部进入试液，然后将试液注入石墨炉中。经过预先设定的干燥、灰化、原子化等升温程序使共存基体成分蒸发除去，同时在原子化阶段的高温下，铅、镉化合物离解为基态原子蒸气，并对空心阴极灯发射的特征谱线产生选择性吸收。在选择的最佳测定条件下，测定试液中铅、镉的吸光度，利用标准曲线法即可求出土壤中铅、镉的含量。

案例分析

1. 在上述案例中，采用的是石墨炉原子吸收分光光度法，待测试液的原子化是在石墨炉原子化器中完成的。

2. 测定需在选定的操作条件下完成。

3. 定量分析方法采用的是标准曲线法。

为完成土壤中铅、镉含量的测定任务，需掌握如下理论知识和操作技能。

理论基础

一、石墨炉原子化器及其特点

1. 石墨炉原子化器

石墨炉原子化器，是一种结构简单、性能优良、使用方便、应用广泛的无火焰原子化器，如图7-9所示。它是利用大电流通过高阻值的石墨管时所产生的高温，使置于其中的少量溶液或固体样品蒸发和原子化的。

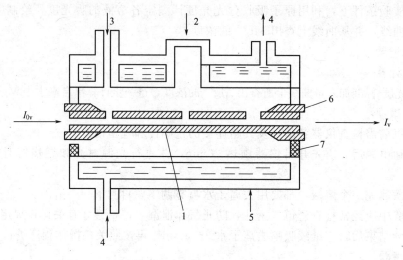

图 7-9　石墨炉原子化器示意

1—石墨管；2—进样窗；3—惰性气体；4—冷却水；

5—金属外壳；6—电极；7—绝缘材料

（1）石墨炉原子化器的结构　石墨炉原子化器由加热电源、石墨管和炉体三部分组成。加热电源，供给原子化器能量，一般采用低压（10～25V）、大电流（400～600A）的交流电，为保证炉温恒定，要求提供的电流稳定，炉温可在1～2s内升至3000℃。石墨管由致密石墨制成，有两种形状：一种是沟纹型，用于有机溶液，取样可达50μL；一种是广泛应用的标准型，长约28mm，内径8mm，管中央开一孔，用于注入试样。炉体，包括石墨管座、电源插座、水冷却外套、石英窗和内外保护气路。常用的保护气为氩气，外气路中氩气沿石墨炉外壁流动，以保护石墨炉管不被烧蚀。内气路中的氩气从管两端流向中心，由管中心孔流出，以有效地除去在干燥和灰化过程中所产生的基体蒸气，同时保护已原子化了的原子不再被氧化。水冷却套是为了保护炉体，确保切断电源后20～30s，炉子降至室温。

（2）试样在原子化器中的物理化学过程　试样以溶液或固体从进样孔加到石墨管中，用程序升温的方式使试样原子化，其过程分为四个阶段，即干燥、灰化、原子化和高温除残。升温过程是由微机处理控制的，进样后原子化过程按给予的指令程序自动进行。

① 干燥。干燥的目的主要是除去溶剂，以避免溶剂存在时导致灰化和原子化过程飞溅。干燥的温度一般稍高于溶剂的沸点。

② 灰化。灰化的目的是尽可能除去易挥发的基体和有机物，这个过程相当于化学处理，不仅减少了可能发生干扰的物质，而且对被测物质也起到富集的作用。灰化的温度及时间一般要通过实验选择。

③ 原子化。原子化的目的是使试样解离为中性原子。原子化的温度随被测元素的不同而异，原子化时间也不尽相同，应该通过实验选择最佳的原子化温度和时间。在原子化过程中，应停止氩气通过，以延长原子在石墨炉管中的平均停留时间。

④ 高温除残。高温除残也称净化，它是在一个样品测定结束后，通过把温度提高，并保持一段时间，以除去石墨管中的残留物，净化石墨管，减少因样品残留所产生的记忆效

应。除残温度一般高于原子化温度 10% 左右，除残时间通过实验选择确定。

2. 石墨炉原子化器的特点

（1）优点

① 灵敏度高，检测限低。基态原子蒸气在原子化器中停留时间长，原子化效率高，其绝对灵敏度可高达 $10^{-9} \sim 10^{-13}$ g。

② 原子化温度高。可用于那些较难挥发和难于原子化的元素的分析。此外，在惰性气体气氛下原子化，对于那些易形成难解离氧化物的元素分析更为有利。

③ 取样量少。通常固体样品，0.1~10mg；液体样品 1~50μL。

④ 测定结果受样品组成的影响小。

⑤ 化学干扰小。

（2）缺点

① 精密度较差。石墨管内温度不均匀，进样量、进样位置的变化，易引起管内原子浓度的不均匀。测定相对偏差为 4%~10%。

② 共存化合物的干扰比火焰原子化法大，背景干扰严重，一般均需校正背景。

③ 仪器装置较复杂，价格较贵，需要水冷。

二、灵敏度和检出限

1. 灵敏度

1975 年，IUPAC（国际纯粹与应用化学联合会）建议把校正曲线的斜率 S 称为灵敏度，即 $S = dA/dc$。它表示当待测元素的浓度或质量改变一个单位时，吸光度的变化量。

在火焰原子吸收光谱法中，习惯用特征浓度（c_c）来表征灵敏度。其定义为：能产生 1% 吸收（即吸光度为 0.0044）时溶液中待测元素的浓度，亦称为相对灵敏度。其计算式为：

$$c_c = \frac{0.0044\rho}{A} \tag{7-6}$$

式中　c_c——特征浓度，$\mu g/(mL \cdot 1\%)$；

　　　ρ——溶液中待测元素的质量浓度，$\mu g/mL$；

　　　A——溶液的吸光度。

在石墨炉原子化法中，常采用特征质量（m_c）来表示灵敏度，即能产生 1% 吸收（$A = 0.0044$）信号所对应的待测元素的质量，亦称为绝对灵敏度。其计算式为：

$$m_c = \frac{0.0044\rho V}{A} \tag{7-7}$$

式中　m_c——特征质量，g/1% 或 μg/1%；

　　　ρ——溶液中待测元素的质量浓度，$\mu g/mL$；

　　　V——溶液体积，mL。

对于给到元素，决定灵敏度的因素包括仪器的性能和实验条件。仪器的性能包括光源特性、检测器的灵敏度、单色器的分辨率等；实验条件则包括光源工作条件、雾化效率、燃助比、燃烧器高度等。对于分析工作而言，显然特征浓度或特征质量愈小愈好。

2. 检出限

根据 IUPAC 规定，检出限指能够给出 3 倍于标准偏差的吸光度时，所对应的待测元素的浓度或质量。其计算式为：

$$D_c = \frac{3\sigma\rho}{A} \tag{7-8}$$

$$D_{\mathrm{m}} = \frac{3\sigma\rho V}{A}$$

$$(7\text{-}9)$$

式中　D_c——相对检出限（用于火焰原子化法），$\mu g/mL$；

　　　D_m——绝对检出限（用于石墨炉原子化法），g 或 μg；

　　　σ——空白溶液测量的标准偏差；

　　　ρ——溶液中待测元素的质量浓度，$\mu g/mL$；

　　　V——溶液体积，mL。

空白溶液测量的标准偏差 σ，是对空白溶液或接近空白溶液的待测组分标准溶液的吸光度进行不少于 10 次的测定后，利用式（7-10）计算求得：

$$\sigma = \sqrt{\frac{\sum(A_i - \overline{A})^2}{n-1}}$$

$$(7\text{-}10)$$

式中　A_i——空白溶液单次测量的吸光度；

　　　$\overline{A}$——空白溶液多次平行测定吸光度的平均值；

　　　n——测定次数（$n \geqslant 10$）。

检出限反映了仪器所能检出元素的最小浓度或最小质量，它既反映了仪器的灵敏度，又反映了仪器的稳定性，它是原子吸收分光光度计最重要的技术指标。

 技能基础

一、石墨炉原子化条件的选择

1. 原子化温度的选择

样品溶液中的待测元素能否在石墨炉内很好地转化为基态原子蒸气，关键是选择恰当的温度。一般样品溶液从液态转变为气态要经过干燥、灰化和原子化三个阶段。

干燥，应在稍低于溶剂沸点的温度下进行，一般水溶液控制在 80～90℃为宜。在保证待测元素不挥发损失的条件下，可尽量提高灰化温度。对低温元素，一般不高于 500℃；对高温元素而言，可控制在 1000～1700℃。通常选用达到最大吸收信号的最低温度作为原子化温度，但原子化温度不宜过低，否则可能导致测定灵敏度降低，并影响测定结果的重现性。对低温元素如铅、镉、铊等，原子化温度通常在 2200～2600℃选择；高温元素如钼、锶、钡、钛等，原子化温度范围一般在 2500～2900℃。

为了消除记忆效应，在原子化的三个阶段结束后，还需要增加一个"空烧"（高温除残）的阶段，以除去残存的基体和待测元素，达到清洗石墨管的目的。空烧的温度一般在 3000℃左右。

2. 原子化时间的选择

干燥时间一般与干燥温度相配合。当干燥温度相同时，干燥时间随样品量的增加而加长；当样品量相同时，若干燥温度较低，则干燥时间相应延长。一般，干燥温度选择在 80～90℃，样品量为 10μL 时，干燥时间大约为 10s；样品量为 20μL 时，干燥时间约为 20s；选择干燥温度低于 80℃时，干燥时间需加长 5～10s。

对于中低温元素的水溶液样品，样品量在 10～20μL 时，灰化时间选择 10～20s 即可；样品量多于 20μL 的高温元素水溶液，灰化时间可选择 30～50s。

原子化时间的选择取决于待测样品与元素的情况，原子化阶段所需的温度通常较高，故而原子化持续时间不能太长，否则会大大缩短石墨管的寿命。一般选择 3～6s 即可。

高温净化阶段，因其温度比原子化温度更高，故时间相应缩短，一般选 2～3s。

3. 载气的选择

可使用惰性气体氩气或氮气做载气，通常使用的是氩气。若采用氮气作载气，需考虑高温原子化时产生的干扰。载气流量会影响灵敏度和石墨管的寿命。目前大多采用内外单独供气方式，外部供气是不间断的，流量在 $1\sim5L/min$；内部气体流量在 $60\sim70mL/min$。在原子化期间，内气流的大小与测定元素有关，可通过实验确定。

4. 冷却水

为使石墨管迅速降至室温，通常使用水温为 $20℃$，流量为 $1\sim2L/min$ 的冷却水。水温不宜过低，流速亦不可过大，以免在石墨锥体或石英窗上产生冷凝水。

二、原子吸收分光光度计的维护与保养

原子吸收分光光度计的维护与保养可以从光源、原子化系统、光学系统、气路系统等方面进行。

1. 光源的维护与保养

（1）空心阴极灯应在最大允许工作电流以下范围内使用。

（2）长期不用的元素灯则需每隔一两个月在额定工作电流下点燃 $15\sim60min$，以免性能下降。

（3）光源调整机构的运动部件要定期加油润滑，防止锈蚀甚至卡死，以保持运动灵活自如。

2. 原子化系统的维护与保养

（1）每次分析操作完毕，特别是分析过高浓度或强酸样品后，要立即吸喷数分钟的蒸馏水，以防止雾化器和燃烧头被沾污或锈蚀。

（2）点火后，燃烧器的整个缝隙上方应是一片燃烧均匀呈带状的蓝色火焰。若带状火焰中间出现缺口，呈锯齿状，说明燃烧头缝隙上方有污物或滴液，这时需要清洗。清洗的方法是接通空气、关闭乙炔的条件下，用滤纸插入燃烧缝隙中仔细擦拭；如效果不佳可取下燃烧头用软毛刷刷洗；如已形成熔珠，可用细的金相砂纸或刀片轻轻磨刮以除去沉积物，但应注意不能将缝隙刮毛。

（3）雾化器应经常清洗，以避免雾化器的毛细管发生局部堵塞。

（4）若仪器暂时不用，应用硬纸片遮盖住燃烧器缝口，以免积灰。

（5）对原子化系统的相关运动部件要经常润滑，以保证升降灵活。

（6）空气压缩机一定要经常放水、放油，分水器要经常清洗。

（7）更换石墨管时，应当用清洁器或清洁液（20mL 氨水＋20mL 丙酮＋100mL 去离子水）清洗石墨锥的内表面和石墨炉炉腔，除去碳化物的沉积。

（8）更换新的石墨锥时，要保证新的锥体正确装入。

（9）新的石墨管安放好后，应进行热处理，即空烧，重复 $3\sim4$ 次。

3. 光学系统的维护与保养

（1）外光路的光学元件应保持干净，一般每年至少清洗一次。

（2）如果光学元件上有灰尘沉积，可用擦镜纸擦净；如果光学元件上沾有油污或在测定样品溶液时溅上污物，可用预先浸在乙醇与乙醚的混合液（1:1）中洗涤过并干燥了的纱布去擦拭，然后用蒸馏水冲掉，再用洗耳球吹去水珠。清洁过程中，禁用手触及镜面。

（3）单色器应始终保持干燥。

4. 气路系统的维护与保养

（1）由于气体通路采用聚乙烯塑料管，时间长了容易老化，所以要经常对气体进行检

漏，特别要防止乙炔气的渗漏。

（2）当仪器测定完毕后，应先关乙炔钢瓶输出阀门，等燃烧器上火焰熄灭后再关仪器上的燃气阀，最后再关空气压缩机，以确保安全。

5. 分析结束后的工作

（1）要放干净空压机储气灌内的冷凝水，检查燃气是否关好，并用水彻底冲洗排废系统。

（2）如果使用了有机溶剂，则应倒干净废液罐中的废液，并用自来水冲洗废液罐。

（3）测定高含量样品后，应继续用纯水喷雾几分钟以清洗雾化器，并取下燃烧头放在自来水中冲洗干净并用滤纸仔细把缝口积炭擦除，晾干后以备下次再用。

（4）注意清除灯窗和样品盘上的液滴或溅上的样液水渍，并用棉球擦干净。

（5）使用石墨炉系统时，要注意检查自动进样针的位置是否准确，测试结束后应尽可能驱尽残存的强酸和强氧化剂，确保石墨管的寿命。

（6）实验结束后，应及时关闭通风设施，检查所有电源插座是否已切断，水源、气源是否关好。

三、测定过程中紧急情况的处理

1. 突然停电的处理

仪器工作时，如果遇到突然停电，此时如正在做火焰法分析，则应迅速关闭燃气；若正在做石墨炉法分析，则应迅速切断主机电源。然后将仪器各部分的控制机构恢复到停机状态，待来电后，再按照操作程序重新开启仪器。

2. 突然停水的处理

在做石墨炉分析时，如遇到突然停水，应迅速切断主电源，以免烧坏石墨炉。

3. 嗅到异味的处理

操作时如嗅到乙炔或石油气的气味，这是由于燃气管道或气路系统某个连接处漏气，此时应立即关闭燃气进行检测，待查出漏气部位并密封后再继续使用。

4. 显示仪表突然波动的处理

显示仪表（表头、数字表或记录仪）突然波动的情况，多数是因电子线路中个别元件损坏，某处导线断路或短路，高压控制失灵等原因造成的；另外，电源电压变动太大或稳压器发生故障，也会引起显示仪表的波动现象。如遇到上述情况，应立即关闭仪器，待查明原因，排除故障后再开启。

5. 回火的处理

在工作中，如突然遭遇回火，应立即关闭燃气，以免引起爆炸，然后再将仪器开关、调节装置恢复到启动前的状态，待查明回火原因并采取相应措施后再继续使用。

【技能训练 27】　土壤中铅、镉含量的测定（石墨炉法）

一、训练目的

1. 了解石墨炉原子吸收光谱仪的结构及使用方法。

2. 掌握利用石墨炉原子化法测定铅、镉含量的方法。

二、训练所需试剂和仪器

1. 试剂

所用试剂除另有说明外，均使用符合国家标准的分析纯试剂和去离子水或同等纯度的水。

（1）盐酸（HCl）：$\rho=1.19g/mL$，优级纯。

（2）硝酸（HNO_3）：$\rho=1.42g/mL$，优级纯。

（3）硝酸溶液：1+5。

（4）硝酸溶液：体积分数为0.2%。

（5）氢氟酸（HF）：$\rho=1.49g/mL$。

（6）高氯酸（$HClO_4$）：$\rho=1.68g/mL$，优级纯。

（7）磷酸氢二铵［$(NH_4)_2HPO_4$］：（优级纯）水溶液，质量分数为5%。

（8）0.500mg/mL铅标准储备液　准确称取0.5000g（精确至0.0002g）光谱纯金属铅于50mL烧杯中，加入20mL（1+5）硝酸溶液，微热溶解。冷却后转移至1000mL容量瓶中，用水稀释至标线，摇匀。

（9）0.500mg/mL镉标准储备液　准确称取0.5000g（精确至0.0002g）光谱纯金属镉于50mL烧杯中，加入20mL（1+5）硝酸溶液，微热溶解。冷却后转移至1000mL容量瓶中，用水稀释至标线，摇匀。

（10）铅、镉混合标准使用液　临用前将铅、镉标准储备液用0.2%硝酸溶液经逐级稀释配制。

2. 仪器

石墨炉原子吸收分光光度计（带有背景扣除装置）。

铅空心阴极灯。

镉空心阴极灯。

氩气钢瓶。

$10\mu L$手动进样器。

容量瓶、吸量管、烧杯等。

三、训练内容

1. 训练步骤

（1）样品的制备　将采集的土壤样品（一般不少于500g）混匀后用四分法缩分至约100g。缩分后的土样经风干（自然风干或冷冻干燥）后，除去土样中石子和动物残体等异物，用木棒（或玛瑙棒）研压，通过2mm尼龙筛（除去2mm以上的砂砾），混匀。用玛瑙研钵将通过2mm尼龙筛的土样研磨至全部通过100目（孔径0.149mm）尼龙筛，混匀后备用。

（2）试液的制备　准确称取0.1～0.3g（精确至0.0002g）试样于50mL聚四氟乙烯坩埚中，用水润湿后加入5mL盐酸，于通风橱内的电热板上低温加热，使样品初步分解，当蒸发至2～3mL时，取下稍冷，然后加入5mL硝酸、4mL氢氟酸、2mL高氯酸，加盖后于电热板上中温加热1h左右，然后开盖，继续加热除硅，并经常摇动坩埚。当加热至冒浓厚高氯酸白烟时，加盖，使黑色有机碳化物充分分解。待坩埚上的黑色有机物消失后，开盖驱赶白烟并蒸发至内容物呈黏稠状。视消解情况，可再加入2mL硝酸、2mL氢氟酸、1mL高氯酸，重复上述消解过程。当白烟再次基本冒尽且内容物呈黏稠状时，取下稍冷，用水冲洗坩埚盖和内壁，并加入1mL（1+5）硝酸溶液温热溶解残渣。然后将溶液转移至25mL容量瓶中，加入3mL磷酸氢二铵溶液冷却后定容，摇匀备测。

注意：由于土壤种类多，所含有机质差异较大，在消解时，应注意观察，各种酸的用量可视消解情况酌情增减。土壤消解液应呈白色或淡黄色（含铁较高的土壤），没有明显沉淀物存在。

（3）测定　按照仪器使用说明书调节仪器至最佳工作条件，测定试液的吸光度。

（4）空白试验　用水代替试样，采用和（2）相同的步骤和试剂，制备全程序空白溶液，并按（3）步骤进行测定。每批样品至少制备2个以上的空白溶液。

（5）校准曲线　准确移取铅、镉混合标准使用液0.00mL、0.50mL、1.00mL、2.00mL、3.00mL、5.00mL于25mL容量瓶中。加入3.0mL磷酸氢二铵溶液，用硝酸溶液（体积分数为0.2%）定容。使标准系列溶液中铅的浓度分别为0.00μg/L、5.00μg/L、10.0μg/L、20.0μg/L、30.0μg/L、50.0μg/L，镉的浓度分别为0.00μg/L、1.00μg/L、2.00μg/L、4.00μg/L、6.00μg/L、10.0μg/L。在最佳测定条件下，按浓度由低到高顺序依次测定标准系列溶液的吸光度。

用减去空白的吸光度与相应的元素含量（μg/L）分别绘制铅、镉的标准曲线。

（6）土样水分含量的测定　称取通过100目筛的风干土样5～10g（准确至0.01g），置于铝盒或称量瓶中，在105℃烘箱中烘4～5h，烘干至恒重。

风干土样水分含量f：

$$f = \frac{m_1 - m_2}{m_1} \times 100\%$$

式中　f——土样水分含量，%；

m_1——烘干前土样质量，g；

m_2——烘干后土样质量，g。

2. 数据记录

3. 结果计算

土壤样品中铅、镉的含量w[Pb（Cd），mg/kg]：

$$w = \frac{\rho V}{m(1-f)}$$

式中　ρ——试液的吸光度减去空白试验的吸光度，然后在标准曲线上查得的铅（镉）的含量，μg/L；

V——试液定容的体积，mL；

m——称取试样的质量，g；

f——试样中水分的含量，%。

4. 注意事项

（1）电热板的温度不宜太高，否则会使聚四氟乙烯坩埚变形。

（2）仪器参数　不同型号仪器的最佳测试条件不同，可根据仪器使用说明书自行选择或通过实验选择。通常采用的测量条件见表7-1。

表7-1　测量条件

元　素	铅	镉	元　素	铅	镉
测定波长/nm	283.3	228.8	原子化/（℃/s）	2000/5	1500/5
通带宽度/nm	1.3	1.3	净化/（℃/s）	2700/3	2600/3
灯电流/mA	7.5	7.5	氩气流量/（mL/min）	200	200
干燥/（℃/s）	80～100/20	80～100/20	原子化阶段是否停气	是	是
灰化/（℃/s）	700/20	500/20	进样量/μL	10	10

四、思考题

1. 原子吸收光谱分析中，吸光度A与试样浓度c之间的关系是怎样的？当试样浓度较高时一般会出现什么情况？

2. 试比较石墨炉原子化与焰原子化器的区别。

本章小结

1. 原子吸收光谱法及其特点

原子吸收光谱法亦称为原子吸收分光光度法，它是基于从光源辐射出具有待测元素特征谱线的光，通过试样蒸气时被蒸气中待测元素的基态原子所吸收，由辐射特征谱线被减弱的程度来测定试样中待测元素含量的分析方法。

原子吸收光谱法具有以下特点：

（1）选择性好，干扰少；

（2）灵敏度高；

（3）准确度高；

（4）测定的范围广；

（5）用样量少；

（6）操作简便，分析速度快，应用广泛。

原子吸收光谱法的不足之处是：由于分析不同元素，必须使用不同的元素灯，因此多元素同时测定尚有困难；有些元素的灵敏度还比较低（如钍、铪、银、钽等）；对于复杂样品仍需要进行复杂的化学预处理，否则干扰将比较严重。

2. 基态原子与激发态原子的分配

将样品中的待测元素由化合物状态转变为基态原子的过程，称为原子化过程，通常通过燃烧或加热来实现。在原子化过程中，除产生大量的基态原子外，还将产生一定量的激发态原子。在一定温度下，两种状态的原子数之比遵循玻耳兹曼分布定律，即

$$\frac{N_j}{N_0} = \frac{P_j}{P_0} e^{-\frac{\Delta E}{KT}}$$

对大多数元素来说，在原子化过程中 N_j/N_0 比值都小于百分之一，原子化过程中基态原子占绝对多数。因此，可以用基态原子数代表待测元素的原子总数。

3. 原子吸收光谱的轮廓

描绘吸收率随频率或波长变化的曲线，称为谱线轮廓，它通常以透过光强度 I_ν 或吸收系数 K_ν 为纵坐标，以频率 ν 为横坐标。

原子吸收光谱的轮廓常以谱线的中心频率和半宽度来表征。

4. 原子吸收法的定量基础

（1）积分吸收 原子蒸气中基态原子吸收共振线的全部能量，称为积分吸收，常用 $\int K_\nu d\nu$ 表示。

$$\int K_\nu d\nu = kc$$

即：在一定实验条件下，基态原子蒸气的积分吸收与试液中待测元素的浓度呈正比。

（2）峰值吸收 基态原子蒸气对入射光中心频率线的吸收，称为峰值吸收，常用峰值吸收系数 K_0 表示。

对于给定元素，当温度等实验条件一定时，有：

$$K_0 = k'c$$

即：在一定实验条件下，基态原子蒸气的峰值吸收与试液中待测元素的浓度呈正比。因此，可以通过峰值吸收的测量进行定量分析。

为了测量峰值吸收，必须满足两个条件：一是光源发射线的半宽度（$\Delta\nu_e$）必须小于吸收线的半宽度（$\Delta\nu_a$）；二是光源发射线的中心频率应与吸收线的中心频率相一致。锐线光源可以满足上述要求。

5. 原子吸收分光光度计的构造及原理

原子吸收光谱分析所用的仪器称为原子吸收分光光度计或原子吸收光谱仪，它一般由光源、原子化系统、分光系统和检测系统四个主要部分组成。

（1）光源　光源的作用是发射待测元素的特征谱线（共振线），以供试样吸收之用。为了保证测量能够获得较高的灵敏度和准确度，要求光源必须是锐线光源（发射线的半宽度要比吸收线的半宽度更窄），且背景低、发光强度要足够大，稳定性要好，使用寿命要长。常见的光源主要有空心阴极灯、无极放电灯和蒸气放电灯等。

（2）原子化系统　将试样中的待测元素转化为气态的基态原子的过程，称为试样的原子化。完成试样的原子化所用的设备称为原子化器或原子化系统。实现原子化的方法主要有两大类：火焰原子化法和无火焰原子化法。

火焰原子化器主要由雾化器、预混合室和燃烧器三部分组成。

石墨炉原子化器主要由加热电源、石墨管和炉体三部分组成。

（3）分光系统　分光系统主要由色散元件、入射狭缝和出射狭缝等组成，也称为单色器。它的作用是将待测元素的吸收线与邻近谱线分开。单色器的色散元件可用棱镜或衍射光栅，现代仪器多用衍射光栅作为色散元件。

（4）检测系统　检测系统主要由光电元件、放大器和显示装置等组成，其作用是将经过原子蒸气吸收和单色器分光后的微弱光信号转换为电信号，再经过放大器放大后，通过显示装置显示出来。光电元件包括光电倍增管、二极管阵列等。

6. 干扰来源及其消除方法

原子吸收法测定中，常见的干扰主要有化学干扰、物理干扰、电离干扰、光谱干扰和背景干扰等。

（1）化学干扰　化学干扰是由于被测元素与共存组分发生化学反应生成稳定的化合物，影响了被测元素的原子化，使得基态原子数目减少而产生的干扰。常用的消除方法包括：

① 使用高温火焰；

② 加入释放剂；

③ 加入保护剂；

④ 加入基体改进剂。

当以上方法都不能有效地消除化学干扰时，可考虑采用化学分离的方法或应用标准加入法等。

（2）物理干扰　物理干扰指试液与标准溶液的物理性质（如黏度、表面张力、温度、气体流速或溶液密度等）有差别而产生的干扰。

消除方法：配制与被测试样组成相近的标准溶液或采用标准加入法；控制进样条件；若试样浓度较高，可采用稀释法。

（3）电离干扰　高温下原子会电离成离子，使基态原子数目减少，吸光度下降，产生的干扰称为电离干扰。

消除方法：加入过量的消电离剂；降低原子化温度。

（4）光谱干扰　光谱干扰，也称谱线干扰，是指由于分析元素吸收线与其他吸收线或辐射不能完全分开而产生的干扰。常见的光谱干扰及其消除方法如下。

① 吸收线重叠。消除方法：另选其他无干扰的分析线。

② 非吸收线干扰。消除方法：减小狭缝宽度及灯电流，或另选分析线。

③ 灯发射干扰。消除方法：减小灯电流或另选合适的谱线。

（5）背景干扰　背景干扰，指在原子化过程中，由于分子吸收和光散射作用而产生的干扰。消除方法如下：

① 邻近非吸收线扣除法；

② 连续光源法；

③ 塞曼效应校正背景。

7. 原子吸收光谱法测量条件的选择

在原子吸收光谱测定中，为了得到满意的分析结果，必须选择合适的测量条件。包括：分析线、狭缝宽度、灯电流、原子化条件（火焰原子化法的原子化条件主要有：火焰的种类、燃助比及燃烧器高度等；石墨炉原子化法的原子化条件主要有：原子化温度、原子化时间、载气及冷却水等）、进样量等。

8. 定量分析方法

在原子吸收光谱法中，常用的定量分析方法主要有标准曲线法和标准加入法。

9. 试样在石墨炉原子化器中的物理化学过程

试样以溶液或固体从进样孔加到石墨管中，用程序升温的方式使试样原子化，其过程分为四个阶段，即干燥、灰化、原子化和高温除残。

（1）干燥　干燥的目的主要是除去溶剂，以避免溶剂存在时导致灰化和原子化过程飞溅。

（2）灰化　灰化的目的是尽可能除去易挥发的基体和有机物。

（3）原子化　原子化的目的是使试样解离为中性原子。

（4）高温除残　高温除残也称净化，其作用是除去石墨管中的残留物，净化石墨管，减少因样品残留所产生的记忆效应。

10. 石墨炉原子化器的特点

（1）优点

① 灵敏度高，检测限低；

② 原子化温度高；

③ 取样量少；

④ 测定结果受样品组成的影响小；

⑤ 化学干扰小。

（2）缺点

① 精密度较差；

② 共存化合物的干扰比火焰原子化法大，背景干扰严重，一般均需校正背景；

③ 仪器装置较复杂，价格较贵，需要水冷。

11. 灵敏度和检出限

（1）灵敏度　1975 年，IUPAC（国际纯粹与应用化学联合会）建议把校正曲线的斜率 S 称为灵敏度。它表示当待测元素的浓度或质量改变一个单位时，吸光度的变化量。

① 特征浓度。在火焰原子吸收光谱法中，习惯用特征浓度（c_c）来表征灵敏度。其定义为：能产生1％吸收（即吸光度为0.0044）时溶液中待测元素的浓度，亦称为相对灵敏度。其计算式为：

$$c_c = \frac{0.0044\rho}{A}$$

② 特征质量。在石墨炉原子化法中，常采用特征质量（m_c）来表示灵敏度，即能产生1％吸收（$A = 0.0044$）信号所对应的待测元素的质量，亦称为绝对灵敏度。其计算式为：

$$m_c = \frac{0.0044\rho V}{A}$$

（2）检出限　根据IUPAC规定，检出限指能够给出3倍于标准偏差的吸光度时，所对应的待测元素的浓度或质量。其计算式分别为：

$$D_c = \frac{3\sigma\rho}{A}$$

$$D_m = \frac{3\sigma\rho V}{A}$$

12. 原子吸收分光光度计的维护与保养

原子吸收分光光度计的维护与保养主要从光源系统、原子化系统、光学系统和气路系统四个方面进行。

土壤的重金属污染

土壤既是人类生存与发展的重要自然资源和整个陆地生态系统赖以生存的基础，又是人类生态环境的重要组成部分之一，对环境变化具有高度的敏感性。"健康"的土壤对于农业可持续发展和人类的生存非常重要。但是，随着世界社会经济的发展，工业、城市污染的加剧和农用化学物质的大量使用，全球范围内的土壤重金属污染问题日益严重，污染不断加深。

土壤重金属污染主要是由于人类在冶炼、采矿、金属加工、化工、制革和染料等工业排放的"三废"及汽车尾气排放、农药和化肥的施用等活动中将重金属带到土壤中，致使土壤中重金属的含量明显高于其自然背景值，并造成生态破坏和环境质量恶化的现象。土壤被重金属污染后，不仅使土壤肥力退化，影响农作物的产量和品质，而且会进入人食物链，从而影响人体健康，严重影响全球生态系统的平衡和经济的可持续发展。

重金属是指相对密度大于5的金属元素，如铁、锰、铜、锌、镉、铅、汞、铬、镍、钼、钴等。所有土壤重金属元素污染中以铅、镉为甚。镉是一种剧毒的重金属元素，有关对其环境行为和污染控制等方面的研究一直备受关注。已有研究表明，镉易通过食物链进入人体，抑制生长，造成骨质疏松、变形，引发高血压等一系列疾病，"骨痛病"就是慢性镉中毒最典型的例子。镉以移动性大、毒性高、污染面积最大而被称为"五毒之首"，成为最受关注的元素。铅是有毒金属，可导致人体卟啉代谢紊乱；还直接作用于人体成熟细胞，使红细胞内钾离子渗出引起溶血。铅能使大脑皮质的兴奋和抑制的正常功能紊乱，引起一系列神经系统疾病，甚至智力下降，特别是孩子铅中毒还会严重影响智商。铅被一些学者列为我国土壤污染的最重要和典型的重金属污染物。

据国土资源部、环保部等有关部门调查统计，全国受污染的耕地约有 1.5 亿亩，污水灌溉污染耕地 3250 万亩，固体废弃物堆存占地和毁田 200 万亩，合计约占耕地总面积的 1/10 以上，其中多数集中在经济较发达的地区。土壤污染造成的危害巨大。据估算，全国每年因重金属污染的粮食达 1200 万吨，造成的直接经济损失超过 200 亿元。土壤污染造成有害物质在农作物中积累，并通过食物链进入人体，引发各种疾病，最终危害人体健康。

2011 年 2 月，国务院通过首个"十二五"专项规划《重金属污染综合防治"十二五"规划》，对重点区域重点重金属污染物排放量的减少提出了具体要求，让重金属污染得到有效控制，此次国家总量控制的重金属主要有五种，即铅、汞、镉、铬、砷。2012 年《国家环境保护"十二五"规划》中明确指出，"十二五"期间要推进重点地区污染场地和土壤修复。2012 年 3 月，农业部也成立了农产品产地土壤重金属污染防治专家组，为控制和治理土壤重金属污染做好了相应的准备工作。

复习思考题

1. 简述原子吸收分光光度法的原理。
2. 原子吸收光谱法为何必须采用锐线光源？
3. 为什么原子吸收光谱法只适用于定量分析而不适用于定性分析？
4. 空心阴极灯为何需要预热？
5. 简述背景干扰的产生及消除背景干扰的方法。
6. 原子化器的作用是什么？对其基本要求有哪些？常用的原子化器有哪两类？
7. 何谓特征浓度和特征质量？
8. 火焰原子吸收光谱法中，常用的消除化学干扰的方法有哪些？
9. 火焰原子吸收光谱法测定水中 K、Na 时，会产生电离干扰，通常用何试剂作为消电离剂？
10. 什么是内标法？
11. 石墨炉原子化法中，如何选择适当的原子化温度和原子化时间？
12. 火焰原子吸收光谱法中，如何消除物理干扰？

自测题

一、填空题

1. 电子从基态跃迁到第一激发态时所产生的吸收谱线称为＿＿＿＿＿＿，再从第一激发态跃迁回基态时，则发射出一定频率的光，这种谱线称为＿＿＿＿＿＿，二者均称为＿＿＿＿＿＿。各种元素都有其特有的＿＿＿＿＿＿，称为＿＿＿＿＿＿。

2. 原子吸收光谱仪和紫外-可见分光光度计的不同之处在于＿＿＿＿＿＿，前者是＿＿＿＿＿＿，后者是＿＿＿＿＿＿。

3. 石墨炉原子吸收光谱法的加热程序有＿＿＿＿＿＿、＿＿＿＿＿＿、＿＿＿＿＿＿和＿＿＿＿＿＿四个阶段。

4. 原子吸收法测定中，常见的干扰主要有＿＿＿＿＿＿、＿＿＿＿＿＿、＿＿＿＿＿＿、＿＿＿＿＿＿和＿＿＿＿＿＿等几种类型。

5. 在单色器的线色散率为 0.5mm/nm 的条件下用原子吸收分析法测定铁时，要求通带宽度为 0.1nm，狭缝宽度要调到＿＿＿＿＿＿。

6. 火焰原子吸收光谱法测定时，当空气与乙炔的流量比大于化学计量时，此时的火焰称为＿＿＿＿＿＿火焰，为＿＿＿＿＿＿色。

7. 原子吸收光谱分析时，如果试样黏度过高，在试样进入雾化室后，就会黏附在室内壁上，而产生＿＿＿＿＿＿效应。

8. 原子吸收光谱法中，背景吸收产生的原因主要有_____和_____两种。

9. 石墨炉原子吸收光谱法的优点有_____、_____、_____、_____和_____。

10. 为了测量峰值吸收，必须满足两个条件：一是_____；二是_____。为此，需使用_____光源。

二、选择题

1. 原子吸收分析中光源的作用是（　　）。

    A. 供试样蒸发和激发所需的能量　　　B. 发射待测元素的特征谱线

    C. 产生紫外线　　　　　　　　　　　D. 产生具有足够强度的散射光

2. 原子吸收光谱法测定镁时，加入1%钠盐溶液的作用是（　　）。

    A. 减少背景　　　B. 提高火焰温度　　　C. 减少镁电离　　　D. 提高镁的浓度

3. 空心阴极灯中对发射线宽度影响最大的因素（　　）。

    A. 阴极材料　　　B. 填充气体　　　　C. 灯电流　　　　D. 阳极材料

4. 某些易电离的元素在火焰中易发生电离而产生电离干扰，使参与原子吸收的基态原子数减少，从而引起原子吸收信号的降低。为了消除电离干扰，一般可采用的方法是（　　）。

    A. 扣除背景

    B. 使用高温火焰

    C. 加入释放剂、保护剂和缓冲剂

    D. 加入比待测元素更易电离的元素来抑制待测元素的电离

5. 当待测元素的分析线与共存元素的吸收线相互重叠，不能分开时，可采用的办法是（　　）。

    A. 扣除背景　　　　　　　　　　　　B. 加入消电离剂

    C. 采用其他分析线　　　　　　　　　D. 采用稀释法或标准加入法

6. 原子吸收光谱产生的原因是（　　）。

    A. 分子中电子能级跃迁　　　　　　　B. 转动能级跃迁

    C. 振动能级跃迁　　　　　　　　　　D. 原子最外层电子跃迁

7. 原子吸收光谱法中，背景干扰主要来源于（　　）。

    A. 火焰中待测元素发射的谱线　　　　B. 干扰元素发射的谱线

    C. 光源辐射的非共振线　　　　　　　D. 分子吸收

8. 在原子吸收光谱法中，原子蒸气对共振辐射的吸收程度与（　　）。

    A. 透射光强度 I 有线性关系　　　　B. 基态原子数 N_0 呈正比

    C. 激发态原子数 N_j 呈正比　　　　D. 被测物质 N_0/N_j 呈正比

9. 原子吸收光谱法选择性好，主要是因为（　　）。

    A. 原子化效率高

    B. 检测器灵敏度高

    C. 光源发出的特征辐射只能被特定的基态原子所吸收

    D. 原子蒸气中基态原子数不受温度影响

10. 在原子吸收分析中，测定元素的灵敏度在很大程度上取决于（　　）。

    A. 空心阴极灯　　B. 原子化系统　　　C. 分光系统　　　D. 检测系统

11. 在原子吸收光谱法中，可以消除物理干扰的定量方法是（　　）。

    A. 标准曲线法　　B. 标准加入法　　　C. 内标法　　　　D. 直接比较法

12. 用原子吸收光谱法测定血清钙时，常加入EDTA是为了消除（　　）。

    A. 物理干扰　　　B. 化学干扰　　　　C. 电离干扰　　　D. 背景吸收

三、判断题

1. 原子吸收光谱法与紫外-可见分光光度法都是利用物质对辐射的吸收来进行分析的方法，因此，两者的吸收机理完全相同。　　　　　　　　　　　　　　　　　　　　　　　　　　　　　（　　）

2. 原子吸收分光光度计中单色器在原子化系统之前。　　　　　　　　　　　　　　　　（　　）

3. 原子吸收光谱法中，光源的作用是产生 180～375nm 的连续光谱。　　　　　　　（　　）

4. 在原子吸收分光光度法中，一定要选择共振线作为分析线。　　　　　　　　　　（　　）

5. 原子化器的作用是将试样中的待测元素转化为基态原子蒸气。　　　　　　　　　（　　）

6. 释放剂能消除化学干扰，是因为它能与干扰元素形成更稳定的化合物。　　　　　（　　）

7. 原子吸收光谱法测定血清钙时，常加入 EDTA 作为释放剂。　　　　　　　　　（　　）

8. 在原子吸收光谱法中，物理干扰是非选择性的，对试样中各种元素的影响基本相同。（　　）

9. 采用标准加入法可以消除背景吸收的影响。　　　　　　　　　　　　　　　　　（　　）

10. 在原子吸收光谱法中，可以通过峰值吸收的测量来确定待测原子的含量。　　　　（　　）

11. 化学干扰是非选择性的，对试样中所有元素的影响基本相同。　　　　　　　　　（　　）

12. 在原子吸收光谱法中，可以用连续光源校正背景吸收，因为被测元素的原子蒸气对连续光源不产生吸收。　　　　　　　　　　　　　　　　　　　　　　　　　　　　　　　　（　　）

13. 原子吸收光谱是线状光谱，而紫外吸收光谱是带状光谱。　　　　　　　　　　　（　　）

14. 利用石墨炉原子吸收光谱法测定试样时，高温除残阶段温度一般应略高于原子化阶段的温度。（　　）

15. 背景吸收在原子吸收光谱分析中会使吸光度增加，导致结果偏低。　　　　　　　（　　）

四、计算题

1. 用原子吸收光谱法测定某元素的灵敏度为 $0.01\mu g/(mL \cdot 1\%)$，为使测量误差最小，需得到 0.434 的吸光度，求在此情况下待测溶液的浓度应为多少？

2. 如下表所示，取一系列浓度为 0.1mg/mL 钙离子储备溶液于 5 个 100mL 容量瓶中，用去离子水稀释至刻度。取 5mL 天然水样品于另一 100mL 容量瓶中，并以去离子水稀释至刻度。用原子吸收光谱法依次测定上述各溶液的吸光度，吸光度的测量结果列于下表，试计算天然水中钙的含量。

储存溶液体积/mL	吸光度(A)	储存溶液体积/mL	吸光度(A)
1.00	0.224	4.00	0.900
2.00	0.447	5.00	1.122
3.00	0.675	稀释的天然水溶液	0.475

3. 用标准加入法测定某试样中镉的含量。在 4 个 50mL 容量瓶中，按下表方法分别加入不同体积的试样和镉标准溶液（浓度为 $10.00\mu g/mL$），用去离子水稀释至刻度。测得吸光度如下表，求试样中镉的浓度。

序号	试样体积/mL	加入镉标准液的体积/mL	吸光度(A)
1	20	0	0.042
2	20	1	0.080
3	20	2	0.116
4	20	4	0.190

4. 利用 1.00mL 质量浓度为 $2\mu g/mL$ 的 Fe^{3+} 标准溶液检查某石墨炉原子吸收光谱仪的特征量，测得其透射比为 35%，计算该仪器对 Fe 元素的特征量。

5. 用火焰原子吸收光谱法测定某浓度为 $0.13\mu g/mL$ 的镁溶液的吸光度为 0.267。试计算该元素的测定灵敏度。

第八章 电位分析法

【理论学习要点】

电位分析法及其分类、电位分析法理论依据、pH玻璃电极的结构、pH玻璃电极的电极电位与溶液pH的关系、甘汞电极的结构、pH的直接电位法测量原理及操作定义、离子选择性电极的构造与分类、离子选择性电极的性能指标、离子选择性电极的电极电位及电池电动势与离子活度的关系、pX的直接电位法测定原理及操作定义、电位滴定法基本原理。

【能力培训要点】

酸度计的使用与维护、pH玻璃电极及饱和甘汞电极的正确使用、离子计的使用与维护、pH标准缓冲溶液的配制、标准曲线法、标准加入法、影响直接电位法测定准确度的因素、电位滴定终点的确定方法、自动电位滴定仪的使用。

【应达到的能力目标】

1. 能够选择合适的指示电极和参比电极。
2. 能够使用酸度计测定溶液的pH。
3. 能够使用离子计测定溶液的pX。
4. 能够利用标准曲线法及标准加入法测定溶液中待测离子的浓度。
5. 能够准确判断电位滴定的终点。
6. 能够利用电位滴定法测定溶液中待测离子的浓度。

案例一 饮用水 pH 的测定

饮用水pH的测定可参照GB/T 6920—86。其具体方法为：将水样和标准缓冲溶液调至同一温度，并将酸度计（或离子计）温度补偿旋钮调至该温度上；然后以饱和甘汞电极为参比电极，以玻璃电极为指示电极，将两电极依次插入选定的两个标准缓冲溶液中，校正仪器；最后将电极取出，冲洗干净后浸入样品中，小心摇动或进行搅拌使其均匀，静置，待读数稳定时记下pH。

案例分析

1. 案例一中，水样的pH是利用酸度计（或离子计）进行测定的。

2. 测定时，以饱和甘汞电极为参比电极，以玻璃电极为指示电极，两电极与相关溶液构成一个电化学电池。在25℃时，溶液的pH每改变一个单位，电池电动势将改变59.2mV。

3. 测定前，需用标准缓冲溶液校正仪器，并保证水样和标准缓冲溶液温度一致。

为完成饮用水中pH的测定任务，需掌握如下理论知识和操作技能。

理论基础

一、电位分析法及其分类、特点

电位分析法是电化学分析法的一个重要分支，电化学分析法是根据物质在溶液中的电化学性质及电化学原理而建立起来的一类分析方法。除电位分析法外，还包括电解法、库仑分析法、电导分析法、极谱法等。尽管这些电化学分析方法在测量原理、测量对象和测量方式上具有很大差别，但所有的电化学分析方法都有一个共同特征，即它们都是在电化学电池中进行的，并且，除电导分析法外，其他各种电化学分析法都涉及电极反应。

1. 电化学电池

电化学电池是化学能和电能进行相互转换的电化学反应器，它分为原电池和电解池两类。如果电化学电池自发地将本身的化学能转变为电能，这种电化学电池称为原电池；如果实现电化学反应所需的能量由外部电源供给而将电能转变为化学能的电化学电池称为电解池。

电位分析法是在原电池内进行的，而电解法、库仑分析法、极谱法等则是在电解池内进行的。每种电化学分析法中都需用到两个电极，但在不同的电化学分析法中，由于电极的性质及作用不同，因而电极的名称亦不同。

在电位分析法中，两个电极分别称为指示电极和参比电极。指示电极是指在测定过程中电极电位随溶液中待测离子活度（或浓度）变化而变化的电极，用来指示待测离子的活度（或浓度）；参比电极是指在测定过程中电极电位不随待测离子活度（或浓度）变化而变化的电极，其电位保持相对稳定，作为测定其他电极电位的相对标准。

2. 电位分析法及其分类

电位分析法是以能斯特（Nernst）方程作为理论依据，以测量电化学电池的电动势或电动势的变化为基础的电化学分析方法。

电位分析法分为两类，即直接电位法和电位滴定法。

直接电位法是将待测离子的指示电极与另一个参比电极同时浸入待测溶液中，组成一个原电池，在几乎无电流流过的情况下（即在零电流条件下），通过测量电池电动势，进而求得溶液中待测离子活度（或浓度）的方法。由于直接电位法中使用的指示电极多为离子选择性电极，所以又称为离子选择性电极法。

电位滴定法是利用指示电极电位的突跃来指示滴定终点到达的一种电化学容量分析方法。在待测试液中插入待测离子的指示电极和电位恒定的参比电极，以高输入阻抗的直流毫伏计测量滴定过程中电池电动势的变化，滴定至终点时，根据指示电极的电位突跃所引起的电池电动势的突跃，即可确定滴定终点，根据滴定反应的化学计量关系，通过计算即可求出试液中待测离子的含量。

3. 电位分析法的特点

两种电位分析法各有其特点。

直接电位法简便、快速、灵敏、应用广泛，常用于溶液 pH 及离子浓度的测定。此外，直接电位法还可用于有色溶液、浑浊溶液的直接测定；用于各种化学常数，如离解常数、配合物稳定常数、溶度积常数等的测定；在工业连续自动分析和环境自动监测方面，直接电位法也有其独到之处。

电位滴定法准确度高于直接电位法，容易实现自动化控制，能进行连续和自动滴定，广泛用于酸碱滴定、配位滴定、沉淀滴定和氧化还原滴定等各种滴定反应终点的确定。此外，电位滴定法还可用于有色、浑浊溶液以及由于突跃范围小而无合适指示剂的组分的测定，从而扩大了容量分析的应用范围。

二、电位分析法理论依据

电位分析法的理论依据是能斯特方程。在测定过程中，将待测离子的指示电极与另一个参比电极同时浸入待测溶液中，构成一个电化学电池。该电池可简单表示为：

$$(-)M|M^{n+} \parallel 参比电极(+)$$

习惯上，用"｜"将溶液与固体分开，"‖"代表连接两个电极的盐桥。则该电化学电池的电池电动势（E）为：

$$E = \varphi_{(+)} - \varphi_{(-)} \tag{8-1}$$

式中　$\varphi_{(+)}$——电位较高的正极的电极电位，V；

$\varphi_{(-)}$——电位较低的负极的电极电位，V。

在上述电池中，待测离子的指示电极为负极，参比电极为正极，因此，在温度为 25℃ 时，则

$$E = \varphi_{参比} - \varphi_{M^{n+}/M} = \varphi_{参比} - \varphi_{M^{n+}/M}^{\ominus} - \frac{0.059}{n}\lg a(M^{n+}) \tag{8-2}$$

式中，$\varphi_{参比}$、$\varphi_{M^{n+}/M}^{\ominus}$在一定条件下均为常数，因此，只要测量出电池电动势，即可求出待测离子 M^{n+} 的活度，这就是直接电位法的定量依据。

若 M^{n+} 是被滴定离子，由式（8-2）可知，在滴定过程中，电池电动势 E 将随着溶液中 $a(M^{n+})$ 的变化而变化。当滴定达到化学计量点时，由于 $a(M^{n+})$ 发生突变，E 也随之相应地发生突跃，因此电池电动势的变化 ΔE 在终点时有最大值。利用适当的方法找出 ΔE 具有最大值的点，即可确定滴定终点，根据达到滴定终点时所消耗标准滴定溶液的体积即可以计算出待测离子的含量，这就是电位滴定法的基本理论依据。

三、pH 玻璃电极

pH 玻璃电极是测定溶液 pH 的一种常用的指示电极，具有使用方便、响应快、线性范围较宽、不受氧化还原剂的影响，对 H⁺ 具有很高的选择性，可直接测定有色、浑浊或胶体溶液的 pH 等特点。

1. pH 玻璃电极的结构

pH 玻璃电极的结构如图 8-1 所示。其下端是一个球形玻璃泡，泡的下半部是由 SiO_2 基质中加入 Na_2O 和少量 CaO 经烧结而成的玻璃薄膜（称为敏感膜），膜厚 0.08～0.1mm，膜内密封以 0.1mol/L HCl 溶液作为内参比溶液，在内参比溶液中插入一支银-氯化银电极作为内参比电极。由于 pH 玻璃电极的内阻很高，因此电极引出线和连接导线要求高度绝缘，并采用金属屏蔽线，以防止漏电以及周围交变电场、静电感应的影响。

pH 玻璃电极中内参比电极的电位是恒定的，它与待测溶液的 pH 无关。pH 玻璃电极之所以能够测定溶液的 pH，是由于电极下端敏感膜产生的膜电位与待测溶液的 pH 有关。

2. 膜电位

当把离子选择性电极（如 pH 玻璃电极）浸入一定活度的待测离子溶液中时，就相当于用一种膜将浓度不同的同一种电解质溶液或组成不同的电解质溶液隔开，这时在敏感膜的内外两个相界面处将产生一种电

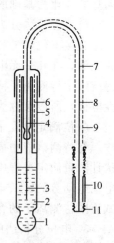

图 8-1　pH 玻璃电极结构示意

1—玻璃球膜；2—HCl 溶液；3—银-氯化银电极；4,7,8—电极导线；5—玻璃管；6—石棉或纸浆；9—金属隔离罩；10—塑料绝缘线；11—电极接头

位差。通常把这种跨越电极内外膜，在两相界面处产生的电位差叫做膜电位，用符号 φ_M 表示。膜电位等于外相间电位 $\varphi_{外}$ 与内相间电位 $\varphi_{内}$ 之差，即

$$\varphi_M = \varphi_{外} - \varphi_{内} \tag{8-3}$$

根据热力学推导，在温度为 25℃ 时，pH 玻璃电极的膜电位可表示为：

$$\varphi_M = \varphi_{外} - \varphi_{内} = K + 0.0592 \lg a(H^+) \tag{8-4}$$

或

$$\varphi_M = K - 0.0592 pH \tag{8-5}$$

式中 K——常数，其值由玻璃电极本身的性质决定；

$a(H^+)$——外部待测溶液中 H^+ 的活度；

pH——外部待测溶液的 pH。

从式(8-5)可看出，在一定温度条件下，pH 玻璃电极的膜电位与外部溶液的 pH 呈线性关系。

3. pH 玻璃电极的电极电位与溶液 pH 的关系

pH 玻璃电极的电极电位 φ 不等同于膜电位 φ_M，pH 玻璃电极的 φ 是该电极所具有的各种电位之和。pH 玻璃电极内有内参比电极，通常为银-氯化银电极，其电位是恒定的，与待测试液的 pH 无关，因此，pH 玻璃电极的 φ 应是内参比电极电位与膜电位之和，即

$$\varphi = \varphi_{AgCl/Ag} + \varphi_M = \phi_{AgCl/Ag} + K - 0.0592 pH$$

$$\varphi = K' - 0.0592 pH \tag{8-6}$$

式(8-6)表明，当实验条件一定时，pH 玻璃电极的电极电位与待测试液的 pH 呈线性关系。

四、参比电极

参比电极是用来提供电位标准的电极，在测定过程中，其电位保持相对稳定。在电位分析法中对参比电极的要求是：电极的电位值已知且恒定，受外界影响小，对温度或浓度没有滞后现象，具有良好的稳定性和重现性。电位分析法中最常用的参比电极是甘汞电极和银-氯化银电极，特别是饱和甘汞电极（SCE）。

1. 甘汞电极

（1）甘汞电极的组成与结构 甘汞电极是由汞、甘汞以及一定浓度的 KCl 溶液所组成的参比电极，其结构如图 8-2 所示。

甘汞电极中有两个玻璃套管，内玻璃套管中封接一根铂丝，铂丝插入纯汞中，下置一层甘汞与汞的糊状物；外玻璃套管中装入一定浓度的 KCl 溶液，即构成甘汞电极。外玻璃套管中的 KCl 溶液与通过电极下端的熔结陶瓷芯或玻璃砂芯等多孔性物质与待测溶液接通。

（2）甘汞电极的电极反应及电极电位

甘汞电极的组成可表示为：

$$Hg, Hg_2Cl_2(s) | KCl(x mol/L)$$

其电极反应为：

$$Hg_2Cl_2 + 2e \rightleftharpoons 2Hg + 2Cl^-$$

甘汞电极在 25℃ 时的电极电位为：

$$\varphi_{Hg_2Cl_2/Hg} = \varphi^{\ominus}_{Hg_2Cl_2/Hg} - 0.0592 \lg a(Cl^-) \tag{8-7}$$

其中，$\varphi^{\ominus}_{Hg_2Cl_2/Hg}$ 是甘汞电极的标准电极电位，其值可用式(8-8)表示：

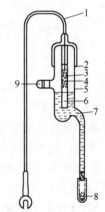

图 8-2 甘汞电极
结构示意

1—电极引线；2—玻璃管；3—汞；4—甘汞糊（Hg_2Cl_2 和 Hg 研成的糊）；5—玻璃外套；6—石棉或纸浆；7—饱和 KCl 溶液；8—多孔性物质；9—小橡皮塞

$$\varphi_{Hg_2Cl_2/Hg} = \varphi_{Hg_2^{2+}/Hg}^{\ominus} + \frac{0.0592}{2}\lg K_{sp,Hg_2Cl_2} \qquad (8\text{-}8)$$

式中　K_{sp,Hg_2Cl_2}——Hg_2Cl_2 的溶度积。

式(8-7)表明，当温度一定时，甘汞电极的电位主要取决于溶液中氯离子的活度，当 Cl^- 活度一定时，甘汞电极的电位也就恒定，故可作为测定其他离子时的参比电极。当把不同浓度的 KCl 溶液装入电极内时，将使甘汞电极具有不同的电位。表 8-1 给出了 25℃时用不同浓度的 KCl 溶液制得的甘汞电极的电位值。

表 8-1　不同浓度 KCl 溶液制得的甘汞电极的电位（25℃）

名　　称	KCl 溶液浓度/(mol/L)	电极电位/V
饱和甘汞电极(SCE)	饱和溶液	0.2438
标准甘汞电极(NCE)	1.0	0.2828
0.1mol/L 甘汞电极	0.1	0.3365

由于 KCl 的溶解度随温度而变化，电极电位与温度有关。因此，只要内充 KCl 溶液的浓度和温度一定，其电位值就保持恒定。

2. 银-氯化银电极

(1) 电极的组成与结构　银-氯化银电极是在金属银丝或银片表面镀上一层氯化银，浸入一定浓度的氯化钾溶液中而构成的，其结构如图 8-3 所示。

(2) 银-氯化银电极的电极反应及电极电位

银-氯化银电极的组成可表示为：

$$Ag, AgCl(s)|KCl(x mol/L)$$

其电极反应为：

$$AgCl + e \rightleftharpoons Ag + Cl^-$$

银-氯化银电极在 25℃时的电极电位为：

$$\varphi_{AgCl/Ag} = \varphi_{AgCl/Ag}^{\ominus} - 0.0592\lg a(Cl^-) \qquad (8\text{-}9)$$

其中，$\varphi_{AgCl/Ag}^{\ominus}$ 是银-氯化银电极的标准电极电位，其值可用式(8-10)表示：

$$\varphi_{AgCl/Ag}^{\ominus} = \varphi_{Ag^+/Ag}^{\ominus} + 0.0592\lg K_{sp,AgCl} \qquad (8\text{-}10)$$

式中　$K_{sp,AgCl}$——$AgCl$ 的溶度积。

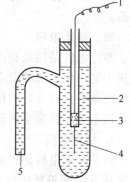

图 8-3　银-氯化银电极
结构示意
1—导线；2—KCl 溶液；
3—汞；4—镀氯化银的
银丝；5—多孔性物质

式(8-9)表明，当温度一定时，银-氯化银电极的电位主要取决于溶液中氯离子的活度，当 Cl^- 活度一定时，银-氯化银电极的电位也就恒定，故可作为测定其他离子时的参比电极。当把不同浓度的 KCl 溶液装入电极内时，将使银-氯化银电极具有不同的电位。银-氯化银电极最高可在 275℃的溶液中使用，且具有足够的稳定性，因此可在高温下替代甘汞电极。

五、pH 的直接电位法测定

1. 测量原理

直接电位法测定溶液 pH 时，以 pH 玻璃电极为指示电极，以饱和甘汞电极为参比电极，浸入待测试液中组成下列电化学电池：

$$(-)pH 玻璃电极|试液[a(H^+)=x mol/L]‖饱和甘汞电极(+)$$

25℃时，该电化学电池的电动势为：

$$E = \varphi_{SCE} - \varphi_{玻璃} = \varphi_{SCE} - K' + 0.0592pH$$

由于 φ_{SCE}、K' 在一定条件下为一定值，所以上式可表示为：

$$E = K'' + 0.0592 \text{pH} \tag{8-11}$$

由式(8-11)可知，上述电化学电池的电动势 E 与试液的 pH 呈线性关系。式中 E 可由仪器测得，因此，若能求出 K'' 值，即可直接计算出试液的 pH。但应注意的是，式中 K'' 是一个非常复杂的项目，它包括了内参比电极电位、甘汞电极的电极电位、玻璃膜的不对称电位等，其中有些电位很难准确测出。因此，在实际工作中均不采用直接计算的方法求出 pH，而是采用相对比较法。

2. pH 的操作定义

在 pH 的实际测量过程中，通常先用一个 pH 已准确知道的标准缓冲溶液为基准，对仪器进行校正，以消除 K'' 值，然后再测定待测试液的 pH。具体方法如下。

先将 pH 玻璃电极与饱和甘汞电极浸入一个 pH 已知的标准缓冲溶液（pH = pH$_s$）中，测得其电池电动势为 E_s，由式(8-11)可知，25℃时，则

$$E_s = K''_s + 0.0592 \text{pH}_s$$

然后在相同条件下，将两电极再浸入待测试液中，测得其电池电动势为 E_x，25℃时，则

$$E_x = K''_x + 0.0592 \text{pH}_x$$

由于两次测定实验条件相同，且采用同一 pH 玻璃电极和饱和甘汞电极，故可认为 $K''_s \approx K''_x$，将两式相减后，可将 K'' 值消掉，于是得到 25℃时，则

$$\text{pH}_x = \text{pH}_s + \frac{E_x - E_s}{0.0592} \tag{8-12}$$

式(8-12)表明，试液的 pH 是以标准缓冲溶液的 pH$_s$ 为基准，通过比较试液与标准缓冲溶液所参与构成的电化学电池的电动势 E_s 和 E_x 而确定的。通常把式(8-12)称为 pH 的操作定义。

【例题 8-1】 某电池 pH 玻璃电极 $|$ H$^+$ $(a=x)$ $|$ SCE，在 pH = 4 的缓冲溶液中测得电池电动势为 0.209V（25℃），若用某未知试液代替上述标准溶液，测得其电池电动势为 0.312V，计算该未知试液的 pH。

解 由式(8-12)，$\text{pH}_x = \text{pH}_s + \dfrac{E_x - E_s}{0.0592}$

得　　　　　　　$\text{pH}_x = 4 + \dfrac{0.312 - 0.209}{0.0592} = 5.74$

答：该未知试液的 pH 为 5.74。

技能基础

一、pH 测量仪器——酸度计

测量溶液 pH 的仪器称为酸度计，又称 pH 计，它是根据 pH 的操作定义设计而成的。酸度计是一种高输入阻抗的电子管或晶体管式的直流毫伏计，它既可以用于溶液 pH 的测量，也可以用作毫伏计测量电化学电池的电动势。

1. 酸度计的组成与结构

酸度计的型号、种类很多。按测量精度分类，可分为 0.2 级、0.1 级、0.01 级或更高的精度；按仪器体积分类，可分为笔式（迷你型）、便携式、台式以及在线连续监控测量的在线式。笔式（迷你型）与便携式酸度计一般用于现场检测，而台式与便携式酸度计一般供实验室测试分析用。

不同类型的酸度计一般均由两部分组成，即电极系统和高输入阻抗的毫伏计。电极与待测试液组成电化学电池，以高输入阻抗的毫伏计测量电池电动势，并可指示出相应的 pH。图 8-4 为上海精密科学仪器有限公司生产的数字直读式 pHS-3C 型酸度计的外形结构及后面板示意。

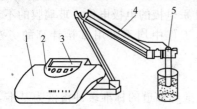 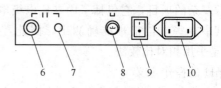

图 8-4　pHS-3C 型酸度计的外形结构及后面板示意

1—机箱；2—键盘；3—显示屏；4—多功能电极架；5—电极；6—测量电极插座；
7—参比电极接口；8—保险丝；9—电源开关；10—电源插座

2. 酸度计的使用方法

酸度计的种类繁多，不同厂家、不同型号的酸度计，其旋钮、开关的位置，使用方法以及仪器配件等均会有所不同。各种酸度计的结构和使用方法具体可参见各仪器的使用说明书。现以 pHS-3C 型酸度计为例，介绍酸度计的使用方法。

（1）开机前的准备

① 将多功能电极架插入多功能电极架插座中。

② 将 pH 复合电极（或使用 pH 玻璃电极和饱和甘汞电极）安装在电极架上。

③ 将 pH 复合电极下端的保护套拔下，并且拉下电极上端的橡皮套使其露出上端小孔。

④ 用蒸馏水冲洗电极。

（2）标定　仪器使用前首先要标定。

① 在测量电极插座处拔掉短路插头。

② 在测量电极插座处插入复合电极。

③ 如不用复合电极，则在测量电极插座处插入玻璃电极插头，参比电极接入参比电极接口处。

④ 打开仪器电源开关，按"pH/mV"按钮，使仪器进入 pH 测量状态。

⑤ 按"温度"按钮，使显示为溶液温度值（此时温度指示灯亮），然后按"确认"键，使仪器确定溶液温度后回到 pH 测量状态。

⑥ 把用蒸馏水清洗过的电极插入混合磷酸盐（25℃时，pH＝6.86）标准缓冲溶液中，待读数稳定后，按"定位"键（此时 pH 指示灯慢闪烁，表明仪器在定位标定状态）使读数为溶液当前温度下的 pH（例如，混合磷酸盐在 10℃时，pH＝6.92），然后按"确认"键，仪器进入 pH 测量状态，pH 指示灯停止闪烁。

⑦ 把用蒸馏水清洗过的电极插入邻苯二甲酸氢钾（25℃时，pH＝4.00）或硼砂（25℃时，pH＝9.18）标准缓冲溶液中，待读数稳定后，按"斜率"键（此时 pH 指示灯慢闪烁，表明仪器在斜率标定状态）使读数为溶液当前温度下的 pH（例如，邻苯二甲酸氢钾在 10℃时，pH＝4.00），然后按"确认"键，仪器进入 pH 测量状态，pH 指示灯停止闪烁，标定完成。

⑧ 用蒸馏水清洗电极后即可对被测溶液进行测量。

注意：经标定后，"定位"键及"斜率"键不能再按，如果触动此键，此时 pH 指示灯闪烁，请不要按"确认"键，而是按"pH/mV"键，使仪器重新进入 pH 测量即可，而无须再进行标定。

标定的标准缓冲溶液一般第一次用混合磷酸盐溶液，第二次用接近被测溶液 pH 的标准缓冲溶液。如被测溶液为酸性时，用邻苯二甲酸氢钾溶液；如被测溶液为碱性时，用硼砂溶液。

（3）溶液 pH 的测量

① 被测溶液与定位溶液温度相同时，测量步骤如下。

a. 用蒸馏水清洗电极头部，再用被测溶液清洗一次。

b. 把电极浸入被测溶液中，用玻璃棒搅拌溶液，使溶液均匀，待读数稳定后在显示屏上读出溶液的 pH。

② 被测溶液与定位溶液温度不同时，测量步骤如下。

a. 用蒸馏水清洗电极头部，再用被测溶液清洗一次。

b. 用温度计测出被测溶液的温度值。

c. 按"温度"键，使仪器显示为被测溶液的温度值，然后按"确认"键。

d. 把电极浸入被测溶液中，用玻璃棒搅拌溶液，使溶液均匀，待读数稳定后读出该溶液的 pH。

（4）电极电位（mV）值的测定　将电极置于被测溶液中，按"mV"键，"mV"指示灯亮。搅拌溶液使之均匀，待读数稳定后，显示值即为该溶液的电极电位"mV"值，并自动显示极性。

3. 酸度计的维护与使用注意事项

① 酸度计的放置应严格遵照仪器的使用条件。仪器应放置在干燥、无震动、无酸碱腐蚀性气体，环境温度稳定（一般工作环境温度为 5～45℃）的地方。

② 酸度计必须保持清洁干燥（特别是电极输入插孔和电极插头），以防止绝缘电阻下降引起测量误差。

③ 一般情况下，酸度计一天标定一次即可满足常规测量精度。

④ 酸度计应有良好的接地，否则将会造成读数指针不稳定。若使用场所没有接地线，或接地不良，需另外补接地线。

⑤ 仪器使用时，各调节旋钮的旋动不可用力太猛，按钮开关不要频繁按动。以防发生机械故障或破损。温度补偿器切不可旋转超位，以免损坏电位器或使温度补偿不准确。

⑥ 被测溶液的温度最好和用于 pH 标定的标准溶液温度相同，这样能减少由于温度测量而引起的补偿误差，提高仪器的测量精度。

⑦ 用缓冲溶液标定仪器时，要保证缓冲溶液的可靠性，不能错配缓冲溶液，否则将导致测定结果产生误差。

⑧ 测量时，电极的引入导线应保持静止，否则会引起读数不稳定。

⑨ 仪器通电后应进行预热才可开始测量。短时间测量，预热可以为十几分钟；但长时间工作，最好预热 1h 以上，以使仪器具有较好的稳定性。

⑩ 长期不用的仪器重新使用，预热时间要长一些；平时不用时，最好每隔 1～2 周通电一次（时间间隔视仪器安放地点的湿度大小而定），以防因潮湿、霉变或漏电而影响仪器性能；每隔一年应对仪器性能进行一次全面检定。

4. 酸度计常见故障及排除

表 8-2 中列出了酸度计在使用过程中的常见故障、产生原因及排除方法。

表 8-2 酸度计常见故障、产生原因及排除方法

现　象	原　因	排除方法
接通电源，指示灯不亮	(1)电源没插好或电源插头与插座接触不良 (2)保险丝断	(1)检查插头插座，重新插好电源线 (2)更换保险丝
显示数字不稳定	(1)电极各部接触不良 (2)预热时间不够 (3)电极插入待测液位置不正确(球泡没有全浸入溶液中) (4)电极敏感膜有污垢	(1)检查电极各部接触情况 (2)预热至指定时间 (3)调整电极到适当位置 (4)检查电极敏感膜清洁情况，对症处理
数字"响应"缓慢	(1)电极老化 (2)溶液不均匀 (3)电极敏感膜有污垢 (4)电极浸泡不彻底	(1)更换电极 (2)搅拌使溶液均匀 (3)检查电极敏感膜清洁情况，对症处理 (4)按要求进行电极浸泡
重现性不好	(1)电极老化 (2)溶液不均匀 (3)溶液中有气泡 (4)电极浸泡不彻底	(1)更换电极 (2)搅拌使溶液均匀 (3)摇动水样驱赶空气 (4)按要求进行电极浸泡

二、测定 pH 时电极的正确使用

1. pH 玻璃电极的使用注意事项

(1) 玻璃球膜的保护　使用时应注意避免玻璃球膜与坚硬物体的擦碰；玻璃电极在与参比电极插入溶液构成电池时，玻璃电极的最下端应高于参比电极的最下端，以免由于电极未夹牢固落下而损伤玻璃球膜。

(2) 电极的清洗　玻璃电极上若有油污，可用 5%～10% 的氨水或丙酮清洗；无机盐类污物可用 0.1mol/L 盐酸溶液清洗；钙、镁等不溶物积垢可用乙二胺四乙酸二钠盐溶液溶解予以清洗；在含胶质溶液或含蛋白质溶液（如牛奶、血液等）中测定后，可用 1mol/L 盐酸溶液清洗。玻璃电极清洗后，应用纯水重新清洗，浸泡一昼夜后使用。

注意：切不可用浓硫酸、铬酸洗液、无水酒精或其他无水或脱水的液体洗涤。

(3) 使用环境　玻璃电极一般在空气温度 0～40℃、试液温度 5～60℃、相对湿度不大于 85% 的环境中使用。玻璃电极不宜置于温度剧烈变化的地方，更不能烘烤，以免玻璃球膜被胀裂和内部溶液蒸发。

(4) 玻璃电极在使用之前应在蒸馏水中浸泡 24h 以上，这一过程称为玻璃电极的活化。

(5) 碱性溶液、有机溶剂及含硅溶液能使玻璃电极"衰老"，故测试上述溶液后应立即将电极取出洗净，或在 0.1mol/L 盐酸溶液中浸泡一下，加以校正。

一般的玻璃电极不应用来测定 $c(OH^-) > 2mol/L$ 的强碱溶液，且不能在非水溶液及含氟较高的溶液中使用。

(6) 玻璃电极长时间使用后会发生老化现象，使测定灵敏度降低，当电极斜率低于 52mV/pH 时，则不宜继续使用，而应更换新的电极。

(7) 暂时不用的玻璃电极，可将球膜部分浸入蒸馏水中，以便下次使用时容易达到平衡，长期不用的玻璃电极应放在盒内存放于干燥之处。

2. 饱和甘汞电极的使用注意事项

(1) 在使用甘汞电极时，电极上端小孔的橡皮帽及底部的橡皮帽必须拔去，以防止产生扩散电位变化和阻断盐桥溶液与待测液的联系而影响测定。

(2) 甘汞电极的电位与温度有关，并具有温度滞后性（即电位变化滞后于温度的变化），所以使用甘汞电极工作时要严防温度急剧变化，并随时用标准溶液校准。因甘汞（Hg_2Cl_2）

高于 78℃即能分解，所以甘汞电极一般只能在 0~70℃间使用和保存。

（3）在使用时要注意检查电极内是否充满 KCl 溶液，电极管内应无气泡，以防止断路。室温时溶液内应保留少许 KCl 晶体，以保证 KCl 溶液的饱和。

（4）KCl 溶液要浸没甘汞糊体，如不能浸没则需要从电极的侧口及时补入饱和 KCl 溶液；KCl 液面要高于试液的液面，以防止电极被试液渗入而被沾污。

（5）当电极外表附有 KCl 晶体时，应随时除去，特别是甘汞电极的上部应始终保持干净。若 KCl 等电解质沾污电极导线，将会影响甘汞电极的电位稳定。

（6）暂时不用的饱和甘汞电极，可将其 KCl 溶液渗出端插入饱和 KCl 溶液中保存，这样能避免毛细孔堵塞或底部砂芯裂纹现象的发生。

（7）长时间不用的甘汞电极，应将其侧口以橡皮塞塞紧，底部用橡皮套套好，储存于盒内。

（8）使用甘汞电极应对被测组分有所了解，以防甘汞"中毒"。若甘汞电极内套管中甘汞糊状物出现黑色时，说明电极已失效，不宜再使用。

3. pH 复合电极的使用注意事项

将 pH 玻璃电极和参比电极组合在一起的电极就是 pH 复合电极。pH 复合电极最大的好处就是使用方便（测定 pH 时，只需使用一个电极，不需另配参比电极）。使用 pH 复合电极时应注意以下几个问题。

（1）初次使用或久置不用重新使用时，敏感球泡和参比液络部应在 3.3mol/L KCl 溶液中浸泡 2h 以上。

（2）测定前，应观察电极球泡内部是否全部充满液体，如发现有气泡，则应将电极向下轻轻甩动（像甩体温表），以清除敏感球泡内的气泡，否则将影响测试精度。

（3）使用时，应将电极用去离子水清洗并擦干，测量的溶液液面应高于参比的液络部。

（4）电极前端的敏感玻璃球泡不能与硬物接触，任何破损和擦毛都会使电极失效。

（5）导线和插头部分应该保持清洁干燥，不用时电极球泡应套上保护套，并最好采用湿保存方式。

（6）不可充式复合电极应避免长期浸泡在去离子水、蛋白质溶液以及酸性氟化物溶液中，并防止与有机硅油脂接触。

（7）电极经长期使用后，电极的斜率和响应速度会有降低，可将电极的测量端浸泡在 4% HF 溶液中 3~5s 或稀 HCl 溶液中 1~2min，用蒸馏水清洗之后在 4mol/L KCl 溶液中浸泡使之复新。

三、pH 标准缓冲溶液的配制

pH 标准缓冲溶液是具有准确 pH 的缓冲溶液，是 pH 测定的基准。由 pH 操作定义可知，标准缓冲溶液 pH_s 值的准确与否，将直接影响到直接电位法测定 pH 的准确度，因此准确配制 pH 标准缓冲溶液，在 pH 电位法测量中是至关重要的。

1. pH 工作基准

中国国家标准物研究中心通过长期工作，采用尽可能完善的方法，确定了水溶液的 pH 工作基准，它们由七种六类标准缓冲物质组成，包括四草酸氢钾、酒石酸氢钾、邻苯二甲酸氢钾、磷酸氢二钠-磷酸二氢钾、四硼酸钠和氢氧化钙。按 JB/T 8276—1999《pH 测量用缓冲溶液制备方法》配制出的标准缓冲溶液的 pH 均匀地分布在 0~13 范围内。

标准缓冲溶液的 pH 随温度的变化而变化。表 8-3 列出了六类标准缓冲溶液在 10~35℃时相应的 pH。

表 8-3　标准缓冲溶液在 10~35℃ 时相应的 pH

试　剂	$c/(mol/kg)$	pH					
		10℃	15℃	20℃	25℃	30℃	35℃
四草酸氢钾	0.05	1.67	1.67	1.68	1.68	1.68	1.69
酒石酸氢钾	饱和	—	—	—	3.56	3.55	3.55
邻苯二甲酸氢钾	0.05	4.00	4.00	4.00	4.00	4.01	4.02
混合磷酸盐	0.025	6.92	6.90	6.88	6.86	6.85	6.84
四硼酸钠	0.01	9.33	9.28	9.23	9.18	9.14	9.11
氢氧化钙	饱和	13.01	12.82	12.64	12.46	12.29	12.13

2. 标准缓冲溶液的配制及保存

（1）pH 标准物质应保存在干燥的地方，如混合磷酸盐 pH 标准物质在空气湿度较大时就会发生潮解，一旦出现潮解，pH 标准物质即不可使用。

（2）应严格按照有关资料或手册上所规定的方法进行配制。

（3）应采用高纯度的试剂进行配制，所用水应为二次蒸馏水或者是去离子水（电导率不大于 $0.2×10^{-6}S/cm$）。

（4）配制 pH 标准缓冲溶液应使用较小的烧杯来稀释，以减少沾在烧杯壁上的 pH 标准液。

（5）配制好的标准缓冲溶液一般可保存 2~3 个月，如发现有浑浊、发霉或沉淀等现象时，不能继续使用。

（6）碱性标准溶液应装在聚乙烯瓶中密闭保存。防止二氧化碳进入标准溶液后形成碳酸，降低其 pH。

一般实验室中常用的标准缓冲物质是邻苯二甲酸氢钾、混合磷酸盐及四硼酸钠。目前市场上销售的"成套 pH 缓冲剂"就是上述三种物质的小包装产品，使用时不需干燥和称量，直接将袋内试剂全部溶解稀释至一定体积（一般为 250mL）即可使用。但在配制时需注意，存放 pH 标准物质的塑料袋或其他容器，除了应倒干净以外，还应用蒸馏水多次冲洗，然后将其倒入配制的 pH 标准溶液中，以保证配制的 pH 标准溶液准确无误。

【技能训练 28】　水样 pH 的测定

一、训练目的

1. 能够使用酸度计。

2. 能够配制 pH 标准缓冲溶液。

3. 能够利用酸度计测定不同水样的 pH。

二、训练所需试剂和仪器

1. 试剂

（1）邻苯二甲酸氢钾（优级纯）。

（2）磷酸氢二钠（优级纯）。

（3）磷酸二氢钾（优级纯）。

（4）硼砂（优级纯）或成套 pH 缓冲剂（经中国计量科学研究院检定合格）。

（5）待测水样若干。

2. 仪器

pHS-3C 型酸度计（其他型号酸度计或离子计）。

pH 复合电极（或 pH 玻璃电极与饱和甘汞电极）。

100mL 烧杯、1000mL 容量瓶、洗瓶等。

三、训练内容

1. pH 标准缓冲溶液的配制

（1）邻苯二甲酸氢盐标准缓冲溶液的配制（pH＝4.00，25℃） 称取于 110～130℃干燥 2～3h 的邻苯二甲酸氢钾（$KHC_8H_4O_4$）10.12g，溶于水，并在容量瓶中稀释至 1L。

（2）混合磷酸盐标准缓冲溶液的配制（pH＝6.86，25℃） 分别称取于 110～130℃干燥 2～3h 的磷酸氢二钠（Na_2HPO_4）3.533g 和磷酸二氢钾（KH_2PO_4）3.388g，溶于水，并在容量瓶中稀释至 1L。

（3）四硼酸钠标准缓冲溶液的配制（pH＝9.18，25℃） 称取与饱和溴化钠（或氯化钙加蔗糖）溶液（室温）共同放置在干燥器中平衡两昼夜的硼砂（$Na_2B_4O_7 \cdot 10H_2O$）3.80g（注意：不能烘！），溶于水，并在容量瓶中稀释至 1L。

2. 使用前的准备

（1）把仪器平放于桌面，支持好底面支架。

（2）检查供电电压是否与仪器工作电压相符。

（3）仪器应有良好的接地线，以消除外界干扰。

（4）接通电源，此时应有数字显示。

（5）将复合电极（或参比电极、已活化的工作电极）、电极架、pH 标准缓冲溶液和被测溶液等准备就绪。

3. 仪器的校准（参见 pHS-3C 型酸度计使用方法）

注：不同的酸度计，其校准与使用方法各异，具体操作程序请按仪器使用说明书进行。

4. 待测水样 pH 的测定

先用蒸馏水认真冲洗电极，再用待测水样冲洗，然后将电极浸入水样中，小心摇动或进行搅拌，静置，待读数稳定后记录 pH。

5. 数据记录

6. 注意事项

（1）pH 玻璃电极使用前应在蒸馏水中浸泡 24h 以上。

（2）标准溶液如需保存，应在聚乙烯瓶或硬质玻璃瓶中密闭保存；在室温条件下标准溶液一般以保存 1～2 个月为宜。

（3）测定 pH 时，为减少空气和水样中 CO_2 的溶入或挥发，在测定水样之前，不应提前打开水样瓶。

（4）标准溶液的 pH 随温度变化而稍有差异，在仪器校准时需加以注意。

四、思考题

1. 实验中为什么要对仪器进行温度校正？

2. 实验中定位的目的是什么？

案例二　磷矿石中氟含量的测定

磷矿石中氟含量的测定可参照国家标准 GB/T 1872—1995。其具体方法为：磷矿石试样用盐酸分解后，以柠檬酸-柠檬酸钠缓冲溶液控制溶液的 pH 在 5.5～6.0，同时消除铝、铁等离子的干扰。使用电位测量仪以饱和甘汞电极为参比电极，氟离子选择性电极为指示电极，测量电池电动势，以工作曲线法求出氟含量。

案例分析

1. 案例二中，磷矿石中氟含量是利用电位测量仪（或离子计）进行测定的。

2. 测定时，以饱和甘汞电极为参比电极，以氟离子选择性电极为指示电极，两电极与相关溶液构成一电化学电池。

3. 磷矿石中氟含量的测定过程中，需控制溶液的 pH 在 5.5～6.0，同时还需消除铝、铁等离子的干扰。

4. 测定中，以工作曲线法作为定量分析方法。

为完成磷矿石中氟含量的测定任务，需掌握如下理论知识和操作技能。

理论基础

一、离子选择性电极

离子选择性电极，是对特定离子有选择性响应的电极，它利用电极的膜与溶液间的离子交换建立了膜电位，膜电位与溶液中特定离子的活度负对数值呈线性关系。由于离子选择性电极都具有一个敏感膜，所以又称膜电极，常用符号"ISE"表示。

1. 离子选择性电极的构造

离子选择性电极的种类很多，各种电极的形状、结构各有不同，但其基本构造大致相同，如图 8-5 所示。

离子选择性电极由电极管、内参比电极、内参比溶液和敏感膜构成。电极管一般由玻璃或高分子聚合材料做成；内参比电极常用 Ag-AgCl 电极；内参比溶液一般由响应离子的强电解质溶液及氯化物溶液组成；敏感膜是电极的关键部件，它由不同的敏感材料做成。敏感膜用黏结剂或机械方法固定于电极管端部。由于敏感膜电阻很高，故电极需要有良好的绝缘，以免发生旁路漏电而影响测定。另外，电极与测量仪器连接时，要用金属隔离线，以消除周围交流电场及静电感应的影响。

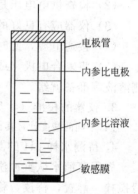

图 8-5　离子选择性
电极基本构造

（电极管、内参比电极、内参比溶液、敏感膜）

2. 离子选择性电极的分类

根据 IUPAC（International Union of Pure and Applied Chemistry，国际纯粹与应用化学联合会）推荐的分类方法，将离子选择性电极作如下分类。

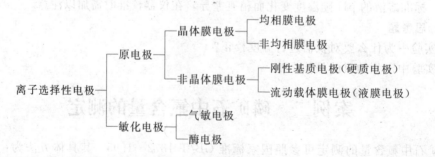

（1）原电极　原电极是指敏感膜直接与试液相接触的离子选择性电极，它包括晶体膜电极和非晶体膜电极。

① 晶体膜电极。指敏感膜由难溶盐的单晶或多晶沉淀加工而成。均相晶体膜电极的敏

感膜由均匀晶体构成，包括单晶膜电极和多晶膜电极。单晶膜电极中典型的例子是氟离子选择性电极，其敏感膜由 LaF_3 单晶做成，内参比电极为 Ag-AgCl 电极，内参比溶液由 0.1mol/L NaF 与 0.1mol/L NaCl 混合液组成。氟离子选择性电极对 F^- 具有很好的选择性，阴离子中除了 OH^- 以外，均无干扰。

多晶膜电极的敏感膜有 3 种类型，一是由纯 Ag_2S 晶体粉末压片而成，用于测定 S^{2-} 和 Ag^+；二是由卤化银加 Ag_2S 压片而成，用于测定 Ag^+、I^-、Br^-、Cl^-、CN^-、SCN^- 等；三是由重金属硫化物加 Ag_2S 压片而成，用于测定 Pb^{2+}、Cd^{2+}、Cu^{2+} 等重金属离子。

非均相晶体膜电极的敏感膜是由 Ag_2S、AgX 等难溶盐分别与一些惰性高分子材料如硅橡胶、聚氯乙烯等混合，并加入交联剂，经热压而成。

② 非晶体膜电极。包括硬质电极和流动载体电极。

硬质电极，主要指 pH 玻璃电极，若改变玻璃敏感膜的成分，则可以得到对其他阳离子有响应的玻璃电极，如 Na^+、K^+、Ag^+ 等离子选择性电极，这些玻璃电极的结构和外形与 pH 玻璃电极相似。

流动载体电极又称液膜电极，该类电极的敏感膜不是固体而是液体。它是将电活性物质金属配位体（即载体）溶解在有机溶剂中，并渗透在多孔惰性支持体中作为敏感膜。根据电活性物质配位体在有机溶剂中所存在的型态，可将液膜电极分为 3 种，即带正电荷流动载体电极、带负电荷流动载体电极和中性流动载体电极。

（2）敏化电极　敏化电极的敏感膜不直接与待测试液相接触，而是通过界面化学反应或酶催化反应使试液中待测物质或中介物质转变为能够被原电极所响应的离子。敏化电极包括气敏电极和酶电极。

气敏电极是对某些气体敏感的电极，用于测定溶液中气体的含量。如氨气敏电极以及 CO_2、SO_2、HF、HCN、Cl_2、NO_2 等气敏电极。

酶电极是将生物酶凝胶涂在离子选择性电极的敏感膜表面上。酶是具有特殊生物活性的催化剂，其催化作用选择性强，催化效率高，大多数催化反应可在常温下进行。当某些待测物质与该电极接触时，发生酶催化反应，生成物由敏感膜进行响应。酶电极在生物医学研究以及临床诊断方面具有广泛应用。

3. 离子选择性电极的电极电位及电池电动势与离子活度的关系

（1）电极电位与离子活度的关系　对于给定的离子选择性电极，当温度等实验条件一定时，其电极电位与待测离子活度的关系符合能斯特方程，即

$$\varphi = K' \pm \frac{2.303RT}{nF} \lg a_\pm \qquad (8-13)$$

在 25℃时，则

$$\varphi = K' \pm \frac{0.0592}{n} \lg a_\pm \qquad (8-14)$$

式中，对阳离子响应的电极，K' 后面用加号；对阴离子响应的电极，K' 后面用减号。

单个离子选择性电极的电极电位是无法测量的，它必须由一个参比电极与待测离子选择性电极同时浸入试液中组成一个电化学电池，在接近零电流的情况下，测量电池电动势 E，从而间接地求出离子选择性电极的电极电位。

（2）电池电动势与离子活度的关系　在所组成的电化学电池中，若离子选择性电极为正极，参比电极为负极，则

$$E = \varphi_{ISE} - \varphi_{参比} = K' \pm \frac{0.0592}{n}\lg a_\pm - \varphi_{参比}$$

对于给定的参比电极，当实验条件一定时，令 $K = K' - \varphi_{参比}$，25℃时，则

$$E = K \pm \frac{0.0592}{n}\lg a_\pm \tag{8-15}$$

即当离子选择性电极为正极时，对阳离子，K 后面用加号；对阴离子，K 后面用减号。

在所组成的电化学电池中，若离子选择性电极为负极，参比电极为正极，则

$$E = \varphi_{参比} - \varphi_{ISE} = \varphi_{参比} - K' \mp \frac{0.0592}{n}\lg a_\pm$$

对于给定的参比电极，当实验条件一定时，令 $K = \varphi_{参比} - K'$，25℃时，则

$$E = K \mp \frac{0.0592}{n}\lg a_\pm \tag{8-16}$$

即当离子选择性电极为负极时，对阳离子，K 后面用减号；对阴离子，K 后面用加号。

4. 离子选择性电极的性能指标

离子选择性电极的性能好坏，可通过以下几个指标加以衡量。

(1) 线性范围与检测下限　根据电池电动势与离子活度的关系可知，若以电动势 E 为纵坐标，$\lg a$ 为横坐标作图，应得到一条直线。但在实际测量中，当待测离子活度增大或降低至一定程度后，E-$\lg a$ 曲线将偏离直线，而发生弯曲。如图 8-6 所示。

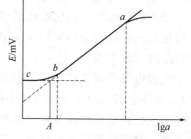

通常把电池电动势与离子活度的对数成直线关系时的活度范围称为线性范围。即图中 ab 段所对应的活度范围。定量分析应在线性范围内进行，一般，离子选择性电极的线性范围在 $10^{-6} \sim 10^{-1}\,\mathrm{mol/L}$。

在 E-$\lg a$ 曲线中，曲线两直线部分外延的交点 A 所对应的离子活度（或浓度），称为检测下限。在检测下限附近，电极电位不稳定，测定结果的重现性和准确度

图 8-6　线性范围与检测下限

较差。影响离子选择性电极检测下限的主要因素是敏感膜材料在水中的溶解度，膜的溶解度低，则检测下限低。

(2) 选择性系数 K_{ij}　理想的离子选择性电极的响应应是专一的，特效的，即只对特定的一种离子产生电位响应，其他共存离子不干扰。但实际上，目前所使用的离子选择性电极并没有绝对的专一性，溶液中的共存离子仍可能有干扰。即离子选择性电极除对特定待测离子有响应外，共存（干扰）离子亦会响应。为了表示膜电极对待测离子选择性响应能力的大小，通常采用选择性系数 K_{ij} 作指标，进行评价。

选择性系数指：在相同实验条件下，产生相同电位的待测离子活度 a_i 与干扰离子活度 a_j 的比值，即

$$K_{ij} = \frac{a_i}{(a_j)^{n_i/n_j}} \tag{8-17}$$

式中　a_i——待测离子的活度；

$\quad\quad a_j$——干扰离子的活度；

$\quad\quad n_i$——待测离子所带的电荷数；

$\quad\quad n_j$——干扰离子所带的电荷数。

显然，K_{ij} 数值越小，表明该电极对待测离子 i 的选择性越高，而干扰离子 j 的干扰作用越小。例如某 pH 玻璃电极的选择性系数 $K_{H^+, Na^+} = 10^{-10}$，说明 Na^+ 活度是 H^+ 活度的 10^{10} 倍时，Na^+ 所提供的电位才等于 H^+ 所提供的电位。即该 pH 玻璃电极对 H^+ 的响应比对 Na^+ 的响应灵敏 10^{10} 倍，此时 Na^+ 对 H^+ 的测定可认为没有干扰。

考虑到干扰离子对电位的贡献，可将电池电动势与待测离子活度的关系式表示为：

$$E = K \pm \frac{0.0592}{n} \lg[a_i + \sum K_{ij}(a_j)^{n_i/n_j}] \tag{8-18}$$

离子选择性电极的选择性系数 K_{ij} 不是理论计算值，而是在一定条件下的实测值，它受到各种实验条件的影响，其数值随溶液离子强度和测量方法的不同而有所不同，故它不是一个严格的常数。通常商品电极都会提供经实验测定的 K_{ij} 值数据。

利用选择性系数还可以估算在有干扰离子存在情况下测定待测离子时，所产生的误差大小，计算公式为：

$$相对误差 \% = \frac{K_{ij}(a_j)^{n_i/n_j}}{a_i} \times 100 \tag{8-19}$$

（3）响应时间　响应时间，也叫电位平衡时间，它是指从膜电极与参比电极接触试液开始，到获得稳定电池电动势（±1mV 以内）所需要的时间。膜电极的响应时间越短越好。影响响应时间的因素包括：

① 电极敏感膜的性质及膜的厚度、表面光洁度；

② 待测离子及共存非干扰离子的浓度；

③ 待测离子到达电极表面的速度；

④ 温度及搅拌程度；

⑤ 参比电极的稳定性。

响应时间一般为数秒到几分钟，通常可以通过搅拌溶液来缩短响应时间。如果测定浓溶液后再测定稀溶液，则应使用纯水清洗电极数次后再测定，以恢复电极的正常响应时间。

（4）电极斜率转换系数 K_{ir}　电极电位与离子活度的关系为：

$$\varphi = K' \pm \frac{2.303RT}{nF} \lg a_\pm$$

式中，$\frac{2.303RT}{nF}$ 称为电极的理论斜率，以 $S_{理论}$ 表示，电极斜率的大小反映了离子活度每改变 10 倍时，所引起的电极电位的变化值。电极的理论斜率在一定温度下为常数。如，25℃时，对一价阳离子响应的膜电极，$S_{理论}$ 为 59.2mV；对二价阳离子响应的膜电极，$S_{理论}$ 为 29.6mV。

但是，在实际的测定中，电极的实际斜率与理论斜率往往存在着一定的偏差。为了表示电极的实际斜率与理论斜率之间偏差的大小，采用电极斜率转换系数 K_{ir} 作为指标。电极斜率转换系数等于实际斜率与理论斜率的比值，即

$$K_{ir} = \frac{S_{实际}}{S_{理论}} \tag{8-20}$$

电极的实际斜率可通过下列方法获得：在一定的实验条件下，将待测离子的膜电极与参比电极分别浸入活度为 a_1 和 a_2 的待测离子标准溶液中，依次测定其电池电动势，分别为 E_1 和 E_2，则

$$E_1 = K \pm S_{实际} \lg a_1$$
$$E_2 = K \pm S_{实际} \lg a_2$$

二式相减,得

$$S_{\text{实际}} = \pm \left(\frac{E_1 - E_2}{\lg \dfrac{a_1}{a_2}} \right) \tag{8-21}$$

将式(8-21)代入式(8-20),得

$$K_{\text{ir}} = \frac{E_1 - E_2}{\dfrac{2.303RT}{nF} \lg \dfrac{a_1}{a_2}} \tag{8-22}$$

利用式(8-22)即可求出膜电极的电极斜率转换系数,理想的电极斜率转换系数为 100%。通常;只有电极斜率转换系数大于 95% 的膜电极才可以进行准确的测定。

(5) 电极的稳定性　电极的稳定性是指在一定的时间（如 8h 或 24h）内,电极在同一溶液中响应值的变化,也称为响应值的漂移。电极表面受到沾污、电极密封不良或内部导线接触不良等都将影响电极的稳定性。对于稳定性较差的电极需要在测定前后对响应值进行校正。

二、pX 的直接电位法测定

1. pX 的直接电位法测定原理

$pX = -\lg a(X)$,此处 X 指除 H^+ 以外的其他阴离子或阳离子,如 $pF = -\lg a(F^-)$,$pCa = -\lg a(Ca^{2+})$。

与 pH 的直接电位法测定类似,以直接电位法测定 pX 时,也是以对待测离子有选择性响应的 pX 膜电极作为指示电极,以饱和甘汞电极（SCE）为参比电极,浸入待测试液中组成一个电化学电池:

$$(-)SCE | 试液(a = x\text{mol/L}) | pX 电极(+)$$

则 25℃时,该电化学电池的电池电动势与 pX 的关系如下所述。

对阳离子响应的电极,则

$$E = K - \frac{0.0592}{n} pX \tag{8-23}$$

对阴离子响应的电极,则

$$E = K + \frac{0.0592}{n} pX \tag{8-24}$$

由式(8-23)和式(8-24)可知,只要知道了 K 值,利用仪器测量出该电池的电动势,即可直接计算出试液的 pX。

2. pX 的操作定义

与 pH 的测定类似,在式(8-23)和式(8-24)中,常数项 K 是一个非常复杂的项目,其值取决于膜电极的敏感膜、内参比溶液及内外参比电极的电位等。因此,在 pX 的直接电位法测定中也需要利用一个 pX 已知的待测离子的标准溶液对仪器进行校正,以抵消 K 值,与 pH 的操作定义推导方法类似,也可导出 pX 的操作定义。

即 25℃时,对阳离子响应的电极,则

$$pX^+ = pX_s - \frac{E_x - E_s}{\dfrac{0.0592}{n}} \tag{8-25}$$

式中　pX_s——待测离子标准溶液的 pX 值;

　　　E_x——两电极与试液所构成电化学电池的电动势,V;

E_s——两电极与标准溶液所构成电化学电池的电动势，V。

25℃时，对阴离子响应的电极，则

$$pX^- = pX_s + \frac{E_x - E_s}{\dfrac{0.0592}{n}} \tag{8-26}$$

可见，在 pX 的直接电位法测定中，也是以 pX_s 标准物质为基准，通过比较 E_x 和 E_s 而求出试液 pX 的。

因此，为了测定试液的 pX，就需要有相应离子的活度标准，以配制活度已知的待测离子标准溶液。但目前能提供用于离子选择性电极校正的标准活度溶液，除用于校正 Cl^-、Na^+、Ca^{2+}、F^- 电极用的标准溶液 NaCl、KF、$CaCl_2$ 外，尚无其他离子的活度标准溶液。通常在测定要求不高并保证离子活度系数 r 不变的情况下，可用浓度代替活度进行测定。

技能基础

一、pX 测量仪器——离子计

测量 pX 时的专用仪器称为离子计或电极电位计。离子计与各种离子选择性电极及参比电极配合，可用于测量电池电动势或直接测定待测离子的 pX 值。

1. 离子计的组成与结构

离子计也是一种高阻抗、高精度的毫伏计，其电位测量精度高于普通的酸度计，而且稳定性好，目前广泛使用的是直读式离子计。离子计的型号、种类很多，在实际工作中可根据测定要求加以选择。图 8-7 为上海盛磁仪器有限公司生产的 pXS-215 型离子计的外形结构及后面板示意。

2. 离子计的使用方法

pXS-215 型离子计的使用方法如下。

（1）开机前的准备

① 将电极梗旋入电极梗固定座中。

② 将电极夹插入电极梗中。

③ 将离子选择性电极、参比甘汞电极安装在电极夹上。

④ 将甘汞电极下端的橡皮套拉下，并且将上端的橡皮塞拔去使其露出上端小孔。

⑤ 离子选择性电极用蒸馏水清洗后需用滤纸擦干，以防止引起测量误差。

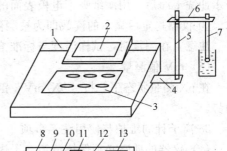

图 8-7　pXS-215 型离子计的外形
结构及后面板示意

1—机箱；2—显示屏；3—键盘；4—电极梗座；5—电极梗；6—电极夹；7—电极；8—测量电极插座；9—参比电极接口；10—温度电极插座；11—电源开关；12—保险丝座；13—电源插座

（2）离子选择及等电位点的设置　打开电源，仪器进入 pX 测量状态，按"等电位/离子选择"键，进行离子选择，按"等电位/离子选择"键可选择一价阳离子（X^+）；一价阴离子（X^-）；二价阳离子（X^{2+}）；二价阴离子（X^{2-}）及 pH 测量，然后按"确认"键，仪器进入等电位设置状态，按"升降"键，设置等电位值，然后按"确认"键，设置结束，仪器进入测量状态。

注：如果标准溶液和被测溶液的温度相同，则无须进行等电位补偿，等电位置于 0.00pX 即可。

（3）仪器的标定

① 仪器采用二点标定法。为适应各种 pX 值测量的需要，采用一组 pX 值不同的标准溶

液，实际测定中可根据 pX 值测量范围自行选择。

序　号	标定 1 标准溶液 pX 值	标定 2 标准溶液 pX 值
1	4.00	2.00
2	5.00	3.00

一般采用第 1 组标准溶液对仪器进行标定。

② 将标准溶液 A（pX＝4.00）和标准溶液 B（pX＝2.00）分别倒入经去离子水清洗干净的塑料烧杯中，杯中放入搅拌子，将塑料烧杯放在电磁搅拌器上，缓慢搅拌。

③ 将电极放入选定的标准溶液 A 中，按"温度"键再按"升降"键，将温度设置到标准溶液的温度值，然后按"确认"键，此时仪器温度显示值即为设置温度值；按"标定"键，仪器显示"标定 1"，温度显示位置显示标准溶液的 pX 值，此时按"升"键可选择标准溶液的 pX 值（4.00），待仪器读数稳定后，按"确认"键，仪器显示"标定 2"，仪器进入第二点标定；将电极从标准溶液 A 中拿出，用去离子水冲洗干净后，用滤纸吸干电极表面的水分，放入选定的标准溶液 B 中，此时温度显示位置显示第二点标准溶液的 pX 值，按"升"键可选择第二点标准溶液的 pX 值（2.00），待仪器读数稳定后，按"确认"键，仪器显示"测量"表明标定结束进入测量状态。

（4）pX 值的测量

① 经标定过的仪器即可对溶液进行测量。

② 将被测液放入经去离子水清洗干净的塑料烧杯中，杯中放入搅拌子，将电极用去离子水冲洗干净后，用滤纸吸干电极表面的水分，放入被测溶液中，缓慢搅拌溶液。

③ 仪器稳定后显示的读数即为被测液的 pX 值。

注意：在测量时，试样温度与标准溶液温度应保持在同一温度。

（5）mV 值测量

在 pX 测量状态下，按"pX/mV"键，仪器便进入 mV 测量状态，即可直接测量电池电动势。

3. 离子计的维护与使用注意事项

（1）仪器的插座必须保持清洁、干燥，切忌与酸、碱、盐溶液接触，防止受潮，以确保仪器绝缘和高输入阻抗性能。

（2）仪器不用时将 Q9 短路插头插入测量电极的插座内，防止灰尘及水汽侵入。

（3）用标准溶液标定仪器时，要保证标准溶液的可靠性，不能配错标准溶液，否则将导致测量结果产生误差。

（4）当测量离子改变后，仪器须重新标定。

二、定量分析方法

1. 直接电位法浓度测量条件

直接电位法的理论依据是能斯特方程，其反映的是电极电位 φ 或电池电动势 E 与离子活度 a_i 之间的关系，但在实际工作中通常要求测定离子的浓度 c_i。而离子的活度不等于离子的浓度，两者之间的关系为：

$$a_i = r_i c_i \qquad (8\text{-}27)$$

式中　a_i——离子的活度；

　　　r_i——离子的活度系数；

c_i——离子的浓度。

只有在极稀的溶液中，$r_i \approx 1$，而在较浓溶液中，$r_i < 1$。因此，以直接电位法测定离子浓度的条件是：在使用标准溶液校正电极及使用该电极测定试液这两个步骤中，必须保证离子活度系数不变。而离子活度系数是随溶液离子强度的变化而变化的，当溶液离子强度恒定时，离子活度系数保持不变。故直接电位法中，通过控制待测离子标准溶液与试液的离子强度相同且恒定，即可进行离子浓度的测定。

在实际测定中，保持待测离子标准溶液与试液的离子强度相同且恒定的简便而有效的方法是：在待测离子标准溶液及试液中均加入相同量的总离子强度调节缓冲液（TISAB）。

TISAB 的主要作用包括：①维持标准溶液与待测试液离子强度恒定；②保持试液在离子选择性电极适合的 pH 范围内，避免 H^+ 和 OH^- 的干扰；③使待测离子释放成为可检测的游离离子。TISAB 的组成包括：①用于调节溶液离子强度的惰性电解质；②用于控制溶液 pH 的缓冲溶液；③用于消除干扰的掩蔽剂或氧化还原剂等。例如，以氟离子选择性电极测定水中 F^- 含量，所加入的 TISAB 的组成为：1mol/L NaCl、0.25mol/L HAc、0.75mol/L NaAc 以及 0.001mol/L 柠檬酸钠。其中，NaCl 用于调节离子强度，HAc-NaAc 缓冲溶液可使溶液 pH 保持在氟离子选择性电极适合的 pH 范围（5～5.5）内；柠檬酸根能与 Fe^{3+}、Al^{3+} 结合而消除其干扰。

注意：对于 TISAB 的基本要求是，其中不能含有能被离子选择性电极响应的离子。

2. 标准曲线法

在一系列待测离子的标准溶液以及待测试液中，均加入相同量的总离子强度调节缓冲液（TISAB），依次插入待测离子指示电极和参比电极，在同一条件下，依次测量其电池电动势。以测得的标准系列溶液的电池电动势 E 为纵坐标，以浓度 c 的对数 $\lg c$（或负对数 $-\lg c$）为横坐标，绘制 E-$\lg c$ [或 E-$(-\lg c)$] 关系曲线（如图 8-8 所示）。并从曲线上查出试液的电池电动势 E_x 所对应的 $\lg c_x$，进一步换算为 c_x。

采用标准曲线法时，要求应保持实验条件（如溶液温度、搅拌速度等）恒定，否则将影响其线性。标准曲线法适用于大批同种样品的测定。

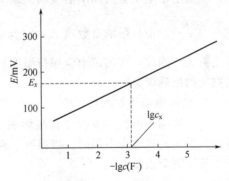

图 8-8　E-$\lg c$ 的标准曲线

3. 标准加入法

如待测溶液的组成比较复杂，离子强度较大，难以通过加入总离子强度调节缓冲液，使试液中待测离子的活度系数与标准溶液中相等，此时不宜采用标准曲线法进行测定，而应采用标准加入法。即将一定量的标准溶液加入样品溶液中，依据标样加入前后 E 的变化来确定试液中待测离子的浓度。

标准加入法的具体方法为：在一定实验条件下，先测定体积为 V_x，浓度为 c_x 的试液电池的电动势 E_x，然后向其中加入体积为 V_s，浓度为 c_s 的待测离子标准溶液，混合均匀后在同一条件下，再测量其电池的电动势 E_{x+s}，然后依据式(8-28)计算试液的浓度 c_x。

$$c_x = \frac{\Delta c}{10^{\frac{\Delta E}{s}} - 1} \tag{8-28}$$

式中　Δc——加入标液后，溶液浓度的增加量，$\Delta c = \dfrac{c_s V_s}{V_x + V_s}$；

ΔE——加入标液前后，电池电动势的变化值，$\Delta E = \mid E_{x+s} - E_x \mid$；

S——电极的理论斜率，$S = \dfrac{2.303RT}{nF}$。

通常要求，$c_s \gg c_x$，而 $V_x \gg V_s$，故 $V_x + V_s \approx V_x$，此时，$\Delta c = \dfrac{c_s V_s}{V_x}$。

标准加入法适用于组成复杂的个别样品的测定，测定准确度高。

【例题 8-2】 25℃时，于干烧杯中准确加入 100.00mL 水样，将 Ca^{2+} 选择性电极及饱和甘汞电极浸入溶液中，测得电池电动势为 0.0019V，然后将 1.00mL 浓度为 0.0731mol/L $Ca(NO_3)_2$ 标准溶液加入上述水样中，混合均匀，又测得电池电动势为 0.0155V，计算原水样中 Ca^{2+} 物质的量浓度。

解　$\Delta c = \dfrac{c_s V_s}{V_x + V_s} = \dfrac{0.0731 \times 1.00}{100.00 + 1.00} = 7.24 \times 10^{-4}$ （mol/L）

　　　　$\Delta E = \mid E_{x+s} - E_x \mid = 0.0155 - 0.0019 = 0.0136$ （V）

　　　　$S = \dfrac{2.303RT}{nF} = \dfrac{0.0592}{2} = 0.0296$

　　　　$c_x = \dfrac{\Delta c}{10^{\frac{\Delta E}{S}} - 1} = \dfrac{7.24 \times 10^{-4}}{10^{\frac{0.0136}{0.0296}} - 1} = \dfrac{7.24 \times 10^{-4}}{1.88} = 3.85 \times 10^{-4}$ （mol/L）

答：原水样中 Ca^{2+} 物质的量浓度为 $3.85 \times 10^{-4}\text{mol/L}$。

三、影响直接电位法测定准确度的因素

影响直接电位法测定准确度的因素主要包括以下几个方面。

1. 温度

根据电池电动势与离子活度的关系 $E = K \pm \dfrac{2.303RT}{nF} \lg a_{\pm}$ 可知，温度不仅影响电极的斜率 $\dfrac{2.303RT}{nF}$，而且影响常数项 K，因为 K 值中包括的内外参比电极电位、膜电位等，都与温度有关。因此，在测定中应保持温度恒定，并保持标准溶液与待测试液的温度相同，以提高测定的准确度。

2. 电池电动势的测量误差

电池电动势的测量准确度直接影响到测定结果的准确度，而且对于不同价态的离子来讲，其影响的程度也不相同。当温度、离子强度及其他实验条件一定时，对于给定的待测离子，浓度测量误差：

$$\frac{\Delta c}{c} = \frac{nF\Delta E}{RT} \tag{8-29}$$

式中　n——待测离子所带电荷数；

　　　ΔE——电池电动势的测量误差，V。

在 25℃时，则

$$\frac{\Delta c}{c} = 0.039n\Delta E \tag{8-30}$$

由式(8-30) 计算可得，当电池电动势的测量误差为 1mV 时，对一价离子，浓度相对误差可达 3.9%；对二价离子，浓度相对误差高达 7.8%。因此，为了减小电池电动势测量误差的影响，要求测量电池电动势时所使用的仪器应具有很高的灵敏度和准确度，并要求电池电动势本身要稳定。为此，在测定过程中应保持实验条件稳定。

3. 溶液的酸度

　　溶液测量的酸度范围与电极类型、被测溶液的性质及浓度有关，此外，溶液酸度还可能影响待测离子在溶液中的存在状态以及膜电极的性能。因此在测定过程中，必须保持恒定的pH 范围，必要时，可使用缓冲溶液进行维持。例如，以 F^- 选择性电极测定 F^- 时，适宜的酸度范围 pH 为 5～7。

　　4. 离子强度

　　离子强度是用来衡量溶液中由各种离子所形成的静电场强弱的一种物理量，离子强度的大小直接影响到离子的活度系数。而只有当活度系数不变时，才可用直接电位法测定离子的浓度。因此，在直接电位法中，保持标准溶液与待测试液离子强度相同并恒定是进行浓度测量的重要实验条件。

　　5. 干扰离子

　　干扰离子的影响主要反映在两个方面。

　　(1) 干扰离子直接在电极上进行交换，使测定结果偏高。

　　例如：以 NO_3^- 电极测定 NO_3^- 时，若溶液中存在 ClO_4^-，ClO_4^- 也将产生响应，使测定结果偏高。

　　(2) 干扰离子与待测离子形成不被电极响应的物质，使测定结果偏低。

　　例如，以 F^- 选择性电极测定 F^- 时，若试液含有 Al^{3+}，则 Al^{3+} 将与 F^- 反应形成不被电极响应的 $[AlF_6]^{3-}$，使 F^- 活度降低，测定结果偏低。

　　实际工作中，可通过加入 TISAB 来消除或减小干扰离子的影响。

　　6. 待测离子的浓度

　　离子选择性电极的浓度测量范围为 $10^{-6} \sim 10^{-1} \, mol/L$。检测下限主要决定于组成电极膜的活性物质的性质，此外，还与共存离子的干扰、溶液的酸度等因素有关。

【技能训练 29】　磷矿石中氟含量的测定

一、训练目的

1. 学会正确选择和使用电极。

2. 学会使用离子计。

3. 能够利用标准曲线法测定磷矿石中氟的含量。

二、训练所需试剂和仪器

1. 试剂

(1) 盐酸溶液 (1+1)。

(2) 硝酸溶液 (1+5)。

(3) 氢氧化钠溶液：200g/mL。

(4) 柠檬酸-柠檬酸钠缓冲溶液 (pH 为 5.5～6.0)：称取 24g 柠檬酸 ($C_6H_8O_7 \cdot H_2O$)，270g 柠檬酸三钠 ($Na_3C_6H_5O_7 \cdot H_2O$)，溶于水并稀释至 1000mL，混匀。

(5) 氟标准溶液 (1.0mg/mL)：称取 2.2100g 预先在 120℃ 干燥至恒重的优级纯氟化钠，溶于水，移入 1000mL 容量瓶中，用水稀释至刻度，摇匀，储存于聚乙烯瓶中。

(6) 氟标准溶液 (0.1mg/mL)：吸取 25.00mL 1.0mg/mL 氟标准溶液，置于容量瓶中，用水稀释至刻度，摇匀，储存于聚乙烯瓶中。

(7) 溴甲酚绿指示液 (1g/L)：称取 0.1g 溴甲酚绿溶于 20mL 乙醇，用水稀释至100mL，混匀。

（8）磷矿石试样：试样通过 $125\mu m$ 试验筛，于 $105\sim110℃$ 干燥 2h 以上，置于干燥器中冷却至室温。

2. 仪器

pXS-215 型离子计（或其他型号的离子计）；氟离子选择性电极：要求氟含量在 $10^{-5}\sim10^{-1}mol/L$ 范围内，电极电位与含量的负对数成良好线性关系；饱和甘汞电极；电磁搅拌器；烧杯、洗瓶、容量瓶等。

三、训练内容

1. 氟离子选择性电极的准备

氟离子选择性电极在使用前于 $10^{-3}mol/L$ 的 NaF 溶液中浸泡活化 $1\sim2h$，用蒸馏水清洗电极（其在蒸馏水中的电位值约为 $-300mV$）。预热仪器 20min，置离子计于 mV 档，接入氟离子选择性电极与参比电极。

2. 标准曲线的绘制

量取 1.00mL、2.00mL、3.00mL、4.00mL、10.00mL 0.1mg/mL 氟标准溶液（相当于 0.1mg、0.2mg、0.3mg、0.5mg、1.0mg 氟），分别置于一组 50mL 容量瓶中。在各容量瓶中均加入 1.0mL 盐酸溶液（1+1），五滴柠檬酸-柠檬酸钠缓冲溶液和二滴溴甲酚绿指示液，用氢氧化钠溶液中和至溶液呈蓝色，再用硝酸溶液（1+5）调节溶液恰呈黄色。加入 20mL 柠檬酸-柠檬酸钠缓冲溶液，用水稀释至刻度，摇匀，倾入干燥的 50mL 烧杯中。

依次在各烧杯中插入氟离子选择性电极和饱和甘汞电极，在磁力搅拌器的恒速搅拌下，测量平衡时的电位值。以测得的电位值为纵坐标、以 F⁻ 浓度的负对数值（$-\lg c$）为横坐标作图，绘制标准曲线。

3. 样品中氟含量的测定

称取 $0.1\sim0.2g$ 试样，精确至 0.0001g，置于 50mL 烧杯中，用少量水润湿，加入 10mL 盐酸溶液，搅拌片刻，放置 30min，每隔 10min 搅拌一次。移入 100mL 容量瓶中，用水稀释至刻度，摇匀。静置澄清或干过滤，吸取 10.00mL 清液置于 50mL 容量瓶中。

加入五滴柠檬酸-柠檬酸钠缓冲溶液和二滴溴甲酚绿指示液，用氢氧化钠溶液中和至溶液呈蓝色，再用硝酸溶液（1+5）调节溶液恰呈黄色。加入 20mL 柠檬酸-柠檬酸钠缓冲溶液，用水稀释至刻度，摇匀，倾入干燥的 50mL 烧杯中。

插入氟离子选择性电极和饱和甘汞电极，在磁力搅拌器的恒速搅拌下，测量平衡时电位值 E_x。从标准曲线上查出 E_x 所对应的 $\lg c_x$，并进一步计算出样品中相应的氟含量。

4. 数据记录

5. 结果处理

样品中的氟含量（w）可按下式计算：

$$w=\frac{m_1\times10^{-3}}{m\times\dfrac{10}{100}}\times100=\frac{m_1}{m}$$

式中 m_1——从标准曲线上查得的氟量，mg；

　　　m——试样的质量，g。

6. 注意事项

（1）氟离子选择性电极在使用前应于 $10^{-3}mol/L$ 的 NaF 溶液中浸泡活化 $1\sim2h$，然后再使用。

（2）测定时，应按溶液由稀到浓的顺序依次测定。

（3）注意溶液酸度的控制。

四、思考题

1. 本实验中加入柠檬酸-柠檬酸钠缓冲溶液的目的是什么？

2. 利用离子计，还可如何测定 F⁻ 含量？

案例三　锰矿石中锰含量的测定

锰矿石中锰含量的测定可参照国家标准 GB/T 1506—2002。其具体方法为：锰矿石试料用盐酸、硝酸、高氯酸和氢氟酸分解，过滤分离不溶性残渣，滤液做主溶液保留。灼烧含有残渣的滤纸，用碳酸钠熔融残渣。熔融物用盐酸浸出，并与主溶液合并。分取溶液到焦磷酸钠溶液中，调节溶液 pH 为 7.0，以铂电极为指示电极，以饱和甘汞电极为参比电极，在电位滴定仪上，用高锰酸钾标准滴定溶液电位滴定，滴定至电位滴定仪上发生明显电位突变或指针偏转即为终点，根据所消耗高锰酸钾标准滴定溶液的体积即可计算出锰矿石中锰的含量。

案例分析

1. 案例三中，锰矿石中锰含量的测定方法采用的是电位滴定法。

2. 在电位滴定过程中，以铂电极为指示电极，以饱和甘汞电极为参比电极。

3. 滴定终点的判断是以电位滴定仪上发生明显电位突变或指针偏转作为标志的。

为完成锰矿石中锰含量的测定任务，需掌握如下理论知识和操作技能。

理论基础

一、电位滴定法

1. 基本原理

电位滴定法是利用滴定过程中指示电极电位的突跃来确定滴定终点的一种电化学容量分析方法。滴定时，将选定的指示电极和参比电极浸入同一被测溶液中，在滴定过程中，参比电极的电位保持恒定，指示电极的电位随被测物质浓度的变化而变化。在化学计量点前后，溶液中被测物质浓度的变化，会引起指示电极电位的急剧变化，指示电极电位的突跃点就是滴定终点。因此，在电位滴定法中，通过测量电池电动势的变化，即可确定滴定终点。根据滴定剂的浓度及终点时所消耗滴定剂的体积即可计算出试液中被测组分的含量。

电位滴定法不同于直接电位法，直接电位法是以所测得的电池电动势或电动势的变化量作为定量参数的，因此其测量值的准确度直接影响到定量分析结果。而电位滴定法测量的是电池电动势的变化情况，但它不以某一电动势的变化量作为定量参数，而只是根据电动势的变化情况确定滴定终点，其定量的参数是滴定剂的体积。因此，在直接电位法中影响测定的一些因素，如电动势的测量误差等在电位滴定中可以得到抵消。

电位滴定法与普通滴定法的区别在于终点指示方法不同。普通滴定法是利用指示剂颜色的变化来指示滴定终点，而电位滴定法是根据电动势的变化情况来确定滴定终点。因此，对于有色溶液、浑浊溶液及滴定突跃小的溶液的测定，均可采用电位滴定法。此外，电位滴定法还可进行自动滴定和连续滴定。

2. 电位滴定装置和方法

手动电位滴定的基本装置，主要包括滴定管、滴定池（通常使用烧杯）、指示电极、参比电极、高输入阻抗直流毫伏计或酸度计、电磁搅拌器等，如图 8-9 所示。

进行电位滴定时，首先根据滴定反应类型，选择好适当的指示电极和参比电极，按图 8-9 所示组装好仪器，将滴定剂装入滴定管，调节好零点，准确移取一定量试液于滴定池中，插入电极，开启电磁搅拌器和直流 mV 计（或 pH 计），读取初始电动势（或 pH）后开始滴定。滴定过程中，每加入一次滴定剂测量一次电动势（或 pH）。滴定初期，滴定速度可适当快些，测量间隔可大些；当标准滴定溶液滴入约为所需滴定体积 90% 的时候，测量间隔要小些；滴定进行至近化学计量点时，应放慢滴定速度，每滴加 0.1mL 标准滴定溶液测量一次电池电动势（或 pH），直至电动势（或 pH）变化不大为止。这样即可得到一系列电池电动势（或

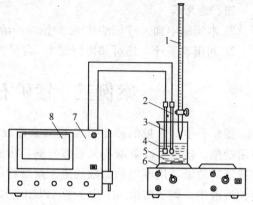

图 8-9　手动电位滴定测定装置
1—滴定管；2—指示电极；3—参比电极；
4—滴定池（烧杯）；5—被测溶液；
6—电磁搅拌器；7—毫伏计
或酸度计；8—显示窗

pH）随滴定剂体积变化的数据，利用这些 E（或 pH）、V 数据，采用适当的方法即可确定滴定终点。

二、惰性金属电极

惰性金属电极又称零类电极，它是将惰性金属如铂、金等插入含有可溶性氧化态和还原态物质的溶液中构成的。例如，将铂电极浸入含 Fe^{3+} 和 Fe^{2+} 的试液中，则其电极组成可表示为：$Pt \mid Fe^{3+}, Fe^{2+}$。

电极反应为：

$$Fe^{3+} + e \longrightarrow Fe^{2+}$$

25℃时其电极电位为：

$$\varphi_{Fe^{3+}/Fe^{2+}} = \varphi^{\ominus}_{Fe^{3+}/Fe^{2+}} + 0.0592 lg \frac{a(Fe^{3+})}{a(Fe^{2+})} \tag{8-31}$$

由式(8-31)可看出，惰性金属电极（如铂电极）可指示出溶液中氧化态和还原态物质活度的变化情况，它们在氧化还原电位滴定中可作为指示电极。

应指出的是，惰性金属电极本身并不参加电极反应，在氧化还原反应中，它只是作为氧化剂和还原剂进行电子交换的场所，仅起导电作用。

技能基础

一、电位滴定终点的确定方法

电位滴定终点的确定方法通常有 3 种，即 E-V 曲线法、$\Delta E/\Delta V$-V 曲线法以及二阶微商法。

1. E-V 曲线法

以电动势 $E(mV)$ 或 pH 为纵坐标，以滴定管的读数 $V(mL)$ 为横坐标绘制滴定曲线（E-V 曲线或 pH-V 曲线），则曲线拐点处所对应的滴定剂体积即为终点体积（V_{ep}）。

曲线的拐点可用以下方法确定：做两条与横坐标成 45°的滴定曲线的切线，并在两切线

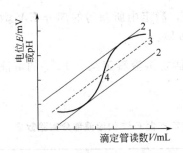

图 8-10　E-V（或 pH-V 曲线）
1—滴定曲线；2—切线；
3—平行等距离线；
4—滴定终点

间作一与两切线距离相等的平行线，该线与滴定曲线的交点即为滴定终点，如图 8-10 所示。交点的横坐标为滴定终点时标准滴定溶液的用量，交点的纵坐标为滴定终点时的电位或 pH。

E-V 曲线法适用于滴定曲线对称的情况，而对滴定突跃不十分显著的体系误差较大。

2. $\Delta E/\Delta V$-V 曲线法

ΔE 为电池电动势的变化；ΔV 为标准滴定溶液（滴定剂）体积的变化；$\Delta E/\Delta V$ 是一阶微商 dE/dV 的估计值，其数值的大小反映了单位体积标准滴定溶液所引起的电动势或 pH 的变化大小，故常把 $\Delta E/\Delta V$-V 曲线称为一阶微商曲线。从图 8-10 可看出，在滴定终点处，电池电动势随滴定剂体积变化的速度最快，即滴定剂体积的微小变化，就会引起电池电动势很大的变化，因此，在滴定终点时，$\Delta E/\Delta V$ 有极大值。

显然，若以 $\Delta E/\Delta V$ 为纵坐标，以 V 为横坐标作图，将得到一个峰形曲线，如图 8-11 所示。曲线最高点（即 $\Delta E/\Delta V$ 为极大值）处所对应的滴定剂体积，即为终点体积（V_{ep}）。

利用 $\Delta E/\Delta V$-V 曲线法确定滴定终点比较准确，但手续较烦琐。

3. 二阶微商法

该法的依据是一阶微商曲线的极大值点对应的滴定剂体积是终点体积，则二阶微商（$\Delta^2 E/\Delta V^2$）等于零处所对应的滴定剂体积也是终点体积。其具体方法为：

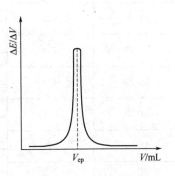

图 8-11　$\Delta E/\Delta V$-V 曲线

将滴定管读数 V(mL) 和对应的电池电动势 E(mV) 或 pH 列成表格，并计算下列数值。

（1）每次滴加标准滴定溶液的体积（ΔV）。

（2）每次滴加标准滴定溶液引起的电动势或 pH 的变化（ΔE 或 ΔpH）。

（3）一阶微商值。即单位体积标准滴定溶液引起的电动势或 pH 的变化，数值上等于 $\Delta E/\Delta V$ 或 $\Delta pH/\Delta V$。

（4）二阶微商值。数值上等于相邻的一阶微商之差。

若滴定终点时标准滴定溶液的体积为 V_{ep}(mL)，则可按式(8-32)计算：

$$V_{ep} = V + \left(\frac{a}{a-b}\Delta V\right) \tag{8-32}$$

式中　V——二阶微商为 a 时标准滴定溶液的体积，mL；

　　　a——二阶微商为零前的二阶微商值；

　　　b——二阶微商为零后的二阶微商值；

　　　ΔV——由二阶微商为 a 至二阶微商为 b 时所加标准滴定溶液的体积，mL。

【例题 8-3】　以 Pt 电极为指示电极，饱和甘汞电极为参比电极，利用 $c\left(\frac{1}{5}KMnO_4\right) =$

0.1000mol/L 的 $KMnO_4$ 标准滴定溶液滴定某含 Fe^{2+} 的溶液，滴定中所获得的部分 E-V 数据见表 8-4 所列。试确定滴定终点时所消耗标准滴定溶液的体积。

表 8-4 为 $c\left(\frac{1}{5}KMnO_4\right)=0.1000mol/L$ 的 $KMnO_4$ 标准滴定溶液滴定某含 Fe^{2+} 的溶液部分实验数据。

表 8-4　以 $c\left(\frac{1}{5}KMnO_4\right)=0.1000mol/L$ 的 $KMnO_4$ 标准滴定溶液滴定某含 Fe^{2+} 的溶液部分实验数据

V/mL	E/mV	ΔE/mV	ΔV/mL	一阶微商($\Delta E/\Delta V$)	二阶微商
33.00	405				
		10	0.40	25	
33.40	415				10
		7	0.20	35	
33.60	422				10
		9	0.20	45	
33.80	431				15
		12	0.20	60	
34.00	443				60
		12	0.10	120	
34.10	455				30
		15	0.10	150	
34.20	470				290
		44	0.10	440	
34.30	514				110
		55	0.10	550	
34.40	569				−360
		19	0.10	190	
34.50	588				−80
		11	0.10	110	
34.60	599				−40
		7	0.10	70	
34.70	606				

解　在表 8-4 中，一阶微商的最大值为 550，二阶微商为零之点在 110 和 −360 之间。由表 8-4 查得，$a=110$、$b=-360$、$V=34.30mL$、$\Delta V=0.1mL$。

$$V_{ep}=V+\left(\frac{a}{a-b}\Delta V\right)$$
$$=34.30+\left[\frac{110}{110-(-360)}\times0.1\right]$$
$$=34.30+0.02$$
$$=34.32\ (mL)$$

答：滴定终点时所消耗标准滴定溶液的体积为 34.32mL。

二、电位滴定法中电极的选择

电位滴定法在滴定分析中的应用广泛，可用于酸碱滴定、沉淀滴定、氧化还原滴定及配位滴定。在滴定时，应根据反应类型及被测组分的性质，选择合适的指示电极，而参比电极均可采用饱和甘汞电极。

各类滴定中常用的电极及电极的使用说明见表 8-5 所列。

表 8-5　各类滴定常用电极及电极的使用说明

滴定方法	电极系统		说　明
	指示电极	参比电极	
酸碱滴定（水溶液中）	pH 玻璃电极	饱和甘汞电极	（1）玻璃电极：新电极在使用前应在水中浸泡 24h 以上，使用后立即清洗，并浸于水中保存
	复合电极		（2）复合电极：使用时电极上端小孔的橡皮塞必须拔出，以防止产生扩散电位，影响测定结果。电极的外参比补充液为氯化钾（3mol/L），补充液可以从上端小孔加入，测定完毕不用时，应将电极保护帽套上，帽内应放少量氯化钾溶液（3mol/L），以保持电极球泡的湿润，电极应避免长期浸泡在蒸馏水、蛋白质溶液和酸性氟化物溶液中，并避免与有机硅油脂接触
氧化还原滴定	铂电极	饱和甘汞电极	铂电极：使用前应注意电极表面不能有油污物质，必要时可在丙酮或铬酸洗液中浸洗，再用水洗涤干净
银量法	银电极	饱和甘汞电极	（1）银电极：使用前应用细砂纸将表面擦亮后浸入含有少量硝酸钠的稀硝酸（1＋1）溶液中，直到有气体放出为止，取出用水洗干净
			（2）双盐桥饱和甘汞电极：盐桥套管内装饱和硝酸钠或硝酸钾溶液。其他注意事项与饱和甘汞电极相同
EDTA 配位滴定	金属基电极 离子选择性电极 汞电极	饱和甘汞电极	

三、自动电位滴定仪及其使用方法

在手动电位滴定中，每滴加一次标准滴定溶液，就需测定和记录一次电池电动势，然后采用作图法或计算法确定滴定终点，操作费时烦琐，为了解决这一问题，发展了自动电位滴定仪。

1. 自动电位滴定仪的分类

自动电位滴定仪可分为 3 种类型，第一种是保持滴定速度恒定，自动记录完整的 E-V 滴定曲线，然后再根据前面介绍的方法确定滴定终点；第二种是将滴定过程中所测得的两电极间电位差同预先设定的某一终点电位相比较，根据两者差值的大小控制滴定速度，滴定至终点时仪器自动停止，由滴定管读取滴定至终点时所消耗滴定剂的体积；第三种是基于在化学计量点时，滴定电池两电极间电位差的二阶微分值由大降低至最小，从而启动继电器，并通过电磁阀将滴定管的滴定通路关闭，再从滴定管上读出滴定终点时所消耗滴定剂的体积，该类仪器可自动判断滴定终点，自动化程度高。

2. 自动电位滴定仪的使用方法

商品自动电位滴定仪型号众多，如 ZD-2、ZD-2A、ZD-3、ZD-3A、ZDJ-4A、ZDJ-3D、CBS-1D、ZDJ-5、Titrino plus 877、Mettler Toledo T70 等。现以 CBS-1D 自动电位滴定仪为例，介绍自动电位滴定仪的使用方法。

CBS-1D 自动电位滴定仪如图 8-12 所示。

CBS-1D 自动电位滴定仪采用一体化造型，将主机、旋转搅拌台、操作控制台合而为一，是一款分析

图 8-12　CBS-1D 自动电位滴定仪

精度较高的实验室容量分析仪器。仪器采用全中文操作界面，具有动态进给和定量进给两种滴定方式，滴定最小进给量可达到 0.0025 mL；仪器拥有与国外同类电位滴定仪器相当的精确功能，可设 1~9 个化学计量点，具有化学计量点停、体积停两种制停方式，可实现酸碱滴定、沉淀滴定、配位滴定、氧化还原滴定、非水滴定、碘法滴定、青霉素滴定等功能，并可用于电位分析新方法的开发。

CBS-1D 自动电位滴定仪的使用方法如下。

（1）正确连接主机、打印机及滴定管等设备。

（2）打开仪器电源开关，按清洗键，输入清洗次数（取值范围为 1~9，仪器按照输入值 $n-1$ 执行）。对滴定仪滴定管路进行清洗操作。

（3）按下模式键，进行状态设定：0 为定量进给方式，1 为动态进给方式。

（4）按下模式键，进行测定方式设定：0 为非水滴定方式，1~3 为青霉素电位滴定方式。

（5）按下模式键，选择仪器类型。在电位滴定时有效值为 3。

（6）按下结参键，进行批号设定。批号有效值为 6 位。

（7）按下结参键，进行日期设定。输入日期方式为××日××月××年，两位一组。

（8）按下结参键，进行打印方式设定。打印方式 0 表示全部打印，1 表示部分打印。

（9）按下结参键，进行最小延时设定。最小延时取值范围为 0~9999s，建议取值 5~30s。

（10）按下结参键，进行最大延时设定。最大延时时间与信号漂移连用。其值可取 30s。

（11）按下滴参键，进行最小进给设定。最小进给取值范围为 0~0.999mL，小数点后三位有效。

（12）按下滴参键，进行最大进给设定。最大进给取值范围为 0~0.999mL，小数点后三位有效。

（13）按下滴参键，进行速率设定。速率有效值为 1、2、3，一般取值为 2。

（14）按下滴参键，进行信号漂移设定。信号漂移取值范围为 0~9999。信号漂移在实际使用中与最大延时配合使用。

（15）按下滴参键，进行预滴开关设定。0 表示无预滴，1 表示有预滴。

（16）按下滴参键，进行开始体积（预滴体积）设定。开始体积取值范围为 0~60.00mL。输入小数点前要求输入两位数值，小数点后输入两位有效。

（17）按下滴参键，进行停体开关设定。0 表示无停止体积，1 表示有停止体积。

（18）按下滴参键，进行停止体积设定。停止体积取值范围为 0~60.00mL。输入整数两位以上有效。

（19）按下滴参键，进行滴定拐点设定。滴定拐点取值范围为 1~9。

（20）按下滴参键，进行门限值设定。门限值取值范围为 0~9999mV。

（21）按下启动键，开始滴定。仪器将根据设置自动寻找滴定终点。

（22）滴定结束，打印报告。对滴定管路进行清洗。

【技能训练 30】　锰矿石中锰含量的测定（电位滴定法）

一、训练目的

1. 学会正确选择和使用电极。

2. 学会使用自动电位滴定仪。

3. 能够利用电位滴定法测定锰矿石中锰的含量。

二、训练所需试剂和仪器

1. 试剂

(1) 无水碳酸钠。

(2) 盐酸 ($\rho = 1.19g/mL$)。

(3) 氢氟酸 ($\rho = 1.14g/mL$)。

(4) 高氯酸 ($\rho = 1.67g/mL$)。

(5) 硝酸 ($\rho = 1.42g/mL$)。

(6) 盐酸 (1+4)。

(7) 焦磷酸钠 ($Na_2P_2O_7 \cdot 10H_2O$) 溶液 (120g/L):使用前 24h 配制。

(8) 碳酸钠溶液 (50g/L)。

(9) $KMnO_4$ 标准滴定溶液:$c\left(\dfrac{1}{5}KMnO_4\right) = 0.1000mol/L$。

2. 仪器

CBS-1D 自动电位滴定仪 (其他型号的自动电位滴定仪或组装的电位滴定仪);铂电极;饱和甘汞电极;马弗炉、铂坩埚、烧杯、容量瓶、移液管、洗瓶等。

三、训练内容

1. 试样的分解

称取风干锰矿石试样 1.00g,精确至 0.0001g (同时称取试样,用重量法测定样品中存水量)。将试样置于 300mL 聚四氟乙烯烧杯中,用几滴水湿润,加入 20mL 盐酸和 2~3mL 硝酸,加热溶液驱尽氮氧化物,冷却。加入 10mL 氢氟酸和 10mL 高氯酸,加热分解试样,蒸发至冒高氯酸浓烟,取下冷却。加入 20mL 盐酸 (1+4),加热至可溶性盐类溶解。用含有少量纸浆的中速滤纸过滤不溶残渣,用热水洗 10~12 次,滤液及洗液收集于 500mL 容量瓶中留作主液。

2. 残渣的处理

将含有残渣的滤纸转移到铂坩埚中,干燥,灰化,于 500~700℃灼烧,加 2g 碳酸钠于 900~1000℃熔融,取出坩埚,冷却后加入 10mL 盐酸和 30~40mL 水,加热溶解熔融物。取出坩埚并用水洗干净,冷却后与主液合并,用水稀释至刻度,混匀。

3. 样品溶液的滴定

移取 100.00mL 样品溶液于盛有 250mL 焦磷酸钠溶液的 500mL 烧杯中,加入时不断搅拌 (若有沉淀物,可增加焦磷酸钠的量或减少取样量,以保持溶液是清亮的)。

用盐酸 (1+4) 或碳酸钠溶液 (50g/L) 调节溶液的 pH 为 7.0,在电位滴定仪上,用高锰酸钾标准滴定溶液滴定,滴至电位滴定仪上发生明显电位突变即为终点 (或利用仪器的自动滴定功能确定滴定终点)。同时进行空白试验。

4. 数据记录

5. 结果处理

试样中的锰含量 (质量分数) 可按下式计算:

$$w(\%) = \frac{\rho(V_1 - V_0) \times 100}{mr} \times \frac{100}{100 - A}$$

式中 V_1——滴定试样时所消耗高锰酸钾标准滴定溶液的体积,mL;

V_0——空白试验所消耗高锰酸钾标准滴定溶液的体积，mL；

m——试样的质量，g；

r——试液分取体积比；

A——试样中湿存水的质量分数。

6. 注意事项

(1) 滴定时，应注意溶液 pH 的调节，可用 pH 计或溴百里酚蓝指示剂检查。

(2) 残渣处理后，应一并并入主液中。

(3) 测定前应正确处理好电极。

四、思考题

1. 进行预滴定时，在远离滴定终点和靠近滴定终点时，应如何控制滴定剂的加入量？

2. 指出电位滴定法与普通滴定法的区别。

本 章 小 结

1. 电位分析法及其分类

电位分析法是电化学分析法的一个重要分支，它是以能斯特（Nernst）方程作为理论依据，以测量电化学电池的电动势或电动势的变化为基础的电化学分析方法。电位分析法分为两类，即直接电位法和电位滴定法。

2. 电位分析法理论依据

电位分析法的理论依据是能斯特方程。

3. pH 玻璃电极的电极电位与溶液 pH 的关系

当实验条件一定时，pH 玻璃电极的电极电位与待测试液的 pH 呈线性关系，即

$$\varphi = K' - 0.0592\text{pH}$$

4. pH 的直接电位法测量原理

直接电位法测定溶液 pH 时，以 pH 玻璃电极为指示电极，以饱和甘汞电极为参比电极，浸入待测试液中组成下列电化学电池：

$$(-)\text{pH 玻璃电极}\,|\,\text{试液}[a(\text{H}^+) = x\text{mol/L}]\,\|\,\text{饱和甘汞电极}(+)$$

25℃时，该电化学电池的电动势为：

$$E = K'' + 0.0592\text{pH}$$

式中 E 可由仪器测得，因此，若能求出 K'' 值，即可直接计算出试液的 pH。但在实际工作中通常不采用直接计算的方法求出 pH，而是采用相对比较法。

5. pH 的操作定义

在 pH 的实际测量过程中，通常先用一个 pH 已准确知道的标准缓冲溶液为基准，对仪器进行校正，以消除 K'' 值，然后再测定待测试液的 pH。

在 25℃时，则

$$\text{pH}_x = \text{pH}_s + \frac{E_x - E_s}{0.0592}$$

6. 离子选择性电极及其构造

离子选择性电极，是指对特定离子有选择性响应的电极。由于离子选择性电极都具有一个敏感膜，所以又称膜电极。

离子选择性电极通常由电极管、内参比电极、内参比溶液和敏感膜构成。

7. 离子选择性电极的电极电位及电池电动势与离子活度的关系

对于给定的离子选择性电极，当温度等实验条件一定时，其电极电位与待测离子活度的关系符合能斯特方程，即

$$\varphi = K' \pm \frac{0.0592}{n} \lg a_{\pm} \quad (25℃)$$

由离子选择性电极与参比电极所构成的电化学电池，当离子选择性电极为正极，参比电极为负极时，则

$$E = K \pm \frac{0.0592}{n} \lg a_{\pm}$$

若离子选择性电极为负极，参比电极为正极，则

$$E = K \mp \frac{0.0592}{n} \lg a_{\pm}$$

8. 离子选择性电极的性能指标

离子选择性电极的性能好坏，可通过线性范围、检测下限、选择性系数、响应时间、电极斜率转换系数、稳定性等几个指标加以衡量。

9. pX 的直接电位法测定原理

pX = -lg$a$(X)，此处 X 指除 H$^+$ 以外的其他阴离子或阳离子。

与 pH 的直接电位法测定类似，以直接电位法测定 pX 时，也是以对待测离子有响应的 pX 膜电极作为指示电极，以饱和甘汞电极（SCE）为参比电极，浸入待测试液中组成一个电化学电池：

$$(-) SCE | 试液(a = x \text{ mol/L}) | pX 电极(+)$$

则 25℃时，该电化学电池的电池电动势与 pX 的关系如下。

（1）对阳离子响应的电极：

$$E = K - \frac{0.0592}{n} pX$$

（2）对阴离子响应的电极：

$$E = K + \frac{0.0592}{n} pX$$

10. pX 的操作定义

在 pX 的直接电位法测定中也需要利用一个 pX 已知的待测离子的标准溶液对仪器进行校正，以抵消 K 值。

即 25℃时，对阳离子响应的电极：

$$pX^+ = pX_s - \frac{E_x - E_s}{\dfrac{0.0592}{n}}$$

对阴离子响应的电极：

$$pX^- = pX_s + \frac{E_x - E_s}{\dfrac{0.0592}{n}}$$

11. 直接电位法浓度测量条件

以直接电位法测定离子浓度的条件是：在使用标准溶液校正电极及使用该电极测定试液这两个步骤中，必须保证离子活度系数不变。常用的方法是在待测离子标准溶液及试液中均

加入相同量的总离子强度调节缓冲液（TISAB）。

12. 直接电位法的定量分析方法

常用的定量分析方法主要有两种，即标准曲线法和标准加入法。

13. 影响直接电位法测定准确度的因素

影响直接电位法测定准确度的因素主要包括：温度、电池电动势的测量误差、溶液的酸度、离子强度、干扰离子及待测离子的浓度等。

14. 电位滴定法及其与直接电位法、普通滴定法的区别

电位滴定法是利用滴定过程中指示电极电位的突跃来确定滴定终点的一种电化学容量分析方法。

电位滴定法不同于直接电位法，直接电位法是以所测得的电池电动势或电动势的变化量作为定量参数的，而电位滴定法定量的参数是滴定剂的体积。

电位滴定法与普通滴定法的区别在于终点指示方法不同。

15. 手动电位滴定装置的构成

手动电位滴定的基本装置，主要包括滴定管、滴定池（通常使用烧杯）、指示电极、参比电极、高输入阻抗直流毫伏计或酸度计和电磁搅拌器等。

16. 电位滴定终点的确定方法

电位滴定终点的确定方法主要有 3 种，即 $E\text{-}V$ 曲线法、$\Delta E/\Delta V\text{-}V$ 曲线法以及二阶微商法。

知识链接

我国电化学分析仪器发展现状及趋势

随着我国经济的发展，电化学分析仪器将在化工、冶金、地质、环保、教学、科研、大专院校、卫生等行业应用扩大，形成一个巨大的潜力市场。但是国内电化学分析仪器只有七八个主要生产厂家，并且一直徘徊在低中端路线上。这与跨国企业不断在我国分析仪器市场攻城略地形成明显的对比。以美国 CH Instrument 公司生产的 CHI 系列、美国 Bio Analytical System 公司生产的 BAS 系列、美国 Princeton Applied Research 公司生产的 EG&G 系列、荷兰 Ecochemie 公司生产的 AutoLab 系列，是电化学分析仪器的代表。

1. 电化学分析仪器的联用技术

分离分析联用的新技术是当前分析仪器发展的一个趋势。将电化学分析技术和其他分离分析手段联用，可以提供灵敏度高、响应快、寿命长、动态在线检测手段。

联用技术包括高效液相色谱-电化学、光谱-电化学联用等技术（如表面等离子体共振、红外、紫外、拉曼等光谱技术），可以实现方便、快速、现场、高灵敏度的分析。

2. 电化学分析仪器微型化

微型化是现代分析仪器的重要发展趋势之一，微型化电化学仪器常是现场、原位、活体检测技术的基础。

国际上如加州理工学院的 Barton 研究小组，实现了基于 DNA 修饰电极的芯片检测仪器。该仪器可以实现 DNA 的灵敏、快速检测。

西安瑞迈分析仪器有限责任公司最近推出了 MPI-M 型微流控芯片电化学检测仪——电化学分析仪。该仪器依托于系统所拥有的多通道电化学分析数据采集与分析测试平台、微流控芯片多路高压电源控制部件，可应用于基于微流控芯片分析的电化学检测及联用的微流控芯片电化学分析等。

3. 电化学分析仪器的发展趋势

研发灵敏度高、响应快、寿命长、微型化、可动态在线检测并经济适用、有自主知识产权的新型电化学分析仪器是发展的趋势，以满足环境、生命科学、能源、出入境检疫检验与食品安全等公共安全领域监测、检测对常规仪器的需求。

复习思考题

1. 什么是电位分析法？它可以分为哪两种方法？
2. 什么叫指示电极和参比电极？试各举两例。
3. 如何评价离子选择性电极的性能好坏？
4. 直接电位法测定浓度的前提条件是什么？如何满足该条件？
5. pH玻璃电极以及饱和甘汞电极在使用中需要注意哪些问题？
6. 用离子选择性电极，以标准加入法进行定量分析时，对所加入的标准溶液的体积和浓度有何要求？
7. 以直接电位法测定溶液pH时，为何必须使用pH标准缓冲溶液？
8. 如何获知离子选择性电极的实际斜率？
9. 影响直接电位法测定准确度的因素有哪些？
10. 何谓电位滴定法？其有何特点？
11. 电位滴定法与直接电位法以及普通滴定法有何区别？
12. 电位滴定法中，确定滴定终点的方法有哪几种？它们确定滴定终点的原理是什么？

自测题

一、选择题

1. 在25℃时，标准溶液与待测溶液的pH变化一个单位，电池电动势的变化为（　　）。
   A. 0.058V　　　　　B. 58V　　　　　C. 0.059V　　　　　D. 59V

2. 测定pH的指示电极为（　　）。
   A. 标准氢电极　　　B. 玻璃电极　　　C. 甘汞电极　　　D. 银-氯化银电极

3. 电位法测定溶液pH时，是在由（　　）电极组成的工作电池中进行的。
   A. 甘汞电极-玻璃电极　　　　　　　B. 甘汞电极-铂电极
   C. 甘汞电极-(银-氯化银)　　　　　　D. 甘汞电极-单晶膜电极

4. 用酸度计以浓度直读法测定试液的pH，先用与试液pH相近的标准溶液（　　）。
   A. 调零　　　B. 消除干扰离子　　　C. 定位　　　D. 减免迟滞效应

5. 离子选择性电极的选择性主要取决于（　　）。
   A. 离子浓度　　　　　　　　　　　B. 电极膜活性材料的性质
   C. 待测离子活度　　　　　　　　　D. 测定温度

6. K_{ij}称为电极的选择性系数，通常K_{ij}越小，说明（　　）。
   A. 电极的选择性高　　　　　　　　B. 电极的选择性越低
   C. 与电极选择性无关　　　　　　　D. 分情况而定

7. pH玻璃电极和SCE组成工作电池，25℃时测得pH＝6.18的标液电动势是0.220V，而未知试液电动势E_x＝0.186V，则未知试液的pH为（　　）。
   A. 7.60　　　　　B. 4.60　　　　　C. 5.60　　　　　D. 6.60

8. 玻璃电极的内参比电极是（　　）。

    A. 银电极　　　　　　B. 氯化银电极　　　　C. 铂电极　　　　　D. 银-氯化银电极

9. 玻璃电极在使用前一定要在水中浸泡 24h 以上，目的在于（　　）。

    A. 清洗电极　　　　　B. 活化电极　　　　　C. 校正电极　　　　D. 检查电极好坏

10. 测定水中微量氟，最为合适的方法为（　　）。

    A. 沉淀滴定法　　　　　　　　　　B. 离子选择性电极法

    C. 原子吸收法　　　　　　　　　　D. 色谱法

11. 电位滴定中，用高锰酸钾标准滴定溶液滴定 Fe^{2+}，宜选用（　　）作为指示电极。

    A. pH 玻璃电极　　　B. 银电极　　　　　C. 铂电极　　　　　D. 氟电极

12. 在电位滴定中，以 $\Delta E/\Delta V$-V 作图法确定滴定终点时，滴定终点在（　　）。

    A. 曲线的最大斜率点　　　　　　　B. 曲线的最小斜率点

    C. 曲线的斜率为零时的点　　　　　D. 曲线突跃的转折点

13. 在一定条件下，电极电位恒定的电极称为（　　）。

    A. 指示电极　　　　　B. 参比电极　　　　　C. 膜电极　　　　　D. 惰性电极

14. 用离子选择性电极以标准曲线法进行定量分析时，应要求（　　）。

    A. 试液与标准系列溶液的离子强度一致

    B. 试液与标准系列溶液的离子强度大于 1

    C. 试液与标准系列溶液中待测离子活度相一致

    D. 试液与标准系列溶液中待测离子强度相一致

15. 电位分析中，作为指示电极，其电位与被测离子活（浓）度的关系应是（　　）。

    A. 无关　　　　　　　　　　　　　B. 成正比

    C. 与被测离子活（浓）度的对数成正比　　D. 符合能斯特方程

16. 在离子选择性电极法测量过程中，利用电磁搅拌器搅拌溶液的目的是（　　）。

    A. 减小浓度极化　　　　　　　　　B. 使电极表面保持干净

    C. 降低电极电阻　　　　　　　　　D. 加快响应速度

二、计算题

1. 某电池 pH 玻璃电极$|H^+(a=x)|$SCE，在 pH=4 的缓冲溶液中测得电池电动势为 0.209V（25℃），若用 3 种未知液代替上述标准溶液，测得其电池电动势分别为①0.312V，②0.088V，③−0.017V，计算每种未知溶液的 pH。

2. 以 Ca^{2+} 选择性电极为负极与另一个参比电极组成电池，测得 0.010mol/L 的 Ca^{2+} 溶液的电动势为 0.250V，同样情况下，测得未知钙离子溶液电动势为 0.271V。设两种溶液的离子强度相同，计算未知 Ca^{2+} 溶液的浓度。

3. 25℃时，已知 $\varphi^{\ominus}_{Hg_2^{2+}/Hg}=0.793V$，$Hg_2Cl_2$ 的溶度积为 1.3×10^{-18}，求 $\varphi^{\ominus}_{Hg_2Cl_2/Hg}$ 为多少？

4. 在干净的烧杯中准确加入试液 50.0mL，用铜离子选择性电极（为正极）和另一个参比电极组成测量电池，测得其电动势 $E_x=-0.0225V$。然后向试液中加入 0.10mol/L Cu^{2+} 的标准溶液 0.50mL，搅拌均匀，测得电动势 $E=-0.0145V$。计算原试液中 Cu^{2+} 的浓度（25℃）。

5. 某钠离子选择性电极，其 $K_{Na^+,H^+}=30$，如用它来测定 pNa=3 的试液，要求测定误差小于 3%，则试液的 pH 应如何控制？

6. 设某溶液中 pBr=3，pCl=1，若以溴离子选择性电极测定 Br^- 活度，将产生多大的误差？已知溴离子选择性电极的 $K_{Br^-,Cl^-}=6\times10^{-3}$。

7. 25℃时，将氟离子选择性电极与 SCE 浸入浓度为 0.001mol/L 的 F^- 标准溶液中，测得其电池电动势为 0.158V，然后将电极浸入另一个未知 F^- 试液中，测得其电池电动势为 0.217V，计算试液中 F^- 物质的量浓度。

8. 25℃时，在 100.00mL Cu^{2+} 试液中，加入 0.1mol/L Cu^{2+} 的标准溶液 1.00mL 后，测得电池电动势增加

了 4mV，求试液中 Cu^{2+} 的质量浓度（g/L）。

9. 用氟离子选择性电极测定某一含 F^- 的试样溶液 50.0mL，测得其电位为 86.5mV。加入 5.00×10^{-2} mol/L 氟标准溶液 0.50mL 后，测得其电位为 68.0mV。已知该电极的实际斜率为 59.0mV/pF。试计算试样溶液中 F^- 物质的量浓度。

10. 取 10mL 含氯离子水样，插入氯离子选择性电极和参比电极，测得电动势为 200mV，加入 0.1mL 0.1mol/L 的 NaCl 标准溶液后电动势为 185mV。已知电极的响应斜率为 59mV/pCl。求水样中 Cl^- 物质的量浓度。

第九章 色 谱 法

【理论学习要点】

　　色谱图及有关名词术语、色谱法的分类、气相色谱分离原理、气相色谱分析流程与主要组成系统、气相色谱分析操作条件的选择以及气相色谱定性定量的方法。

【能力培训要点】

　　气相色谱法各个部件的使用及日常维护保养方法、气路系统的安装和检漏、色谱柱的制备技术以及空气压缩机和真空泵辅助设备的使用和维护、内标法、归一化法和标准曲线法（外标法）有关计算。

【应达到的能力目标】

　　1. 能够正确操作气相色谱仪（开机与关机）。

　　2. 能够使用正确的检漏方法对气路系统、汽化室及检测器进行检漏。

　　3. 能够制备色谱柱（色谱柱的清洗与试漏、固定液的涂渍、色谱柱的填充、色谱柱的老化）。

　　4. 能够熟练掌握进样技术（六通阀的进样；微量注射器的清洗、试样的抽洗、取样技术与进样方法）。

　　5. 能够调试检测器（TCD、FID）、温度控制系统。

　　6. 能够使用色谱数据处理机与色谱工作站。

　　7. 能够对归一化法和标准曲线法的测定结果进行计算。

案例一　大气中一氧化碳含量的测定

　　一氧化碳为炼焦、炼钢、炼铁、炼油、汽车尾气及家庭用煤的不完全燃烧产物，一氧化碳含量是大气污染监测最常见的监控指标之一，一氧化碳含量的测定可依据 GB/T 18204.23—2000。其具体方法为：一氧化碳在 TDX-01 碳分子筛色谱柱中与空气中的其他成分完全分离后，进入转化炉，在 360℃镍催化剂催化作用下，与氢气反应，生成甲烷，利用氢火焰离子化检测器进行检测的标准曲线法测定其含量。

案例分析

　　1. 在上述案例中，采用的是气相色谱法。

　　2. 所用色谱柱为不锈钢柱，其内填充 TDX-01 碳分子筛作为固定相。

　　3. 所用检测器为氢火焰离子化检测器。

　　4. 定量测定方法使用的是标准曲线法。

为完成大气中一氧化碳含量的测定任务，需掌握如下理论知识和操作技能。

理论基础

一、色谱法及其分类

1. 色谱法及其由来

色谱法旧称为层析法，是一种物理化学分离方法，它是利用样品中不同组分在两相（固定相和流动相）中具有不同的分配系数（或吸附系数），当两相做相对运动时，各组分在两相中反复多次分配（即组分在两相之间进行反复多次的吸附、脱附或溶解、挥发过程），从而使样品中各组分得到完全分离的方法。

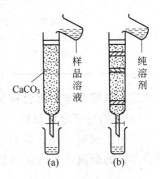

图 9-1　茨维特吸附色谱分离实验示意

色谱法是 1906 年俄国植物学家茨维特（Tswett）在研究植物叶中的色素成分时发现的。他在一根细长的直立玻璃管中装入干燥的碳酸钙颗粒，然后把绿色植物叶子的石油醚萃取液倒入管中，并不断用纯石油醚淋洗，结果植物叶子的几种色素成分便在管内展开，在管中形成了有规则的、与光谱相似的色层，留在最上面的是绿色的叶绿素层，中间的是黄色的叶黄素层，最下面的是黄色的胡萝卜素层，各种色素达到清晰的分离，如图 9-1 所示。于是，茨维特就把这种分离方法形象地称为"色谱法"；把填充碳酸钙的玻璃柱管称为色谱柱；把其中具有较大表面积的碳酸钙固体颗粒称为固定相；把推动被分离的组分（色素）流过固定相的惰性流体（本实验用的是石油醚）称为流动相；把柱中出现的有颜色的色带叫做色谱图。现代的色谱法已经失去了颜色的含义，只是沿用色谱这个名词。

2. 色谱法的分类

色谱法有多种类型，依据不同的分类方法可将色谱法分为不同的类型。常见的分类方法主要有以下 3 种。

（1）按固定相和流动相所处的状态不同分类，结果见表 9-1 所列。

表 9-1　按两相所处状态不同分类的色谱法

流动相	总　称	固定相	色谱名称
气体	气相色谱(GC)	固体	气-固色谱(GSC)
		液体	气-液色谱(GLC)
液体	液相色谱(LC)	固体	液-固色谱(LSC)
		液体	液-液色谱(LLC)

（2）按固定相性质和操作方式的不同分类，结果见表 9-2 所列。

表 9-2　按固定相性质和操作方式不同分类的色谱法

名　称	柱　色　谱		平　面　色　谱	
	填充柱	毛细管柱	纸色谱	薄层色谱
固定相性质	在玻璃或不锈钢柱管内填充固体吸附剂或涂渍在惰性载体上的固定液	在弹性石英玻璃或玻璃毛细管内壁附有吸附剂薄层或涂渍固定液等	具有多孔和强渗透能力的滤纸或纤维素薄膜	在玻璃板或铝箔上涂有硅胶薄层

（3）按色谱分离机理的不同分类，结果见表9-3所列。

表 9-3　按色谱分离机理不同分类的色谱法

名　称	吸附色谱	分配色谱	离子交换色谱	凝胶色谱 （体积排阻色谱）
机理	利用组分在固体吸附剂上吸附能力的强弱进行分离的色谱方法	利用组分在固定液中溶解度的差异而进行分离的色谱方法	利用组分在离子交换树脂上的亲和能力的差别而达到分离的色谱方法	利用组分的分子大小不同在多孔固定相中有选择渗透而达到分离的色谱方法

二、气相色谱分析流程及其特点

1. 气相色谱分析流程

气相色谱是一种良好的分离技术，它主要利用物质的沸点、极性及吸附性质的差异来实现混合物的分离，其分析流程如图9-2所示。

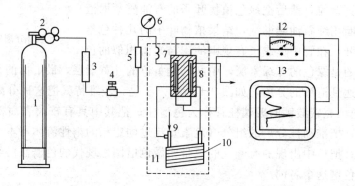

图 9-2　气相色谱分析流程示意

1—载气钢瓶；2—减压阀；3—净化干燥管；4—针形阀；5—流量计；
6—压力表；7—预热管；8—检测器；9—进样器和汽化室；
10—色谱柱；11—恒温箱；12—测量电桥；13—记录仪

N_2 或 H_2 等载气（用来载送试样而不与待测组分作用的惰性气体）由高压载气钢瓶1供给，经减压阀2减压后进入净化干燥管3干燥、净化，再由针形阀4控制载气压力（由压力表6指示）和流量（由流量计5指示），待载气流量，汽化室9、色谱柱10、检测器8的温度以及记录仪13的基线稳定后，待分析试样可由进样器进入汽化室9，待分配试样在汽化室汽化后被载气（即流动相）带入色谱柱，样品组分在两相中进行反复多次的分配（溶解/挥发或吸附/脱附），结果在载气中分配浓度大的组分先流出色谱柱，而在固定相中分配浓度大的组分后流出。当组分流出色谱柱后，立即进入检测器，检测器能够将样品组分的存在与否转变为电信号，而电信号的大小又与被测组分的浓度或质量流量成比例。检测器的输出信号经放大、记录后，即可得到如图9-3所示的色谱图。

2. 气相色谱法的特点

气相色谱法是一种良好的能同时对样品中各组分进行定性定量的分析方法，它具有以下特点。

（1）高分离效率　高分离效率反映在它对性质极为相似的烃类异构体、同位素等也具有很强的分离能力，能分析沸点十分接近的复杂混合物。例如用毛细管柱可分析汽油中50～100多种组分。

（2）高灵敏度　高灵敏度反映在当它采用高灵敏度检测器时，可检测出 10^{-13}～10^{-11} g

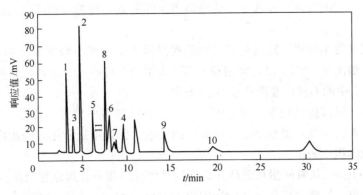

图 9-3 组分的色谱图

的痕量组分。

（3）操作简便，分析速度快 气相色谱法操作简便，分析速度快。通常完成一个样品的分析，仅需几分钟或几十分钟。一次可测定多种组分，配有色谱数据处理机及工作站的色谱仪可自动处理数据，更加快了分析速度。

气相色谱法也有其不足之处，首先是从色谱图上不能直接给出定性的结果，必须有已知的纯物质或有关色谱数据作对照，才能确定各色谱峰所代表的组分；其次，当分析无机物和高沸点有机物时比较困难，需要采用其他方法来完成。

三、色谱图及相关术语

1. 色谱图

色谱图是指色谱柱流出物通过检测器系统时所产生的响应信号对时间或流动相流出体积的曲线图，也称色谱流出曲线，如图 9-4 所示。色谱图中有一组色谱峰，正常的色谱峰呈正态分布，每个峰代表一种组分。

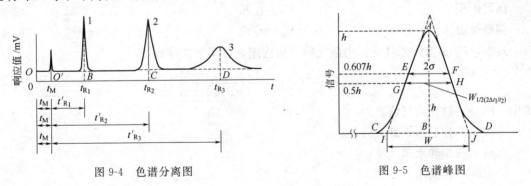

图 9-4 色谱分离图　　　　　　　　图 9-5 色谱峰图

2. 色谱相关术语

（1）基线 当纯载气通过检测器系统时，在实验操作条件下反映仪器噪声随时间变化的曲线，称为基线。稳定的基线应是一条平稳的直线。图 9-4 中 OD 即为基线。

（2）色谱峰 色谱柱流出组分通过检测器系统时所产生的响应信号的微分曲线，称为色谱峰，如图 9-5 所示。

（3）峰高和峰面积 峰高是指色谱峰顶点到基线的距离（即图 9-5 中 AB），以 h 表示。峰面积是指每个组分的流出曲线与基线间所包围的面积，以 A 表示。峰高或峰面积的大小和每个组分在样品中的含量相关，因此色谱峰的峰高和峰面积是色谱法进行定量分析的主要依据。

（4）峰拐点　在组分流出曲线上二阶导数等于零的点，称为峰拐点，如图9-5中的 E 点与 F 点。

（5）峰底宽度与半峰宽　通过色谱峰两侧拐点所作的切线与峰底相交两点之间的距离，称为峰底宽度，如图9-5中的 IJ，常用符号 W_b 表示。在峰高 $h/2$ 处，色谱峰的宽度，称为半峰宽，如图9-5中的 GH，常用符号 $W_{1/2}$ 表示。

（6）保留值　保留值是用来描述各组分色谱峰在色谱图中位置的，在一定实验条件下，组分的保留值具有特征性，是色谱法定性分析的参数。保留值通常用时间或用将组分带出色谱柱所需载气的体积来表示。

① 死时间（t_M）。死时间指从进样开始到惰性组分（指不被固定相吸附或溶解的空气或甲烷）从柱中流出，呈现浓度极大值时所需要的时间（如图9-4中 OO' 所示的距离）。t_M 实际就是纯载气流经色谱柱所需的时间。

② 保留时间（t_R）。保留时间指从进样到色谱柱后出现待测组分信号极大值所需要的时间（如图9-4中 OB 所示的距离）。t_R 可作为色谱峰位置的标志。

③ 调整保留时间（t'_R）。调整保留时间指扣除死时间后的保留时间（如图9-4中 $O'B$ 所示的距离）。

$$t'_R = t_R - t_M \tag{9-1}$$

t'_R 反映了被分析的组分与色谱柱中固定相发生相互作用，而在色谱柱中滞留的时间，它更确切地表达了被分析组分的保留特性，是色谱定性分析的基本参数。

④ 死体积（V_M）、保留体积（V_R）和调整保留体积（V'_R）。保留时间受载气流速的影响，为了消除这一影响，保留值也可以用从进样开始到出现峰（空气或甲烷峰、组分峰）极大值所流过的载气体积来表示，即用保留时间乘以载气平均流速。

死体积　　　　　　　　　　　$V_M = t_M F_c \tag{9-2}$

保留体积　　　　　　　　　　$V_R = t_R F_c \tag{9-3}$

调整保留体积　　　　　　　　$V'_R = t'_R F_c \tag{9-4}$

式中，F_c 是操作条件下柱内载气的平均流速，可用下式计算：

$$F_c = F_0 \left[\frac{p_o - p_w}{p_o} \right] \times \frac{3}{2} \left[\frac{(p_i/p_o)^2 - 1}{(p_i/p_o)^3 - 1} \right] \times \frac{T_c}{T_r} \tag{9-5}$$

式中　F_o——柱后载气流速；

p_o——柱后压，即大气压；

p_w——饱和水蒸气压；

p_i——柱前压；

T_c——柱温（热力学温度）；

T_r——室温（热力学温度）。

⑤ 相对保留值 r_{is}。相对保留值指在一定的实验条件下，组分 i 与另一标准组分 s 的调整保留值之比：

$$r_{is} = \frac{t'_{R_i}}{t'_{R_s}} = \frac{V'_{R_i}}{V'_{R_s}} \tag{9-6}$$

r_{is} 仅与柱温及固定相性质有关，而与其他操作条件如柱长、柱内填充情况及载气的流速等无关。

⑥ 选择性因子（α）。指相邻两组分调整保留值之比，以 α 表示：

$$\alpha = \frac{t'_{R_1}}{t'_{R_2}} = \frac{V'_{R_1}}{V'_{R_2}} \tag{9-7}$$

α 数值的大小反映了色谱柱对难分离物质对的分离选择性，α 值越大，相邻两组分色谱峰相距越远，色谱柱的分离选择性越高。当 α 接近于 1 或等于 1 时，说明相邻两组分色谱峰重叠未能分开。

（7）分配系数（K）　平衡状态时，组分在固定相与流动相中的浓度之比，称为分配系数。如在给定柱温下组分在流动相与固定相间的分配达到平衡时，对于气-固色谱，组分的分配系数为：

$$K = \frac{\text{每平方米吸附剂表面所吸附的组分量}}{\text{柱温及柱平均压力下每毫升载气所含组分量}} \tag{9-8}$$

对于气-液色谱，分配系数为：

$$K = \frac{\text{每毫升固定液中所溶解的组分量}}{\text{柱温及柱平均压力下每毫升载气所含组分量}} = \frac{c_L}{c_G} \tag{9-9}$$

式中，c_L 与 c_G 分别是组分在固定液与载气中的浓度。

（8）容量因子（k）　容量因子又称分配比、容量比，指组分在固定相和流动相中分配量（质量、体积、物质的量）之比：

$$k = \frac{\text{组分在固定相中的质量}}{\text{组分在流动相中的质量}} \tag{9-10}$$

四、气固色谱及其分离原理

以固体（一般指吸附剂）作为固定相的气相色谱法称为气固色谱法。气固色谱法以表面积大且具有一定吸附活性的固体吸附剂作为固定相，试样中各组分的分离是基于固体吸附剂对各组分的吸附能力的不同而完成的。当试样由载气携带进入色谱柱时，试样中的各组分立即被吸附剂不同程度地吸附，随着载气不断通入，已被吸附的组分又被洗脱下来，这种洗脱下来的现象叫做脱附。脱附下来的组分随着载气向前移动时，又再次被固体吸附剂所吸附。这样，随着载气的流动，被测组分在吸附剂表面重复进行着吸附-脱附-再吸附-再脱附的过程。由于样品中各组分的性质不同，因而固体吸附剂对它们的吸附能力也有所差异。易被吸附的组分，较难脱附，在柱内移动的速度慢、停留的时间较长；反之，不易被吸附的组分在柱内移动速度快、停留时间较短。因此，经过一定的时间间隔（一定柱长）后，试样中的各组分能够彼此分离，依次流出色谱柱。

五、气相色谱检测器的类型及性能指标

1. 检测器的类型

目前，气相色谱仪广泛使用的是微分型检测器，其所显示的信号是在给定时间内每一瞬时通过检测器的组分的量，所得色谱图为峰形曲线。

微分型检测器按原理的不同，可分为浓度型检测器和质量型检测器两类。浓度型检测器测量的是载气中某组分浓度瞬间的变化，即检测器的响应值和组分的浓度呈正比，如热导池检测器和电子捕获检测器等。质量型检测器测量的是载气中某组分进入检测器的速度变化，即检测器的响应值和单位时间内进入检测器的组分的质量呈正比，如氢火焰离子化检测器和火焰光度检测器等。

2. 检测器的性能指标

检测器的性能指标包括灵敏度、检测限、噪声、线性范围和响应时间等，它们是衡量检测器质量好坏的重要依据。

（1）噪声和漂移　在没有样品进入检测器的情况下，仅由于检测仪器本身及其他操作条件（如柱内固定液流失，橡胶隔垫流失、载气、温度、电压的波动、漏气等因素）使基线在短时间内发生起伏的信号，称为噪声（N），以 mV 为单位。漂移（M），是指使基线在一定时间内对原点产生的偏离，以 mV/h 为单位。噪声和漂移的大小表明检测器的稳定状况，良好的检测器其噪声和漂移都应该很小。

（2）线性与线性范围　检测器的线性是指检测器内载气中组分浓度与响应信号成正比的关系。线性范围是指被测物质的量与检测器响应信号呈线性关系的范围，以最大允许进样量与最小允许进样量的比值表示。良好的检测器其线性接近于 1。检测器的线性范围越宽越好。

（3）灵敏度　检测器的灵敏度（S）是指单位量的物质通过检测器时所产生的响应信号的大小。

（4）检测限（亦称敏感度）　通常将产生两倍噪声信号时，单位体积的载气或单位时间内进入检测器的组分的量，称为检测限（D）。

灵敏度和检测限是从两个不同角度表示检测器对物质敏感程度的指标。灵敏度越大，检测限越小，则表明检测器性能越好。

（5）检测器的响应时间　响应时间，是指进入检测器的组分输出达到 63% 所需的时间。显然，检测器的响应时间越小，表明检测器性能越好。

六、氢火焰离子化检测器

氢火焰离子化检测器，简称氢焰检测器。该检测器对有机化合物具有很高的检测灵敏度，能检测出 10^{-12} g/s 的痕量组分，故适用于痕量有机物的分析。因该检测器具有结构简单、灵敏度高、响应速度快、稳定性好、死体积小、线性范围宽等优点，因此是一种较为理想的气相色谱检测器。

1. 氢焰检测器（FID）的结构及工作原理

氢焰检测器的主要部件是由不锈钢制成的离子室。离子室中包括燃烧气（H_2）、助燃气（空气）、载气（N_2）及样品的入口，极化极、收集极、火焰喷嘴以及喷嘴附近的点火线圈等部件，如图 9-6 所示。其中金属圆环状极化极为正极，圆筒状收集极为负极，在两极之间施加 150～300V 的极化电压，形成一个直流电场。

经分离后的组分跟随载气（一般用氮气）从色谱柱中流出，与燃气（氢气）混合后一起进入检测器离子室，由喷嘴喷出。氢气在助燃气（空气）的助燃下，经点火线圈引燃后进行燃烧，形成氢火焰，作为离子化能源。待测有机组分分子在高温氢火焰中发生化学电离而产生正离子和电子。在外加直流电场的作用下，正离子和电子在两极之间发生定向移动，形成离子流。微弱的离子流经过高阻（10^6～10^{11}Ω）放大，由记录仪记录后画出相应组分的色谱峰。离子流的大小与单位时间内进入离子室的被测组分的质量呈正比，因此通过测量离子流的大小即可进行定量分析。

2. 影响氢焰检测器灵敏度的因素

（1）各种气体流速和配比　使用氢焰检测器时需用到载气（通常选择氮气）、氢气、空气 3 种气体。载气流速通常根据色谱柱的分离要求进行调节，适当增大载气流速可降低检测限，所以从最佳线性和线性范围考虑，载气流速以低些为妥。在要求高灵敏度，如痕量分析时，调节氮氢比在 1∶1 左右往往能得到响应值的最大值。如果是常量组分的质量检验，增大氢气流速，使氮氢比下降至 0.43～0.72 范围内，虽然减小了灵敏度，但可使线性和线性范围得到较大的改善和提高。

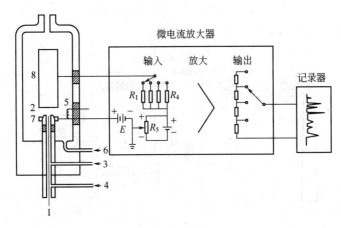

图 9-6　氢焰检测器结构示意

1—毛细管柱；2—喷嘴；3—氢气入口；4—尾吹气入口；

5—点火灯丝；6—空气入口；7—极化极；8—收集极

空气作为氢火焰的助燃气，通常它的流速约为氢气流速的 10 倍。流速过小，供氧量不足，响应值低；流速过大，易使火焰不稳，噪声增大。一般情况下空气流速在 300～500mL/min 范围。

（2）极化电压　氢火焰中生成的正离子及电子只有在外加极化电压作用下，才能在两电极之间定向流动形成离子流。因此，极化电压的大小直接影响氢焰检测器的灵敏度。当极化电压较低时，离子化信号随极化电压的增大而迅速增大，当电压超过一定值后，再增大电压则对检测器灵敏度无多大影响。极化电压通常选择在 100～300V 范围内。

 技能基础

一、气相色谱仪的结构

气相色谱仪的型号种类繁多，但它们的基本结构大致相同。它们通常都由气路系统、进样系统、分离系统、检测系统、数据处理系统和温度控制系统六大部分组成。常见的气相色谱仪有单柱单气路和双柱双气路两种类型，其结构示意如图 9-7 和图 9-8 所示。

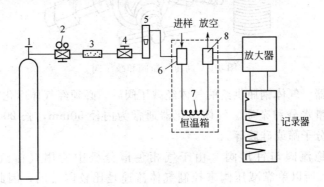

图 9-7　单柱单气路结构示意

1—载气钢瓶；2—减压阀；3—净化器；4—稳压阀；5—转子流量计；

6—汽化室；7—色谱柱；8—检测器

1. 气路系统

气相色谱仪中的气路是一个载气连续运行的密闭管路系统，其作用是提供连续运行且具

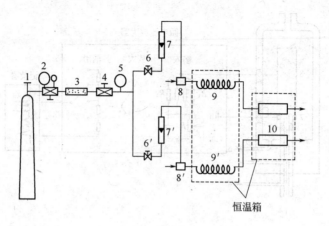

图 9-8　双柱双气路结构示意

1—载气钢瓶；2—减压阀；3—净化器；4—稳压阀；

5—压力表；6,6′—针形阀；7,7′—转子流量计；

8,8′—进样-汽化室；9,9′—色谱柱；10—检测器

有稳定流速与流量的载气及其他辅助气体。主要由钢瓶（或气体发生器）、减压阀、净化器、稳压阀、针形阀、稳流阀、管路连接等部件组成。

（1）高压钢瓶与减压阀　载气一般可由高压气体钢瓶或气体发生器提供。实验室一般使用气体钢瓶较好，因为气体厂生产的气体既能保证质量，成本也不高。由于气相色谱仪使用的各种气体压力在 0.2～0.4MPa 之间，因此需要通过减压阀使钢瓶气源的输出压力降低，以满足使用。图 9-9 为高压气瓶阀和减压阀。

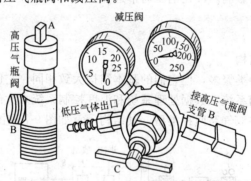

图 9-9　高压气瓶阀和减压阀

（2）气体净化器　气体钢瓶供给的气体经减压阀后，必须经气体净化器净化处理，以除去气体中混有的微量水分和杂质。气体净化器通常为内径 50mm，长 200～250mm 的金属管，内部填充活化分子筛或硅胶等。

（3）稳压阀、稳流阀与针形阀　由于气相色谱分析中所用气体流量较小（一般在 100mL/min 以下），所以单靠减压阀来控制气体流速是比较困难的，因此还需要串联稳压阀、稳流阀与针形阀来恒定气体的压力与流量。

（4）管路连接与检漏　气相色谱仪的管路多数采用内径为 3mm 的不锈钢管，依靠螺母、压环和"O"形密封圈进行连接。连接后的管路需要检漏，若气路漏气，不仅直接导致仪器工作不稳定及灵敏度下降，而且还有发生爆炸的危险，故在操作使用前必须进行气路检漏。

气路检漏常用的方法有两种。一种是皂膜检漏法，即在气体通入管路的情况下，用毛笔蘸上肥皂水涂在各接口处检漏，若接口处有气泡溢出，则表明该处漏气。检漏完毕应使用干布将皂液擦净。另一种叫做堵气观察法，即打开色谱柱箱盖，把柱子从检测器上拆下，将柱口堵死，然后开启载气流路，调低压使输出压力为0.35～0.6MPa，打开主机面板上的载气旋钮，此时压力表应有指示。最后将载气旋钮关闭，30min内其柱前压力指示值不应有下降，若有下降则表明漏气，应检查后予以排除。

2. 进样系统

进样系统主要由进样器和汽化室组成。其作用是将样品定量引入色谱系统，并使样品有效地汽化，然后由载气将样品快速"扫入"色谱柱。

（1）进样器 气体样品可以用平面六通阀（图9-10）进样。取样时，样品气体进入定量管，而载气直接由图中A到B。进样时，将阀旋转60°，此时载气由A进入，通过定量管，将管中气体样品带入色谱柱中。定量管有0.5mL、1mL、3mL、5mL等规格，实际工作时，可以根据需要选择合适体积的定量管。

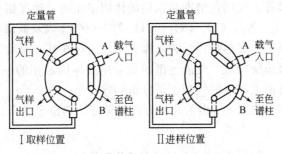

图9-10 平面六通阀结构，取样和进样位置

液体样品可以用微量注射器（图9-11）直接进样，常用的微量注射器有1μL、5μL、10μL、50μL、100μL等规格。实际工作中可根据需要选择合适规格的微量注射器。

固体样品通常用溶剂溶解后用微量注射器进样，对高分子化合物进行裂解色谱分析时，通常先将少量高聚物放入专用的裂解炉中，经过电加热，高聚物分解、汽化，然后再由载气将分解的产物带入色谱仪进行分析。

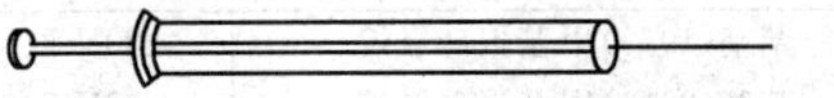

（2）汽化室 汽化室实际上是一个加热器，其作用是将液体样品瞬间汽化为蒸气。当用注射器针

图9-11 微量注射器

头直接将样品注入热区时，样品瞬间汽化，然后由预热过的载气迅速带入色谱柱内。为了让样品在汽化室瞬间汽化而又不分解，要求汽化室热容量大，温度足够高，体积尽量小，无死角。

对于液体样品，选择适宜的汽化温度十分重要，尤其对高沸点和易分解的样品，要求在汽化温度下，样品能瞬间汽化而不分解。一般仪器的最高汽化温度为350～420℃，有的可达450℃。大部分气相色谱仪应用的汽化温度在400℃以下，中高档仪器的汽化室还带有程序升温功能。

3. 分离系统

分离系统由柱箱和色谱柱组成，其中色谱柱是核心，其主要作用是使混合样品中的各组分实现分离。

（1）柱箱 在分离系统中，柱箱其实相当于一个精密的恒温箱。柱箱的基本参数有柱箱的尺寸和柱箱的控温参数。

柱箱的尺寸主要关系到是否能安装多根色谱柱以及操作是否方便。目前商品气相色谱仪柱箱的体积一般不超过 $15dm^3$。

柱箱的操作温度范围一般在室温～450℃，且多数带有多阶程序升温设计，能满足色谱优化分离的需要。部分气相色谱仪还带有低温功能，低温一般通过液氮或液态 CO_2 实现，主要用于冷柱上进样。

（2）色谱柱　色谱柱由柱管和固定相组成，可分为填充柱和毛细管柱两种类型。填充柱通常由不锈钢或玻璃材料制成，内装固定相，柱长 1～3m，柱内径 2～4mm，有 U 形和螺旋形等数种形状。

毛细管柱又叫空心柱，其分离效率比填充柱有很大提高，可以解决复杂的、填充柱难于解决的分析问题。常用的毛细管柱为涂壁空心柱，其内壁直接涂渍固定液，柱材料大多为熔融石英。柱子可以做得很长（一般几十米，最长可达 300m），内径一般为 0.1～0.5mm。

色谱柱内的固定相包括固体固定相和液体固定相两种类型，它对样品中组分的分离至关重要。固体固定相主要为固体吸附剂，如强极性的硅胶、中等极性的氧化铝、非极性的活性炭及特殊作用的分子筛等，气固色谱即是采用固体固定相的一种气相色谱分析方法。它主要用于惰性气体、H_2、O_2、N_2、CO、CO_2、CH_4 等一般气体以及低沸点有机化合物的分析。

液体固定相是以载体（又称担体）为支撑骨架，通过在其表面均匀地涂渍一层由高沸点有机物构成的固定液液膜所构成。气液色谱即是采用液体固定相的一种气相色谱分析方法，该方法应用广泛，可解决大部分的气相色谱分析问题。

固定液的种类很多，表 9-4 给出了几种分离效果好、热稳定性高、使用温度范围宽的固定液。

表 9-4　几种最佳固定液

固 定 液 名 称	型号	相对极性	最高使用温度/℃	溶剂	分析对象
角鲨烷	SQ	−1	150	乙醚、甲苯	气态烃、轻馏分液态烃
甲基硅油或甲基硅橡胶	SE-30 OV-101	+1	350 200	氯仿、甲苯	各种高沸点化合物
苯基（10%）甲基聚硅氧烷	OV-3	+1	350	丙酮、苯	各种高沸点化合物、对芳香族和极性化合物保留值增大
苯基（25%）甲基聚硅氧烷	OV-7	+2	300	丙酮、苯	
苯基（50%）甲基聚硅氧烷	OV-17	+2	300	丙酮、苯	OV-17＋QF-1 可分析含氯农药
苯基（60%）甲基聚硅氧烷	OV-22	+2	300	丙酮、苯	
三氟丙基（50%）甲基聚硅氧烷	QF-1 OV-210	+3	250	氯仿 二氯甲烷	含卤化合物、金属螯合物、甾类
β-氰乙基（25%）甲基聚硅氧烷	XE-60	+3	275	氯仿 二氯甲烷	苯酚、酚醚、芳胺、生物碱、甾类
聚乙二醇	PEG-20M	+4	225	丙酮、氯仿	选择性保留分离含 O、N 官能团及 O、N 杂环化合物
聚己二酸二乙二醇酯	DEGA	+4	250	丙酮、氯仿	分离 C_1～C_{24} 脂肪酸甲酯、甲酚异构体
聚丁二酸二乙二醇酯	DEGS	+4	220	丙酮、氯仿	分离饱和及不饱和脂肪酸酯、邻苯二甲酸酯异构体
1,2,3-三(2-氰乙氧基)丙烷	TCEP	+5	175	氯仿、甲醇	选择性保留低级含氧化合物、伯胺、仲胺、不饱和烃、环烷烃等

4. 检测系统

检测系统的作用是将经色谱柱分离后顺序流出的样品组分的信息转变为易于测量的电信号，然后对被分离物质的组成和含量进行鉴定和测量，检测系统被称为色谱仪的"眼睛"。

5. 数据处理系统

数据处理系统最基本的功能是将检测器输出的模拟信号随时间的变化曲线，即色谱图绘制出来。常见的数据处理系统主要有以下 3 种类型。

（1）记录仪　用自动记录的电子电位差计采集检测器输出的信号，绘出色谱图，然后手工测量色谱峰的保留值（或用秒表计时）供定性用，测量出峰面积或峰高供定量用。

（2）自动积分仪　自动积分仪可自动绘制出色谱图，并能够根据预先设定好的方法对色谱图进行处理及进行定量计算，并打印出报告。但自动积分仪对色谱图不能进行二次处理。

（3）色谱工作站　随着微型计算机的发展，自动积分仪也逐渐被色谱工作站所取代。早期的工作站多数只能单向采集色谱仪输出的模拟信号，然后进行处理计算，打印报告，所需硬件主要为 A/D 转换卡。现代气相色谱仪所配备的工作站功能要强大得多，除了采集色谱数据外，还可以控制气相色谱仪，设置色谱分析条件，其数据传输是双向的，其通信方式也是多样的，如 IEEE-488、INET、RS-232、LAN 等，其信号采集也主要是数字信号。

色谱工作站的优点是可以对采集到的色谱图进行再处理；可以实现数据上网传输；可以实现气相色谱仪的自动控制，大大提高了工作效率。

6. 温度控制系统

温度是气相色谱分析中控制的重要指标，它直接影响色谱柱的分离效能，检测器的灵敏度和稳定性。气相色谱仪中需要严格控制温度的部件主要有 3 处，即柱箱、汽化室和检测器。

（1）柱箱　柱箱温度控制的要求是精度高，柱箱内温度分布应均匀，升温和降温时间要短，温控的下限温度越低越好，一般中档仪器温度控制下限是 40℃，上限温度可达 450℃。

（2）检测器和汽化室　检测器和汽化室有独立的恒温调节装置，其温度控制及测量与色谱柱恒温箱类似。

二、微量注射器的使用

微量注射器又称进样针，使用微量注射器应注意两个方面：即进样量和进样技术。

1. 进样量

气相色谱分析时，进样量要适当。进样量若过大，易导致色谱峰峰形不对称，峰形变宽，分离度变小，保留值发生变化，峰高、峰面积与进样量不成线性关系，无法准确定量等。进样量若太小，又会因检测器灵敏度不够，导致不能检出。色谱柱的最大允许进样量可以通过实验确定，其方法是：固定其他实验条件不变，仅逐渐加大进样量，直至所出峰的半峰宽变宽或保留值改变时，此进样量就是最大允许进样量。

2. 进样技术

进样时，进样速度要快，这样可以使样品在汽化室汽化后随载气以浓缩状态进入柱内，而不被载气所稀释，因而峰的原始宽度较窄，有利于分离。反之若进样缓慢，样品汽化后被载气稀释，易使峰形变宽，并且不对称，既不利于分离也不利于定量。

为了保证良好的分离结果，使分析结果具有较好的重现性，在直接进样时要注意以下操作要点。

① 用注射器取样时，应先用丙酮或乙醚抽洗 5～6 次后，再用被测试液抽洗 5～6 次，然后缓缓抽取一定量试液（稍多于需要量），此时若有空气带入注射器内，应先排除气泡后，

再排去过量的试液，并用滤纸吸去针杆处所沾的试液（注意：千万勿吸去针头内的试液）。

② 取样后应立即进样，进样时要求注射器垂直于进样口，左手扶着针头以防弯曲，右手持注射器（图 9-12），迅速刺穿进样口下端硅橡胶垫，平稳、敏捷地推进针筒（针头尖尽可能刺深一些，且深度一定，针头不能碰着汽化室内壁），用右手食指平稳、轻巧、迅速地将样品注入，完成后立即将注射器拔出。

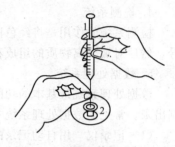

图 9-12　微量注射器进样姿势
1—微量注射器；2—进样口

③ 进样时要求操作稳当、连贯、迅速。进针位置及速度、针尖停留和拔出速度都会影响进样的重现性。一般进样相对误差为 2%～5%。

三、色谱定量分析方法标准曲线法

气相色谱定量分析的依据是基于待测组分的量与其峰面积（或峰高）成正比的关系。但是峰面积的大小不仅与组分的量有关，而且还与组分的性质及检测器性能有关。当实验条件一定时，用同一检测器测定同一种组分，组分量愈大，相应的峰面积就愈大。但同一检测器测定相同量的不同组分时，却可能由于组分性质的不同，检测器对不同组分的响应值不同，因而产生的峰面积也不同。因此峰面积并不能够如实地反映出不同组分的含量多少。为此，引入"定量校正因子"对不同组分的峰面积进行校正。

1. 定量校正因子及其测定方法

定量校正因子分为绝对校正因子和相对校正因子。

（1）绝对校正因子（f_i）　绝对校正因子是指单位峰面积或单位峰高所代表的组分的量，即

$$f_i = m_i / A_i \qquad (9\text{-}11)$$

或

$$f_{i(h)} = m_i / h_i \qquad (9\text{-}12)$$

式中　m_i——进入检测器的组分的量（可以是组分的质量、物质的量或体积）；

　　　A_i——组分的峰面积；

　　　h_i——组分的峰高。

显然要准确求出各组分的绝对校正因子，一方面要准确知道进入检测器的组分的量 m_i；另一方面要准确测量出峰面积或峰高，并要求严格控制色谱操作条件，这在实际工作中有一定困难。因此，实际测量中通常不采用绝对校正因子，而采用相对校正因子。

（2）相对校正因子（f_i'）　相对校正因子是指组分 i 与另一标准组分 s 的绝对校正因子之比，用 f_i' 表示：

$$f_i' = \frac{f_i}{f_s} = \frac{m_i A_s}{m_s A_i} \qquad (9\text{-}13)$$

或

$$f_i' = \frac{f_{i(h)}}{f_{s(h)}} = \frac{m_i h_s}{m_s h_i} \qquad (9\text{-}14)$$

使用不同检测器时所用的标准物质是不同的，热导池检测器常用苯作标准物，氢火焰离子化检测器常用正庚烷作标准物。

通常将相对校正因子简称为校正因子，根据物质量的表示方法不同，校正因子可分为以下几种。

① 相对质量校正因子。组分的量以质量 m 表示时的相对校正因子，用 f_m' 表示。这是最常用的校正因子。

$$f'_m = \frac{f_{i(m)}}{f_{s(m)}} = \frac{m_i/A_i}{m_s/A_s} = \frac{A_s m_i}{A_i m_s} \tag{9-15}$$

② 相对摩尔校正因子。指组分的量以物质的量 n 表示时的相对校正因子，用 f'_M 表示。

$$f'_M = \frac{f_{i(M)}}{f_{s(M)}} = f'_m \frac{M_s}{M_i} \tag{9-16}$$

式中，M_i、M_s 分别为被测物和标准物的摩尔质量。

③ 相对体积校正因子。对于气体样品，以体积计量时，对应的相对校正因子称为相对体积校正因子，以 f'_V 表示。当温度和压力一定时，相对体积校正因子等于相对摩尔校正因子，即：

$$f'_V = f'_M \tag{9-17}$$

上面所介绍的相对校正因子均是峰面积校正因子，若将各式中的峰面积 A_i 和 A_s 用峰高 h_i、h_s 表示，则可以得到 3 种峰高相对校正因子，即 $f'_{m(h)}$、$f'_{M(h)}$、$f'_{V(h)}$。

（3）校正因子的测定方法　准确称取一定量色谱纯（或已知准确含量）的被测组分和标准组分，配制成已知准确浓度的样品，在一定的色谱操作条件下，定量进样，准确测量被测组分和标准组分的色谱峰峰面积，根据式（9-15）～式（9-17），即可计算出相对质量校正因子、相对摩尔校正因子和相对体积校正因子。

2. 标准曲线法定量

标准曲线法也称外标法，是一种简便、快速的定量分析方法。其具体方法是：用标准样品配制成一系列含量不同的待测组分标准溶液，在与待测组分相同的色谱条件下，等体积准确进样，测量各峰的峰面积或峰高，以峰面积或峰高为纵坐标，以组分的含量为横坐标作图，绘制标准曲线，此标准曲线应是一条通过坐标原点的直线。若标准曲线不通过原点，则说明存在系统误差。然后根据所测得的待测组分的峰面积或峰高从标准曲线法上查出待测组分的含量。

在一些工厂的常规色谱分析中，样品中各组分的含量通常变化不大，此时可不必绘制标准曲线，而用单点校正法，即直接比较法定量。具体方法是：先配制一份和待测组分含量相近的已知浓度的标准溶液，在相同的色谱条件下，分别将待测样品溶液和标准样品溶液等体积进样，待出峰后测量待测组分和标准样品的峰面积或峰高，然后由式（9-18）直接计算出样品中待测组分的含量。

$$w_i = \frac{w_s}{A_s} \cdot A_i \tag{9-18}$$

式中　w_i——样品溶液中待测组分的质量分数；

w_s——标准样品中相应组分的质量分数；

A_s——标准样品中相应组分的峰面积；

A_i——样品中相应组分的峰面积。

显然，当方法存在系统误差时（即标准工作曲线不通过原点），单点校正法的误差比标准曲线法要大得多。

标准曲线法（外标法）操作和计算都很简便，适合于大批量样品的分析。但该方法要求在测定中应严格控制色谱操作条件稳定，这很难做到，因此容易出现较大误差；此外，绘制标准曲线时，一般使用欲测组分的标准样品（或已知准确含量的样品），而实际样品的组成却千差万别，因此也将给测量带来一定的误差。

四、气相色谱仪的维护与保养

气相色谱仪在运行一段时间后，由于各种因素的影响，可能导致仪器的性能降低，因此，根据仪器运行的实际情况，有必要对仪器的重点部件进行适当的维护与保养。

1. 气路系统的日常维护

（1）气体管路的清洗　清洗气路连接金属管时，应首先将该管的两端接头拆下，再将该段管线从色谱仪中取出，这时应先把管外壁灰尘擦洗干净，以免清洗完管内壁时再产生污染。清洗管内壁时应先用无水乙醇进行疏通处理，除去管路内大部分颗粒状堵塞物及易被乙醇溶解的有机物和水分。在此疏通步骤中，如发现管路不通，可用洗耳球加压吹洗，加压后仍无效可考虑用细钢丝捅针疏通管路。如此法仍不能使管线畅通，可使用酒精灯加热管路的方法使堵塞物在高温下炭化而达到疏通的目的。

用无水乙醇清洗完气体管路后，应考虑管路内壁是否有不易被乙醇溶解的污染物。如没有，可加热该管线并用干燥气体对其进行吹扫，然后将管线装回原气路待用。如果经判定表明管路内壁可能还有其他不易被乙醇溶解的污染物，可针对具体物质溶解特性选择其他清洗液。选择清洗液时应先使用高沸点溶剂，而后再使用低沸点溶剂浸泡和清洗。可供选择的清洗液有萘烷、N,N-二甲基甲酰胺、甲醇、蒸馏水、丙酮、乙醚、氟里昂、石油醚、乙醇等。

（2）阀的维护　稳压阀、针形阀及稳流阀的调节须缓慢进行。稳压阀不工作时，必须放松调节手柄（顺时针转动）；针形阀不工作时，应将阀门处于"开"的状态（逆时针转动）；稳流阀气路通气时，必须先打开稳流阀的阀针，调节流量时应从大流量调到所需要的流量；以上阀均不可作开关使用，且进、出气口不能接反。

（3）转子流量计和皂膜流量计的维护　使用转子流量计时应保持气源的清洁，若出现由于对载气中微量水分干燥净化不够，使在玻璃管壁上因吸附一层水雾造成转子跳动，或由于灰尘落入管中将转子卡住等现象时，应对转子流量计进行清洗。使用皂膜流量计时也要保持流量计的清洁、湿润，皂液要用澄清的皂水，或其他能起泡的液体，使用完毕后应洗净、晾干后放置。

2. 进样系统的日常维护

（1）汽化室进样口的维护　由于仪器的长期使用，可能会由于硅橡胶微粒的积聚而造成进样口管道堵塞，或由于气源净化不够而使进样口沾污，此时应对进样口清洗。进样口的日常维护主要包含隔垫的更换、衬管的清洗以及玻璃棉和密封垫的更换等工作。

① 隔垫。主要起到密封进样、清洗进样针的作用，一般隔垫可达到一百次以上的进样寿命，如发现进样口压力下降，可检查是否隔垫磨损严重，密封性变差，必要时应更换。

② 衬管和玻璃棉。衬管主要起到样品汽化室的作用，样品在衬管中汽化并被带入气相中，衬管的维护保养主要是清洗、硅烷化和合理使用玻璃棉。一般清洗主要用纯水、甲醇或无水乙醇等冲洗或超声清洗，污染严重时可用棉签轻轻擦拭（注意不可用力过度，避免破坏内表面产生活性点），然后放置到烘箱中，70℃烘干后干燥冷却密封存放即可。在大部分的实际应用中，通常可以在衬管里面填充一定量的玻璃棉以增加样品的汽化效率，同时还可以起到防止隔垫碎屑堵塞色谱柱的作用，但是如果玻璃棉未经去活化或断点较多，可能导致活性点增加，反而起到反作用。

③ 金属密封垫（分流/不分流平板）。需定期或按需检查，有污染情况时可卸下用纯水或有机溶剂超声清洗，用棉签轻柔擦拭表面，不可用硬物划伤其表面。

④ 色谱柱密封垫。起到密封色谱柱与衬管连接处的作用。一般为纯石墨、特氟隆或金属等物质。纯石墨材质一般都是一次性使用，如果密封效果还可以，也可多次使用。其他材质可多次使用，以密封不漏气为准。

（2）微量注射器的维护 微量注射器使用前要先用丙酮等溶剂洗净，使用后也应立即清洗处理，以免芯子被样品中高沸点物质沾污而阻塞；切忌用浓碱性溶液洗涤，以免玻璃受腐蚀失重或不锈钢零件受腐蚀而漏水漏气。

（3）六通阀的维护 六通阀在使用时应绝对避免带有小颗粒固体杂质的气体进入六通阀，否则，在拉动阀杆或转动阀盖时，固体颗粒有可能会擦伤阀体，造成漏气；六通阀使用时间长了，应该按照结构装卸要求卸下进行清洗。

3. 分离系统的日常维护

分离系统的核心部件是色谱柱，对色谱柱的合理维护有助于提高柱的分离效能。

① 新制备或新安装的色谱柱使用前必须进行老化；新购买的色谱柱要在分析样品前先测试柱性能是否合格，如不合格可以退货或更换新的色谱柱。

② 色谱柱暂时不用时，应将其从仪器上卸下，在柱两端套上不锈钢螺帽（或者用一块硅橡胶堵上），并放在相应的柱包装盒中，以免柱头被污染。

③ 每次关机前都应将柱箱温度降到50℃以下，然后再关电源和载气。若温度过高时切断载气，则空气（氧气）扩散进入柱管会造成固定液氧化和降解。

④ 对于柱效有所降低的毛细管柱，可在高温下老化，用载气将污染物冲洗出来。若柱性能仍不能恢复，可将柱子从仪器上卸下，将柱头截去10cm或更长，去除掉最容易被污染的柱头后再安装测试。如果仍无效果，可反复注射丙酮、甲苯、乙醇等溶剂进行清洗，以恢复柱效。

4. 检测系统的日常维护

不同类型的检测器，日常的维护方法亦有所区别。

（1）热导池检测器的维护 使用热导池检测器时，应采用高纯气体作载气并至少通入半小时，保证将气路中的空气赶尽后方可通电，以防热丝元件的氧化；桥电流不允许超过额定值；检测器不允许有剧烈振动；热导池高温分析时如果停机，除应首先切断桥电流外，最好等检测室温度低于100℃以下后，再关闭气源；当热导池长时间使用或被沾污后，必须进行清洗。方法是将丙酮、乙醚、十氢萘等溶剂装满检测器的测量池，浸泡一段时间（20min左右）后倾出，如此反复多次，直至所倾出的溶液比较干净为止。

（2）氢火焰离子化检测器的维护 使用氢火焰离子化检测器时，应尽量采用高纯气源，在最佳的 N_2/H_2 比以及最佳空气流速的条件下使用；色谱柱必须经过严格的老化处理；离子室要注意外界干扰，以保证使它处于屏蔽、干燥和清洁的环境中。检测器经长期使用后，可能因喷嘴堵塞而导致火焰不稳或基线不平，因此在日常使用中应经常对喷嘴进行清洗。

【技能训练31】 大气中一氧化碳含量的测定

一、训练目的

1. 学会气相色谱仪的使用方法。

2. 学会利用气-固色谱法分析气体样品。

二、训练所需试剂和仪器

1. 试剂及样品

（1）纯空气 不含一氧化碳或一氧化碳含量低于本方法的检出限。

（2）碳分子筛 TDX-01，60～80目，作为固定相。

（3）镍催化剂 30～40目。当 $CO<180mg/m^3$，$CO_2<0.4\%$时，转化率大于95%。

(4) 一氧化碳标准气体　铝合金钢瓶装，含量 $50\sim60\text{mg/m}^3$。以氮气为本底气，不确定度为 2%。

(5) 测试样品　用双连橡皮球将现场空气打入铝箔复合薄膜采气袋内，使它胀满后挤压放掉，如此反复 $5\sim6$ 次，最后一次打满后，密封进样口，带回实验室分析。

2. 仪器

(1) 铝箔复合薄膜采气袋，容积 $400\sim600\text{mL}$。

(2) 注射器：2mL、5mL、10mL、100mL，体积刻度应事先校正。

(3) 转化炉（图 9-13）：可控温 $360℃\pm5℃$。

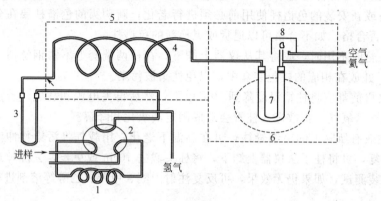

图 9-13　带转化炉气相色谱仪气路流程

1—定量管；2—六通阀；3—碱石棉管；4—色谱柱；5—柱恒温箱；
6—转化炉；7—转化柱；8—氢火焰离子化检测器

(4) 转化柱：长 150mm，内径 4mm 不锈钢管，填充 $30\sim40$ 目镍催化剂，柱管两端塞玻璃棉。转化柱装在转化炉内，一端与色谱柱连通，另一端与检测器相连。使用前，转化柱应在炉温 360℃，氢气流量 60mL/min 条件下活化 10h。转化柱老化与色谱柱老化同步进行。当 $CO<180\text{mg/m}^3$ 时，转化率大于 98%。

(5) 气相色谱仪：带转化炉的气相色谱仪，附氢火焰离子化检测器。

三、训练内容

1. 训练步骤

(1) 气相色谱测试条件　分析时，应根据气相色谱仪的型号和性能，制定出能分析一氧化碳的最佳测试条件，可参考下列条件。

色谱柱：柱长 2m，内径 2mm，不锈钢柱，内装 TDX-01 碳分子筛。

柱温：78℃。

转化柱温度：360℃。

载气（N_2）流量：78mL/min。

氢气流量：130mL/min。

空气流量：750mL/min。

记录仪（或色谱处理机、工作站）：满量程 10mV，纸速 5mm/min。

静电放大器：高阻 $10^{10}\Omega$。

(2) 仪器的开机　启动色谱仪，打开载气（N_2）钢瓶，调节流量为 78mL/min，柱温设为 78℃，汽化室温度 100℃，转化柱温度设为 360℃；打开色谱工作站，设置各种参数。

(3) 绘制标准曲线和测定校正因子

① 绘制标准曲线。在 5 支 100mL 注射器中，用纯空气将已知浓度的一氧化碳标准气体稀释成 0.5～50mg/m³ 范围的 4 个浓度点的气体；另取 1 份纯空气作为零浓度气体。准确量取 1.0mL 各个浓度的标准气体，按气相色谱最佳测试条件分别通过色谱仪的六通进样阀，得各个浓度的色谱峰和保留时间，每个浓度重复做 3 次，测量峰高的平均值。以一氧化碳的浓度（mg/m³）为横坐标，峰高平均值（mm）为纵坐标，绘制标准曲线，并计算曲线的斜率。以斜率的倒数作为样品测定的计算因子 B_g[（mg/m³）/mm]。

② 测定校正因子。在测定范围内，可用单点校正法求校正因子。在样品测定的同时，分别准确量取 1.0mL 纯空气和与样品气浓度相接近的标准气体，按气相色谱最佳测试条件，通过色谱仪的六通阀进样测定，重复做 3 次，得峰高的平均值和保留时间。按下式计算校正因子：

$$f = \frac{c_s}{h_s - h_0}$$

式中　f——校正因子，（mg/m³）/mm；

　　　c_s——标准气体浓度，mg/m³；

　　　h_s——标准气体的平均峰高，mm；

　　　h_0——零空气的平均峰高，mm。

（4）样品测定　通过色谱仪六通进样阀进 1.0mL 样品空气，按绘制标准曲线或测定校正因子的操作步骤进行测定。每个样品重复做 3 次，用保留时间确认一氧化碳的色谱峰，测量其峰高，得峰高的平均值（mm）。另取纯空气按相同的操作步骤做空白测定。

高浓度样品，应用纯空气稀释至小于 50mg/m³，再按相同的操作步骤进样分析。

同时，记录分析时的气温和大气压力。

2. 数据记录

3. 结果计算

① 标准曲线法

$$c = (h - h_0)B_g$$

式中　c——空气中一氧化碳的浓度，mg/m³；

　　　h——样品气体峰高的平均值，mm；

　　　h_0——纯空气峰高的平均值，mm；

　　　B_g——用标准气体绘制标准曲线得到的计算因子，（mg/m³）/mm。

② 单点校正法

$$c = (h - h_0)f$$

式中，f 为用单点校正法得到的校正因子，（mg/m³）/mm。

③ 根据分析时的气温和大气压力，将测定浓度值换算成标准状态下的浓度。

四、思考题

在色谱分析中，经常会出现色谱峰有不对称的现象，除了进样量的影响之外，还有哪些影响因素？

案例二　工业乙酸酐含量的测定

乙酸酐是重要的乙酰化试剂，主要用于生产醋酸纤维、医药、染料、香料、胶片等产品。工业乙酸酐含量的测定可依据 GB/T 10668—2000。其具体方法为：在一定操作条件下，工业乙酸酐中各组分可在阿皮松 M/石墨化炭黑色谱柱上完成分离，借助热导池检测器进行检测，利用归一化法即可测定其含量。

 案例分析

1. 与案例一不同，该案例中所用色谱柱为阿皮松 M/石墨化炭黑柱，其以阿皮松 M 为固定液，石墨化炭黑（STH-2）为载体（二者配比为 10∶100）。

2. 所选用的检测器为热导池检测器。

3. 定量分析方法采用的是归一化法。

为完成工业乙酸酐含量的测定任务，需掌握如下理论基础和操作技能。

理论基础

一、气液色谱及其分离原理

气液色谱是指流动相是气体，固定相是液体的色谱分离方法。气-液色谱的固定相由涂在载体表面的固定液构成，试样经汽化后由载气携带进入色谱柱，与固定液接触时，气相中各组分将溶解到固定液中。随着载气的不断通入，被溶解的组分又从固定液中挥发出来，挥发出的组分随着载气向前移动的过程中又将再次被固定液溶解。随着载气的流动，溶解-挥发的过程反复进行。由于不同组分在固定液中的溶解度有所不同，其中易被溶解的组分，较难挥发，在柱内移动的速度较慢，停留时间较长；反之，不易被溶解的组分，较易挥发，在柱内随载气移动的速度较快，因而在柱内停留时间短。经一定的时间间隔（一定柱长）后，性质不同的组分便可实现彼此分离。

二、塔板理论及柱效能指标

1. 塔板理论

塔板理论是 1941 年由马丁（Martin）和詹姆斯（James）提出的半经验理论，它把色谱柱比作一个分馏塔，假设色谱柱是由许多假想的塔板组成（即色谱柱可分成许多个小段），在每一小段（塔板）内，一部分空间为涂在载体上的液相占据，另一部分空间充满载气（气相），载气占据的空间称为板体积 ΔV。当欲分离的组分随载气进入色谱柱后，就在两相间进行分配。由于流动相在不停地移动，组分就在这些塔板间隔的气液两相间不断地分配并达到平衡。塔板理论假设以下几点。

① 每一小段间隔内，组分在气相与液相之间可以很快地达到分配平衡。

② 载气进入色谱柱，不是连续的而是脉动式的。每次进气为一个板体积。

③ 假设试样开始时都加在 0 号塔板上，且试样沿色谱柱方向的扩散（纵向扩散）可忽略不计。

④ 各塔板上的分配系数为一个常数。

这样，单一组分进入色谱柱后，在固定相和流动相之间经过多次分配平衡，流出色谱柱时便可得到一个趋于正态分布的色谱峰，色谱峰上组分的最大浓度处所对应的流出时间或载气板体积即为该组分的保留时间或保留体积。若试样为多组分混合物，则经过反复多次的分配平衡后，由于各组分的分配系数存在差异，在柱出口处出现最大浓度时所需的载气板体积数亦将不同。由于色谱柱的塔板数相当多，因此不同组分的分配系数只要有微小差异，仍然可能得到很好的分离效果。

2. 柱效能指标

（1）理论塔板高度和理论塔板数 在塔板理论中，我们把每一块塔板的高度，即组分在色谱柱内达成一次分配平衡所需要的柱长称为理论塔板高度，简称板高，用 H 表示。把一定长度的色谱柱内，组分在两相之间分配达到平衡的总次数称为理论塔板数，以 n 表示。当色谱柱长为 L 时，n 与 H 的关系为：

$$n = \frac{L}{H} \tag{9-19}$$

显然，当色谱柱长 L 固定时，理论塔板高度 H 越小，理论塔板数 n 越多，组分在该柱内被分配于两相的次数就越多，柱效能就越高。

计算理论塔板数 n 的经验式为：

$$n = 5.54 \left(\frac{t_R}{W_{1/2}}\right)^2 = 16 \left(\frac{t_R}{W_b}\right)^2 \tag{9-20}$$

式中　n——理论板板数；

　　t_R——组分的保留时间，s；

　　$W_{1/2}$——以时间为单位的半峰宽，s；

　　W_b——以时间为单位的峰底宽度，s。

由上述公式可以看出，组分的保留时间越长，峰形越窄，则理论塔板数 n 越大。

（2）柱效能指标　在实际应用中，常常出现计算出的 n 值很大，但色谱柱的实际分离效能并不高的现象。这是由于保留时间 t_R 中包括了死时间 t_M，而 t_M 不参与柱内的分配，即理论塔板数不能真实地反映色谱柱的实际柱效能。为此，提出了以有效塔板数 $n_{有效}$ 和有效塔板高度 $H_{有效}$ 作为色谱柱的柱效能指标。其计算公式为：

$$n_{有效} = \frac{L}{H_{有效}} = 5.54 \left(\frac{t'_R}{W_{1/2}}\right)^2 = 16 \left(\frac{t'_R}{W_b}\right)^2 \tag{9-21}$$

式中　$n_{有效}$——有效塔板数；

　　$H_{有效}$——有效塔板高度，mm；

　　t'_R——组分的调整保留时间，s；

　　$W_{1/2}$——以时间为单位的半峰宽，s；

　　W_b——以时间为单位的峰底宽度，s。

当色谱柱长 L 一定时，有效塔板高度 $H_{有效}$ 越小或有效塔板数 $n_{有效}$ 越大，色谱柱柱效能就越高。

应指出的是，由于同一根色谱柱对不同组分的柱效能是不一样的，因此在使用 $n_{有效}$ 或 $H_{有效}$ 表示柱效能时，除了应说明色谱操作条件外，还必须说明针对何种组分而言。在比较不同色谱柱的柱效能时，应在同一色谱操作条件下，以同一种组分通过不同色谱柱，测定并计算不同色谱柱的 $n_{有效}$ 或 $H_{有效}$，然后再进行比较。

三、色谱柱总分离效能指标——分离度

根据塔板理论，有效塔板数 $n_{有效}$ 是衡量柱效能的指标，即组分在色谱柱内进行分配的总次数越多，柱效能就越高。但样品中各组分，特别是难分离物质对（即物理常数相近，结构类似的相邻组分）在一根柱内能否得到分离，主要取决于各组分在固定相中分配系数的差异，即取决于固定相的选择性，而不是由分配次数的多少来确定的。因而柱效能不能说明难分离物质对的实际分离效果，而选择性却无法说明柱效率的高低。因此，必须引入一个既能反映柱效能，又能反映色谱柱选择性的指标，作为色谱柱的总分离效能指标，来判断混合组分在色谱柱中的实际分离情况。这一指标就是分离度 R。

分离度又称分辨率，其定义为：相邻两组分色谱峰的保留时间之差与两峰底宽度之和一

半的比值，即

$$R=\frac{t_{R2}-t_{R1}}{(W_{b1}+W_{b2})/2} \tag{9-22}$$

或

$$R=\frac{2(t_{R2}-t_{R1})}{1.699[W_{1/2(1)}+W_{1/2(2)}]} \tag{9-23}$$

式中　t_{R1}、t_{R2}——组分1、2的保留时间，s；

W_{b1}、W_{b2}——组分1、2以时间为单位的峰底宽度，s；

$W_{1/2(1)}$、$W_{1/2(2)}$——组分1、2以时间为单位的色谱峰的半峰宽，s。

　　显然，相邻两组分保留时间之差愈大，即两峰相距愈远，两峰宽度愈窄，R 值就愈大。R 值愈大，两组分分离就愈完全。一般来说，当 $R=1.5$ 时，相邻两组分分离程度可达 99.7%；当 $R=1$ 时，分离程度可达98%；当 $R<1$ 时，两峰有明显的重叠。所以，通常以 $R\geqslant1.5$ 作为相邻两组分完全分离的指标。

　　由于分离度总括了实现组分分离的热力学和动力学（即峰间距和峰宽）两方面因素，定量地描述了混合物中相邻两组分实际分离的程度，因而用作色谱柱的总分离效能指标。

　　四、热导池检测器

　　热导池检测器（TCD）是利用被测组分和载气的热导率不同而响应的浓度型检测器，亦可简称为热导池。

　　1. **热导池检测器（TCD）的结构**

　　热导池由池体和热敏元件两部分构成，分为双臂热导池和四臂热导池两种，如图 9-14 所示。

　　双臂热导池池体［图 9-14(a)］由不锈钢或铜制成，具有 2 个大小、形状完全对称的孔道，每一孔道内装有一根热敏铼钨丝（即热丝，其电阻值可随本身温度的变化而变化），其形状、长短、粗细电阻值在相同的温度下完全相同；四臂热导池［图 9-14(b)］，具有 4 根相同的铼钨丝，灵敏度比双臂热导池约高 1 倍。目前使用的气相色谱仪大多采用四臂热导池。在热导池中，只通纯载气的孔道称为参比池，通载气与样品的孔道称为测量池。双臂热导池中一臂为参比池，另一臂为测量池；而四臂热导池中，有两臂为参比池，另两臂为测量池。

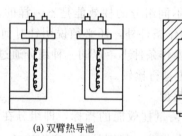

(a) 双臂热导池　　　　　　(b) 四臂热导池

图 9-14　热导池结构

　　在热导池检测器中，热敏元件电阻值的变化可以通过惠斯通电桥来测量。图 9-15 为四臂热导池电路示意。将四臂热导池的 4 根热丝分别作为电桥的 4 个臂，4 根热丝的阻值分别为：R_1、R_2、R_3、R_4。在同一温度下，4 根热丝阻值相等，即 $R_1=R_2=R_3=R_4$；其中 R_2 和 R_3 为测量池中热丝，作为电桥测量臂；R_1 和 R_4 为参比池中热丝，作为电桥的参考臂。

　　2. **热导池检测器（TCD）的工作原理**

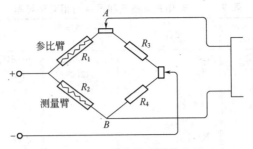

图 9-15 四臂热导池测量电桥

热导池检测器的工作原理是基于不同气体具有不同的热导率。热丝具有电阻随温度变化的特性，当有一恒定直流电通过热导池热丝时（此时池内已预先通有一定流速的纯载气），热丝被加热。由于载气的热传导作用使热丝的一部分热量被载气带走，一部分传给池体。当热丝产生的热量与散失热量达到平衡时，热丝温度就稳定在一定数值。此时，热丝阻值也稳定在一定数值。由于参比池和测量池通入的都是纯载气，同一种载气具有相同的热导率，因此两臂的电阻值相同，电桥平衡，无信号输出，记录系统记录的是一条直线。

当有试样进入检测器时，纯载气流经参比池，载气携带着样品组分流经测量池，由于载气和待测组分混合气体的热导率和纯载气的热导率不同，测量池中散热情况因而发生变化，使参比池和测量池两池孔中热丝电阻值之间产生了差异，电桥失去平衡，检测器有电压信号输出，记录仪即画出相应组分的色谱峰。载气中待测组分的浓度愈大，测量池中气体热导率改变就愈显著，温度和热丝电阻值改变也愈显著，电压信号就愈强。此时输出的电压信号（色谱峰面积或峰高）与样品的浓度成正比，这就是热导检测器的定量基础。

3. 影响热导检测器灵敏度的因素

TCD 属于通用型检测器，它对单质、无机物或有机物均有响应。TCD 的线性范围较宽约为 10^5，定量准确，操作维护简单、价廉。不足之处在于灵敏度较低。影响热导池检测器灵敏度的因素主要有桥路电流、载气性质、池体温度和热敏元件材料及性质等。对于给定的仪器，热敏元件已固定，因而需要选择的操作条件主要为载气、桥电流和检测器温度。

(1) 载气及其纯度 载气与样品的导热能力相差越大，检测器灵敏度就越高。由于相对分子质量小的 H_2、He 等气体导热能力强，而一般气体和蒸气导热能力较小（见表 9-5 所列），所以 TCD 通常采用 H_2 或 He 作载气，其具有灵敏度高，峰形良好，易于定量，线性范围宽等优点。若采用 N_2 或 Ar 作载气，则灵敏度较低，线性范围较窄且有时会出现不正常的色谱峰（如倒峰）。但若分析 He 或 H_2，则宜用 N_2 或 Ar 作载气。此外，用 N_2 或 Ar 作载气时还应注意，因其热导率小，热丝达到相同温度所需桥流值比 He 或 H_2 作载气时要小得多。若使用毛细管柱接 TCD 时，最好加尾吹气，尾吹气的种类同载气。

载气的纯度亦影响 TCD 的灵敏度。实验表明：在桥流 $160\sim200$mA 范围内，用 99.999％的高纯 H_2 比 99％的普通 H_2 灵敏度高 6％～13％。载气纯度对峰形亦有影响，用 TCD 做高纯气中杂质检测时，载气纯度应比被测气体高 10 倍以上，否则将出倒峰。

(2) 载气流速 TCD 为浓度型检测器，色谱峰的峰面积反比于载气流速，且流速波动可能导致基线噪声和漂移增大。因此，在检测过程中，载气流速必须保持恒定。在柱分离许可的情况下，应尽量选用较低的载气流速。

(3) 桥电流 一般认为 TCD 灵敏度 S 与桥电流的三次方成正比。所以，用增大桥电流来提高灵敏度是最通用的方法。但是，桥电流增大，噪声也将急剧增大，结果使信噪比下降，

表 9-5　一些化合物蒸气和气体的相对热导率

化合物	相对热导率 （He＝100）	化合物	相对热导率 （He＝100）	化合物	相对热导率 （He＝100）
氦（He）	100.0	乙炔	16.3	甲烷（CH_4）	26.2
氮（N_2）	18.0	甲醇	13.2	丙烷（C_3H_8）	15.1
空气	18.0	丙酮	10.1	正己烷	12.0
一氧化碳	17.3	四氯化碳	5.3	乙烯	17.8
氨（NH_3）	18.8	二氯甲烷	6.5	苯	10.6
乙烷（C_2H_6）	17.5	氢（H_2）	123.0	乙醇	12.7
正丁烷（C_4H_{10}）	13.5	氧（O_2）	18.3	乙酸乙酯	9.8
异丁烷	13.9	氩（Ar）	12.5	氯仿	6.0
环己烷	10.3	二氧化碳（CO_2）	12.7		

注：尾吹气是从色谱柱出口处直接进入检测器的一路气体，又叫补充气或辅助气。其作用一是保证检测器在最佳载气流量条件下工作，二是消除检测器死体积的柱外效应。

检测限增大。而且，桥电流越高，热丝越易被氧化，因此使用寿命也将越短，过高的桥电流甚至可能使热丝被烧断。所以，在满足测试灵敏度要求的前提下，应尽量选用较低的桥电流，以减小噪声，延长热丝使用寿命。但是 TCD 若长期在低桥电流状态下工作，可能造成池体污染，此时可用溶剂清洗热导池。一般商品 TCD 使用说明书中，均有不同检测器温度时推荐使用的桥电流值，实际工作时通常可参考此值来设定桥电流的具体数值。

（4）检测器温度　TCD 的灵敏度与热丝和池体间的温度差成正比。实际操作中，增大其温差主要有两个途径：一是提高桥电流，以提高热丝温度；二是降低检测器池体温度，这决定于被分析样品的沸点。但检测器池体温度不能低于样品的沸点，以免样品在检测器内冷凝而造成污染或堵塞。因此，对于高沸点样品的分析而言，采用降低检测器池体温度来提高灵敏度是有限的，而对那些永久性气体的分析而言，用此法则可大大提高灵敏度。

 技能基础

气-液色谱填充柱中所用的填料是液体固定相，它是通过在惰性载体的表面涂渍一层固定液的液膜所构成的。气-液色谱柱分离效能的高低，不仅与选择的固定液和载体有关，还与固定液的涂渍以及色谱柱的填充情况具有密切的关系。因此，色谱柱的制备是色相气谱法的重要操作技术之一。

一、气液色谱柱的制备

气-液色谱填充柱的制备过程主要包括以下 4 个步骤。

1. 色谱柱柱管的选择与清洗

色谱柱的柱形、柱长、柱内径均会影响柱的分离效果。在实际工作中，常采用柱长为 1～2m，柱内径为 3～4mm 的螺旋型不锈钢柱。在选定合适形状、长度的色谱柱后，需要对柱子进行试漏清洗。试漏的方法是将柱子一端堵住，全部浸入水中；另一端通入气体，在高于操作压力条件下，不应有气泡冒出，否则应更换柱子。

柱子的清洗方法应根据其材料来选择。若使用的是不锈钢柱，可用 50～100g/L 的热 NaOH 溶液抽洗 4～5 次，以除去管内壁的油渍和污物，然后用自来水冲洗至中性，烘干后备用。若使用的是玻璃柱，可注入洗涤剂浸泡洗涤 2 次，然后用自来水冲洗至呈中性，再用蒸馏水洗 2 次（洗净的玻璃柱内壁不应挂有水珠），在 110℃ 烘箱中烘干后使用。对于铜柱，则需要使用 $w(HCl)＝10\%$ 的盐酸溶液浸泡，抽洗，直至抽吸液中没有铜锈或其他杂物为止，再用自来水冲洗至中性，烘干后备用。对经常使用的柱管，在更换固定相时，只要倒出原来装填的固定相，用水清洗后，再用丙酮、乙醚等有机溶剂冲洗 2～3 次，烘干后，即可重新装填新的固定相。

2. 固定液的涂渍

一根好的色谱柱不仅与选择的固定液和载体合适与否有关，而且与固定液能否在载体表面形成一层均匀的液膜以及固定相的填充情况有关。

固定液的用量要视载体的性质及柱的容量而定。通常将固定液与载体的质量比称为液载比，液载比的大小会直接影响载体表面固定液液膜的厚度，因而也将影响色谱柱的分离效果。液载比低，液膜厚度小，有利于提高柱效能，但液载比不能太低，否则固定液将不能完全地覆盖载体表面，在样品分析时会由于载体的吸附而导致峰形拖尾。此外，固定液若用量太少，柱的容量小，进样量也将减少。

固定液的涂渍是一项重要的操作技能，其方法为：在确定液载比后，先根据柱的容量，称取一定量的固定液和经预处理和筛分过的载体分别置于两个干燥的烧杯中，然后在固定液中加入适当的低沸点有机溶剂（所用的溶剂应能够与固定液完全互溶，并易挥发，常用的溶剂有乙醚、甲醇、丙酮、苯、氯仿等），溶剂用量应刚好能浸没所称取的载体。待固定液完

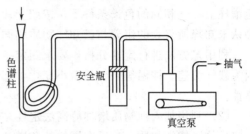

图 9-16　泵抽装柱示意

全溶解后，将载体倒入，在通风橱中轻轻晃动烧杯，使溶剂均匀挥发，以保证固定液在载体表面上均匀分布。然后在通风橱中或红外灯下除去溶剂，待溶剂挥发完全后，过筛，除去细粉，即可准备装柱。

对于一些溶解性差的固定液，如硬脂酸盐类、氟橡胶、山梨醇等，则需要采用回流法涂渍。

3. 色谱柱的装填

将已洗净烘干的色谱柱的一端塞上玻璃棉，包以纱布，接入真空泵；在柱的另一端放置一专用小漏斗，漏斗内加入涂渍好的固定相，边抽气，边轻轻敲打柱管（或用振荡器机械振动），使固定相填充均匀紧密，直至填满（图 9-16）。取下柱管，将柱入口端塞上玻璃棉，并标上记号。

4. 色谱柱的老化

老化的目的，一是彻底除去固定相中残存的溶剂和某些易挥发性杂质；二是促使固定液更均匀、牢固地涂布在载体表面。老化的方法为：将色谱柱进气口一端接汽化室，出气口一端放空，接通载气，在略高于操作柱温条件下（注意：不能超过固定液的最高使用温度），以较低的载气流速连续通入载气几小时到十几小时。然后，将色谱柱出气口一端接检测器，接通记录仪，若基线走得平直则表明老化完成。

二、色谱定性分析方法

色谱定性分析的目的是确定试样的组成，即确定所得色谱图中各色谱峰代表何种组分。色谱定性分析的依据是：在一定固定相和一定色谱操作条件下，各种物质均有其确定的保留值，并且不受其他组分的影响，即保留值具有特征性，因此保留值可作为一种定性指标。

但是不同物质在同一色谱条件下，也可能具有相似或相同的保留值，即保留值并非专属的。因此仅根据保留值对一个完全未知的样品定性是困难的。如果在了解样品的来源、性质、分析目的的基础上，对样品组成作初步的判断，再结合下列的方法则可确定色谱峰所代

表的组分性质。

1. 利用已知纯物质直接对照定性

利用已知纯物质直接对照定性是一种最简单的定性分析方法，该方法的前提是：必须在具有已知纯物质的情况下，方可使用本方法。

（1）利用保留值直接对照定性　常用的保留值包括保留时间、保留体积、调整保留时间、调整保留体积等。其具体方法为：利用同一色谱柱，在相同的色谱条件下，将未知物和已知纯物质分别进样，待作出色谱图后比较未知物与已知纯物质的保留值。若未知样品的某一色谱峰与已知纯物质色谱峰的保留值相同，则可初步判断此峰所代表的组分可能与该纯物质为同一种物质。

为了保证定性结果的可靠性，有时需要用双柱法进一步确证。即在两根极性完全不同的色谱柱上，在相同的色谱条件下，按照上述方法做同样的对照比较，如果结论相同，则可以确认未知峰所代表的组分与已知纯物质相同。

利用该方法进行定性分析，要求测定条件（特别是载气流速和柱温）要严格保持恒定。因为载气流速、柱温等条件的微小变化，都会导致保留值的变化，从而影响到定性结果的可靠性。

（2）利用加入纯物质增加峰高法定性　在得到未知样品的色谱图后，在未知样品中加入一定量的已知纯物质，然后在同样的色谱条件下，得到加标后的未知样品的色谱图。对比这两张色谱图，若后者图中某色谱峰明显增高了，则说明该峰就是所加入纯物质的色谱峰。该方法既可避免因载气流速的微小变化对保留时间的影响而影响定性分析的结果，又可避免色谱图图形复杂时准确测定保留时间的困难。因此，该法是确认某一复杂样品中是否含有某一组分的最好办法。

2. 利用文献保留数据定性

对于色谱定性分析，若实验室没有需要的标样，则可以采用文献提供的色谱保留数据定性。

（1）利用相对保留值定性　相对保留值（r_{is}），指在一定的实验条件下，组分与另一参比组分的调整保留值之比。相对保留值只受柱温和固定相性质的影响，而柱长、固定相的填充情况以及载气的流速等条件均不影响相对保留值的大小。所以当柱温和固定相一定时，组分的相对保留值为一定值，用它来定性可得到较可靠的结果。在气相色谱手册及相关文献资料中均可查到相关组分的相对保留值。

利用相对保留值定性的方法为：先在文献规定的固定相及柱温条件下，将未知样品与作为基准用的参比组分分别进样，测得 $r_{is(1)}$，然后到有关的文献资料中查找与之相对应的已知标准组分与参比组分在相同条件下的 $r_{is(2)}$ 值，若 $r_{is(1)} = r_{is(2)}$，则可认为未知样品与已知标准组分为同一物质。

（2）利用保留指数定性　保留指数，又称柯瓦茨（Kovats）指数，它表示物质在固定液上的保留行为，是目前使用最广泛并被国际上所公认的定性指标。它具有重现性好、标准物统一及温度系数小等优点。

保留指数是把物质的保留行为用两个选定的正构烷烃标准物进行标定，要求被测组分的调整保留时间（或调整保留体积）应在这两个正构烷烃的调整保留时间（或调整保留体积）之间。用保留指数定性时，人为规定正构烷烃的保留指数均为其所含碳原子数的 100 倍，如正己烷、正庚烷、正辛烷的保留指数分别为 600、700、800 倍。被测组分（X）的保留指数 I_X 可用下式计算：

$$I_X = 100 \times \left[Z + n \frac{\lg t'_{R(X)} - \lg t'_{R(Z)}}{\lg t'_{R(Z+n)} - \lg t'_{R(Z)}} \right] \tag{9-24}$$

式中，$t'_{R(X)}$、$t'_{R(Z)}$、$t'_{R(Z+n)}$分别代表组分 X 和具有 Z 及 $Z+n$ 个碳原子数的正构烷烃的调整保留时间。n 为两个正构烷烃所含碳原子数之差，可以为 1、2、3、…，但数值不宜过大。

要测定某一物质的保留指数，只要将其与两个选定的正构烷烃混合在一起（或分别进行），在相同色谱条件下进样分析，测出保留值，按式（9-24）计算出被测组分的保留指数 I_X，再将计算出的 I_X 值与文献值对照，若 I_X 与某已知物的保留指数相同，则可认为两者为同种物质。该方法的准确度和重现性都较好，用同一色谱柱测定误差小于 1%，因此只要柱温和固定液相同，即可通过与文献上的保留指数对照定性。但在使用文献上的数据时，必须要控制色谱操作条件与文献完全一致，并要用几个已知组分验证，最好使用双柱法确认。

3. 利用保留值随分子结构或性质变化的规律定性

（1）碳数规律 在一定温度下，同系物的调整保留时间 t'_R 的对数与分子中含碳数 n 呈正比：

$$\lg t'_R = An + C \qquad (n \geqslant 3) \tag{9-25}$$

如果知道两种或以上同系物的调整保留值，即可求出常数 A 和 C。未知物的含碳数则可从色谱图上查出 t'_R 后，通过上式求出 n。当缺乏待测组分纯物质时，可使用该法定性。

（2）沸点规律 同族具有相同碳数的异构物，其调整保留时间 t'_R 的对数与分子的沸点 T 呈正比：

$$\lg t'_R = AT + C \tag{9-26}$$

与碳数规律相同，如果能测定同族中几个组分的保留值，就可利用作图法求得其他组分的保留值，从而对未知物进行定性。

4. 联机定性

色谱法具有很高的分离效能，但它很难对已分离的每一个组分进行直接定性，加之很多物质的保留值十分接近，甚至相同，因此常常影响到定性结果的准确性。

而通常被称为"四大谱"的质谱法、红外光谱法、紫外光谱法和核磁共振波谱法对于单一组分（纯物质）的有机化合物具有很强的定性能力。因此，若将色谱法与这些方法联用，就能发挥各自方法的长处，很好地解决组成复杂混合物的分离及定性、定量分析问题。目前已投入使用的联用技术包括：液相色谱-质谱联用仪、气相色谱-质谱联用仪、色谱-原子光谱联用仪、色谱-傅里叶变换红外光谱联用仪等。

三、色谱定量分析方法——归一化法

当试样中所有组分均能流出色谱柱，并在检测器上均能产生相应的信号时，可用归一化法计算组分的含量。所谓归一化法就是以样品中被测组分经校正后的峰面积（或峰高）占样品中所有组分经校正后的峰面积（或峰高）的总和的比值来表示样品中各组分含量的定量分析方法。

设试样中有 n 个组分，各组分的质量分别为 m_1，m_2，…，m_n，在一定条件下测得各组分峰面积分别为 A_1，A_2，…，A_n，各组分峰高分别为 h_1，h_2，…，h_n，则组分 i 的质量分数 w_i 为：

$$w_i = \frac{m_i}{m} = \frac{m_i}{m_1 + m_2 + \cdots + m_n} = \frac{f'_i A_i}{f'_1 A_1 + f'_2 A_2 + \cdots + f'_n A_n} = \frac{f'_i A_i}{\sum f'_i A_i} \tag{9-27}$$

或

$$w_i = \frac{m_i}{m} = \frac{m_i}{m_1 + m_2 + \cdots + m_n} = \frac{f'_{i(h)} h_i}{f'_{1(h)} h_1 + f'_{2(h)} h_2 + \cdots + f'_{n(h)} h_n} = \frac{f'_{i(h)} h_i}{\sum f'_{i(h)} h_i} \tag{9-28}$$

式中　f'_i——组分 i 的相对质量校正因子；

　　　　A_i——组分 i 的峰面积。

若试样中各组分的相对校正因子很接近（如同分异构体或同系物），则可以不用校正因子，直接用峰面积归一化法进行定量。这样，式(9-29)可简化为：

$$w_i = \frac{A_i}{\sum A_i} \tag{9-29}$$

归一化法定量的优点是简便、精确，进样量的多少与测定结果无关，操作条件（如流速、柱温）的变化对定量结果的影响较小。

归一化法定量的主要问题是校正因子的测定较为麻烦，虽然从文献中可以查到一些化合物的校正因子，但要得到准确的校正因子，还是需要用各组分的标准纯物质进行测量。如果试样中的组分不能全部出峰，则绝对不能采用归一化法进行定量分析。

四、气相色谱仪常见的故障及排除方法

气相色谱仪属结构较为复杂的仪器，仪器运行过程中出现的故障可能由多种原因造成；而且不同型号的仪器，情况也不尽相同。表 9-6 列出的各种故障是 GC9790J 型气相色谱仪（FID 检测器）运行和操作中具有共性和常见的故障，其他型号仪器亦可作参考。

对于热导池检测器来说，基线噪声和漂移是主要出现的问题，其产生原因如下：

① 供电电源电压太低或波动太大，同一相上的电源负载变动太大；

② 气路出口管道中有冷凝物或异物；

表 9-6　GC9790J 型气相色谱仪的常见故障和排除方法

故障现象	可能原因	故障排除方法
仪器不能启动	(1)供电电源不通 (2)仪器保险丝被烧断	(1)检查电源故障原因 (2)更换新保险丝
仪器不能升温且报警	(1)"加热"开关未打开 (2)加热保险丝烧断	(1)打开"加热"开关 (2)更换新保险丝
仪器个别加热区不能升温且报警	(1)加热丝(棒)断路 (2)测温铂电阻断路 (3)控温电路故障	(1)检查、更换 (2)检查、更换 (3)检修或更换控温电路板
检测器基线不稳定	(1)柱流失 (2)柱连接漏气 (3)检测系统有冷凝物污染	(1)重新老化或更换色谱柱 (2)重新检漏 (3)适当提高检测器、注样器温度,提高载气流量吹洗仪器 2h
检测器响应小或没有响应	(1)检测器氢火焰已灭 (2)气体配比不当 (3)色谱柱阻力太大、载气不通 (4)火焰喷嘴有异物堵住	(1)重新点火 (2)重新调整气体比例 (3)更换色谱柱 (4)疏通或更换喷嘴
检测器不能点火	(1)空气流量太大 (2)氢气流量太小 (3)点火枪电源不足,无电火花 (4)气路不通	(1)适当增加空气流量 (2)适当增大氢气流量 (3)更换点火枪电池 (4)疏通气路
峰形变宽	(1)载气流量小 (2)柱温低 (3)注样器、检测器温度低 (4)系统死体积大	(1)适当增加载气流量 (2)适当提高柱温 (3)适当提高注样器、检测器温度 (4)检查色谱柱的安装
出现反常峰形	(1)硅橡胶隔垫污染或漏气 (2)样品分解 (3)检测室有污染物 (4)柱污染	(1)更换或活化硅橡胶隔垫 (2)适当改变分析条件 (3)清洗检测器 (4)更换或活化色谱柱

③ 仪器接地不良；

④ 柱箱温控不稳、检测室温控有波动或漂移；

⑤ 载气不纯、气路被污染、载气气路管道漏气、载气钢瓶压力过低或气体即将耗尽；

⑥ 色谱柱填充物松动，不紧密，色谱柱中固定液流失；

⑦ 桥路直流稳压电源不稳或桥路配置电位器接触不良；

⑧ 载气流速过高，桥电流设置过大。

【技能训练 32】　工业乙酸酐含量的测定

一、训练目的

1. 能够熟练使用热导池检测器。

2. 能够利用归一化法进行定量分析。

二、训练所需试剂和仪器

1. 试剂

（1）乙酸酐标准品。

（2）工业乙酸酐样品。

2. 仪器

（1）天美 7890 型气相色谱仪或其他型号气相色谱仪（配计算机和 N2000 色谱工作站或其他工作站）。

（2）色谱柱：阿皮松 M/石墨化炭黑柱（阿皮松 M：石墨化炭黑＝10：100）。

（3）检测器：热导池检测器。

（4）微量注射器。

三、训练内容

1. 设定色谱操作条件

分析时，应根据气相色谱仪的型号和性能，设定最佳操作条件，以得到合适的分离度为准。参考条件如下。

汽化室温度：200℃；检测室温度：150℃；柱箱温度：90℃；桥电流：120mA；载气（高纯氢气）流速：50mL/min；进样量：1μL。

2. 纯品分析

按上述操作条件调整仪器，待基线稳定后，用微量注射器吸取 1μL 乙酸酐标准品，进样待出峰后记录其色谱图，确定乙酸酐的保留时间。

3. 样品分析

在上述操作条件下，用微量注射器吸取 1μL 工业乙酸酐样品，进样待出峰后记录其色谱图。重复测定三次，取三次平行测定结果的算术平均值为测定结果。

根据乙酸酐的保留时间定性，并利用下式计算工业乙酸酐的含量。

$$w = \frac{A}{\sum A} \times 100\%$$

式中　w——试样中乙酸酐的含量，%；

　　　A——试样中乙酸酐的峰面积；

　　　$\sum A$——试样中所有组分的峰面积之和。

4. 注意事项

（1）开机时应先通载气，待管路中空气排尽后，方可打开主机电源开关及桥流开关。

（2）如果峰信号超出量程以外，可酌情减少进样量，或者增大衰减比。

四、思考题

1. 进样量准确与否是否会影响归一化法的分析结果？

2. 在色谱分析中，经常会出现色谱峰不对称的现象，试分析一下哪些因素可能会造成此现象？

案例三　工业酒精中甲醇含量的测定

工业酒精中甲醇含量的测定可依据 GB/T 394.2—2008。其具体方法为：在一定操作条件下，样品中各组分可在色谱柱中实现分离，利用氢火焰离子化检测器进行检测，根据色谱图上各组分峰的保留值与标样相对照进行定性；通过测量峰面积（或峰高），利用内标法即可测定工业酒精中甲醇的含量。

 案例分析

1. 在上述案例中，采用的是气相色谱法。

2. 所选用的检测器为氢火焰离子化检测器。

3. 样品中各组分在色谱柱中的分离，需在一定操作条件下完成。

4. 定量分析方法采用的是内标法。

为完成工业酒精中甲醇含量的测定任务，需掌握如下理论知识和操作技能。

 理论基础

速率理论

1. 速率理论简介

速率理论是 1956 年由荷兰人 VanDeemter 提出的，后经美国人 Giddings 修改完善，英国人 Golay 又将它推广应用到毛细管色谱上。由于塔板理论的某些假设不甚合理，如分配平衡是瞬间完成的、溶质在色谱柱内运行是理想的（即不考虑扩散现象）等，以致塔板理论无法说明影响塔板高度的物理因素有哪些，也不能解释为什么在不同的载气流速下所测得的理论塔板数不同这一实验事实。

而速率理论是在继承塔板理论的基础上得到发展的，它从动力学角度指出了影响塔板高度的各种因素以及色谱峰变宽的原因，对于实际工作中选择合适的色谱操作条件提供了理论依据。

速率理论仍把色谱柱比作精馏塔，认为理论塔板高度 H 愈小，柱效能愈高，并以范第姆特方程（简称范氏方程）的形式表述出来。

2. 范第姆特方程

范第姆特方程，其简化式可表述为：

$$H = A + \frac{B}{u} + Cu \tag{9-30}$$

式中　H——塔板高度；

　　　　u——载气的线速度，cm/s；

　　　　A——涡流扩散项；

B——分子扩散项；

C——传质阻力项。

3. 影响柱效能的因素

（1）涡流扩散项 A 在填充柱中，当组分随流动相向柱出口迁移时，流动相由于受到固定相颗粒的障碍，不断改变流动方向，使组分分子在前进中形成紊乱的类似"涡流"的流动，故称涡流扩散，如图 9-17 所示。

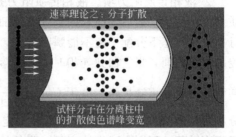

图 9-17 涡流扩散　　　　　　图 9-18 分子扩散

从图 9-17 中可以看出，最初组分分子基本上处于同一个平面上，在色谱柱中与固定相颗粒发生碰撞后分子即不再保持在同一平面，从而使得色谱峰变宽。涡流扩散项可表示为：

$$A = 2\lambda d_p \tag{9-31}$$

式中　λ——填充不规则因子；

d_p——填充物颗粒的平均直径（粒度）。

所以要减小 A 值，提高柱效能，需使用粒度较小且均匀的固定相颗粒，并且要尽量填充均匀。而对于空心毛细管柱，$A = 0$。

（2）分子扩散项 $\dfrac{B}{u}$ 分子扩散，亦称纵向扩散，如图 9-18 所示。它是指组分分子随载气进入色谱柱后，由于柱内存在着纵向浓度梯度，使组分分子由高浓度向低浓度扩散（其扩散方向与载气运动方向一致），从而使色谱峰展宽的现象。分子扩散项可表示为：

$$\frac{B}{u} = 2\gamma D_g \tag{9-32}$$

式中　γ——弯曲因子；

D_g——组分在流动相中的扩散系数。

弯曲因子 γ 反映了固定相对自由分子扩散的阻碍情况，在空心毛细管柱中由于分子扩散不受阻碍，其 $\gamma = 1$；而填充柱，$\gamma < 1$。组分在流动相中的扩散系数 D_g，与组分及载气的性质、柱温及柱压有关，当其他条件一定时，D_g 与载气分子量的平方根成反比，所以实际操作中使用分子量大的载气可以减小分子扩散。此外，分子扩散还与组分在柱内的停留时间有关，通常，停留时间越长，分子纵向扩散越大。

此外，分子扩散项还与柱温和柱压有关。柱温升高，D_g 增大，分子扩散加剧；柱压增大时，D_g 减小，分子扩散作用减小。

（3）传质阻力项 Cu 　Cu 项为传质阻力项，它包括气相传质阻力项 $C_g u$ 和液相传质阻力项 $C_l u$ 两项，即：

$$Cu = C_g u + C_l u \tag{9-33}$$

① 气相传质阻力项。气相传质阻力项是组分从气相到气液界面间进行质量交换所受到的阻力，这个阻力会使柱横断面上的浓度分配不均匀。阻力越大，所需时间越长，浓度分配

就越不均匀，峰宽度就越大。由于 $C_g u = \dfrac{0.01k^2 dp^2}{(1+k)^2 D_g} u$，所以实际测定中若采用小颗粒的固定相，以 D_g 较大的 H_2 或 He 作载气（当然，合适的载气种类，还必须根据检测器的类型选择），可以减少传质阻力，提高柱效能。

气相传质阻力的大小也与柱温和柱压有关。通常情况下，气相传质阻力项与柱温成反比，与柱压成正比。

② 液相传质阻力项。液相传质阻力是指试样组分从固定相的气液界面到液相内部进行质量交换达到平衡后，又返回到气液界面时所受到的阻力。显然这个传质过程需要时间，而且在流动状态下分配平衡不能瞬间达到，其结果是进入液相的组分分子，因其在液相里有一定的停留时间，当它回到气相时，必然落后于在气相中随载气向柱出口方向运动的分子，这样势必造成色谱峰扩张。由于 $C_l u = \dfrac{2kd_f^2}{3\ (1+k)^2 D_l} u$（式中 d_f 为固定相的液膜厚度；D_l 为组分在液相中的扩散系数）。所以实际测定中，若采用液膜较薄的固定液将有利于液相传质，但不宜过薄，否则会减小柱容量，降低柱的寿命。组分在液相中的扩散系数 D_l 较大时，也有利于传质，可减少峰形扩张。

柱温和柱压对液相传质阻力亦有影响，但通常影响情况较复杂。因此，在色谱分析时，应保持适当的柱温和柱压。

速率理论指出了影响柱效能的主要因素，为色谱分离操作条件的选择提供了理论依据。但是，由速率理论方程可看出，许多色谱操作条件（如载气流速、柱温等）对柱效能的影响是彼此对立的，因此，在实际分析过程中，欲提高柱效能，通过试验选择出最佳的色谱分离操作条件是非常关键的。

 技能基础

一、色谱定量分析方法——内标法

所谓内标法就是将一定量选定的标准物（称内标物 s）加入到一定量试样中，混合均匀后，在一定操作条件下注入色谱仪，待出峰后分别测量组分 i 和内标物 s 的峰面积（或峰高），按下式计算组分 i 的含量。

$$w_i = \frac{m_i}{m_{样}} = \frac{m_s \dfrac{f_i' A_i}{f_s' A_s}}{m_{样}} = \frac{m_s}{m_{样}} \times \frac{A_i}{A_s} \times \frac{f_i'}{f_s'} \tag{9-34}$$

或
$$w_i = \frac{m_s f_{i(h)}' h_i}{m_{样} f_{s(h)}' h_s} \tag{9-35}$$

内标法中，常以内标物为基准，即 $f_s' = 1.0$，则式(9-34)、式(9-35)可改写为：

$$w_i = f_i' \frac{m_s A_i}{m_{样} A_s} \tag{9-36}$$

$$w_i = f_{i(h)}' \frac{m_s h_i}{m_{样} h_s} \tag{9-37}$$

内标法的关键是选择合适的内标物，对于内标物的要求是以下几点。

① 内标物应是试样中不存在的纯物质。

② 内标物的性质应与待测组分性质相近，以使内标物的色谱峰与待测组分色谱峰靠近并与之完全分离。

③ 内标物与样品应完全互溶，但不能发生化学反应。

④ 内标物的加入量应接近待测组分的含量，以使两者色谱峰大小相近。

内标法的优点是：进样量的变化、色谱操作条件的微小变化对定量结果的影响不大，特别是在样品前处理（如浓缩、萃取、衍生化等）前加入内标物，可部分补偿欲测组分在样品前处理时的损失。若要获得很高精度的结果时，可以加入数种内标物，以提高定量分析的精度。

内标法的缺点是：选择合适的内标物比较困难，且每次测定都需要用分析天平准确称取内标物和样品的质量，故费时麻烦。

二、气相色谱操作条件的选择方法

1. 载气流速的选择

载气流速是影响柱效能和分析速度的重要因素，载气流速的变化对测定的影响如图9-19所示。

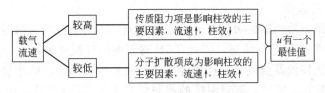

图 9-19　载气流速变化对测定的影响

由上图分析可知，载气流速应当有一个最佳值，此时塔板高度 H 最小，柱效能最高。

（1）H-u 曲线的绘制　最佳载气流速一般通过实验来选择。其方法是：选择好色谱柱和柱温后，固定其他实验条件，依次改变载气流速，将一定量待测组分纯物质注入色谱仪。待出峰后，分别测出在不同载气流速 u 下，该组分的保留时间和峰底宽度，利用公式计算出不同流速下的有效塔板数和有效塔板高度。

然后以载气流速 u 为横坐标，有效塔板高度 $H_{有效}$ 为纵坐标，绘制出 H-u 曲线，如图9-20所示。

（2）最佳载气流速的获取　图9-20中，曲线最低点处对应的塔板高度最小，相应的载气流速即为最佳载气流速 $u_{最佳}$。在最佳载气流速下操作可获得最高柱效。

（3）实用最佳载气流速的确定　在上述最佳载气流速条件下进行测定，虽然柱效高，但分析速度通常较慢，因此实际工作中，为了加快分析速度，

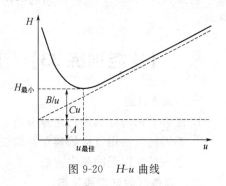

图 9-20　H-u 曲线

同时又不明显增加塔板高度的情况下，一般可采用比 $u_{最佳}$ 稍大的流速作为实用最佳载气流速。对一般色谱柱（内径 3～4mm），常用流速为20～100mL/min。

2. 柱温的选择

柱温是气相色谱的重要操作条件，柱温直接影响色谱柱的使用寿命、柱的选择性、柱效能和分析速度。低柱温有利于分配，有利于组分的分离；但柱温过低，被测组分可能在柱中冷凝，或者传质阻力增加，使色谱峰扩张，甚至拖尾；高柱温，虽有利于传质，但分配系数变小不利于分离。最佳柱温一般通过实验进行选择，其原则是：使物质既分离完全，又不使峰形扩张、拖尾。一般情况下，柱温可选择在试样中各组分的平均沸点左右或稍低些。

当被测试样中各组分的沸点范围很宽时，用单一柱温往往造成低沸点组分分离不好，而高沸点组分峰形扁平，此时可采用程序升温的办法。即：使柱温按照预定的加热速度，随时

间呈线性或非线性的增加，从而可使混合试样中所有组分都能在其最佳柱温下流出色谱柱。目前，质量较好的色谱仪均具有程序升温的功能。

在选择柱温时还必须注意：柱温不能高于固定液最高使用温度，否则会造成固定液大量挥发流失；同时，柱温应高于固定液的熔点，这样才能使固定液有效地发挥作用。

3. 汽化室温度的选择

合适的汽化室温度既能保证样品迅速且完全汽化，又不致引起样品分解。在保证样品不分解的情况下，适当提高汽化室温度，有利于样品的迅速汽化，尤其是进样量较大时更是如此。一般情况下控制汽化室温度比柱温高 30～70℃或比样品组分中最高沸点高 30～50℃，就可以满足分析要求。温度是否合适，可通过实验来检查。检查方法是：重复进样时，若出峰数目变化，重现性差，则说明汽化室温度过高；若峰形不规则，出现平头峰或宽峰则说明汽化室温度太低；若峰形正常，峰数不变，峰形重现性好则说明汽化室温度合适。

4. 检测器温度的选择

检测器的温度影响检测器的灵敏度和稳定性，但对不同类型的检测器，温度的影响是不同的。TCD 对温度的变化十分敏感，因此 TCD 对温度的控制要求严格，应控制在 ±0.05℃以内，并尽可能降低检测器温度，但检测器温度不能低于柱温，以防止组分蒸气在检测器内冷凝。FID 对温度变化不敏感，其对温度的控制要求不如 TCD 严格，但也应保持足够高的温度，通常要求 FID 温度必须在 120℃以上。

5. 进样量的选择

气相色谱分析时，进样量要适当。进样量过大，组分分离效果差，色谱峰峰形不对称，峰形变宽，R 变小，保留值发生变化；进样量太小，检测器灵敏度不够，低含量组分可能不出峰。对于内径为 3～4mm，柱长 2m，固定液配比为 10%～15% 的填充柱，液体样品进样量一般为 0.1～10μL，气体样品的进样量应小于 10mL。合适的进样量也可以通过实验加以选择。

【技能训练33】　工业酒精中甲醇含量的测定

一、训练目的

1. 能够利用内标法进行定量分析。

2. 能够熟练使用氢火焰离子化检测器。

3. 掌握校正因子的测定方法。

二、训练所需试剂和仪器

1. 试剂

(1) 甲醇溶液（1g/L）：作标样用。称取甲醇（色谱纯）1g，用基准乙醇定容至 1L。

(2) 正丁醇溶液（1g/L）：作内标用。称取正丁醇（色谱纯）1g，用基准乙醇定容至 1L。

(3) 基准乙醇。

2. 仪器

(1) GC1690 气相色谱仪（或其他型号气相色谱仪），配计算机和 N2000 色谱工作站或其他工作站。

(2) 色谱柱：PEG20M 交联石英毛细管柱，用前应在 200℃下充分老化。柱内径 0.25mm，柱长 25～30m（也可选用其他有同等分析效果的毛细管色谱柱）。

（3）检测器：氢火焰离子化检测器。

（4）微量注射器。

三、训练内容

1. 设定色谱操作条件

分析时，应根据气相色谱仪的型号和性能，设定最佳操作条件，以内标峰与样品中其他组分峰获得完全分离为准。参考条件为：

载气（高纯氮气）流速为 $0.5\sim1.0\text{mL/min}$；分流比为 $(20:1)\sim(100:1)$；尾吹气流速为 30mL/min；氢气流速为 30mL/min；空气流速为 300mL/min。

柱温：起始柱温为 $70℃$，保持 3min，然后以 $5℃/\text{min}$ 程序升温至 $100℃$，以使各组分获得完全分离为准。

检测器温度：$200℃$。

进样口温度：$200℃$。

2. 校正因子 f' 值的测定

准确称取标样甲醇溶液约 0.5g（其质量为 m_1），并转移至 10mL 容量瓶中，准确加入约 0.2g 正丁醇溶液（其质量为 m_2），然后用基准乙醇稀释至刻度，混匀。按上述条件调整仪器，待基线稳定后，定量进样 $1\mu\text{L}$，待出峰后记录其色谱图，并利用下式计算甲醇的相对校正因子 f' 值。

$$f' = \frac{m_1 A_2}{m_2 A_1}$$

式中　f'——甲醇的相对校正因子；

　　　m_1——甲醇的质量，g；

　　　A_2——内标物正丁醇的峰面积；

　　　m_2——内标物正丁醇的质量，g；

　　　A_1——甲醇的峰面积。

3. 试样的测定

准确称取待测酒精试样约 6.0g（其质量为 m_3），并转移至 10mL 容量瓶中，准确加入约 0.2g 正丁醇溶液（其质量为 m_4），然后用基准乙醇稀释至刻度，混匀。在最佳操作条件下，定量进样 $1\mu\text{L}$，待出峰后记录其色谱图。重复测定三次，取三次平行测定结果的算术平均值为测定结果。

根据甲醇的保留时间定性，并利用下式计算样品工业酒精中甲醇的含量。

$$w = f' \times \frac{m_4 A_甲}{m_3 A_内} \times 100\%$$

式中　w——样品中甲醇的含量，%；

　　　f'——甲醇的相对校正因子；

　　　m_4——内标物正丁醇的质量，g；

　　　m_3——样品的质量，g；

　　　$A_甲$——甲醇的峰面积内标物正丁醇的峰面积；

　　　$A_内$——内标物正丁醇的峰面积。

四、思考题

1. 内标法定量有哪些优点？方法的关键是什么？

2. 你认为实验中选取正丁醇作为内标物是否合适？为什么？

案例四　果汁饮料中有机酸的测定

有机酸是饮料中主要的风味营养物质，饮料中广泛存在的有机酸主要有酒石酸、苹果酸、柠檬酸、丁二酸等。果汁饮料中有机酸的测定可依据 GB/T 5009.157—2003。其具体方法为：试样经匀浆提取、离心后，样液经 $0.3\mu m$ 滤膜抽滤，以 $(NH_4)_2HPO_4\text{-}H_3PO_4$ 缓冲溶液（pH=2.7）为流动相，用高效液相色谱法在 C_{18} 色谱柱上分离，于 210nm 处经紫外检测器检测，用峰高或峰面积标准曲线测定有机酸的含量。

案例分析

1. 在上述案例中，采用的是高效液相色谱法。

2. 测定中，以 $(NH_4)_2HPO_4\text{-}H_3PO_4$ 缓冲溶液（pH=2.7）为流动相，该流动相为液体流动相。

3. 所用色谱柱为 C_{18} 柱。

4. 所用检测器为紫外检测器。

5. 定量分析方法采用的是标准曲线法。

为完成果汁饮料中有机酸的测定任务，需掌握如下理论基础和操作技能。

理论基础

一、高效液相色谱法及其特点

高效液相色谱法是在经典液相色谱法的基础上，引入了气相色谱的理论，在技术上采用了高压输液泵、高效固定相和高灵敏度检测器，于 20 世纪 60 年代末、70 年代初发展起来的一种高效、快速的新型分离分析技术。随着不断的改进和发展，目前已成为应用极其广泛的化学分离分析的重要手段。它以液体为流动相，是色谱法的一个重要分支。

高效液相色谱法与经典液相色谱法的区别是填料颗粒小而均匀，小颗粒具有高柱效，但会引起高阻力，需用高压输送流动相，故又称高压液相色谱法；又因分析速度快而称为高速液相色谱法，也称现代液相色谱法。

高效液相色谱法具有"三高一广一快"的特点。

（1）高压　高效液相色谱法所用流动相为液体（称为载液），当其流经色谱柱时，因所受到的阻力较大，为了能够迅速通过色谱柱，必须对载液施加高压，一般可达 $1.5\times10^7\sim3.0\times10^7$ Pa。

（2）高效　由于近年来许多新型固定相的出现，使高效液相色谱的分离效能大大提高，比工业精馏塔和气相色谱的分离效能要高出许多倍，一般约可达 60000 理论塔板/m。

（3）高灵敏度　高效液相色谱已广泛采用高灵敏度的检测器，进一步提高了分析的灵敏度。如紫外检测器的最小检测量可达 10^{-9} g，荧光检测器的灵敏度可达 10^{-11} g。高效液相色谱仪的高灵敏度还表现在所需试样极少，微升数量级的样品就足以完成全分析。

（4）应用范围广　对于高沸点、热稳定性差、相对分子质量大（大于 400 以上）的有机物原则上都可应用高效液相色谱法进行分离、分析。据统计，在已知化合物中，能用液相色谱分析的占 70%～80%。

（5）分析速度快　高效液相色谱法的分析速度较经典液相色谱法要快得多，通常分析一个样品需 15～30min，有些样品甚至在 5min 内即可完成，一般小于 1h。

此外高效液相色谱法还具有色谱柱可反复使用、样品不被破坏、易回收等优点；但其也有缺点，主要表现在仪器的价格昂贵，使用时要用各种填料柱，且容量小，分析生物大分子和无机离子困难，流动相消耗大且有毒性的居多。

二、几种常见的高效液相色谱法

根据分离机制不同，高效液相色谱法可分为四大基础类型：分配色谱、吸附色谱、离子交换色谱和凝胶色谱。

1. 分配色谱法

分配色谱法是四种液相色谱法中应用最广泛的一种。它类似于溶剂萃取，溶质分子在两种不相混溶的液相即固定相和流动相之间按照它们的相对溶解度不同进行分配。一般将分配色谱法分为液液色谱和键合相色谱两类。

液液色谱的固定相是通过物理吸附的方法将液体固定相涂于载体表面。在液液色谱中，为了尽量减少固定相的流失，选择的流动相应与固定相的极性差别很大。通常将固定相为极性，流动相为非极性的液相色谱称为正相液相色谱；而将固定相为非极性，流动相为极性的液相色谱称为反相液相色谱。正相色谱适宜于分离极性化合物，反相色谱则适宜于分离非极性或弱极性化合物。

键合相色谱的固定相是通过化学反应将有机分子键合在载体或硅胶表面上。目前，键合固定相一般采用硅胶为基体，利用硅胶表面的硅醇基与有机分子之间成键，即可得到各种性能的固定相。一般来说，键合的有机基团主要有两类：疏水基团和极性基团。疏水基团有不同链长的烷烃（C_8 和 C_{18}）和苯基等。极性基团有丙氨基、氰乙基、二醇基、氨基等。与液液色谱类似，键合相色谱也分为正相键合相色谱和反相键合相色谱。在正相键合相色谱中，键合固定相的极性大于流动相的极性，适于分离油溶性或水溶性的极性与强极性化合物；在反相键合相色谱中，键合固定相的极性小于流动相的极性，适于分离非极性、极性或离子型化合物，其应用范围比正相键合相色谱广泛得多。据统计，在高效液相色谱法中，70%～80%的分析任务是由反相键合相色谱法来完成的。

在分配色谱中，对于固定相和流动相的选择，必须综合考虑溶质、固定相和流动相三者之间分子的作用力才能获得良好的分离。

2. 吸附色谱法

吸附色谱又称液固色谱，固定相为固体吸附剂。这些固体吸附剂一般是一些多孔的固体颗粒物质，在它的表面上通常存在吸附点。因此吸附色谱是根据物质在固定相上的吸附作用不同来进行分离的。常用的吸附剂有氧化铝、硅胶、聚酰胺等有吸附活性的物质，其中硅胶应用最为普遍。

吸附色谱具有操作简便等优点。一般来说，液固色谱最适于分离那些溶解在非极性溶剂中、具有中等相对分子质量且为非离子性的试样。此外，液固色谱还特别适于分离色谱几何异构体。

3. 离子交换色谱法

离子交换色谱是利用被分离组分与固定相之间发生离子交换的能力差异来实现组分分离的。离子交换色谱的固定相一般为离子交换树脂，树脂分子结构中存在许多可以电离的活性中心，待分离组分中的离子会与这些活性中心发生离子交换，形成离子交换平衡，从而在流动相与固定相之间形成分配。固定相的固有离子与待分离组分中的离子之间相互争夺固定相中的离子交换中心，并随着流动相的运动而运动，最终实现分离。

按结合的基团不同，离子交换树脂可分为阳离子交换树脂和阴离子交换树脂，它们的功能基团有—SO_3H、—COOH、—NH_2 及—N^+R_3 等。离子交换色谱的流动相最常使用的是水缓冲溶液，有时也使用有机溶剂如甲醇，或乙醇同水缓冲溶液混合使用，以提供特殊的选择性，并改善样品的溶解度。

离子交换色谱特别适于分离离子化合物、有机酸和有机碱等能电离的化合物和能与离子基团相互作用的化合物。它不仅广泛地应用于无机离子的分离，而且广泛地应用于有机和生物物质，如氨基酸、核酸、蛋白质等的分离。

4. 凝胶色谱法

凝胶色谱又称尺寸排斥色谱。与其他液相色谱方法不同，它是基于试样分子的尺寸大小和形状不同来实现分离的。凝胶的空穴大小与被分离的试样的大小相当。太大的分子由于不能进入空穴，被排除在外，随流动相先流出；小分子则进入空穴，与大分子所走的路径不同，最后流出；中等分子处于两者之间。常用的填料有琼脂糖凝胶、聚丙烯酰胺等。流动相可根据载体和试样的性质，选用水或有机溶剂。

凝胶色谱分辨力高，不会引起变性，可用于分离相对分子质量较高（大于 2000）的化合物，如有机聚合物等，但其不适于分离相对分子质量相似的试样。

从应用的角度讲，以上四种基本类型的色谱法实际上是相互补充的。对于相对分子质量大于 10000 的物质的分离主要适合选用凝胶色谱；低相对分子质量的离子化合物的分离较适合选用离子交换色谱；对于极性小的非离子化合物最适于选用分配色谱；而对于非极性物质、结构异构体等组分的分离则最好选用吸附色谱。

 技能基础

一、高效液相色谱仪的结构

高效液相色谱仪的结构、型号多种多样，但其组成部件大体相似。高效液相色谱仪一般均由高压输液系统、进样器、色谱柱、检测器和数据处理系统五大部分组成，如图 9-21 所示。

高效液相色谱仪的工作流程：分析前，首先选择适当的色谱柱和流动相，开泵，冲洗柱子，待柱子达到平衡而且基线平直后，用微量注射器把试样注入进样口，由流动相将样品带入色谱柱进行分离，分离后的组分依次流入检测器，最后和洗脱液一起排入馏分收集器。当有样品组分流过时，检测器将组分浓度转变成电信号，经过放大后，通过数据处理系统即可得到试样的色谱图。

1. 高压输液系统

高压输液系统由储液器、高压输液泵、梯度洗脱装置和压力表等组成。

(1) 储液器　储液器一般由玻璃、不锈钢或氟塑料制成，容积为 0.5~2L，主要用于储存足够数量、符合要求的流动相。

(2) 高压输液泵　高压输液泵是高效液相色谱

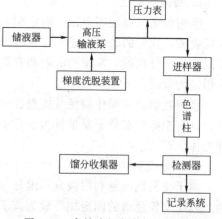

图 9-21　高效液相色谱仪的结构

仪中的关键部件之一，其功能是将储液器中的流动相以稳定的流速或压力输送到色谱分离系统。

由于液相色谱仪所用色谱柱柱径较细，所填固定相粒度也非常小，因此，流动相在柱中流动受到的阻力很大。为了使流动相能较快地流过色谱柱，达到快速、高效分离的目的，为此，需用高压泵进行高压输液。高效液相色谱仪所用高压输液泵应满足以下条件：

① 流量恒定，无脉动，且有较大的流量调节范围（一般为 $1 \sim 10 \text{mL/min}$）；

② 流量精度和重复性要好，通常要求小于 $\pm 0.5\%$；

③ 能抗溶剂腐蚀，且密封性要好；

④ 有较高的输液压力，对一般分离，$6.0 \times 10^6 \text{Pa}$ 的压力即可满足需要；对高效分离，要求输液压力应能达到 $1.5 \times 10^7 \sim 3.0 \times 10^7 \text{Pa}$；

⑤ 适用于梯度洗脱。

高压输液泵，按其性质可分为恒压泵和恒流泵两大类。

恒压泵又称气动放大泵，是输出恒定压力的泵，其流量随色谱系统阻力的变化而变化。其优点是输出无脉冲，对检测器的噪声低，通过改变气源压力即可改变流速；缺点是流速不够稳定，随溶剂黏度不同而改变。

恒流泵在一定操作条件下则可输出恒定体积流量的流动相。目前常用的恒流泵有往复型泵和注射型泵，其特点是泵的内体积小，用于梯度洗脱尤为理想。目前，高效液相色谱仪普遍采用的是往复式恒流泵。

（3）梯度洗脱装置 梯度洗脱就是在分离过程中使两种或两种以上不同极性的溶剂按一定程序连续改变它们之间的比例，从而使流动相的强度、极性、pH 或离子强度相应地变化，从而达到提高分离效果，缩短分析时间的目的。梯度洗脱装置主要分为两类：一类是低压梯度系统，它是将两种溶剂或四种溶剂按一定比例输入高压泵前的一个比例阀中，混合均匀后以一定的流量输出，其优点是只需一个高压输液泵，成本低廉，使用方便；另一类是高压梯度系统，它是用两个高压泵分别按设定比例输送两种不同溶剂至混合器，在高压状态下将两种溶剂进行混合，然后以一定的流量输出，其优点是控制精度高，易于实现自动化控制。

梯度洗脱装置在液相色谱中所起的作用相当于气相色谱中的程序升温，所不同的是，在梯度洗脱中样品的分离是通过溶质的极性、pH 和离子强度的变化来实现的，而不是借助改变温度（温度程序）来达到的。

2. 进样器

进样器是将样品溶液准确送入色谱柱的装置。进样器要求密封性好，死体积小，重复性好，进样时所引起色谱系统的压力和流量波动很小。常用的进样器主要有以下两种。

（1）六通阀进样器 现在的液相色谱仪所采用的手动进样器几乎都是耐高压、重复性好和操作方便的六通阀进样器，其原理与气相色谱中所介绍的相同。

（2）自动进样器 自动进样器是由计算机自动控制定量阀，按预先编制的注射样品操作程序进行工作。工作中的取样、进样、复位、样品管路清洗和样品盘的转动等过程，均可按预定程序自动进行，一次可进行几十个或上百个样品的分析。自动进样器的进样量可连续调节，进样重复性好，适合于大量样品的分析。

3. 色谱柱

色谱柱是色谱仪的心脏，样品的分离是在色谱柱内完成的。色谱柱通常用内壁抛光的不锈钢管制成，其内径一般为 $1 \sim 6 \text{mm}$，柱长为 $10 \sim 50 \text{cm}$，柱形多为直形，内部填充微粒固定相，柱温一般为室温或接近室温。

对色谱柱的要求是：柱效高、选择性好、柱容量大且性能稳定。柱效能的高低主要与色谱柱结构、填料特性、填充质量及使用条件有关。

4. 检测器

检测器是高效液相色谱仪的关键部件之一，它是用来连续监测经色谱柱分离后的流出物的组成和含量变化的装置，其作用是将柱流出物中样品组成和含量的变化转化为可供检测的信号，完成定性定量分析的任务。对检测器的要求是：灵敏度高、重复性好、响应速度快、线性范围宽、死体积小以及对温度和流量的变化不敏感等。

用于液相色谱的检测器大约有三四十种，目前应用比较广泛的主要有紫外光度检测器、示差折光检测器以及荧光检测器等。

（1）紫外光度检测器　又称紫外-可见吸收检测器、紫外-可见光检测器，或直接称为紫外检测器。它是基于朗伯-比耳定律，即被测组分对紫外线或可见光具有选择性吸收，且吸收强度与组分浓度成正比。紫外光度检测器是目前液相色谱中应用最广泛的检测器，它对大部分有机化合物均有响应，一般的液相色谱仪都配置有紫外光度检测器。其特点主要如下。

① 灵敏度高。其最小检测量达 10^{-9} g/mL，故即使对紫外线吸收很弱的物质，也可以检测。

② 线性范围宽。

③ 对流动相的流速和温度变化不敏感，可用于梯度洗脱。

④ 波长可选，易于操作。

紫外光度检测器的缺点表现在：对紫外线或可见光完全不吸收的试样不能检测；测定时溶剂的选择也受到一定限制。

（2）示差折光检测器　又称折光指数检测器，它是除紫外光度检测器以外应用最多的检测器。它是通过连续测定色谱柱流出物折射率的变化而实现对样品浓度测定的。溶液的折射率是纯溶剂（流动相）和纯溶质（试样）各自折射率乘以各自浓度的和。因此溶有试样的流动相和纯流动相之间折射率之差即反映了试样在流动相中的浓度。原则上凡是与流动相折射率有差别的样品都可用该法测定，该方法的检测下限可达 $10^{-6} \sim 10^{-7}$ g/mL。

（3）荧光检测器　这是一种高灵敏度和高选择性的检测器，它是利用某些化合物在受紫外线激发后，能发射可见光（荧光）的性质来进行检测的。

荧光检测器的灵敏度极高，比紫外光度检测器的灵敏度约高两个数量级，最小检测量可达 10^{-12} μg/mL。荧光检测器也可用于梯度洗脱。该检测器目前已在生物化工、临床医学检验、食品检验、环境监测中获得较广泛的应用。

5. 数据处理系统

数据处理系统，又称色谱工作站。它可对分析全过程（分析条件、仪器状态、分析状态）进行在线显示，自动采集、处理和储存分析数据。虽然一些配置了积分仪或记录仪的老型号液相色谱仪在很多实验室还在使用，但近年新购置的色谱仪，一般都带有数据处理系统，使用起来非常方便。

二、高效液相色谱实验技术

1. 色谱柱的保养

在正常情况下，色谱柱至少可以使用 3～6 个月，能完成数百次以上的分离。但是，若操作不慎，将导致色谱柱的损坏并不能使用。因此为了保持柱效、柱容量及渗透性，必须对色谱柱进行仔细保养。

① 色谱柱极易被微小的颗粒杂质堵塞，使操作压力迅速升高而无法使用，因此必须将流动相仔细地蒸馏或用 0.45μm 孔径的滤膜过滤，并在柱子上端接头处装上多孔过滤片，以防止固体颗粒进入色谱柱中。在水溶液流动相中，细菌容易生长，可加入 0.01% NaOH 溶

液以防止细菌生长。

② 最好使用进样阀进样，以防止注射器进样时注射隔膜碎屑堵塞柱子入口。

③ 对硅胶基键合相填料，水溶液流动相的 pH 不得超出 2～8.5 的范围。柱子在酸性或碱性条件下使用后，应依次用水、甲醇清洗，对暂时不用而需要较长时间保存的柱子，要用纯甲醇清洗，柱子两端用金属螺帽封闭，保存于干净的有机溶剂中。

④ 要防止色谱柱被振动或撞击，否则柱内填料床层将产生裂缝和空隙，使色谱峰出现"驼峰"或"对峰"。

⑤ 要防止流动相逆向流动，否则将使固定相层位移，柱效下降。

⑥ 使用保护柱。为了延长柱寿命，在进样器和分析柱之间加装一个与分析柱具有相同固定相的保护柱（1～2cm 长），以预先捕集能被分析柱牢固吸附、不能被流动相所洗涤的物质，保护并延长分析柱的使用寿命。

2. 色谱柱的再生

高效液相色谱柱是消耗品，会随使用时间或进样的次数增加，出现色谱峰高降低、峰宽加大或出现肩峰、柱效下降等现象。因此，需要定期进行彻底清洗和再生。

（1）反相柱　可分别用甲醇：水＝90：10 的溶液或纯甲醇、二氯甲烷等溶剂做流动相，依次冲洗，每种流动相流经色谱柱的量应不少于柱体积的 20 倍。然后再以相反的次序冲洗。

（2）正相柱　可分别用正己烷、异丙醇、二氯甲烷、甲醇等溶剂做流动相，顺次冲洗，每种流动相流经色谱柱的量应不少于柱体积的 20 倍（异丙醇黏度大，可降低流速，避免压力过高）。

注意： 使用溶剂的顺序不要颠倒，用甲醇冲洗完后，再以相反的次序冲洗至正己烷。所有的流动相必须严格脱水。

（3）离子交换柱　长时间在缓冲溶液中使用和进样，将导致色谱柱离子交换能力下降，用稀酸缓冲溶液冲洗可以使阳离子柱再生；反之，用稀碱缓冲溶液冲洗可以使阴离子柱再生。

3. 溶剂处理技术

（1）水的处理　将一般的蒸馏水，加入少许高锰酸钾，在 pH 9～10 的条件下蒸馏，可用于常规洗脱。用于梯度洗脱的水应进行二次蒸馏。

（2）有机溶剂的提纯　通常用蒸馏法可除掉大部分有紫外吸收的杂质；将溶剂通过氧化铝或硅胶柱可除去极性化合物；氯仿中含有的少量甲醇，可先经水洗再经蒸馏提纯；试剂级的四氢呋喃由于含抗氧剂 2,6-二叔丁基对甲基苯酚而强烈吸收紫外线，可经蒸馏除去难挥发的 2,6-二叔丁基对甲基苯酚。为了防止爆炸，蒸馏终止时，蒸馏瓶中必须剩余一定量的液体。

（3）溶剂的过滤和脱气　流动相溶剂在使用前必须先用 $0.45\mu m$ 孔径的滤膜过滤，以除去微小颗粒，防止色谱柱堵塞。同时要进行脱气处理，因为溶解在溶剂中的气体会在管道、输液泵或检测池中以气泡形式逸出，影响正常操作的进行。目前，使用最多的溶剂脱气方法是利用超声波振荡脱气。

4. 样品处理技术

在某些试样中，常含有一定量的蛋白质、脂肪及糖类等物质。它们的存在，将影响组分的分离测定，同时容易堵塞和污染色谱柱，使柱效降低，所以常需对试样进行预处理。样品的预处理方法很多，常用的有溶剂萃取、吸附、超速离心及超滤等。

（1）溶剂萃取　该法适用于待测组分为非极性物质的情况。在试样中加入缓冲溶液调节pH，然后用乙醚或氯仿萃取待测组分。但如果待测组分和蛋白质结合，在大多数情况下则难以用萃取操作来进行分离。

（2）吸附　将吸附剂直接加到试样中，或将吸附剂填充于柱内进行吸附。亲水性物质用硅胶吸附，而疏水性物质可用聚苯乙烯-二乙烯基苯等类树脂吸附。

（3）超速离心　向试样中加入三氯醋酸或丙酮、乙腈、甲醇，蛋白质将被沉淀下来，然后经超速离心，吸取上层清液供分离测定使用。

（4）超滤　用孔径为 $1\sim50\mu m$ 的多孔膜过滤，可除去蛋白质等高分子物质。

【技能训练34】　果汁饮料中有机酸的测定

一、训练目的

1. 能够正确使用用高效液相色谱仪。

2. 学习果汁样品的预处理方法。

3. 能够使用内标法对果汁饮料中各种有机酸组分进行定性定量测定。

二、训练所需试剂和仪器

1. 试剂

（1）80％乙醇。

（2）0.01mol/L 磷酸氢二铵溶液。

（3）1mol/L 磷酸。

（4）有机酸标准溶液：称取酒石酸、苹果酸、柠檬酸各 0.5000g；丁二酸 0.1000g；用超滤水溶解后，定容至 50mL。酒石酸、苹果酸、柠檬酸的浓度分别为 10.0mg/mL，丁二酸为 2mg/mL，此液为标准储备液。

标准使用液：取 5.00mL 标准储备液于 50mL 容量瓶中，用超滤水稀释至刻度。酒石酸、苹果酸、柠檬酸的浓度分别为 1.0mg/mL，丁二酸为 0.2mg/mL。

（5）市售果汁（苹果汁、橙汁等）。

2. 仪器

（1）恒温水浴箱。

（2）高效液相色谱仪，配紫外光度检测器。

（3）酸度计。

（4）针头过滤器，$0.3\mu m$ 合成纤维树脂滤膜。

（5）烧杯、容量瓶、移液管等。

三、训练内容

1. 试样处理

准确吸取 5.00mL 试样（若试样中含二氧化碳，应先加热除去；若试样中含有人工合成色素，应先加入聚酰胺粉于 70℃ 水浴中加热脱色，样液在 3000r/min 下离心 10min，再取上层清液），加入 0.2mL 1mol/L 磷酸，用重蒸馏水稀释至 10mL，经 $0.3\mu m$ 滤膜过滤，滤液供分析用。

2. 测定

（1）条件设定　按照仪器操作规程打开仪器，设置仪器操作条件，将仪器调试到正常工作状态。果汁饮料中有机酸测定的参考色谱操作条件如下。

预柱：C_{18}柱，$10\mu m$，4.6mm×30mm。

分析柱：$5\mu m$，4.6mm×250mm。

流动相：0.01mol/L 磷酸氢二铵，用 1mol/L 磷酸调至 pH＝2.70，临用前用超声波脱气。

流速：1mL/min。

进样量：20μL。

紫外检测器波长：210nm。

（2）标准曲线的绘制　取标准使用液 0.50mL、1.00mL、2.00mL、5.00mL、10.00mL，加入 0.2mL 1mol/L 磷酸，用超滤水稀释至 10mL，混匀。将上述标液依次进样 20μL，于 210nm 处测量峰高或峰面积，每个浓度重复进样 2～3 次，取平均值。

以有机酸的浓度为横坐标，色谱峰高或峰面积为纵坐标，绘制标准曲线。

（3）试样测定　在与绘制标准曲线相同的色谱条件下，取 20μL 试样注入色谱仪，根据标准曲线，求出试样中有机酸的含量。

3. 数据记录

4. 结果计算

试样中有机酸的含量可按下式计算：

$$X = \frac{cV_1}{V}$$

式中　X——试样中有机酸的含量，mg/kg 或 mg/L；

　　　c——由标准曲线所求得试样中某有机酸的浓度，μg/mL；

　　　V_1——试样的最后定容体积，mL；

　　　V——用于分析的试样体积，mL。

5. 注意事项

色谱柱的个体差异较大，即使同一厂家、同一型号的色谱柱，性能也会有所差异。因此，训练过程的色谱操作条件，应根据所用色谱仪及色谱柱的实际情况进行适当的调整。

四、思考题

1. 果汁饮料中有机酸的测定能否采用内标法进行测定？为什么？

2. 样品测定中，影响分离度的主要因素是什么？试说明理由。

本 章 小 结

1. 色谱法及其分类、特点

色谱法也称为层析法，是一种物理化学分离方法，它是利用样品中不同组分在两相（固定相和流动相）中具有不同的分配系数（或吸附系数），当两相做相对运动时，各组分在两相中反复多次分配（即组分在两相之间进行反复多次的吸附、脱附或溶解、挥发过程），从而使样品中各组分得到完全分离的方法。

色谱法按固定相和流动相所处状态的不同，可分为气固色谱、气液色谱、液固色谱和液液色谱；按固定相性质和操作方式的不同，可分为柱色谱（填充柱、毛细管柱）和平面色谱（纸色谱、薄层色谱）；按色谱分离机理的不同，可分为吸附色谱、分配色谱、离子交换色谱和凝胶色谱。

气相色谱法的特点：①分离效率高；②灵敏度高；③操作简便，分析速度快。气相色谱法的不足之处：①从色谱图上不能直接给出定性的结果，必须有已知的纯物质或有关色谱数据作对照，才能确定各色谱峰所代表的组分；②当分析无机物和高沸点有机物时比较困难，需要采用其他方法来完成。

2. 色谱图

色谱图是指色谱柱流出物通过检测器系统时所产生的响应信号对时间或流动相流出体积的曲线图，也称色谱流出曲线。色谱图中有一组色谱峰，正常的色谱峰呈正态分布，每个峰代表一种组分。

3. 气固色谱及其分离原理

以固体（一般指吸附剂）作为固定相的气相色谱法称为气固色谱法。气固色谱法以表面积大且具有一定吸附活性的固体吸附剂作为固定相，试样中各组分的分离是基于固体吸附剂对各组分的吸附能力的不同而完成的。

4. 气相色谱检测器的类型及性能指标

目前，气相色谱仪广泛使用的是微分型检测器，其所显示的信号是在给定时间内每一瞬时通过检测器的组分的量，所得色谱图为峰形曲线。按原理不同，它可分为浓度型检测器和质量型检测器两类。

检测器的性能指标包括灵敏度、检测限、噪声、线性范围和响应时间等，它们是衡量检测器质量好坏的重要依据。

5. 氢火焰离子化检测器

氢火焰离子化检测器（FID），简称氢焰检测器，属典型的破坏性、质量型检测器，它具有结构简单、线性范围宽、灵敏度高、稳定性好、响应快等特点。

氢焰检测器的主要部件是由不锈钢制成的离子室。离子室中包括燃烧气（H_2）、助燃气（空气）、载气（N_2）及样品的入口，极化极、收集极、火焰喷嘴以及喷嘴附近的点火线圈等部件。其中金属圆环状极化极为正极，圆筒状收集极为负极。

影响氢焰检测器灵敏度的因素包括：①各种气体流速和配比；②极化电压。

6. 气相色谱仪的结构

气相色谱仪的型号种类繁多，但它们的基本结构大致相同。它们通常都由气路系统、进样系统、分离系统、检测系统、数据处理系统和温度控制系统六大部分组成。

7. 色谱定量分析方法——标准曲线法

标准曲线法也称外标法，是一种简便、快速的定量分析方法。其具体方法是：用标准样品配制成一系列含量不同的待测组分标准溶液，在与待测组分相同的色谱条件下，等体积准确进样，测量各峰的峰面积或峰高，以峰面积或峰高为纵坐标，以组分的含量为横坐标作图，绘制标准曲线。然后根据所测得的待测组分的峰面积或峰高从标准曲线法上查出待测组分的含量。

标准曲线法（外标法）操作和计算都很简便，适合于大批量样品的分析。但该方法要求在测定中应严格控制色谱操作条件的稳定。

8. 气液色谱及其分离原理

气液色谱是指流动相是气体，固定相是液体的色谱分离方法。气液色谱的固定相由涂在载体表面的固定液构成。试样中各组分的分离是基于各组分在固定液中溶解度的差异而实现的。

9. 塔板理论

塔板理论是1941年由马丁（Martin）和詹姆斯（James）提出的半经验理论，它把色谱柱比作一个分馏塔，假设色谱柱是由许多假想的塔板组成（即色谱柱可分成许多个小段）。其基本假设如下：

① 每一小段间隔内，组分在气相与液相之间可以很快地达到分配平衡；

② 载气进入色谱柱，不是连续的而是脉动式的。每次进气为一个板体积；

③ 假设试样开始时都加在 0 号塔板上，且试样沿色谱柱方向的扩散（纵向扩散）可忽略不计；

④ 各塔板上的分配系数为一常数。

由于色谱柱的塔板数相当多，因此不同组分的分配系数只要有微小差异，仍然可能得到很好的分离效果。

10. 柱效能指标

（1）理论塔板高度和理论塔板数

$$n = \frac{L}{H}$$

$$n = 5.54 \left(\frac{t_R}{W_{1/2}} \right)^2 = 16 \left(\frac{t_R}{W_b} \right)^2$$

当色谱柱长 L 固定时，理论塔板高度 H 越小，理论塔板数 n 越多，组分在该柱内被分配于两相的次数就越多，柱效能就越高。

（2）柱效能指标——有效塔板数 $n_{有效}$ 和有效塔板高度 $H_{有效}$

$$n_{有效} = \frac{L}{H_{有效}} = 5.54 \left(\frac{t'_R}{W_{1/2}} \right)^2 = 16 \left(\frac{t'_R}{W_b} \right)^2$$

当色谱柱长 L 一定时，有效塔板高度 $H_{有效}$ 越小或有效塔板数 $n_{有效}$ 越大，色谱柱柱效能就越高。

11. 色谱柱总分离效能指标——分离度

分离度又称分辨率，其定义为：相邻两组分色谱峰的保留时间之差与两峰底宽度之和一半的比值，即：

$$R = \frac{t_{R2} - t_{R1}}{(W_{b1} + W_{b2})/2}$$

$$R = \frac{2(t_{R_2} - t_{R_1})}{1.699 [W_{1/2(1)} + W_{1/2(2)}]}$$

显然，相邻两组分保留时间之差愈大，即两峰相距愈远，两峰宽度愈窄，R 值就愈大。通常以 $R \geqslant 1.5$ 作为相邻两峰完全分离的指标。

12. 热导池检测器

热导池检测器（TCD）是利用被测组分和载气的热导率不同而响应的浓度型检测器，亦可简称热导池。它由池体和热敏元件两部分构成，分为双臂热导池和四臂热导池两种。它是基于载气和组分具有不同的热导率而实现对组分的定量测定的。

影响热导池检测器灵敏度的因素主要有：①载气及其纯度；②载气流速；③桥电流；④检测器温度。

13. 气液色谱柱的制备

气液色谱填充柱的制备过程主要包括四个步骤：色谱柱柱管的选择与清洗、固定液的涂渍、色谱柱的装填及色谱柱的老化。

色谱柱老化的目的：一是彻底除去固定相中残存的溶剂和某些易挥发性杂质；二是促使固定液更均匀、牢固地涂布在载体表面。

14. 色谱定性分析

色谱定性分析的依据是：在一定固定相和一定色谱操作条件下，各种物质均有其确定的保留值，并且不受其他组分的影响，即保留值具有特征性，因此保留值可作为一种定性指标。常用的定性分析包括：

① 利用已知纯物质直接对照定性（利用保留值直接对照定性和利用加入纯物质增加峰高法定性）；

② 利用文献保留数据定性（利用相对保留值定性和利用保留指数定性）；

③ 利用保留值随分子结构或性质变化的规律定性（碳数规律和沸点规律）；

④ 联机定性。

15. 色谱定量分析方法——归一化法

当试样中所有组分均能流出色谱柱，并在检测器上均能产生相应的信号时，可用归一化法计算组分的含量。所谓归一化法就是以样品中被测组分经校正后的峰面积（或峰高）占样品中所有组分经校正后的峰面积（或峰高）的总和的比值来表示样品中各组分含量的定量分析方法。

$$w_i = \frac{m_i}{m} = \frac{m_i}{m_1 + m_2 + \cdots + m_n} = \frac{f'_i A_i}{f'_1 A_1 + f'_2 A_2 + \cdots + f'_n A_n} = \frac{f'_i A_i}{\sum f'_i A_i}$$

16. 色谱定量分析方法——内标法

内标法是将一定量选定的标准物（称内标物 s）加入一定量试样中，混合均匀后，在一定操作条件下注入色谱仪，待出峰后分别测量组分 i 和内标物 s 的峰面积（或峰高），按下式计算组分 i 的含量。

$$w_i = \frac{m_i}{m_{样}} = \frac{m_s}{m_{样}} \times \frac{A_i}{A_s} \times \frac{f'_i}{f'_s}$$

内标法的关键是选择合适的内标物，对于内标物的要求如下：

① 内标物应是试样中不存在的纯物质；

② 内标物的性质应与待测组分性质相近，以使内标物的色谱峰与待测组分色谱峰靠近并与之完全分离；

③ 内标物与样品应完全互溶，但不能发生化学反应；

④ 内标物的加入量应接近待测组分的含量，以使二者色谱峰大小相近。

17. 速率理论简介

速率理论是 1956 年由荷兰人 Van Deemter 提出的。速率理论是在继承塔板理论的基础上，从动力学角度指出了影响塔板高度的各种因素以及色谱峰变宽的原因，对于实际工作中选择合适的色谱操作条件提供了理论依据。

速率理论仍把色谱柱比作精馏塔，认为理论塔板高度 H 愈小，柱效能愈高，并以范第姆特方程（简称范氏方程）的形式表述出来。

$$H = A + \frac{B}{u} + Cu$$

18. 高效液相色谱法及其特点

高效液相色谱法是在经典液相色谱法的基础上，引入了气相色谱的理论，在技术上采用了高压输液泵、高效固定相和高灵敏度检测器，而于 20 世纪 60 年代末、70 年代初发展起来的一种高效、快速的新型分离分析技术。随着不断的改进和发展，目前已成为应用极其广泛的化学分离分析的重要手段。它以液体为流动相，是色谱法的一个重要分支。

根据分离机制不同，高效液相色谱法可分为四大基础类型：分配色谱、吸附色谱、离子交换色谱和凝胶色谱。

高效液相色谱法具有"三高一广一快"的特点：

① 高压；

② 高效；

③ 高灵敏度；

④ 应用范围广；

⑤ 分析速度快。

此外高效液相色谱法还具有色谱柱可反复使用、样品不被破坏、易回收等优点。其缺点主要表现在：仪器的价格昂贵，使用时要用各种填料柱，且容量小，分析生物大分子和无机离子困难，流动相消耗大且有毒性的居多。

19. 高效液相色谱仪的结构

高效液相色谱仪的结构、型号多种多样，但其组成部件大体相似。它一般均由高压输液系统、进样器、色谱柱、检测器和数据处理系统五大部分组成。

知识链接

液相色谱填料及色谱柱新进展

一、色谱柱填料新技术

1. 亚 2 微米填料

近几年，液相色谱仪器在硬件方面最大的突破就是推出了 UHPLC（超高压液相色谱）或 UPLC（超高效液相色谱）系统；同时在色谱柱填料及形式方面也推出了一些新的技术，首当其冲就是很热门的亚 2 微米填料。根据色谱速率理论，粒径越小，柱效越高，而且当粒径小到亚 2 微米左右时，线速度的提高，其分离度就不再降低，而亚 2 微米填料的优势也正在于此。这个理论很早就有，但是为什么 UPLC 或 UHPLC 直到近年才出现呢？原因主要是粒径减小，柱压将急剧升高，因此亚 2 微米填料对系统的耐压性能要求很高，长久以来，材料及工艺不能满足亚 2 微米填料对系统的要求。

随着材料及技术的进步，2004 年沃特世（Waters）推出了首款商品化的 UPLC 系统及配套的亚 2 微米填料的色谱柱。如今已有沃特世、安捷伦、赛默飞（戴安）、岛津、日立、珀金埃尔默等 10 余家公司推出 UHPLC 系统；国内上海伍丰也推出了国内首台 UHPLC 系统。但在填料方面，相比于常规的液相色谱填料，能够生产亚 2 微米色谱柱的公司还不是很多，色谱柱的种类也偏少。但毫无疑问，UPLC 或 UHPLC、亚 2 微米填料是液相色谱发展的主流。沃特世公司首席科学官 Thomas E. Wheat 先生认为，"未来 10～15 年，UPLC 有可能完全取代 HPLC。"

2. 核壳型填料

最近，多家公司推出了一种新型液相色谱填料——核壳型填料。这种填料的优势在于，其可以缩短分析时间，提高柱效，但是对系统压力的增加却不是很多。换句话说，可以部分实现亚 2 微米填料的优势，但是由于对系统耐压要求不高，其可以在常规的 HPLC 上运行，可视为 UPLC/UHPLC 好的替代品。

核壳型填料就是在坚实的硅胶核心上生成一个均匀的多孔外壳。由于核心硅球是实心的，这样样品在通过色谱柱时，只需花费少量的时间便能扩散出硅球表面的颗粒孔中，在较短时间完成扩散，更快地传质，因此分析速度及柱效都较原来普通的色谱柱有很大提高。目前，生产和供应核壳型填料的厂家有安捷伦、菲罗门、Sigma-Aldriich 等。

3. 整体柱

整体住也是近年来液相色谱柱填料研究的又一大方向。整体柱，又称为棒状柱、连续床层、无木塞术，是一种用有机或无机聚合方法在色谱柱内进行原位聚合的连续床固定相。与常规装填的液相色谱柱相比具有更好的多孔性和渗透性，以及具有灌注色谱的特点，即色谱柱中既有流动相的流通孔，又有便于溶质进行传质的中孔（几十个纳米），目前多应用于对生物大分子进行快速分离分析，应用还具有一定的局限性。目前，商品化的整体柱产品也不是很多，主要还处于科研阶段。在售的整体柱比较有名的是默克公司的 ChromolithTM。

二、色谱柱新形式

1. 色谱饼

色谱饼这一说法源自西北大学现代分离科学研究所、现代分离科学陕西省重点实验室耿信笃教授课题组，其与普通的色谱柱最大区别在于，其柱直径远远大于柱长，因而呈现饼的形状，故称为色谱饼。

此种形式的改变带来的好处是，色谱柱的平衡时间、进样、洗脱及色谱柱的平衡时间都显著地缩短，从而实现了快速。当然使用色谱饼的前提是，分离度不能有很大的损失。目前，这一形式的色谱柱在分析蛋白方面有很好的效果。

2. 固定相优化液相色谱

固定相优化色谱产品来自于德国 BISCHOFF 公司，上海通微是该产品在中国的代理。固定相优化液相色谱改变了原来创建分析方法的传统思路，不从改变流动相或更换色谱柱来改善分析效果的角度出发，而是从"优化固定相"的角度出发来摸索分析方法。据悉，目前商品化的固定相种类非常多，如何从中选出适合的固定相是头疼的问题。研发者希望通过固定相的组合能帮助方法开发人员更快更好地找到适合的固定相。

德国 BISCHOFF 公司开发的固定相优化液相色谱系统由迷你柱管、填装不同填料的可替换短柱芯和分析软件三部分组成。在实验中，先选择几根装有不同填料的短柱芯作为一个实验组，通过单根柱子先做基础实验，然后用配套软件计算可能的柱连接方式（即将各种固定相串联），再预测分离效果，最后做验证实验。实验表明，这种方式可以有效缩短分离时间，相应提高检测灵敏度。

复习思考题

1. 利用气相色谱法对某样品进行定量分析时，若检测器对样品中部分组分无响应，此时应采用何种定量分析方法？

2. 已知某丙酮试剂，今欲测其所含的微量水分。你能根据所学知识与技能设计一可行的分析方案并完成相关操作吗？

3. 为什么热导池检测器在使用时一定要先通载气，再通电？关机时，一定要先断电，待柱温下降后再断载气？

4. 已知某甲苯试剂，今欲测其纯度，但其中杂质较多，且部分杂质 FID 无响应。现欲用气相色谱法氢火焰离子化检测器对其纯度进行检测，你能设计一可行的分析方案吗？

5. 简述气液色谱填充柱的老化方法。

6. 应用归一化法定量分析，应该满足什么条件？

7. 选择内标物的要求是什么？

8. 怎样清洗气相色谱仪的气体管路？

9. 简述气相色谱柱的日常维护。

10. TCD 的日常维护要注意哪些问题？

11. 试说明氢火焰离子化检测器的日常维护应注意哪些方面？

12. 高效液相色谱仪与气相色谱仪的主要区别是什么？

13. 按固定相和流动相相对极性的不同，液液分配色谱可分为哪两种方法？

14. 高效液相色谱仪对检测器有哪些要求？

15. 高效液相色谱分析前，一般需对所用溶剂做哪些处理？

自 测 题

一、选择题

1. 在气液色谱固定相中载体的作用是（　　）。

  A. 提供大的表面支撑固定液　　　　　　　　B. 吸附样品

  C. 分离样品　　　　　　　　　　　　　　　D. 脱附样品

2. 在气固色谱中各组分在吸附剂上分离的原理是（　　）。

  A. 各组分的溶解度不一样　　　　　　　　　B. 各组分电负性不一样

  C. 各组分颗粒大小不一样　　　　　　　　　D. 各组分的吸附能力不一样

3. 气-液色谱属于（　　）。

  A. 吸附色谱　　　　B. 凝胶色谱　　　　C. 分配色谱　　　　D. 离子色谱

4. 在气相色谱法中，可用做定量分析的参数是（　　）。

  A. 保留时间　　　　B. 相对保留值　　　　C. 半峰宽　　　　D. 峰面积

5. 氢火焰离子化检测器的检测依据是（　　）。

  A. 不同溶液折射率不同　　　　　　　　　　B. 被测组分对紫外线的选择性吸收

  C. 有机分子在氢火焰中发生电离　　　　　　D. 不同气体热导率不同

6. 下列有关高压气瓶的操作正确的选项是（　　）。

  A. 气阀打不开用铁器敲击　　　　　　　　　B. 使用已过检定有效期的气瓶

  C. 冬天气阀冻结时，用火烘烤　　　　　　　D. 定期检查气瓶、压力表、安全阀

7. 气相色谱检测器的温度必须保证样品不出现（　　）现象。

  A. 冷凝　　　　B. 升华　　　　C. 分解　　　　D. 汽化

8. 热丝型热导检测器的灵敏度随桥流的增大而增高，在实际操作时应该是（　　）。

  A. 桥电流越大越好　　　　　　　　　　　　B. 桥电流越小越好

  C. 选择最高允许桥电流　　　　　　　　　　D. 满足灵敏度前提下尽量用较小桥流

9. 毛细管色谱柱的（　　）优于填充色谱柱。

  A. 气路简单化　　　　B. 灵敏度　　　　C. 适用范围　　　　D. 分离效果

10. 在气-液色谱中，色谱柱使用的上限温度取决于（　　）。

  A. 试样中沸点最高组分的沸点　　　　　　　B. 试样中沸点最低的组分的沸点

  C. 固定液的沸点　　　　　　　　　　　　　D. 固定液的最高使用温度

11. 某人用气相色谱测定一个有机试样，该试样为纯物质，但用归一化法测定的结果却为含量的 60%，其最可能的原因是（　　）。

  A. 计算错误　　　　　　　　　　　　　　　B. 汽化温度过高，试样分解为多个峰

  C. 固定液流失　　　　　　　　　　　　　　D. 检测器损坏

12. 在一定实验条件下组分 i 与另一标准组分 s 的调整保留时间之比称为（　　）。

  A. 死体积　　　　B. 调整保留体积　　　　C. 相对保留值　　　　D. 保留指数

13. 色谱定量分析中需要准确进样的方法是（　　）。

  A. 归一化法　　　　B. 外标法　　　　C. 内标法　　　　D. 比较法

14. 若只需做一个复杂样品中某个特殊组分的定量分析，用色谱法时，宜选用（　　）。

A. 归一化法　　　　　　　B. 标准曲线法　　　　　　C. 外标法　　　　　　　D. 内标法

15. 在气-液色谱中，首先流出色谱柱的是（　　　　）。

　　A. 吸附能力小的组分　　　　　　　　　　B. 脱附能力大的组分

　　C. 溶解能力大的组分　　　　　　　　　　D. 挥发能力大的组分

16. 固定相老化的目的是（　　　　）。

　　A. 除去表面吸附的水分

　　B. 除去固定相中的粉状物质

　　C. 除去固定相中残余的溶剂及其他挥发性物质

　　D. 提高分离效能

17. 氢火焰离子化检测器中，使用（　　　　）作载气将得到较好的灵敏度。

　　A. H_2　　　　　　　　　B. N_2　　　　　　　　　C. He　　　　　　　　　D. Ar

18. 下列关于色谱操作条件的叙述中，正确的是（　　　　）。

　　A. 载气的热导率尽可能与被测组分的热导率接近

　　B. 在最难分离的物质对能很好分离的条件下，尽可能采用较低的柱温

　　C. 汽化室温度越高越好

　　D. 检测室温度应低于柱温

19. 关于范第姆特方程，下列说法正确的是（　　　　）。

　　A. 载气最佳流速这一点，柱塔板高度最大

　　B. 载气最佳流速这一点，柱塔板高度最小

　　C. 塔板高度最小时，载气流速最小

　　D. 塔板高度最小时，载气流速最大

20. 相对校正因子是物质（i）与参比物质（s）的（　　　　）之比。

　　A. 保留值　　　　　　　　B. 绝对校正因子　　　　C. 峰面积　　　　　　　D. 峰宽

21. 所谓检测器的线性范围是指（　　　　）。

　　A. 检测曲线呈直线部分的范围

　　B. 检测器响应呈线性时，最大允许进样量与最小允许进样量之比

　　C. 检测器响应呈线性时，最大允许进样量与最小允许进样量之差

　　D. 检测器最大允许进样量与最小检测量之比

22. 用气相色谱法进行定量分析时，要求每个组分都出峰的定量方法是（　　　　）。

　　A. 外标法　　　　　　　　B. 内标法　　　　　　　　C. 标准曲线法　　　　　D. 归一化法

23. 色谱分析的定量依据是组分的含量与（　　　　）成正比。

　　A. 保留值　　　　　　　　B. 峰宽　　　　　　　　　C. 峰面积　　　　　　　D. 半峰宽

24. 汽化室的温度要求比柱温高（　　　　）。

　　A. 50℃以上　　　　　　　B. 100℃以上　　　　　　C. 200℃以上　　　　　　D. 30℃以上

25. 气-液色谱中色谱柱的分离效能，主要由（　　　　）所决定。

　　A. 载体　　　　　　　　　B. 流动相　　　　　　　　C. 固定液　　　　　　　D. 固定相

26. 色谱峰在色谱图中的位置用（　　　　）来说明。

　　A. 保留值　　　　　　　　B. 峰高值　　　　　　　　C. 峰宽值　　　　　　　D. 灵敏度

27. 色谱柱的柱效能可以用下列何种参数表示（　　　　）。

　　A. 分配系数　　　　　　　B. 有效塔板数　　　　　　C. 保留值　　　　　　　D. 载气流速

28. 用气相色谱法测定混合气体中的 H_2 含量时应选择的载气是（　　　　）。

　　A. H_2　　　　　　　　　B. N_2　　　　　　　　　C. He　　　　　　　　　D. CO_2

29. 用气相色谱法测定 O_2、N_2、CO、CH_4、HCl 等气体混合物时应选择的检测器是（　　　　）。

　　A. FID　　　　　　　　　B. TCD　　　　　　　　　C. ECD　　　　　　　　　D. FPD

30. 启动气相色谱仪时，若使用热导池检测器，有如下操作步骤：①开载气；②汽化室升温；③检测室升

温；④色谱柱升温；⑤开桥电流；⑥开记录仪。下面（　　）的操作次序是绝对不允许的。

    A. ②→③→④→⑤→⑥→①　　　　　　 B. ①→②→③→④→⑤→⑥

    C. ①→②→③→④→⑥→⑤　　　　　　 D. ①→③→②→④→⑥→⑤

31. 在高效液相色谱分析中，应用范围最广泛的是（　　）。

    A. 分配色谱　　　　B. 吸附色谱　　　　C. 离子交换色谱　　　　D. 凝胶色谱

32. 以下哪个部件不属于高压输液系统（　　）。

    A. 储液器　　　　B. 微量注射器　　　　C. 高压输液泵　　　　D. 梯度洗脱装置

33. 液相色谱流动相过滤，必须使用何种粒径的过滤膜（　　）。

    A. $0.50\mu m$　　　　B. $0.45\mu m$　　　　C. $0.60\mu m$　　　　D. $0.55\mu m$

34. 高效液相色谱中，色谱柱的长度一般在（　　）范围。

    A. $1\sim2m$　　　　B. $2\sim5m$　　　　C. $20\sim50m$　　　　D. $10\sim30cm$

35. 液相色谱中，通用型检测器是（　　）。

    A. 紫外光度检测器　　　　　　　　B. 示差折光检测器

    C. 氢火焰离子化检测器　　　　　　D. 热导池检测器

36. 高效液相色谱仪与气相色谱仪相比较，增加了（　　）。

    A. 恒温箱　　　　B. 进样装置　　　　C. 梯度洗脱装置　　　　D. 程序升温

37. 在高效液相色谱仪中，保证流动相以稳定的速度流过色谱柱的部件是（　　）。

    A. 储液器　　　　B. 温控装置　　　　C. 输液泵　　　　D. 检测器

38. 液相色谱法中，按分离原理分类，液固色谱法属于（　　）。

    A. 分配色谱　　　　B. 吸附色谱　　　　C. 离子交换色谱　　　　D. 凝胶色谱

39. 液相色谱法适宜的分析对象是（　　）。

    A. 低沸点小分子有机化合物　　　　B. 高沸点大分子有机化合物

    C. 所有有机化合物　　　　　　　　D. 所有化合物

40. 在液相色谱中，不会显著影响分离效果的是（　　）。

    A. 改变固定相种类　　　　　　　　B. 改变流动相种类

    C. 改变流动相配比　　　　　　　　D. 改变流动相流速

二、计算题

1. 已知某含酚废水中仅含有苯酚、邻甲酚、间甲酚、对甲酚四种组分。用 GC 分析结果如下。

组　分	峰高/mm	半峰宽/mm	相对校正因子 f'_m
苯酚	55.3	1.25	0.85
邻甲酚	89.2	2.30	0.95
间甲酚	101.7	2.89	1.03
对甲酚	74.8	3.44	1.00

    计算各组分质量分数。

2. 测定二甲苯氧化母液中二甲苯的含量时，由于母液中除二甲苯外，还有溶剂和少量甲苯、甲酸，在分析二甲苯的色谱条件下不能流出色谱柱，所以常用内标法进行测定，以正壬烷作内标物。称取试样 1.528g，加入内标物 0.147g，测得色谱数据如下所示。

组　分	A/cm^2	f'_m	组　分	A/cm^2	f'_m
正壬烷	90	1.14	间二甲苯	120	1.08
乙苯	70	1.09	邻二甲苯	80	1.10
对二甲苯	95	1.12			

    计算母液中乙苯和二甲苯各异构体的质量分数。

3. 用内标法测定环氧丙烷中的水分含量，称取 0.0115g 甲醇，加到 2.2679g 样品中进行了两次色谱分析，数据如下。

分析次数	水分峰高/mm	甲醇峰高/mm
1	150	174
2	148.8	1.723

已知水和内标甲醇的相对质量校正因子为 0.55 和 0.58，计算水分的质量分数（取平均值）。

4. 用气相色谱测定丁醇异构体的含量，已知样品中只含有正丁醇、仲丁醇、异丁醇、叔丁醇 4 种组分，采用 FID 检测器，进样 $1\mu L$ 测量得到如下数据。

组　分	正丁醇	异丁醇	仲丁醇	叔丁醇
峰面积/A	1478	2356	1346	2153
f	1.00	0.98	0.97	0.98

求试样中各组分的含量。

5. 下列各组分以等量进样 $(0.10\mu g)$，测定所得峰高平均值如下所示。

组　分	乙醇	正丁醇	环己醇	2-十二烷醇
h/mm	91	75	66	63

以正丁醇为基准物质 $(f'_{is}=1.00)$，求各组分峰高相对质量校正因子？

6. 准确称取苯、正戊烷、2,3-二甲基丁烷三种纯化合物，配制成混合溶液，用热导池检测器进行气相色谱分析，得到如下数据。

组　分	m/mg	A/mm²
正戊烷	5.56	6.48
2,3-二甲基丁烷	7.50	8.12
苯(基准)	14.80	15.23

求正戊烷、2,3-二甲基丁烷以苯为标准时的相对校正因子？

自测题答案

一、判断题

1. ×；2. ×；3. ×；4. √；5. √；6. √；7. ×；8. ×；9. ×；10. ×

二、选择题

1. D；2. D；3. C；4. A；5. A；6. D

三、计算题

1. (1) 2.99；(2) 1.3；(3) 0.0884；(4) 5.32

2. 甲处：标准偏差：0.01%；相对平均偏差：0.017%；

乙处：标准偏差：0.16%；相对平均偏差：0.0022%。

如果从标准偏差比较，甲处为 0.010%，乙处为 0.16%，甲处的结果比乙处的结果更好一些。

如果从相对平均偏差比较，甲处为 0.017%，乙处为 0.0022%，乙处的结果更好一些。

3. 平均值 0.3405；平均偏差 0.0002；相对平均偏差 0.059%；标准偏差 2.59×10^{-4}

4. 95.82%

5. 0.1119mol/L

第二章

一、填空题

1. ②③④⑤；①②④⑤⑥；⑤⑥

2. 变色范围窄；变色敏锐

3. 弱；弱；pH；结构；变色范围

4. 对分析反应无干扰；有足够的缓冲容量；选择 pH 在缓冲范围内的缓冲溶液；组成缓冲溶液的物质应廉价易得，避免污染环境。

5. 偏高

6. 第一；第二

7. $OH^- + CO_3^{2-}$；$CO_3^{2-} + HCO_3^-$；CO_3^{2-}；OH^-；HCO_3^-

8. $V_甲 > V_酚$

9. 无影响

10. $pH + pOH = 14$

二、选择题

1. A；2. D；3. B；4. D；5. B；6. A；7. B；8. A；9. B；10. C；11. C；12. B；13. B；14. B；15. D；16. B；17. B；18. C；19. C；20. C

三、计算题

1. 5.28

2. 9.43

3. 24.07

4. 94.98%

5. 4.334%

6. $w(Na_2CO_3) = 71.61\%$; $w(NaHCO_3) = 9.115\%$

7. $w(Na_2CO_3) = 64.79\%$; $w(NaOH) = 24.57\%$

第三章

一、判断题

1. ×; 2. √; 3. √; 4. √; 5. √; 6. √; 7. ×; 8. ×; 9. √; 10. √; 11. √; 12. ×; 13. ×; 14. √; 15. ×

二、选择题

1. C; 2. A; 3. C; 4. B; 5. BC; 6. ABC; 7. C; 8. ABCD; 9. A; 10. AB; 11. AB; 12. B; 13. BD; 14. AD; 15. B; 16. C; 17. C; 18. C

三、计算题

1. 6.45; 0.45

2. 2.91

3. 能

4. 0.64; 2.99; 可以

5. 0.01025mol/L

6. 1.76%

7. 106.1mg/L; 41.54mg/L

8. 12.0mg/L

第四章

一、选择题

1. D; 2. B; 3. B; 4. C; 5. B; 6. C; 7. C; 8. B; 9. A; 10. B; 11. B; 12. C; 13. A; 14. D; 15. A

二、计算题

1. 2.26×10^{-9}

2. Pb^{2+}, Ag^+, Ba^{2+}

3. Ag^+, 4.95×10^{-13} mol/L

4. 0.1000mol/L

5. 0.2718g

6. 4.99%

7. 无沉淀生成

8. 85.58%

9. 0.3545g

10. KCl: 34.15%; KBr: 65.85%

第五章

一、选择题

1. B; 2. D; 3. B; 4. D; 5. B; 6. A; 7. C; 8. B; 9. B; 10. C; 11. A; 12. B; 13. C; 14. C; 15. D; 16. B; 17. B; 18. B

二、判断题

1. √; 2. ×; 3. ×; 4. ×; 5. ×; 6. √; 7. ×; 8. ×; 9. √; 10. ×

三、填空题

1. H_2SO_4; HNO_3; HCl

2. $I_3{}^-$；$I_3{}^-+Cr^{3+}$；I_2+淀粉；Cr^{3+}

3. 自身；显色；氧化还原

4. 见光分解；自身分解；还原性杂质

5. CO_2 的作用；O_2 的作用；水中微生物的作用；光线促进分解

6. 溶液酸度不宜太高；在暗处（避光）操作；放置时应液封；滴定时轻轻摇动

7. 加入过量的 KI；放置时液封；反应时溶液温度不能过高，一般在室温下进行；滴定时应使用碘量瓶且慢摇

8. I^-；I_2；NH_4HF_2

四、计算题

1. 29.47%

2. 90.41%

3. 0.053

4. 63.87%；0.007872g/mL

第六章

一、填空题

1. 混合光；红、橙、黄、绿、青、蓝、紫

2. 紫红；绿

3. λ_{max} 或最大吸收波长；吸收曲线

4. mol/L；cm；ε；$A=\varepsilon bc$

5. 2/3～4/5 高度

6. 愈强；愈高

7. 一束平行单色光垂直入射通过均匀透明的一定浓度的溶液；溶液厚度或液层厚度；溶液浓度乘积；$A=Kbc$ 或 $A=\varepsilon bc$

8. 光源；单色器；吸收池；检测器；信号显示系统

9. 吸收最大干扰最小

二、选择题

1. D；2. D；3. C；4. C；5. D；6. B；7. B；8. A；9. A；10. C；11. B；12. D；13. A；14. B；15. C；16. D

三、判断题

1. ×；2. ×；3. ×；4. ×；5. √；6. √；7. ×；8. ×；9. ×；10. ×；11. ×；12. ×；13. √；14. ×；15. √

四、计算题

1. $A=1.0$；$\tau=20\%$

2. $\varepsilon=1.06\times10^4\,L/(mol\cdot cm)$

3. $\varepsilon=3.33\times10^4\,L/(mol\cdot cm)$

4. 原试样中物质的浓度$=90.0mg/L$

5. 应配制金属离子溶液浓度在 $2\times10^{-5}\sim8\times10^{-5}\,mol/L$ 范围内

6. $w(P)=2.3\times10^{-6}$

7. $c(x)=3.94\times10^{-4}\,mol/L$　$c(y)=6.3\times10^{-4}\,mol/L$

第七章

一、填空题

1. 共振吸收线；共振发射线；共振线；共振线；元素的特征谱线

2. 单色器的位置不同；光源-吸收池-单色器；光源-单色器-吸收池

3. 干燥；灰化；原子化；高温除残（净化）

4. 化学干扰；物理干扰；电离干扰；光谱干扰；背景干扰

5. 0.05mm

6. 贫燃性；蓝色

7. 记忆

8. 光散射；分子吸收

9. 灵敏度高、检测限低；原子化温度高；取样量少；测定结果受样品组成的影响小；化学干扰小

10. 光源发射线的半宽度（$\Delta\nu_e$）必须小于吸收线的半宽度（$\Delta\nu_a$）；光源发射线的中心频率应与吸收线的中心频率相一致；锐线

二、选择题

1. B；2. C；3. C；4. D；5. C；6. D；7. D；8. B；9. C；10. B；11. B；12. B

三、判断题

1. ×；2. ×；3. ×；4. ×；5. √；6. √；7. ×；8. √；9. ×；10. √；11. ×；12. ×；13. √；14. √；15. ×

四、计算题

1. $0.99\mu g/mL$

2. $0.0423mg/mL$

3. $0.575\mu g/mL$

4. $0.0193\mu g/1\%$

5. $2.14\times10^{-3}\mu g/mL$

第八章

一、选择题

1. C；2. B；3. A；4. C；5. B；6. A；7. C；8. D；9. B；10. B；11. C；12. C；13. B；14. A；15. D；16. D

二、计算题

1. 5.75；1.95；0.17

2. $1.94\times10^{-3}mol/L$

3. 0.265V

4. $1.15\times10^{-3}mol/L$

5. 试液的 pH 应大于 6

6. 60%

7. $1.0\times10^{-4}mol/L$

8. 0.173g/L

9. $4.72\times10^{-4}mol/L$

10. $1.26\times10^{-3}mol/L$

第九章

一、选择题

1. A；2. D；3. C；4. D；5. C；6. D；7. A；8. D；9. D；10. D；11. B；12. C；13. B；14. D；15. D；16. C；17. B；18. C；19. B；20. B；21. B；22. D；23. C；24. A；25. D；26. A；27. B；28. B；29. B；30. A；31. A；32. B；33. B；34. D；35. A；36. C；37. C；38. B；39. B；40. D

二、计算题

1. $w_{邻甲酚} = 27.1\%$；$w_{间甲酚} = 33.5\%$；$w_{对甲酚} = 23.9\%$

2. $w_{乙苯} = 7.2\%$；$w_{对二甲苯} = 9.98\%$；$w_{间二甲苯} = 12.2\%$；$w_{邻二甲苯} = 8.3\%$

3. 平均值 $w_{H_2O} = 0.414\%$

4. $w_{正丁醇} = 20.5\%$；$w_{异丁醇} = 32.1\%$；$w_{仲丁醇} = 18.1\%$；$w_{叔丁醇} = 29.3\%$

5. $f'_{乙醇} = 1.21$；$f'_{环己醇} = 0.88$；$f'_{2-十二烷醇} = 0.84$

6. $f'_{正戊烷} = 0.88$；$f'_{2,3-二甲基丁烷} = 0.95$

附　　录

附录1　相对原子质量（A_r）表

元素 符号	元素 名称	A_r	元素 符号	元素 名称	A_r	元素 符号	元素 名称	A_r
Ag	银	107.868	He	氦	4.00260	Ra	镭	226.0254
Al	铝	26.98154	Hf	铪	178.49	Rb	铷	85.4678
As	砷	74.9216	Hg	汞	200.59	Re	铼	186.207
Au	金	196.9665	I	碘	126.9045	Rh	铑	102.9055
B	硼	10.81	In	铟	114.82	Ru	钌	101.07
Ba	钡	137.33	K	钾	39.0983	S	硫	32.06
Be	铍	9.01218	La	镧	138.9055	Sb	锑	121.75
Bi	铋	208.9804	Li	锂	6.941	Sc	钪	44.9559
Br	溴	79.904	Mg	镁	24.305	Se	硒	78.96
C	碳	12.011	Mn	锰	54.9380	Si	硅	28.0855
Ca	钙	40.08	Mo	钼	95.94	Sn	锡	118.69
Cd	镉	112.41	N	氮	14.0067	Sr	锶	87.62
Ce	铈	140.12	Na	钠	22.98977	Ta	钽	180.9479
Cl	氯	35.453	Nb	铌	92.9064	Te	碲	127.60
Co	钴	58.9332	Nd	钕	144.24	Th	钍	232.0381
Cr	铬	51.996	Ni	镍	58.69	Ti	钛	47.88
Cs	铯	132.9054	O	氧	15.9994	Tl	铊	204.383
Cu	铜	63.546	Os	锇	190.2	U	铀	238.0289
F	氟	18.988403	P	磷	30.97376	V	钒	50.9415
Fe	铁	55.847	Pb	铅	207.2	W	钨	183.85
Ga	镓	69.72	Pd	钯	106.42	Y	钇	88.9059
Ge	锗	72.59	Pr	镨	140.9077	Zn	锌	63.38
H	氢	1.0079	Pt	铂	195.08	Zr	锆	91.22

附录2　化合物的摩尔质量（M）表

化学式	$M/(g/mol)$	化学式	$M/(g/mol)$
Ag_3AsO_3	446.52	$Al(C_9H_6ON)_3$（8-羟基喹啉铝）	459.44
Ag_3AsO_4	462.52	$AlK(SO_4)_2 \cdot 12H_2O$	474.38
$AgBr$	187.77		
$AgSCN$	165.95	Al_2O_3	101.96
$AgCl$	143.32	As_2O_3	197.84
Ag_2CrO_4	331.73	As_2O_5	229.84
AgI	234.77	$BaCO_3$	197.34
$AgNO_3$	169.87	$BaCl_2$	208.24

续表

化 学 式	$M/(\text{g/mol})$	化 学 式	$M/(\text{g/mol})$
$BaCl_2 \cdot 2H_2O$	244.27	$H_2C_4H_4O_6$(酒石酸)	150.088
$BaCrO_4$	253.32	$H_3C_6H_5O_7 \cdot H_2O$(柠檬酸)	210.14
$BaSO_4$	233.39	HCl	36.46
BaS	169.39	HNO_3	63.01
$Bi(NO_3)_3 \cdot 5H_2O$	485.07	HNO_2	47.01
Bi_2O_3	465.96	H_2O_2	34.01
$BiOCl$	260.43	H_3PO_4	98.00
CH_2O(甲醛)	30.03	H_2S	34.08
$C_{14}H_{14}N_3O_3SNa$(甲基橙)	327.33	H_2SO_3	82.07
$C_6H_5NO_3$(硝基酚)	139.11	H_2SO_4	98.07
$C_4H_8N_2O_2$（丁二酮肟）	116.12	$HClO_4$	100.46
$(CH_2)_6N_4$(六亚甲基四胺)	140.19	$HgCl_2$	271.50
$C_7H_6O_6S$(磺基水杨酸)	218.18	Hg_2Cl_2	472.09
$C_{12}H_8N_2$(邻二氮菲)	180.21	HgO	216.59
$C_{12}H_8N_2 \cdot H_2O$(邻二氮菲)	198.21	HgS	232.65
$C_2H_5NO_2$(氨基乙酸,甘氨酸)	75.07	$HgSO_4$	296.65
$C_6H_{12}N_2O_4S_2$(L-胱氨酸)	240.30	$KAl(SO_4)_2 \cdot 12H_2O$	474.38
$CaCO_3$	100.09	KBr	119.00
$CaC_2O_4 \cdot H_2O$	146.11	$KBrO_3$	167.00
$CaCl_2$	110.99	KCN	65.116
CaF_2	78.08	$KSCN$	97.18
CaO	56.08	K_2CO_3	138.21
$CaSO_4$	136.14	KCl	74.55
$CaSO_4 \cdot 2H_2O$	172.17	$KClO_3$	122.55
$CdCO_3$	172.42	$KClO_4$	138.55
$Cd(NO_3)_2 \cdot 4H_2O$	308.48	K_2CrO_4	194.19
CdO	128.41	$K_2Cr_2O_7$	294.18
$CdSO_4$	208.47	$K_3Fe(CN)_6$	329.25
$CoCl_2 \cdot 6H_2O$	237.93	$K_4Fe(CN)_6$	368.35
$CuSCN$	121.62	$KHC_4H_4O_6$(酒石酸氢钾)	188.18
$CuHg(SCN)_4$	496.45	$KHC_8H_4O_4$(邻苯二甲酸氢钾)	204.22
CuI	190.45	$K_3C_6H_5O_7$(柠檬酸钾)	306.40
$Cu(NO_3)_2 \cdot 3H_2O$	241.60	KI	166.00
CuO	79.55	KIO_3	214.00
$CuSO_4 \cdot 5H_2O$	249.68	$KMnO_4$	158.03
$FeCl_2 \cdot 4H_2O$	198.81	KNO_2	85.10
$FeCl_3 \cdot 6H_2O$	270.30	KNO_3	101.10
$Fe(NO_3)_3 \cdot 9H_2O$	404.00	KOH	56.11
FeO	71.85	K_2PtCl_6	485.99
Fe_2O_3	159.69	$KHSO_4$	136.16
Fe_3O_4	231.54	K_2SO_4	174.25
$FeSO_4 \cdot 7H_2O$	278.01	$K_2S_2O_7$	254.31
$HCOOH$	46.03	$Mg(C_9H_6ON)_2$(8-羟基喹啉镁)	312.61
CH_3COOH	60.05	$MgNH_4PO_4 \cdot 6H_2O$	245.41
H_2CO_3	62.03	MgO	40.30
$H_2C_2O_4$	90.04	$Mg_2P_2O_7$	222.55
$H_2C_2O_4 \cdot 2H_2O$(草酸)	126.07	$MgSO_4 \cdot 7H_2O$	246.47
$H_2C_4H_4O_4$(琥珀酸,丁二酸)	118.090	$MnCO_3$	114.95

续表

化　学　式	$M/(\text{g/mol})$	化　学　式	$M/(\text{g/mol})$
MnO_2	86.94	$NaHSO_4$	120.06
$MnSO_4$	151.00	$NaOH$	39.997
$NH_2OH \cdot HCl$(盐酸羟胺)	69.49	Na_2SO_4	142.04
NH_3	17.03	$Na_2S_2O_3 \cdot 5H_2O$	248.17
NH_4	18.04	$NaZn(UO_2)_3(C_2H_3O_2)_9 \cdot 6H_2O$	1537.94
$NH_4C_2H_3O_2$(醋酸铵)	77.08	$NiSO_4 \cdot 7H_2O$	280.85
NH_4SCN	76.12	$Ni(C_4H_7N_2O_2)_2$(丁二酮肟镍)	288.91
$(NH_4)_2C_2O_4 \cdot H_2O$	142.11	PbO	223.2
NH_4Cl	53.49	PbO_2	239.2
NH_4F	37.04	$Pb(C_2H_3O_2)_2 \cdot 3H_2O$	379.3
$NH_4Fe(SO_4)_2 \cdot 12H_2O$	482.18	$PbCrO_4$	323.2
$(NH_4)_2Fe(SO_4)_2 \cdot 6H_2O$	392.13	$PbCl_2$	278.1
NH_4HF_2	57.04	$Pb(NO_3)_2$	331.2
$(NH_4)_2Hg(SCN)_4$	468.98	PbS	239.3
NH_4NO_3	80.04	$PbSO_4$	303.3
NH_4OH	35.05	SO_2	64.06
$(NH_4)_3PO_4 \cdot 12MoO_3$	1876.34	SO_3	80.06
$(NH_4)_2S_2O_8$	228.19	SO_4	96.06
$Na_2B_4O_7$	201.22	SiF_4	104.08
$Na_2B_4O_7 \cdot 10H_2O$	381.37	SiO_2	60.08
Na_2BiO_3	279.97	$SnCl_2 \cdot 2H_2O$	225.63
$NaC_2H_3O_2$(醋酸钠)	82.03	$SnCl_4$	260.50
$Na_3C_6H_5O_7$(柠檬酸钠)	258.07	SnO	134.69
Na_2CO_3	105.99	SnO_2	150.69
$Na_2CO_3 \cdot 10H_2O$	286.14	$SrCO_3$	147.63
$Na_2C_2O_4$	134.00	$Sr(NO_3)_2$	211.63
$NaCl$	58.44	$SrSO_4$	183.68
$NaClO_4$	122.44		
NaF	41.99	$TiCl_3$	154.24
$NaHCO_3$	84.01	TiO_2	79.88
$Na_2H_2C_{10}H_{12}O_8N_2$(EDTA 二钠盐)	336.21	$ZnHg(SCN)_4$	498.28
$Na_2H_2C_{10}H_{12}O_8N_2 \cdot 2H_2O$	372.24	$ZnNH_4PO_4$	178.39
$NaH_2PO_4 \cdot 2H_2O$	156.01	ZnS	97.44
$Na_2HPO_4 \cdot 2H_2O$	177.99	$ZnSO_4$	161.44

附录 3　常用酸碱指示剂及其配制方法

指　示　剂	变色范围(pH)	配　制　方　法
甲基紫	黄 0.1～1.5 蓝	0.25g 溶于 100mL 水
间甲酚紫	红 0.5～2.5 黄	0.10g 溶于 13.6mL 0.02mol/L 氢氧化钠中,用水稀释至 250mL
对二甲苯酚蓝	红 1.2～2.8 黄	0.10g 溶于 250mL 乙醇
百里酚蓝(麝香草酚蓝)(第一次变色)	红 1.2～2.8 黄	0.10g 溶于 10.75mL 0.02mol/L 氢氧化钠中,用水稀释至 250mL,0.1g 溶于 100mL 20%乙醇
二苯胺橙	红 1.3～3.0 黄	0.10g 溶于 100mL 水
苯紫 4B	蓝紫 1.3～4.0 红	0.10g 溶于 100mL 水

续表

指 示 剂	变色范围(pH)	配 制 方 法
茜素黄 R	红 1.9～3.3 黄	0.10g 溶于 100mL 温水
2,6-二硝基酚(β)	无色 2.4～4.0 黄	0.10g 溶于几毫升乙醇中,再用水稀释至 100mL
2,4-二硝基酚(α)	无色 2.6～4.0 黄	0.10g 溶于几毫升乙醇中,再用水稀释至 100mL
对二甲氨基偶氮苯	红 2.9～4.0 黄	0.1g 溶于 200mL 乙醇
溴酚蓝	黄 3.0～4.6 蓝	0.10g 溶于 7.45mL 0.02mol/L 氢氧化钠,用水稀释至 250mL
刚果红	蓝 3.0～5.2 红	0.10g 溶于 100mL 水
甲基橙	红 3.0～4.4 黄	0.10g 溶于 100mL 水
溴氯酚蓝	黄 3.2～4.8 蓝	0.10 溶于 8.6mL 0.02mol/L 氢氧化钠中,用水稀释至 250mL
茜素磺酸钠	黄 3.7～5.2 紫	1.0g 溶于 100mL 水
2,5-二硝基酚(γ)	无色 4.0～5.8 黄	0.10g 溶于 20mL 乙醇中,用水稀释至 100mL
溴甲酚绿	黄 3.8～5.4 蓝	0.10g 溶于 7.15mL 0.02mol/L 氢氧化钠中,用水稀释至 250mL
甲基红	红 4.2～6.2 黄	0.10g 溶于 18.60mL 0.02mol/L 氢氧化钠中,用水稀释至 250mL
氯酚红	黄 5.0～6.6 红	0.10g 溶于 11.8mL 0.02mol/L 氢氧化钠中,用水稀释至 250mL
对硝基酚	无色 5.0～7.6 黄	0.25g 溶于 100mL 水
溴甲酚紫	黄 5.2～6.8 紫	0.10g 溶于 9.25mL 0.02mol/L 氢氧化钠中,用水稀释至 250mL
溴酚红	黄 5.2～7.0 红	0.10g 溶于 9.75mL 0.02mol/L 氢氧化钠中,用水稀释至 250mL
溴百里酚蓝(溴麝香草酚蓝)	黄 6.0～7.6 蓝	0.10g 溶于 8.0mL 0.02mol/L 氢氧化钠中,用水稀释至 250mL
姜黄	黄 6.0～8.0 棕红	饱和水溶液
酚红	黄 6.8～8.4 红	0.10g 溶于 14.20mL 0.02mol/L 氢氧化钠中,用水稀释至 250mL
中性红	红 6.8～8.0 黄	0.10g 溶于 70mL 乙醇中,用水稀释至 100mL
树脂质酸	黄 6.8～8.2 红	1.0 溶于 100mL 50%乙醇
喹啉蓝	无色 7.0～8.0 紫蓝	1.0 溶于 100mL 乙醇
甲酚红	黄 7.2～8.8 红	0.10g 溶于 13.1mol 0.02mol/L 氢氧化钠中,用水稀释至 250mL
1-萘酚酞	玫瑰色 7.3～8.7 绿	0.10g 溶于 100mL 50%乙醇
间甲酚紫	黄 7.4～9.0 紫	0.10g 溶于 13.1mL 0.02mol/L 氢氧化钠中,用水稀释至 250mL
百里酚蓝(麝香草酚蓝)	黄 8.0～9.6 蓝	0.1g 溶于 10.75mL 0.02mol/L 氢氧化钠中,用水稀释至 250mL
(第二次变色)		0.1g 溶于 100mL 20%乙醇
酚酞	无色 7.4～10.0 红	1.0g 溶于 60mL 乙醇中,用水稀释至 100mL
邻甲酚酞	无色 8.2～10.4 红	0.10g 溶于 250mL 乙醇
1-萘酚苯	黄 8.5～9.8 绿	1.0g 溶于 100mL 乙醇
百里酚酞(麝香草酚酞)	无色 9.3～10.5 蓝	0.10g 溶于 100mL 乙醇
茜素黄 GG	黄 10.0～12.0 紫	0.10g 溶于 100mL 50%乙醇
泡依蓝 C_4B	蓝 11.0～13.0 红	0.20g 溶于 100mL 水
橘黄 I	黄 11.0～13.0 橙	0.10g 溶于 100mL 水
硝胺	黄 11.0～13.0 橙棕	0.10g 溶于 100mL 70%乙醇
1,3,5-三硝基苯	无色 11.5～14.0 橙	0.10g 溶于 100mL 乙醇
靛蓝二磺酸钠(靛红)	蓝 11.6～14.0 黄	0.25g 溶于 100mL 50%乙醇

附录 4 常用缓冲溶液的配制

pH	配 制 方 法
0	1mol/L HCl 溶液[①]
1	0.1mol/L HCl 溶液
2	0.01mol/L HCl 溶液
3.6	NaAc・$3H_2O$ 8g,溶于适量水中,加 6mol/L HAc 溶液 134mL 稀释至 500mL
4.0	将 60mL 冰醋酸和 16g 无水醋酸钠溶于 100mL 水中,稀释至 500mL
4.5	将 30mL 冰醋酸和 30g 无水醋酸钠溶于 100mL 水中,稀释至 500mL
5.0	将 30mL 冰醋酸和 60g 无水醋酸钠溶于 100mL 水中,稀释至 500mL
5.4	将 40g 六亚甲基四胺溶于 90mL 水中,加入 20mL 6mol/L HCl 溶液

续表

pH	配 制 方 法
5.7	100g NaAc·3H$_2$O 溶于适量水中,加 6mol/L HAc 溶液 13mL,稀释至 500mL
7	NH$_4$Ac 77g 溶于适量水中,稀释至 500mL
7.5	NH$_4$Cl 66g 溶于适量水中,加浓氨水 1.4mL,稀释至 500mL
8.0	NH$_4$Cl 50g 溶于适量水中,加浓氨水 3.5mL,稀释至 500mL
8.5	NH$_4$Cl 40g 溶于适量水中,加浓氨水 8.8mL,稀释至 500mL
9.0	NH$_4$Cl 35g 溶于适量水中,加浓氨水 24mL,稀释至 500mL
9.5	NH$_4$Cl 30g 溶于适量水中,加浓氨水 65mL,稀释至 500mL
10	NH$_4$Cl 27g 溶于适量水中,加浓氨水 175mL,稀释至 500mL
11	NH$_4$Cl 3g 溶于适量水中,加浓氨水 207mL,稀释至 500mL
12	0.01mol/L NaOH 溶液[②]
13	0.1mol/L NaOH 溶液

① 不能有 Cl$^-$ 存在时,可用硝酸。

② 不能有 Na$^+$ 存在时,可用 KOH 溶液。

附录5　弱酸(碱)在水中的离解常数(25℃,$I=0$)

酸(碱)	化 学 式	分级	K_a	pK_a
砷酸	H$_3$AsO$_4$	K_{a1}	6.5×10^{-3}	2.19
		K_{a2}	1.15×10^{-7}	6.94
		K_{a3}	3.2×10^{-12}	11.50
亚砷酸	H$_3$AsO$_3$	K_{a1}	6.0×10^{-10}	9.22
硼酸	H$_3$BO$_3$	K_{a1}	5.8×10^{-10}	9.24
碳酸	H$_2$CO$_3$(CO$_2$+H$_2$O)	K_{a1}	4.2×10^{-7}	6.38
		K_{a2}	5.6×10^{-11}	10.25
铬酸	H$_2$CrO$_4$	K_{a2}	3.2×10^{-7}	6.50
氢氰酸	HCN		4.9×10^{-10}	9.31
氢氟酸	HF		6.8×10^{-4}	3.17
氢硫酸	H$_2$S	K_{a1}	8.9×10^{-8}	7.05
		K_{a2}	1.2×10^{-13}	12.92
磷酸	H$_3$PO$_4$	K_{a1}	6.9×10^{-3}	2.16
		K_{a2}	6.2×10^{-8}	7.21
		K_{a3}	4.8×10^{-13}	12.32
硅酸	H$_2$SiO$_3$	K_{a1}	1.7×10^{-10}	9.77
		K_{a2}	1.6×10^{-12}	11.80
硫酸	H$_2$SO$_4$	K_{a2}	1.2×10^{-2}	1.92
亚硫酸	H$_2$SO$_3$(SO$_2$+H$_2$O)	K_{a1}	1.29×10^{-2}	1.89
		K_{a2}	6.3×10^{-8}	7.20
甲酸	HCOOH		1.7×10^{-4}	3.77
乙酸	CH$_3$COOH		1.75×10^{-5}	4.76
丙酸	C$_2$H$_5$COOH		1.35×10^{-5}	4.87
氯乙酸	ClCH$_2$COOH		1.38×10^{-3}	2.86
二氯乙酸	Cl$_2$CHCOOH		5.5×10^{-2}	1.26
氨基乙酸	NH$_3$+CH$_2$COOH	K_{a1}	4.5×10^{-3}	2.35
		K_{a2}	1.7×10^{-10}	9.78
苯甲酸	C$_6$H$_5$COOH		6.2×10^{-5}	4.21
草酸	H$_2$C$_2$O$_4$	K_{a1}	5.6×10^{-2}	1.25
		K_{a2}	5.1×10^{-5}	4.29

酸(碱)	化　学　式	分　级	K_a	pK_a
α-酒石酸	CH(OH)COOH ｜ CH(OH)COOH	K_{a1} K_{a2}	9.1×10^{-4} 4.3×10^{-5}	3.04 4.37
琥珀酸	CH$_2$COOH CH$_2$COOH	K_{a1} K_{a2}	6.2×10^{-5} 2.3×10^{-6}	4.21 5.64
邻苯二甲酸	—COOH —COOH	K_{a1} K_{a2}	1.12×10^{-3} 3.91×10^{-6}	2.95 5.41
柠檬酸	CH$_2$COOH C(OH)COOH CH$_2$COOH	K_{a1} K_{a2} K_{a3}	7.4×10^{-4} 1.7×10^{-5} 4.0×10^{-7}	3.13 4.76 6.40
苯酚	C$_6$H$_5$OH		1.12×10^{-10}	9.95
乙酰丙酮	CH$_3$COCH$_2$COCH$_3$		1×10^{-9}	9.0
乙二胺四乙酸	CH$_2$—N(CH$_2$COOH / CH$_2$COOH) CH$_2$—N(CH$_2$COOH / CH$_2$COOH)	K_{a1} K_{a2} K_{a3} K_{a4} K_{a5} K_{a6}	0.13 3×10^{-2} 1×10^{-2} 2.1×10^{-3} 5.4×10^{-7} 5.5×10^{-11}	0.9 1.6 2.0 2.67 6.16 10.26
8-羟基喹啉	(喹啉 N OH)	K_{a1} K_{a2}	8×10^{-6} 1×10^{-9}	5.1 9.0
苹果酸	HOOCCH$_2$CHCOOH OH	K_{a1} K_{a2}	4.0×10^{-4} 8.9×10^{-6}	5.1 9.0
水杨酸	(OH —COOH)	K_{a1} K_{a2}	1.05×10^{-3} 8×10^{-14}	2.98 13.1
磺基水杨酸	(OH —COOH SO$_3$H)	K_{a1} K_{a2}	3×10^{-3} 3×10^{-12}	2.6 11.6
顺丁烯二酸	CH—COOH CH—COOH	K_{a1} K_{a2}	1.2×10^{-2} 6.0×10^{-7}	1.92 6.22
氨	NH$_3$		1.8×10^{-5}	4.75
联氨	H$_2$N-NH$_2$	K_{b1} K_{b2}	9.8×10^{-7} 1.32×10^{-15}	6.01 14.88
羟胺	NH$_2$OH		9.1×10^{-9}	8.04
甲胺	CH$_3$NH$_2$		4.2×10^{-4}	3.38
乙胺	C$_2$H$_5$NH$_2$		4.3×10^{-4}	3.37
苯胺	C$_6$H$_5$NH$_2$		4.2×10^{-10}	9.38
乙二胺	H$_2$NCH$_2$CH$_2$NH$_2$	K_{b1} K_{b2}	8.5×10^{-5} 7.1×10^{-8}	4.07 7.15
三乙醇胺	N(CH$_2$CH$_2$OH)$_3$		5.8×10^{-7}	6.24
六亚甲基四胺	(CH$_2$)$_6$N$_4$		1.35×10^{-9}	8.87
吡啶	C$_5$H$_5$N		1.8×10^{-9}	8.74
邻二氮菲	(N N)		6.9×10^{-10}	9.16

附录6　配合物的稳定常数（18~25℃，$I=0.1$）

金属离子 lgK	EDTA	DCTA	DTPA	EGTA	HEDTA
Ag$^+$	7.32			6.88	6.71
Al^{3+}	16.3	19.5	18.6	13.9	14.3
Ba^{2+}	7.86	8.69	8.87	8.41	6.3
Be^{2+}	9.2	11.51			
Bi^{3+}	27.94	32.3	35.6		22.3
Ca^{2+}	10.69	13.20	10.83	10.97	8.3
Cd^{2+}	16.46	19.93	19.2	16.7	13.3
Co^{2+}	16.31	19.62	19.27	12.39	14.6
Co^{3+}	36				37.4
Cr^{3+}	23.4				
Cu^{2+}	18.80	22.00	21.55	17.71	17.6
Fe^{2+}	14.32	19.0	16.5	11.87	12.3
Fe^{3+}	25.1	30.1	28.0	20.5	19.8
Ga^{3+}	20.3	23.2	25.54		16.9
Hg^{2+}	21.7	25.00	26.70	23.2	20.30
In^{3+}	25.0	28.8	29.0		20.2
Li$^+$	2.79				
Mg^{2+}	8.7	11.02	9.30	5.21	7.0
Mn^{2+}	13.87	17.48	15.60	12.28	10.9
Mo(Ⅴ)	约28				
Na$^+$	1.66				
Ni^{2+}	18.62	20.3	20.32	13.55	17.3
Pb^{2+}	18.04	20.38	18.80	14.71	15.7
Pd^{2+}	18.5				
Sc^{3+}	23.1	26.1	24.5	18.2	
Sn^{2+}	22.11				
Sr^{2+}	8.73	10.59	9.77	8.5	6.9
Th^{4+}	23.2	25.6	28.78		
TiO^{2+}	17.3				
Tl^{3+}	37.8	38.3			
U^{4+}	25.8	27.6	7.69		
VO^{2+}	18.8	20.1			
Y^{3+}	18.09	19.85	22.13	17.16	14.78
Zn^{2+}	16.5	19.37	18.40	12.7	14.7
Zr^{4+}	29.5		35.8		
稀土元素	16~20	17~22	19		13~16

附录7 标准电极电位

1. 在酸性溶液中

电 对	电 极 反 应	$\varphi^{\ominus}/V$
Li^+/Li	$Li^+ + e \rightleftharpoons Li$	-3.045
Cs^+/Cs	$Cs^+ + e \rightleftharpoons Cs$	-3.026
Rb^+/Rb	$Rb^+ + e \rightleftharpoons Rb$	-2.93
K^+/K	$K^+ + e \rightleftharpoons K$	-2.925
Ba^{2+}/Ba	$Ba^{2+} + 2e \rightleftharpoons Ba$	-2.91
Sr^{2+}/Sr	$Sr^{2+} + 2e \rightleftharpoons Sr$	-2.89
Ca^{2+}/Ca	$Ca^{2+} + 2e \rightleftharpoons Ca$	-2.868
Na^+/Na	$Na^+ + e \rightleftharpoons Na$	-2.714
La^{3+}/La	$La^{3+} + 3e \rightleftharpoons La$	-2.52
Y^{3+}/Y	$Y^{3+} + 3e \rightleftharpoons Y$	-2.37
Mg^{2+}/Mg	$Mg^{2+} + 2e \rightleftharpoons Mg$	-2.372
Ce^{3+}/Ce	$Ce^{3+} + 3e \rightleftharpoons Ce$	-2.336
H_2/H^-	$\frac{1}{2}H_2 + e \rightleftharpoons H^-$	-2.23
Sc^{3+}/Sc	$Sc^{3+} + 3e \rightleftharpoons Sc$	-2.077
Th^{4+}/Th	$Th^{4+} + 4e \rightleftharpoons Th$	-1.899
Be^{2+}/Be	$Be^{2+} + 2e \rightleftharpoons Be$	-1.8647
U^{3+}/U	$U^{3+} + 3e \rightleftharpoons U$	-1.8798
Al^{3+}/Al	$Al^{3+} + 3e \rightleftharpoons Al$	-1.662
Ti^{2+}/Ti	$Ti^{2+} + 2e \rightleftharpoons Ti$	-1.630
ZrO_2/Zr	$ZrO_2 + 4H^+ + 4e \rightleftharpoons Zr + 2H_2O$	-1.553
V^{2+}/V	$V^{2+} + 2e \rightleftharpoons V$	-0.225
Mn^{2+}/Mn	$Mn^{2+} + 2e \rightleftharpoons Mn$	-1.185
TiO_2/Ti	$TiO_2 + 4H^+ + 4e \rightleftharpoons Ti + 2H_2O$	-0.502
SiO_2/Si	$SiO_2 + 4H^+ + 4e \rightleftharpoons Si + 2H_2O$	-0.857
Cr^{2+}/Cr	$Cr^{2+} + 2e \rightleftharpoons Cr$	-0.913
Zn^{2+}/Zn	$Zn^{2+} + 2e \rightleftharpoons Zn$	-0.763
Cr^{3+}/Cr	$Cr^{3+} + 3e \rightleftharpoons Cr$	-0.744
Ag_2S/Ag	$Ag_2S + 2e \rightleftharpoons 2Ag + S^{2-}$	-0.691
$CO_2/H_2C_2O_4$	$2CO_2 + 2H^+ + 2e \rightleftharpoons H_2C_2O_4$	-0.49
Fe^{2+}/Fe	$Fe^{2+} + 2e \rightleftharpoons Fe$	-0.447
Cr^{3+}/Cr^{2+}	$Cr^{3+} + e \rightleftharpoons Cr^{2+}$	-0.41
Cd^{2+}/Cd	$Cd^{2+} + 2e \rightleftharpoons Cd$	-0.403
Ti^{3+}/Ti^{2+}	$Ti^{3+} + e \rightleftharpoons Ti^{2+}$	-0.37
$PbSO_4/Pb$	$PbSO_4 + 2e \rightleftharpoons Pb + SO_4^{2-}$	-0.356
Co^{2+}/Co	$Co^{2+} + 2e \rightleftharpoons Co$	-0.28
$PbCl_2/Pb$	$PbCl_2 + 2e \rightleftharpoons Pb + 2Cl^-$	-0.266
V^{3+}/V^{2+}	$V^{3+} + e \rightleftharpoons V^{2+}$	-0.255

电　对	电　极　反　应	$\varphi^{\ominus}/V$
Ni^{2+}/Ni	$Ni^{2+}+2e \Longrightarrow Ni$	-0.257
AgI/Ag	$AgI+e \Longrightarrow Ag+I^-$	-0.15224
Sn^{2+}/Sn	$Sn^{2+}+2e \Longrightarrow Sn$	-0.1375
Pb^{2+}/Pb	$Pb^{2+}+2e \Longrightarrow Pb$	-0.1262
Fe^{3+}/Fe	$Fe^{3+}+3e \Longrightarrow Fe$	-0.037
$AgCN/Ag$	$AgCN+e \Longrightarrow Ag+CN^-$	-0.017
H^+/H_2	$2H^++2e \Longrightarrow H_2$	0.0000
$AgBr/Ag$	$AgBr+e \Longrightarrow Ag+Br^-$	0.07133
TiO^{2+}/Ti^{2+}	$TiO^{2+}+2H^++2e \Longrightarrow Ti^{2+}+H_2O$	0.10
S/H_2S	$S+2H^++2e \Longrightarrow H_2S(aq)$	0.142
Sn^{4+}/Sn^{2+}	$Sn^{4+}+2e \Longrightarrow Sn^{2+}$	0.151
Sb_2O_3/Sb	$Sb_2O_3+6H^++6e \Longrightarrow 2Sb+3H_2O$	0.152
Cu^{2+}/Cu^+	$Cu^{2+}+e \Longrightarrow Cu^+$	0.153
$AgCl/Ag$	$AgCl+e \Longrightarrow Ag+Cl^-$	0.22233
$HAsO_2/Ag$	$HAsO_2+3H^++3e \Longrightarrow As+2H_2O$	0.248
Hg_2Cl_2/Hg	$Hg_2Cl_2+2e \Longrightarrow Hg+2Cl^-$	0.26808
BiO^+/Bi	$BiO^++2H^++3e \Longrightarrow Bi+H_2O$	0.320
UO_2^{2+}/U^{4+}	$UO_2^{2+}+4H^++2e \Longrightarrow U^{4+}+2H_2O$	0.317
VO^{2+}/V^{3+}	$VO^{2+}+2H^++e \Longrightarrow V^{3+}+H_2O$	0.337
Cu^{2+}/Cu	$Cu^{2+}+2e \Longrightarrow Cu$	0.3419
$S_2O_3^{2-}/S$	$S_2O_3^{2-}+6H^++4e \Longrightarrow 2S+3H_2O$	0.5
Cu^+/Cu	$Cu^++e \Longrightarrow Cu$	0.521
I_3^-/I^-	$I_3^-+2e \Longrightarrow 3I^-$	0.545
I_2/I^-	$I_2+2e \Longrightarrow 2I^-$	0.5355
$H_3AsO_4/HAsO_2$	$H_3AsO_4+2H^++2e \Longrightarrow HAsO_2+2H_2O$	0.560
MnO_4^-/MnO_4^{2-}	$MnO_4^-+e \Longrightarrow MnO_4^{2-}$	0.57
$HgCl_2/Hg_2Cl_2$	$2HgCl_2+2e \Longrightarrow Hg_2Cl_2(s)+2Cl^-$	0.63
Ag_2SO_4/Ag	$Ag_2SO_4+2e \Longrightarrow 2Ag+SO_4^{2-}$	0.654
O_2/H_2O_2	$O_2+2H^++e \Longrightarrow H_2O_2$	0.69
$[PtCl_4]^{2-}/Pt$	$[PtCl_4]^{2-}+2e \Longrightarrow Pt+4Cl^-$	0.755
Fe^{3+}/Fe^{2+}	$Fe^{3+}+e \Longrightarrow Fe^{2+}$	0.771
Hg_2^{2+}/Hg	$Hg_2^{2+}+2e \Longrightarrow Hg$	0.7973
Ag^+/Ag	$Ag^++e \Longrightarrow Ag$	0.7996
NO_3^-/NO_2	$NO_3^-+2H^++e \Longrightarrow NO_2+H_2O$	0.803
Hg^{2+}/Hg	$Hg^{2+}+2e \Longrightarrow 2Hg$	0.854
Cu^{2+}/CuI	$Cu^{2+}+I^-+e \Longrightarrow CuI$	0.86
Hg^{2+}/Hg_2^{2+}	$2Hg^{2+}+2e \Longrightarrow Hg_2^{2+}$	0.907
Pd^{2+}/Pd	$Pd^{2+}+2e \Longrightarrow Pd$	0.92
NO_3^-/HNO_2	$NO_3^-+3H^++2e \Longrightarrow HNO_2+H_2O$	0.934
NO_3^-/NO	$NO_3^-+4H^++3e \Longrightarrow NO+2H_2O$	0.957
HNO_2/NO	$HNO_2+H^++e \Longrightarrow NO+H_2O$	0.98
HIO/I^-	$HIO+H^++2e \Longrightarrow I^-+H_2O$	0.987
VO_2^+/VO^{2+}	$VO_2^++2H^++e \Longrightarrow VO^{2+}+H_2O$	0.999

续表

电 对	电 极 反 应	$\varphi^{\ominus}/V$
$[AuCl_4]^-/Au$	$[AuCl_4]^-+3e \Longrightarrow Au+4Cl^-$	1.002
NO_2/NO	$NO_2+2H^++2e \Longrightarrow NO+H_2O$	1.05
Br_2/Br^-	$Br_2+2e \Longrightarrow 2Br^-$	1.065
N_2O_4/HNO_2	$N_2O_4+H^++e \Longrightarrow 2HNO_2$	1.065
Br_2/Br^-	$Br_2(aq)+2e \Longrightarrow 2Br^-$	1.0873
$Cu^{2+}/[Cu(CN)_2]^-$	$Cu^{2+}+2CN^-+e \Longrightarrow [Cu(CN)_2]^-$	1.103
IO_3^-/HIO	$IO_3^-+5H^++4e \Longrightarrow HIO+2H_2O$	1.14
ClO_3^-/ClO_2	$ClO_3^-+2H^++e \Longrightarrow ClO_2+H_2O$	1.152
Ag_2O/Ag	$Ag_2O+2H^++2e \Longrightarrow 2Ag+H_2O$	1.17
ClO_4^-/ClO_3^-	$ClO_4^-+2H^++2e \Longrightarrow ClO_3^-+H_2O$	1.1989
IO_3^-/I_2	$2IO_3^-+12H^++10e \Longrightarrow I_2+6H_2O$	1.19
$ClO_3^-/HClO_2$	$ClO_3^-+3H^++2e \Longrightarrow HClO_2+H_2O$	1.214
MnO_2/Mn^{2+}	$MnO_2+4H^++2e \Longrightarrow Mn^{2+}+2H_2O$	1.224
O_2/H_2O	$O_2+4H^++4e \Longrightarrow 2H_2O$	1.229
$ClO_2/HClO_2$	$ClO_2(g)+H^++e \Longrightarrow HClO_2$	1.27
$Cr_2O_7^{2-}/Cr^{3+}$	$Cr_2O_7^{2-}+14H^++6e \Longrightarrow 2Cr^{3+}+7H_2O$	1.33
ClO_4^-/Cl_2	$2ClO_4^-+16H^++14e \Longrightarrow Cl_2+8H_2O$	1.34
Cl_2/Cl^-	$Cl_2+2e \Longrightarrow 2Cl^-$	1.35827
Au^{3+}/Au^+	$Au^{3+}+2e \Longrightarrow Au^+$	1.41
BrO_3^-/Br^-	$BrO_3^-+6H^++6e \Longrightarrow Br^-+3H_2O$	1.423
HIO/I_2	$2HIO+2H^++2e \Longrightarrow I_2+2H_2O$	1.45
ClO_3^-/Cl^-	$ClO_3^-+6H^++6e \Longrightarrow Cl^-+3H_2O$	1.451
PbO_2/Pb^{2+}	$PbO_2+4H^++2e \Longrightarrow Pb^{2+}+2H_2O$	1.455
ClO_3^-/Cl_2	$2ClO_3^-+12H^++10e \Longrightarrow Cl_2+6H_2O$	1.47
Mn^{3+}/Mn^{2+}	$Mn^{3+}+e \Longrightarrow Mn^{2+}$	1.5415
$HClO/Cl^-$	$HClO+H^++2e \Longrightarrow Cl^-+H_2O$	1.482
Au^{3+}/Au	$Au^{3+}+3e \Longrightarrow Au$	1.498
BrO_3^-/Br_2	$2BrO_3^-+12H^++10e \Longrightarrow Br_2+6H_2O$	1.482
MnO_4^-/Mn^{2+}	$MnO_4^-+8H^++5e \Longrightarrow Mn^{2+}+4H_2O$	1.507
$HBrO/Br_2$	$2HBrO+2H^++2e \Longrightarrow Br_2+2H_2O$	1.601
H_5IO_6/IO_3^-	$H_5IO_6+H^++2e \Longrightarrow IO_3^-+3H_2O$	1.6
$HClO/Cl_2$	$2HClO+2H^++2e \Longrightarrow Cl_2+2H_2O$	1.611
$HClO_2/HClO$	$HClO_2+2H^++2e \Longrightarrow HClO+H_2O$	1.645
MnO_4^-/MnO_2	$MnO_4^-+4H^++3e \Longrightarrow MnO_2+2H_2O$	1.679
NiO_2/Ni^{2+}	$NiO_2+4H^++2e \Longrightarrow Ni^{2+}+2H_2O$	1.678
$PbO_2/PbSO_4$	$PbO_2+SO_4^{2-}+4H^++2e \Longrightarrow PbSO_4+2H_2O$	1.6913
H_2O_2/H_2O	$H_2O_2+2H^++2e \Longrightarrow 2H_2O$	1.776
Co^{3+}/Co^{2+}	$Co^{3+}+e \Longrightarrow Co^{2+}$	1.92
$S_2O_8^{2-}/SO_4^{2-}$	$S_2O_8^{2-}+2e \Longrightarrow 2SO_4^{2-}$	2.010
O_3/O_2	$O_3+2H^++2e \Longrightarrow O_2+H_2O$	2.076
XeO_3/Xe	$XeO_3+6H^++6e \Longrightarrow Xe+3H_2O$	2.10
XeF_2/Xe	$XeF_2+2e \Longrightarrow Xe+2F^-$	2.2
F_2/F^-	$F_2+2e \Longrightarrow 2F^-$	2.366
H_4XeO_6/XeO_3	$H_4XeO_6+2H^++2e \Longrightarrow XeO_3+3H_2O$	2.42
F_2/HF	$F_2(g)+2H^++2e \Longrightarrow 2HF$	3.053

2. 在碱性溶液中

电　对	电　极　反　应	$\varphi^{\ominus}/V$
$Mg(OH)_2/Mg$	$Mg(OH)_2+2e \rightleftharpoons Mg+2OH^-$	-2.69
$H_2AlO_3^-/Al$	$H_2AlO_3^-+H_2O+3e \rightleftharpoons Al+4OH^-$	-2.33
$H_2BO_3^-/B$	$H_2BO_3^-+H_2O+3e \rightleftharpoons B+4OH^-$	-1.79
$Mn(OH)_2/Mn$	$Mn(OH)_2+2e \rightleftharpoons Mn+2OH^-$	-1.56
$[Zn(CN)_4]^{2-}/Zn$	$[Zn(CN)_4]^{2-}+2e \rightleftharpoons Zn+4CN^-$	-1.26
ZnO_2^{2-}/Zn	$ZnO_2^{2-}+2H_2O+2e \rightleftharpoons Zn+4OH^-$	-1.215
$SO_3^{2-}/S_2O_4^{2-}$	$2SO_3^{2-}+2H_2O+2e \rightleftharpoons S_2O_4^{2-}+4OH^-$	-1.12
$[Zn(NH_3)_4]^{2+}/Zn$	$[Zn(NH_3)_4]^{2+}+2e \rightleftharpoons Zn+4NH_3$	-1.04
$[Sn(OH)_6]^{2-}/HSnO_2^-$	$[Sn(OH)_6]^{2-}+2e \rightleftharpoons HSnO_2^-+3OH^-+H_2O$	-0.93
SO_4^{2-}/SO_3^{2-}	$SO_4^{2-}+H_2O+2e \rightleftharpoons SO_3^{2-}+2OH^-$	-0.93
$HSnO_2^-/Sn$	$HSnO_2^-+H_2O+2e \rightleftharpoons Sn+3OH^-$	-0.909
H_2O/H_2	$2H_2O+2e \rightleftharpoons H_2+2OH^-$	-0.8277
$Ni(OH)_2/Ni$	$Ni(OH)_2+2e \rightleftharpoons Ni+2OH^-$	-0.72
AsO_4^{3-}/AsO_2^-	$AsO_4^{3-}+2H_2O+2e \rightleftharpoons AsO_2^-+4OH^-$	-0.71
SO_3^{2-}/S	$SO_3^{2-}+3H_2O+4e \rightleftharpoons S+6OH^-$	-0.66
AsO_2^-/As	$AsO^{2-}+2H_2O+3e \rightleftharpoons As+4OH^-$	-0.68
$SO_3^{2-}/S_2O_3^{2-}$	$2SO_3^{2-}+3H_2O+4e \rightleftharpoons S_2O_3^{2-}+6OH^-$	-0.571
S/S^{2-}	$S+2e \rightleftharpoons S^{2-}$	-0.47627
$[Ag(CN)_2]^-/Ag$	$[Ag(CN)_2]^-+e \rightleftharpoons Ag+2CN^-$	-0.31
CrO_4^{2-}/CrO_2^-	$CrO_4^{2-}+2H_2O+3e \rightleftharpoons CrO_2^-+4OH^-$	-0.13
O_2/HO_2^-	$O_2+H_2O+2e \rightleftharpoons HO_2^-+OH^-$	-0.076
NO_3^-/NO_2^-	$NO_3^-+H_2O+2e \rightleftharpoons NO_2^-+2OH^-$	0.01
$S_4O_6^{2-}/S_2O_3^{2-}$	$S_4O_6^{2-}+2e \rightleftharpoons 2S_2O_3^{2-}$	0.08
HgO/Hg	$HgO+H_2O+2e \rightleftharpoons Hg+2OH^-$	0.0977
$Mn(OH)_3/Mn(OH)_2$	$Mn(OH)_2+e \rightleftharpoons Mn(OH)_2+OH^-$	0.15
$[Co(NH_3)_6]^{3+}/[Co(NH_3)_6]^{2+}$	$[Co(NH_3)_6]^{3+}+e \rightleftharpoons [Co(NH_3)_6]^{2+}$	0.108
$Co(OH)_3/Co(OH)_2$	$Co(OH)_3+e \rightleftharpoons Co(OH)_2+OH^-$	0.17
Ag_2O/Ag	$Ag_2O+H_2O+2e \rightleftharpoons 2Ag+2OH^-$	0.342
O_2/OH^-	$O_2+2H_2O+4e \rightleftharpoons 4OH^-$	0.401
MnO_4^-/MnO_2	$MnO_4^-+2H_2O+3e \rightleftharpoons MnO_2+4OH^-$	0.595
BrO_3^-/Br^-	$BrO_3^-+3H_2O+6e \rightleftharpoons Br^-+6OH^-$	0.61
BrO^-/Br^-	$BrO^-+H_2O+2e \rightleftharpoons Br^-+2OH^-$	0.761
H_2O_2/OH^-	$H_2O_2+2e \rightleftharpoons 2OH^-$	0.88
ClO^-/Cl^-	$ClO^-+H_2O+2e \rightleftharpoons Cl^-+2OH^-$	0.81
O_3/OH^-	$O_3+H_2O+2e \rightleftharpoons O_2+2OH^-$	1.24

附录 8　条件电极电位

半 反 应	$\varphi^{\ominus\prime}/V$	介　质
$Ag(\mathrm{II})+e \Longrightarrow Ag^+$	1.927	4mol/L HNO_3
$Ce(\mathrm{IV})+e \Longrightarrow Ce(\mathrm{III})$	1.70	1mol/L $HClO_4$
	1.61	1mol/L HNO_3
	1.44	0.5mol/L H_2SO_4
	1.28	1mol/L HCl
$Co^{3+}+e \Longrightarrow Co^{2+}$	1.85	4mol/L HNO_3
$Co(乙二胺)_3{}^{3+}+e \Longrightarrow Co(乙二胺)_3{}^{2+}$	−0.2	0.1mol/L KNO_3
		+0.1mol/L 乙二胺
$Cr(\mathrm{III})+e \Longrightarrow Cr(\mathrm{II})$	−0.40	5mol/L HCl
$Cr_2O_7^{2-}+14H^++6e \Longrightarrow 2Cr^{3+}+7H_2O$	1.00	1mol/L HCl
	1.025	1mol/L $HClO_4$
	1.08	3mol/L HCl
	1.05	2mol/L HCl
	1.15	4mol/L H_2SO_4
$CrO_4^{2-}+2H_2O+3e \Longrightarrow CrO_2^-+4OH^-$	−0.12	1mol/L NaOH
$Fe(\mathrm{III})+e \Longrightarrow Fe(\mathrm{II})$	0.73	1mol/L $HClO_4$
	0.71	0.5mol/L HCl
	0.68	1mol/L H_2SO_4
	0.68	1mol/L HCl
	0.46	2mol/L H_3PO_4
	0.51	1mol/L HCl
		0.25mol/L H_3PO_4
$H_3AsO_4+2H^++2e \Longrightarrow H_3AsO_3+H_2O$	0.557	1mol/L HCl
	0.557	1mol/L $HClO_4$
$Fe(EDTA)^-+e \Longrightarrow [Fe(EDTA)]^{2-}$	0.12	0.1mol/L EDTA
		pH4~6
$[Fe(CN)_6]^{3-}+e \Longrightarrow [Fe(CN)_6]^{4-}$	0.48	0.01mol/L HCl
	0.56	0.1mol/L HCl
	0.71	1mol/L HCl
	0.72	1mol/L $HClO_4$
$I_2(水)+2e \Longrightarrow 2I^-$	0.628	1mol/L H^+
$I_3^-+2e \Longrightarrow 3I^-$	0.545	1mol/L H^+
$MnO_4{}^-+8H^++5e \Longrightarrow Mn^{2+}+4H_2O$	1.45	1mol/L $HClO_4$
	1.27	8mol/L H_3PO_4
$Os(\mathrm{VIII})+4e \Longrightarrow Os(\mathrm{IV})$	0.79	5mol/L HCl
$SnCl_6^{2-}+2e \Longrightarrow SnCl_4^{2-}+2Cl^-$	0.14	1mol/L HCl
$Sn^{2+}+2e \Longrightarrow Sn$	−0.16	1mol/L $HClO_4$
$Sb(V)+2e \Longrightarrow Sb(\mathrm{III})$	−0.75	3.5mol/L HCl
$[Sb(OH)_6]^-+2e \Longrightarrow SbO_2^++2OH^-+2H_2O$	−0.428	3mol/L NaOH
$SbO_2^-+2H_2O+3e \Longrightarrow Sb+4OH^-$	−0.675	10mol/L KOH
$Ti(\mathrm{IV})+e \Longrightarrow Ti(\mathrm{III})$	−0.01	0.2mol/L H_2SO_4
	0.12	2mol/L H_2SO_4
	−0.04	1mol/L HCl
	−0.05	1mol/L H_3PO_4
$Pb(\mathrm{II})+2e \Longrightarrow Pb$	−0.32	1mol/L NaAc
	−0.14	1mol/L $HClO_4$
$UO_2^{2+}+4H^++2e \Longrightarrow U(\mathrm{IV})+2H_2O$	0.41	0.5mol/L H_2SO_4

附录 9　难溶化合物的活度积（$K_{sp}^{\ominus}$）和溶度积（$K_{sp}^{\ominus}$，25℃）

化 合 物	$I=0$		$I=0.1$	
	$K_{sp}^{\ominus}$	$pK_{sp}^{\ominus}$	K_{sp}	pK_{sp}
AgAc	2×10^{-3}	2.7	8×10^{-3}	2.1
AgCl	1.77×10^{-10}	9.75	3.2×10^{-10}	9.50
AgBr	4.95×10^{-13}	12.31	8.7×10^{-13}	12.06
AgI	8.3×10^{-17}	16.08	1.48×10^{-16}	15.83
Ag_2CrO_4	1.12×10^{-12}	11.95	5×10^{-12}	11.3
AgSCN	1.07×10^{-12}	11.97	2×10^{-12}	11.7
Ag_2S	6×10^{-50}	49.2	6×10^{-49}	48.2
Ag_2SO_4	1.58×10^{-5}	4.80	8×10^{-5}	4.1
$Ag_2C_2O_4$	1×10^{-11}	11.0	4×10^{11}	10.4
Ag_3AsO_4	1.12×10^{-20}	19.95	1.3×10^{-19}	18.9
Ag_3PO_4	1.45×10^{-16}	15.84	2×10^{-15}	14.7
AgOH	1.9×10^{-8}	7.71	3×10^{-8}	7.5
$Al(OH)_3$ 无定形	4.6×10^{-33}	32.34	3×10^{-32}	31.5
BaC_2O_4	1.17×10^{-10}	9.93	8×10^{-10}	9.1
$BaCO_3$	4.9×10^{-9}	8.31	3×10^{-8}	7.5
$BaSO_4$	1.07×10^{-18}	9.97	6×10^{-10}	9.2
BaC_2O_4	1.6×10^{-7}	6.79	1×10^{-6}	6.0
BaF_2	1.05×10^{-6}	5.98	5×10^{-6}	5.3
$Bi(OH)_2Cl$	1.8×10^{-31}	30.75		
$Ca(OH)_2$	5.5×10^{-6}	5.26	1.3×10^{-5}	4.9
$CaCO_3$	3.8×10^{-9}	8.42	3×10^{-8}	7.5
CaC_2O_4	2.3×10^{-9}	8.64	1.6×10^{-8}	7.8
CaF_2	3.4×10^{-11}	10.47	1.6×10^{-10}	9.8
$Ca_3(PO_4)_2$	1×10^{-26}	26.0	1×10^{-23}	23
$CaSO_4$	2.4×10^{-5}	4.62	1.6×10^{-4}	3.8
$CdCO_3$	3×10^{-14}	13.5	1.6×10^{-13}	12.8
CdC_2O_4	1.51×10^{-8}	7.82	1×10^{-7}	7.0
$Cd(OH)_2$（新析出）	3×10^{-14}	13.5	6×10^{-14}	13.2
CdS	8×10^{-27}	26.1	5×10^{-26}	25.3
$Ce(OH)_3$	6×10^{-21}	20.2	3×10^{-20}	19.5
$CePO_4$	2×10^{-24}	23.7		
$Co(OH)_2$（新析出）	1.6×10^{-15}	14.8	4×10^{-15}	14.4
$CoS(\alpha)$	4×10^{-21}	20.4	3×10^{-20}	19.5
$CoS(\beta)$	2×10^{-25}	24.7	1.3×10^{-24}	23.9
$Cr(OH)_3$	1×10^{-31}	31.0	5×10^{-31}	30.3
CuI	1.10×10^{-12}	11.96	2×10^{-12}	11.7
CuSCN			2×10^{-13}	12.7
CuS	6×10^{-36}	35.2	4×10^{-35}	34.4
$Cu(OH)_2$	2.6×10^{-19}	18.59	6×10^{-19}	18.2
$Fe(OH)_2$	8×10^{-16}	15.1	2×10^{-15}	14.7
$FeCO_3$	3.2×10^{-11}	10.50	2×10^{-10}	9.7

续表

化 合 物	$I=0$		$I=0.1$	
	$K_{sp}^{\ominus}$	p$K_{sp}^{\ominus}$	K_{sp}	pK_{sp}
FeS	6×10^{-18}	17.2	4×10^{-17}	16.4
Fe(OH)$_3$	3×10^{-39}	38.5	1.3×10^{-38}	37.9
Hg$_2$Cl$_2$	1.32×10^{-18}	17.88	6×10^{-18}	17.2
HgS(黑)	1.6×10^{-52}	51.8	1×10^{-51}	51
HgS(红)	4×10^{-53}	52.4		
Hg(OH)$_2$	4×10^{-26}	25.4	1×10^{-25}	25.0
KHC$_4$H$_4$O$_6$	3×10^{-4}	3.5		
K$_2$PtCl$_6$	1.10×10^{-5}	4.96		
La(OH)$_3$(新析出)	1.6×10^{-19}	18.8	8×10^{-19}	18.1
LaPO$_4$			4×10^{-23}	22.4①
MgCO$_3$	1×10^{-5}	5.0	6×10^{-5}	4.2
MgC$_2$O$_4$	8.5×10^{-5}	4.07	5×10^{-4}	3.3
Mg(OH)$_2$	1.8×10^{-11}	10.74	4×10^{-11}	10.4
MgNH$_4$PO$_4$	3×10^{-13}	12.6		
MnCO$_3$	5×10^{-10}	9.30	3×10^{-9}	8.5
Mn(OH)$_2$	1.9×10^{-13}	12.72	5×10^{-13}	12.3
MnS(无定形)	3×10^{-10}	9.5	6×10^{-9}	8.8
MnS(晶形)	3×10^{-13}	12.5		
Ni(OH)$_2$(新析出)	2×10^{-15}	14.7	5×10^{-15}	14.3
NiS(α)	3×10^{-19}	18.5		
NiS(β)	1×10^{-24}	24.0		
NiS(γ)	2×10^{-26}	25.7		
PbCO$_3$	8×10^{-14}	13.1	5×10^{-13}	12.3
PbCl$_2$	1.6×10^{-5}	4.79	8×10^{-5}	4.1
PbCrO$_4$	1.8×10^{-14}	13.75	1.3×10^{-13}	12.9
PbI$_2$	6.5×10^{-9}	8.19	3×10^{-8}	7.5
Pb(OH)$_2$	8.1×10^{-17}	16.09	2×10^{-16}	15.7
PbS	3×10^{-27}	26.6	1.6×10^{-26}	25.8
PbSO$_4$	1.7×10^{-8}	7.78	1×10^{-7}	7.0
SrCO$_3$	9.3×10^{-10}	9.03	6×10^{-9}	8.2
SrC$_2$O$_4$	5.6×10^{-8}	7.25	3×10^{-7}	6.5
SrCrO$_4$	2.2×10^{-5}	4.65		
SrF$_2$	2.5×10^{-9}	8.61	1×10^{-8}	8.0
SrSO$_4$	3×10^{-7}	6.5	1.6×10^{-6}	5.8
Sn(OH)$_2$	8×10^{-29}	28.1	2×10^{-28}	27.7
SnS	1×10^{-25}	25.0		
Th(C$_2$O$_4$)$_2$	1×10^{-22}	22		
Th(OH)$_4$	1.3×10^{-45}	44.9	1×10^{-44}	44.0
TiO(OH)$_2$	1×10^{-29}	29	3×10^{-29}	28.5
ZnCO$_3$	1.7×10^{-11}	10.78	1×10^{-10}	10.0
Zn(OH)$_2$(新析出)	2.1×10^{-16}	15.68	5×10^{-16}	15.3
ZnS(α)	1.6×10^{-24}	23.8		
ZnS(β)	5×10^{-25}	24.3		
ZrO(OH)$_2$	6×10^{-49}	48.2	1×10^{-47}	47.0

① $I=0.5$。

参 考 文 献

[1] GB/T 534—2002, GB/T 1628.3—2000, GB/T 4348.1—2000, GB 15063—2001, GB 3101—1993, GB/T 601—2002, GB/T 12457—2008, GB/T 18204.23—2000, HG/T 2326—2005, GB 1616—2003, GB/T 6730.5—2007, GB/T 665—2007, GB 3049—1986, HJ 503—2009, GB 7477—1987.

[2] 高职高专化学教材编写组. 分析化学实验. 第 2 版. 北京：高等教育出版社, 2000.

[3] 张小康, 张正兢. 工业分析. 第 2 版. 北京：化学工业出版社, 2008.

[4] 凌昌都. 化学检验工（中级）. 北京：机械工业出版社, 2006.

[5] 季剑波. 化学检验工（技师、高级技师）. 北京：机械工业出版社, 2006.

[6] 王琪, 刘玉海, 周全法. 分析工应知应会培训教程. 北京：中国石化出版社, 2007.

[7] 黄一石, 乔子荣. 定量化学分析. 第 2 版. 北京：化学工业出版社, 2008.

[8] 季剑波, 凌昌都. 定量化学分析例题与习题. 第 2 版. 北京：化学工业出版社, 2008.

[9] 胡伟光, 张文英. 定量化学分析实验. 第 2 版. 北京：化学工业出版社, 2008.

[10] 武汉大学. 分析化学. 第 4 版. 北京：高等教育出版社, 1997.

[11] 高职高专化学教材编写组. 分析化学. 第 3 版. 北京：高等教育出版社, 2008.

[12] 周光明. 分析化学习题精解. 北京：科学出版社, 2001.

[13] 黄一石, 吴朝华, 杨小林编. 仪器分析. 第 2 版. 北京：化学工业出版社, 2008.

[14] 于世林, 苗凤琴. 分析化学. 第 2 版. 北京：化学工业出版社, 2008.

[15] 王英健, 杨永红. 环境监测. 北京：化学工业出版社, 2008.

[16] 穆华荣, 陈志超. 仪器分析实验. 第 2 版. 北京：化学工业出版社, 2006.

[17] 史景江, 马熙中. 色谱分析法. 重庆：重庆大学出版社, 1995.

[18] 李浩春, 卢佩章. 气相色谱法. 北京：科学出版社, 1993.

[19] 张福贵, 周岩枫, 张竹艳. 气相色谱法测定作业场所中的苯、甲苯、二甲苯. 化学与粘合. 2002 (3)：192-193.

[20] 梁述忠. 仪器分析. 第 2 版. 北京：化学工业出版社, 2008.

[21] 姜洪文. 分析化学. 第 3 版. 北京：化学工业出版社, 2009.

[22] 李楚芝, 王桂芝. 分析化学实验. 第 2 版. 北京：化学工业出版社, 2005.

[23] 黄晓云. 无机物化学分析. 北京：化学工业出版社, 2000.

[24] 苗凤琴, 于世林. 分析化学实验. 第 2 版. 北京：化学工业出版社, 2005.

[25] 顾明华. 无机物定量分析基础. 北京：化学工业出版社, 2005.

[26] 张铁垣. 分析化学中的量和单位. 第 2 版. 北京：中国标准出版社, 2002.

[27] 杭州大学化学系分析化学教研室. 分析化学手册：第一分册. 第 2 版. 北京：化学工业出版社, 1997.